数値計…ア
Fortra…まで

技術評論社

◆サポートページ

サンプルプログラムのダウンロードや正誤表に関する情報は，下記のWebページに掲載いたしますのでご確認ください。

http://gihyo.jp/book/2015/978-4-7741-7506-5

◆免責

本書に記載された内容は，情報の提供のみを目的としております。したがって，本書を用いた運用は，必ずお客様自身の責任と判断によって行ってください。これらの情報の運用の結果について，技術評論社および著者はいかなる責任も負いません。

本書記載の情報は，2015年7月3日現在のものを掲載しておりますので，ご利用時には，変更されている場合もあります。

また，ソフトウェアはバージョンアップされる場合があり，本書での説明とは機能内容や画面図などが異なってしまうこともあり得ます。本書ご購入の前に，必ずバージョン番号をご確認ください。

以上の注意事項をご承諾いただいた上で，本書のご利用をお願い申し上げます。これらの注意事項をお読みいただかずに，お問い合わせいただいても，技術評論社および著者は対処いたしかねます。あらかじめ，ご承知おきください。

はじめに

最近のパソコンは，処理が速い上に大量のメモリを積んでいて，実用的な数値計算やデータ処理のプログラムを作成して実行するのに十分な能力を持っています。プログラムを自作すれば，高価なデータ解析ソフトを購入する必要はないし，目的に特化することで，高速に計算したり好みの形式で出力することができます。しかし，実用的な数値計算の手順（アルゴリズム）は，精度や汎用性を追求するほど複雑になり，プログラムの初心者は，専門書のどこから手を付ければいいか迷うのではないでしょうか。

本書は，プログラミング言語Fortranを使った数値計算プログラムの作成法を解説するのが主目的ですが，プログラミングに習熟した人だけでなく，これからプログラムを勉強しようとする人にも取り組みやすいように心がけました。まず，Fortran文法とプログラムの書き方を説明した「基礎編」と実際の数値計算法を解説した「実践編」の2部構成にしてあります。これにより，プログラミングの初心者には，基礎編で文法を勉強して，ある程度習得してから実践編での具体的な数値計算法を学んでもらうことができます。次に実践編は，例題を出して，それに対する解答プログラム例を示し，最後にその数値計算アルゴリズムの詳細を説明する形式にしました。実践編は，連立1次方程式の解法や数値積分など，数値計算のテーマごとに章を設けていますが，それぞれの例題は，初歩的なものからある程度実用的な計算手法まで，様々なレベルのものを用意しています。これによって，初心者は練習しながら実用的なプログラム作成へとステップアップすることができます。

さらに，例題の作り方も工夫しました。コンピュータを駆使した計算というのは複合的なものです。たとえばニュートン法を使った非線形方程式の解の計算では，ある初期値から開始してくり返し計算を行い，真の解に収束させていきます。この時，初期値の選定が重要で，その探索法自体にプログラミングテクニックが含まれています。本書の例題には，このような非線形方程式の解の存在区間の選定や，漸化式の効率的計算法，微分方程式の解を図示するためのデータ処理法など，主テーマに関連した周辺プログラミング技法も含めています。プログラミングとは計算機に実行させるという制約の中での問題解決技術です。本書の例題作成を通してそれらを学んでもらえれば，より広範囲の応用問題に取り組む助けにもなると考えています。

Fortranは1950年代に生まれた言語で“FORmula TRANslation”が語源です。開発当初から科学技術計算用として使われている言語で，筆者がプログラムの勉強を始めた数十年前は，数値計算をするならFortranというのが一般的でした。しかし，その後出てきたC言語に押され，大学の授業で教えるところも少なくなってきて，最近は，やや存在感が薄れている感じです。

しかし，Fortranも1991年に策定されたFortran 90のころから使い勝手が大きく向上し，数値計算に特化した便利な機能が色々加えられました。また，gfortranやg95のようなフリーで使えるFortranコンパイラがインターネットからダウンロードできるので，パソコンでも手軽に使えます。筆者としては，数値計算プログラムを書く時のFortranの便利さを紹介することで，Fortranという言語をもっともっと使ってもらいたいという気持ちをこの本に込めています。

本書は，摂南大学の卒業研究生向けに書いたFortranプログラム作成の手引き書が元になっています。数年前に，大阪大学レーザーエネルギー学研究センターの福田優子氏から「プログラミング初心者向けの教科書はないか」と相談されたので，これに手を加えて提供しました。福田氏はこれをウェブで公開して利用してくれていたのですが，これをたまたま見つけられた技術評論社の方から依頼を受け，この手引き書を基礎編にした実例プログラム付き数値計算法の解説書として執筆したものです。

最後に本書の執筆のきっかけを与えて下さった福田優子氏に深い感謝の意を表します。同時に，私の拙い文書を見つけて，数値計算の本をこのようなスタイルで出版してはどうかという提案をしてくださった技術評論社の編集部の方々にも深く感謝いたします。

目　次

第I部　Fortran基礎編

第Ⅱ部 Fortran実践編

第 I 部

Fortran基礎編

第I部は基礎編です。基礎編では，Fortranによる計算機プログラムの書き方について説明します。プログラムの初心者は，まず第1章と第2章を読んで，簡単なプログラムを書く練習をして下さい。それに慣れたら，第3章のサブルーチンを勉強して本格的なプログラム作りに取り組んでもらえればよいと思います。第4章は入出力に関する説明なので，必要に応じて利用して下さい。

第5章は，第4章までに説明した基本的な使い方を拡張して，より汎用性の高いプログラムにするための文法を説明しています。さらに，第6章の文字列を使えばプログラムの内容にバラエティを持たせることができるし，第7章の配列計算式を使えば，くり返し計算などを簡単に記述することができます。これらは必ずしも必要ではありませんが，知っておくと便利だし，Fortranが数値計算用として便利なプログラミング言語であることも理解してもらえると思います。

Fortranは，開発されてから現在まで定期的にバージョンアップが行われてきています[1]。1991年に策定されたFortran 90以降も何度か改版されて，現在の最新規格はFortran 2008であり，オブジェクト指向プログラミングや並列計算の記述も可能になっています。しかし，パソコンを利用した数値計算だけならそのような新しい概念を使う必要はないので，本書ではFortran 90のマイナーバージョンアップであるFortran 95レベルの文法で説明をしています。このレベルでプログラムを書いておけばフリーのFortranでコンパイルできるというメリットもあります。フリーのコンパイラgfortranの使い方は付録Aで説明しています。

Fortranは古くから改良が重ねられてきた言語であるため，同じ指示を与える文に数種類の書き方が存在するものもあります。本書では，これを全て説明することはせず，筆者の経験で最も良く使うと考えた書式をセレクトしています。また，プログラムのメンテナンスを考慮した書き方を紹介しているので，必ずしも必要でない書式も含んでいます。古い文法で書かれたプログラムを調べる場合などは，そのあたりに気をつけて下さい。

第1章 Fortranプログラミングの基本

プログラムとは，コンピュータに動作を指示するための命令を記述したものです。実行可能なプログラムを起動すると，コンピュータは，

実行開始処理 → プログラムに記述された命令を順に実行 → 実行終了処理

という流れで動作します。Fortranプログラムは，基本的にコンピュータに与える命令を次の形をした“文”で記述します。

動作指示語　動作制御パラメータ

すなわち，先頭に“動作指示語”と呼ばれる計算機の動作を指定する単語を書き，それに続けて，動作を制御するための数値や予約語を“動作制御パラメータ”として記述します。ただし動作制御パラメータを記述する必要のない，動作指示語だけの命令も存在します。

プログラム起動後に最初に実行する部分を“メインプログラム”，または“メインルーチン”といいます。言わばプログラムの本体です。本章と次章では，メインプログラムだけを使ったFortranの基本的プログラムの書き方について説明します。メインプログラムと同レベルの完結したプログラムには，他のプログラムの中から実行開始を指示してその機能を利用する“サブルーチン”がありますが，これについては第3章で説明します。

1.1 メインプログラムの開始と終了

Fortranでは特別な手続きをせずにプログラムを書くと，それがメインプログラムと仮定されます。しかし，それではサブルーチンと区別しにくいので，program文を用いて最初にプログラムの名前を書きます。program文は以下の形式です。

```
program プログラム名
```

これに対し，メインプログラムの終了はend program文で指定します。

```
end program プログラム名
```

program文とend program文で指定する“プログラム名”は同じでなければなりません。このため，メインプログラムは次のような構造になります。

```
program code_name
   .......
   .......
end program code_name
```

この例のように，プログラム名にはアンダースコア(_)も使えるので，これをスペースの代わりに使えば単語をつないだ長いプログラム名を付けることもできます。また，

先頭でなければ数字を使用することも可能です。

program文とend program文の間にFortranの文法に従った文を並べて，動作させたい計算手順を記述します。動作手順を記述する文を“実行文”といいます。しかし，プログラムに記述するのは実行文だけではありません。計算途中で必要となる変数領域を確保するための宣言文も書かねばなりません。このような計算動作に直接携わらない文を“非実行文”といいます。Fortranでは，非実行文をプログラムの最初に集約して，実行文はその後に書きます。

完結したメインプログラムの一例を示します[†1]。

```
program test_code
   implicit none
    real x,y,z
    x = 5
    y = 100
    z = x + y*100
    print *,x,y
    print *,'z =',z
end program test_code
```

このプログラムにおける実行文・非実行文の区分と，動作開始から終了までの実行の流れを図1.1に示します。実行形式のプログラムを起動すると，最初の実行文から動作が開始し，上から順に1行ずつ実行して，end program文に到達した段階で動作終了となります。

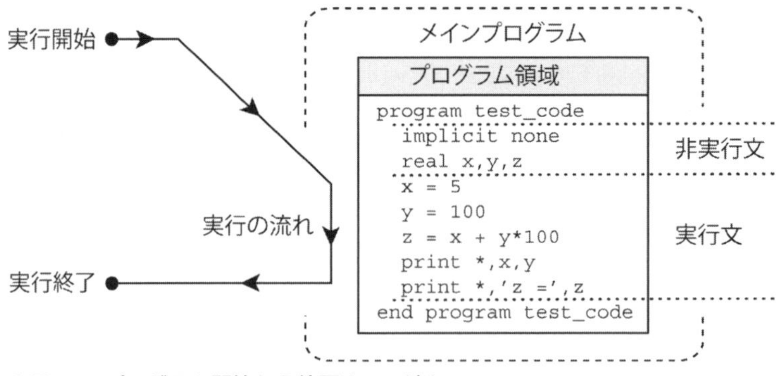

●図1.1　プログラム開始から終了までの流れ

条件によって途中でプログラムを終了する時や，第3章で説明するサブルーチン内でプログラムを終了する時にはstop文を用います。stop文を実行すると，その時点でプログラムが終了します。stop文には動作制御パラメータはありません。

†1　この例のように，プログラム内部の文は，スペースを数個入れて，program文とend program文よりも少し右にずらして書きます。そうすれば，メインプログラムの範囲が明確になります。

1.2 代入文と演算の書式

実行文における動作制御パラメータに“数値”を与える方法は3種類あります。－500とか3.14のような数字を直接書く“定数”，xとかyrzのような単語で示した“変数”，およびそれらを使ってx+3やsin(y-5)のような計算手順を表した“計算式”です。計算式に書かれている手順も計算機の動作なのですが，プログラム中の計算式は，その計算結果を動作命令に与える“数値”として位置づけられています。このため，計算式を書いただけでは実行文になりません。

プログラムでよく使う実行文に“代入文”があります。代入文は，直感的に理解しやすいように，動作指示語を先頭に置く基本形ではなく，次の形式で記述します。

```
変数 = 計算式
```

計算式の代わりに定数や変数を書くこともできます。プログラムにおける“変数”とはコンピュータのメモリ領域のことであり，代入文は右辺の“数値”を左辺で示した変数メモリに格納する動作を表します。このため，

```
y = y + 1
```

のような代入文も可能です。これは，変数yに代入されている数値に1を加えて，その結果を変数yに代入するという意味です。

Fortranにおける基本演算の書き方と使い方を表1.1に示します。

▼表1.1 演算記号の書き方と使い方

演算記号	演算の意味	使用例	使用例の意味
+	足し算	x+y	$x+y$
-	引き算	x-y	$x-y$
*	掛け算	x*y	$x \times y$
/	割り算	x/y	$x \div y$
**	べき乗	x**y	x^y
-	マイナス	-x	$-x$

べき乗までの二項演算には以下のような優先順位があり，優先順位の高い方が低い方より先に計算されます。これは数学における演算順序と同じです。

```
べき乗 ＞ 掛け算または割り算 ＞ 足し算または引き算
```

掛け算と割り算のような同レベルの演算は左から順に計算されます。さらに，かっこを使えばかっこの中が優先的に計算されます。

1.3 数値の型

コンピュータで用いる数値には大別して2種類あります。“整数型”と“実数型”です。Fortranでは，小数点を含まない数字，たとえば，**100**とか，**-12345**と書けば整数型の定数になります。整数型の数は，コンピュータ内部において4byte（32bit）の2進数で表現されていて，$-2^{31} \sim 2^{31}-1$の整数を扱うことができます。整数型数は小数点以下の表現ができないので，割り算をすると全て切り捨てになります。たとえば，

```
m = 10/3
n = 1/2
```

と書くと，m=3，n=0です。

これに対し，3.14のような少数点以下を含んだり，1.6×10^{-27}のような指数形式の数値を使うとき時は実数型を使います。Fortranの実数型には有効数字の違う2種類が用意されています。単精度実数型と倍精度実数型です。単精度実数型は4byteで表される実数のことで，有効数字は7桁程度です。これに対し，倍精度実数型は8byte（64bit）で表される実数のことで，有効数字は15桁程度です[†2]。

Fortranにおける基本実数型は単精度であり，倍精度実数型を使用する時にはそれを指定する書式で書かなければなりません。しかし，最近のコンパイラはオプションを指定すればデフォルトの実数型を倍精度にする“自動倍精度化機能”を持っているので，本書では，単精度実数型と倍精度実数型を使い分けることはせず，単に“実数型”と表現します[†3]。

プログラム上では，小数点を付加した数値が実数型の定数です。たとえば，**100**とか，**-12345**と書けば整数型ですが，**100.0**とか，**-12345.**とか，**-0.0314**とか書けば実数型になります。また，1.6×10^{23}を入力したい時には，**1.6e23**と書きます。すなわち，$A \times 10^{B}$はAeBと書きます。Bが負の場合でも**1.6e-19**のようにeの後に続けて書きます。**6e20**のようにeBを付加した数値は，小数点が無くても実数型定数になります[†4]。

たとえば，

$$a = 3.141592r^2 + 3x^5 + 6.5 \times 10^{-5}x - 10^5$$

という式をプログラムで書けば以下のようになります。

```
a = 3.141592*r**2 + 3.0*x**5 + 6.5e-5*x - 1e5
```

---

†2　bitやbyteの詳細や実数型の表現については付録B参照。

†3　gfortranの自動倍精度化は付録Aで説明します。また，精度の指定については5.2節（p.60）で説明します。

†4　ただし，10^{100}のような大きな桁数を**1e100**と書くと，コンパイラによってはエラーになることがあります。この時は，**1d100**のように，倍精度定数を明示する**d**を使って下さい。

Fortranの便利な機能の一つは，複素数が使えることです。複素数にも単精度複素数型と倍精度複素数型がありますが，自動倍精度化機能を使えばデフォルトが倍精度複素数型になるので，本書では単に“複素数型”と表現します。複素数型の定数は，

```
(0.0,1.0)
(1e-5,-5.2e3)
(-3200.0,0.005)
```

のように，2個の実数をコンマでつないで，かっこで囲みます。前半が実部，後半が虚部です。つまりこの例は，それぞれ，i，$10^{-5}-5.2\times10^{3}i$，$-3200+0.005i$を表した複素数型定数です。

計算式中に異なる数値型が混在する時は，精度の高い方の型に合わせて計算し，その型の値が結果になります。たとえば，実数型と整数型の計算は整数型の数値を実数型に変換して実数型と実数型の計算を行い，実数型の結果になります。複素数型と実数型の計算の場合にはその実数型の数値を実部とした複素数型にして複素数計算をし，結果は複素数型になります。

1.4　変数の宣言

数式の計算結果を保存するのに用いるのが変数です。変数の名前は，頭文字がa～zのどれかであれば，後はa～z，0～9をどの様な順序で並べたものでも使えます。たとえば，abcとかk10xyなどです。Fortranでは大文字と小文字を区別しないため，abcとABCは同じ変数になります。変数にも型があり，計算結果に応じた型の変数を使わなければ正確に保存することはできません。この変数の型を決める文を“型宣言文”，あるいは単に“宣言文”といいます。型を決めると同時に，変数のメモリ領域を確保します。このため，計算に用いる変数は全て宣言するのが基本です。宣言は一度しかできず，プログラムの実行時に変更することはできません。宣言文は非実行文です。

ところがFortranには“暗黙の宣言”があり，通常は宣言しなくても文法的な間違いにならないので，タイプミスなどで予期せぬエラーが発生する可能性があります。これを防ぐため，プログラムの2行目，すなわちprogram文の次の行に必ず以下のimplicit文を書いて下さい。

```
implicit none
```

この文を入れておけば，宣言せずに使用した変数があるとコンパイルエラーになり，タイプミスのチェックができます。

数値計算は基本的に実数で行いますが，実数型変数は次のように宣言します。

```
real 変数1, 変数2, ...
```

これに対し，整数型の変数は，次のように宣言します。

```
integer 変数1, 変数2, ...
```

宣言文は非実行文なので,全ての実行文より前に書かなければなりません。たとえば,メインプログラムの始まりは以下のようになります。

```
program test1
   implicit none
   real x,y,z,omega,wave,area
   integer i,k,n,imin,imax,kmax
    .......
```

realやintegerなどの宣言文は何行書いても良いし，順番も無関係です。なお，変数名の付け方は自由ですが，整数型は用途が限定されているので，頭文字に整数型をイメージするi，j，k，l，m，nを付けるのが良いと思います。

複素数型変数の宣言文は,

```
complex 変数1, 変数2, ...
```

です。複素数型も用途が限定されているので，頭文字をcかzにするなど，名前の付け方に規則をつける方が良いと思います。

変数に数値を代入する時は，右辺の計算結果を左辺の変数の型に変換して代入します。このため，実数型の計算結果を整数型の変数に代入すると，小数点以下は切り捨てられます。

複素数型の計算結果を実数型の変数に代入すると，その複素数の実部が代入されます。たとえば,

```
real x
complex c
c=(1.0,-2.0)
x=c**2
```

とすると，x＝－3.0になります。逆に，複素数型の変数に実数型の数値を代入すると,実部に結果が代入され，虚部は0になります。

1.5 組み込み関数

数値計算上よく使う数学関数はあらかじめ用意されています。この用意された関数を“組み込み関数”といいます。表1.2に代表的な組み込み数学関数を示します。

▼表1.2　数学関数の書き方と使い方（初等数学関数）

組み込み関数	名称	数学的表現	必要条件	関数値の範囲
sqrt(x)	平方根*	$\sqrt{x}$	$x \geqq 0$	
sin(x)	正弦関数*	$\sin x$		
cos(x)	余弦関数*	$\cos x$		
tan(x)	正接関数	$\tan x$		
asin(x)	逆正弦関数	$\sin^{-1} x$	$-1 \leqq x \leqq 1$	$-\frac{\pi}{2} \leqq f \leqq \frac{\pi}{2}$
acos(x)	逆余弦関数	$\cos^{-1} x$	$-1 \leqq x \leqq 1$	$0 \leqq f \leqq \pi$
atan(x)	逆正接関数	$\tan^{-1} x$		$-\frac{\pi}{2} < f < \frac{\pi}{2}$
atan2(y,x)	逆正接関数†5	$\tan^{-1}(y/x)$		$-\pi < f < \pi$
exp(x)	指数関数*	e^x		
log(x)	自然対数*	$\log_e x$	$x > 0$	
log10(x)	常用対数	$\log_{10} x$	$x > 0$	
sinh(x)	双曲線正弦関数	$\sinh x$		
cosh(x)	双曲線余弦関数	$\cosh x$		
tanh(x)	双曲線正接関数	$\tanh x$		

関数名の後のかっこは必ず必要です。かっこの中のxやyを“引数（ひきすう）”といいます。関数を計算式中に記述すると，引数に対する関数値が結果となってその計算式を実行します。たとえば，

```
c = exp(-x**2) + sin(10*x+3) - 2*tan(-2*log(x))**3
```

のように書くことができます。この例のように関数の引数に関数を使った計算式を与えることも可能です。

表1.2の数学関数は，引数に実数型数を与えると実数型の結果になる“実数型関数”ですが，名称に“*”の付いている関数は，引数が複素数型でも使えます。Fortranの組み込み関数には，引数の型や精度に応じて計算をする“総称名機能”があるので，複素

†5　逆正接関数atan2(y,x)は，座標点(x,y)の偏角を計算する関数です（xとyの順序に注意）。よって，表の数学的表現には“$\tan^{-1}(y/x)$”と記述してありますが，実際にはxとyの値に応じて$-\pi$からπの間の角度が結果になります。

数を引数に与えた場合の関数値は複素数型の結果になります[†6]。

この他，絶対値や余りを計算するのにも組み込み関数を使うし，実数型を複素数型に変換するなどの型変換も組み込み関数を使って処理します。その中の代表的なものを表1.3に示します。

▼表1.3　型変換関数などの組み込み関数

組み込み関数	名称	引数の型	関数値の型	関数の意味
real(n)	実数化	整数	実数	実数型に変換
abs(n)	絶対値	整数	整数	nの絶対値
mod(m,n)	剰余	2個の整数	整数	mをnで割った余り
int(x)	整数化	実数	整数	整数型に変換（切り捨て）
nint(x)	整数化	実数	整数	整数型に変換（四捨五入）
sign(x,s)	符号の変更	実数	実数	s≧0なら|x|，s<0なら−|x|
abs(x)	絶対値	実数または複素数	実数	xの絶対値
mod(x,y)	剰余	2個の実数	実数	xをyで割った余り
real(z)	複素数の実部	複素数	実数	zの実部
imag(z)	複素数の虚部	複素数	実数	zの虚部
cmplx(x,y)	複素数化	2個の実数	複素数	$x+iy$
conjg(z)	共役複素数	複素数	複素数	zの共役複素数

型変換関数は，数値型が限定されている場所に，その数値型以外の値を指定したい時などに使います。

1.6 print文による簡易出力

数値計算を目的としたプログラムでは，得られた計算結果を表示したりファイルに保存する必要があります。入出力の詳細については第4章で説明しますが，最低限，print文を使った標準形式による数値出力は覚えておいて下さい。print文の一例を以下に示します。

```
integer n
n = 3
print *, 4+5, n, n*2, 2*n-11
```

このように，“print *,”に続いて変数や計算式をコンマで区切って並べると，それ

†6　表1.2の必要条件と関数値の範囲は引数が実数型の場合です。この必要条件を満たさない実数型数を与えると実行時エラーになります。しかし複素数型を与えた場合には必ずしもエラーにはなりません。

らの計算結果が横に並んで出力されます。上例の場合には，4+5の結果である9から2*n-11の結果である－5までが以下のように出力されます。

```
        9        3        6       -5
```

なお，“print *,”の“*”は，標準形式で出力することを意味しているのですが，とりあえずは形式的に書くものだと覚えて下さい[†7]。

複数の数値を出力する時に数字だけを出力すると，どれがどの数値かわからなくなる可能性があります。このような場合は，文字列を併用して変数の意味を同時に出力します。Fortranにおける“文字列”とは，2個のアポストロフィ（'）で囲んだ文字の並びのことで，print文中で数値といっしょに並べると，その文字の並びがそのまま出力されます。たとえば，

```
real x
x = 3
print *,'x = ',x,'  x**3 = ',x**3
```

というプログラムの出力は，

```
x =    3.00000000000000          x**3 =    27.0000000000000
```

となります。

1.7 配列

これまで出てきた変数は型に応じた1個の数値を記憶するものでした。これに対し，数列や行列要素を記述するa_1，b_{23}のように，変数名に整数値を付加することで，番号で指定可能な変数を作ることができます。これを“配列”といいます。

配列は変数の一種なので，型宣言文を使って宣言しておかねばなりません。単一変数と異なるのは，宣言時に番号の上限を示す整数値をかっこを使って付加することです。たとえば，次のように宣言します。

```
real a(10),b(20,30)
complex cint(10,10)
integer node(100)
```

ここで，aやnodeのように数字が1個の配列を1次元配列，bやcintのように数字が2個の配列を2次元配列といいます。3次元以上の配列を作ることもできます。

宣言した配列を実行文の中で使う時は，a(3)とか，b(2,5)のように，配列名にかっこを付け，それに次元の数だけ並べた整数値で番号を指定します。この番号で指定し

†7　出力形式の指定方法は4.3節（p.47）で説明しています。

た変数を“配列要素”と呼び，指定番号を“要素番号”とか“添字”と呼びます。配列宣言に記述した数値は要素番号の上限値であり，下限値は1です。たとえばa(10)の宣言ではa(1)からa(10)までの10個の配列要素が使用可能になります。また，2次元以上の配列の場合には各次元ごとの上限値を指定しているので，b(20,30)の宣言では全部で20×30＝600個の配列要素が使用可能になります。

問題によっては，要素番号として0や負数を使いたい時があります。このような時には，宣言の際に“:”を間に入れて，使用可能な要素番号の下限値と上限値を同時に指定します。たとえば，

```
real ac(-3:5),bc(-20:20,0:100)
```

と宣言すると，1次元配列acは，ac(-3)からac(5)までの9個が使用可能であり，2次元配列bcは，bc(-20,0)からbc(20,100)までの(20×2＋1)×(100＋1)＝4141個が使用可能です。

配列はコンピュータ内部における連続したメモリ領域で実現されています。たとえば，

```
real a(10)
```

と宣言された配列は，

a(1)	a(2)	a(3)	a(4)	a(5)	a(6)	a(7)	a(8)	a(9)	a(10)

のように並んだ実数型のメモリです。この時，10個しかメモリを確保していないのですから，a(10000)のように範囲外の要素番号を指定すると問題が起こります。

Fortranでの配列名は配列を代表する名称であると同時に，配列の先頭要素のメモリ位置（アドレス）を示します。たとえば，配列名aはa(1)を示します。また，ac(-3:5)のように下限値を指定して宣言した場合，配列名acはac(-3)を示します。

2次元以上の配列の場合は，左の方の要素番号から先に進むようにメモリ上で並んでいます。たとえば，

```
real b(3,2)
```

と宣言した場合，メモリ上での並びは

b(1,1)	b(2,1)	b(3,1)	b(1,2)	b(2,2)	b(3,2)

です。よって，配列名bはb(1,1)を示します。

1.8 継続行，複文，コメント文

計算式が非常に長くて，作成に使っているエディタウィンドウの横幅を越えると読みづらくなります。また，コンパイラによっては1行に書ける文字数に制限があるので，そのままではエラーになることもあります。そこで，1行の文を途中で改行して，複数行に分割して書くことができます。これを“継続行”といいます。継続行にするには，次の行に続けるという意志を示す印として，行末に“&”の文字を書きます。たとえば，

```
print *,alpha,beta,gamma,delta,epsilon,zeta,eta,iota,kappa,lambda
```

という1行は，

```
print *,alpha,beta,gamma,delta,epsilon &
      ,zeta,eta,iota,kappa,lambda
```

と分割して書くことができます。継続行は何行にわたってもかまいません。

長い文字列を書く時は，文字列の最後に“&”を付加して，次の行の文字列に継続させることができます。その際，次の行の開始文字の前にも“&”を書いておきます。たとえば，

```
print *,'ABCDEFG&
      &hijklmn'
```

と書けば，ABCDEFGhijklmnと出力されます。

逆に，1行に複数の文を書くことも可能です。これを“複文”といいます。2個以上の文を1行で書くには，文と文を分離する記号として“;”の文字を書きます。たとえば，

```
x = 1; y = 2; z = 3
```

のように書くことができます。

Fortranでは“!”の後に続く文字は全て無視されます。すなわち何を書いても実行とは無関係です。これをコメント文といいます。コメント文を機会あるごとにプログラム中に入れて，書かれている内容を表示しておくと，プログラムのメンテナンスが楽になります。たとえば，

```
!  sample program
   v = 3*pi*r*r*r/4  !  球の体積
```

の1行目のように，1列目に“!”を書けば，その行はコメント行になるし，2行目のように実行文の末尾に補足説明のように書くことも可能です。

第2章 手順のくり返しと条件分岐

第1章では，代入文やprint文などの単純な計算動作を並べたプログラムの書き方を説明しましたが，コンピュータの能力を使いこなすには，同じような動作を何度もくり返したり，条件に応じて異なる動作をさせる手順が必要です。本章ではこれらの書き方を説明します。また，goto文などによる無条件ジャンプについても説明します。

2.1 手順のくり返し --- do 文

実行文は基本的に上から下へ順に実行されますが，それだけでは類似した手順をくり返す時に，必要な回数だけ同じ文を書かねばなりません。そこで，ある範囲の手順を必要な回数だけくり返し行わせる手段としてdo文があります。do文を使う時の基本形は，

```
do 整数型変数 = 初期値, 終了値
    .......
    .......
enddo
```

です。最初のdoの行がdo文で，do文と最後のenddo文で範囲を指定した一連の実行文がくり返し実行されます。この範囲を“doブロック”といいます。また，プログラムの流れが循環するという意味で“doループ”ともいいます。do文の整数型変数を本書では“カウンタ変数”と呼びます。doブロックのくり返しは，カウンタ変数に“初期値”を代入することから開始して，doブロック内の手順を1回実行するごとにカウンタ変数に1を加えます。そして，カウンタ変数が“終了値”より大きくなった時点でくり返しを終了し，enddo文の次の文に実行が移ります。たとえば，

```
do m = 1, 10
   a(m) = m
enddo
```

と書けば，a(1)～a(10)までの配列要素に，1～10までの数値が順に代入されます。do文における，“カウンタ変数＞終了値”の判定はdoブロックの開始時にも行うため，初期値が終了値より大きい場合にはブロック内部が一度も実行されずにenddo文の次の文に実行が移ります。

次のように，do文に整数値をもう1個追加することで増分値を指定することもできます。

```
do 整数型変数 = 初期値, 終了値, 増分値
    .......
```

```
    .......
enddo
```

この時，カウンタ変数は初期値から開始して，“増分値”ずつ増加しながらdoブロック内の手順をくり返し，“カウンタ変数＞終了値”の時点で終了します。

たとえば，mが10以下の奇数の時のみ計算をしたい場合は，

```
do m = 1, 10, 2
    .......
enddo
```

と書きます。この時の終了値は10ですが，10は奇数ではないので計算しません。

増分値は負数を指定することもできます。負数の時にはカウンタ変数が減少していくので，“カウンタ変数＜終了値”になった時点で終了します。たとえば，100から順に下って1までくり返す時には以下のように書きます。

```
do m = 100, 1, -1
    .......
enddo
```

増分値が負数の時には，“初期値＜終了値”ならばdoブロック内部は一度も実行されません。

do文のカウンタ変数に増分値を加えるタイミングは，enddo文の実行時です。たとえば，

```
do m = 1, 3
   a(m) = m**2
enddo
```

というdoブロックを実行すると，ブロック終了後の，mは4です。doブロック終了時のmの値を利用する時は，このことを考慮しなければなりません。

次のように，doブロックの中に別のdoブロックを入れて多重にすることもできます。

```
do k = 1, 100
   a(k) = k**2
   do m = 1, 10
      b(m,k) = m*a(k)**3
   enddo
   d(k) = a(k) + b(10,k)
enddo
```

ただし，カウンタ変数は異なるものを使わなければなりません。これは，doブロック内でカウンタ変数を変更することが禁止されているからです。

よく使うので覚えておくと便利なのが，合計を計算するdo文です。たとえば，n要素の1次元配列，a(1)，a(2)，…，a(n)の中に数値データが入っている場合，これらの合計sumを求めるにはdo文を使って以下のように書きます。

```
sum = 0
do m = 1, n
   sum = sum + a(m)
enddo
```

このプログラムで重要なことは，do文の前で変数sumに0を代入していることです。これがないと正しい結果が得られないことがあります。

2.2 条件分岐 --- if文

条件に応じて異なる手順を行わせることを“条件分岐”といい，if文を使って指定します。最も単純に，一つの条件に応じて一つの文を実行するかしないかを決めるだけの時は単純if文を使います。単純if文は以下の形式です。

```
if (条件) 実行文
```

単純if文はかっこ内の“条件”が満足されれば，その右の“実行文”を実行し，条件が満足されなければ何もしないで次の文に実行が移ります。たとえば，

```
a = 5
if (i < 0) a = 10
b = a**2
```

と書くと，i＜0の場合にはa＝10となり，それ以外はa＝5のままなので，それに応じてbに代入される値が異なります。

しかし，単純if文には実行文が1個しか書けないので，実行したい文が複数ある時には使えません。また，条件に合った時の動作指定しかできないので，合わなかった時の動作を別に指定したい時には不便です。そこで，ブロックif文が用意されています。ブロックif文とは，if文の実行文のところをthenにした文のことで，以下のようにブロックif文とendif文で一連の実行文の範囲を指定します。

```
if (条件) then
    .......
    .......
endif
```

この指定された範囲を“ifブロック”といい，ブロックif文に書かれた条件を満足した時のみ，ifブロック内の実行文が実行されます。たとえば，

```
a = 5
b = 2
if (i < 0) then
   a = 10
   b = 6
endif
c = a*b
```

と書くと，i＜0の場合にはa=10，b=6の代入文を実行してからc=a*bを計算しますが，それ以外，すなわちi≧0の場合にはifブロック内を実行しないので，aもbも変化せず，a=5，b=2のままでc=a*bを計算します。

さて，この例で，i＜0という条件を満足しない時には，あらかじめa=5，b=2という代入をする必要がありません。このような「条件を満足しない場合」に別の動作をさせたい時にはifブロック内にelse文を挿入します。else文を挿入すると，ブロックif文で指定した条件を満足しない場合に，else文からendif文までの実行文が実行されます。たとえば上記のプログラムは，

```
if (i < 0) then
      a = 10
      b = 6
   else
      a = 5
      b = 2
endif
c = a*b
```

と書くことができます。このifブロックでは，i＜0の場合にはa=10，b=6を実行，それ以外の場合にはa=5，b=2を実行します。

また，条件を満足しない場合に，さらに別の条件を指定したい時にはelse if文を使います。else if文も条件はかっこで指定し，その後にthenを書きます。

```
if (i < 0) then
      a = 10
      b = 6
   else if (i < 5) then
      a = 4
      b = 7
   else
      a = 5
      b = 2
```

```
endif
c = a*b
```

この場合，i＜0の場合にはa=10，b=6を実行，0≦i＜5の場合にはa=4，b=7を実行，それ以外（i≧5）の場合はa=5，b=2を実行，となります。else if文による新たな条件はifブロック内に何個でも入れることができます。その場合は，“そのelse if文より以前の条件を全て満足しない場合に，その条件を満足すれば”という意味になります。これに対し，else文は最後の1回しか使えません。

数値計算でよく使う代表的な比較条件の書き方を表2.1に示します。

▼表2.1　比較条件の書き方

比較条件記号	記号の意味	使用例
==	左辺と右辺が等しい	x == 10
/=	左辺と右辺が等しくない	x+10 /= y-5
>	左辺が右辺より大きい	2*x > 1000
>=	左辺が右辺以上	3*x+1 >= a(10)**2
<	左辺が右辺より小さい	sin(x+10) < 0.5
<=	左辺が右辺以下	tan(x)+5 <= log(y)

さらに表2.2の論理演算記号を使えば，これらの条件を論理的につないだ条件や，否定した条件を与えることもできます。

▼表2.2　論理式の書き方

論理演算記号	演算の意味
“条件1” .and. “条件2”	“条件1”と“条件2”の両方を満足する
“条件1” .or. “条件2”	“条件1”と“条件2”の少なくとも片方を満足する
.not. “条件”	“条件”を満足しない

たとえば，

```
if (i > 0 .and. i <= 5) then
     a = 10
  else
     a = 0
endif
```

と書くと，iが0より大きく“かつ”5以下の時，すなわち0＜i≦5の時はa＝10になり，それ以外の時はa＝0になります。

なお，横着してこのブロックif文を，

```
if (0 < i <= 5) then    !  これはエラー
```

と書くことはできないので注意しましょう。

2.3 無条件ジャンプ --- goto文，exit文，cycle文

より一般的にプログラムの流れを変えたい時にはgoto文を使います。たとえば途中で計算を中断してプログラムの最初からやり直す，もしくは，最後の文に一気に移動して終了する，などの動作を指定する場合です。goto文を使えば，指定した行へ強制的に移動することができます。計算機的には，これを“ジャンプする”といいます。

goto文とは，以下のようにgotoの後に“文番号”と呼ばれる整定数を指定した文です。

```
goto 文番号
```

これに対し，このgoto文でジャンプしたい先の行には，以下のように実行文の前にスペースを1個以上空けて文番号を書きます。

```
文番号　実行文
```

goto文を使ったプログラム例を以下に示します。

```
   cd = 10
   goto 11      !  文番号11の行へジャンプ
   cd = 50
   ab = 20
   ij = 1
11  ab = 1000   !  この行へジャンプ
```

最後の行でab=1000の前に書かれた11が文番号です。この例では，最初のcd=10の実行後，cd=50からij=1までの文は実行されず，直ちにab=1000が実行されます。すなわち，cd=50，ab=20，ij=1の文は書いていないのと等価です。このように有無をいわさずジャンプすることを“無条件ジャンプ”といいます。

goto文でバックすることも可能です。たとえば，次のように書けば，指定した文番号22の行とgoto文の間の動作をくり返し実行します。

```
   cd = 50
22  ab = 200    !  この行へジャンプ
   cd = cd + ab - ef
   ef = 10
   goto 22      !  文番号22の行へジャンプ
   ij = 1
```

もっとも，この例ではいつまでたってもgoto文の次のij=1は実行されません。こういうのを“無限ループ”と呼び，プログラムエラーの一つです。計算結果に応じて条件分岐し，goto文より下の行へジャンプする別のgoto文や，プログラム自体を終了さ

せるstop文を挿入しなければ，プログラムは永遠に終了しません。

文番号を特定の実行文に付けずに位置を指定したい時には，continue文を指定します。continue文に動作はありません。たとえば，上記のプログラムは

```
   cd = 50
22 continue     !  continue文による位置指定
   ab = 200
   cd = cd + ab - ef
   ef = 10
   goto 22      !  文番号22の行へジャンプ
   ij = 1
```

のように書くことができます。

doブロック内部限定で使用できる無条件ジャンプ文にexit文とcycle文があります。ブロックのくり返し計算を途中で終了する時にはexit文を使います。たとえば，要素数nの配列a(n)に代入されている値を条件付きで平均するため，

```
sum = 0
do m = 1, n
   sum = sum + a(m)
   if (sum > 100) exit
enddo
ave = sum/n
```

のように書いたプログラムは，次のgoto文を使ったプログラムと等価です。

```
   sum = 0
   do m = 1, n
      sum = sum + a(m)
      if (sum > 100) goto 10
   enddo
10 ave = sum/n
```

なお，doブロックの中から外へのジャンプはできますが，外から中に入るジャンプは禁止されています。

doブロックの途中で実行を中断し，残りの部分をスキップして次のくり返しに移りたい時にはcycle文を使います。たとえば，

```
do m = 1, n
   sum = sum + a(m)
   if (sum > 100) cycle
   sum = sum*2
enddo
```

のように書いたプログラムは，次のgoto文を使ったプログラムと等価です。

```
   do m = 1, n
      sum = sum + a(m)
      if (sum > 100) goto 10
      sum = sum*2
10 enddo
```

doブロックが多重の場合，exit文やcycle文はその文を含む最も内側のdoブロックに対しての動作になります。より外側のdoブロックの外に抜け出たいなどの場合には，do文にラベルを付けてexit文やcycle文のジャンプ先を指定します。

ラベルを付けるには，do文とenddo文の2箇所にラベル名を付加します。たとえば，

```
   sum = 0
out: do m = 1, n
   do l = 1, n
         sum = sum + a(l,m)
         if (sum > 100) exit out
      enddo
   enddo out
   ave = sum/n
```

のように書くことができます。“out”がラベル名です。do文に付加するラベルは，ラベル名の最後にコロン(:)を付けて，doの前に書きます。これに対し，enddo文に付加するラベルは，対応するdo文と同じラベル名をenddoの後ろにスペースを入れて書きます。コロンは不要です。このプログラムは，

```
   sum = 0
   do m = 1, n
      do l = 1, n
         sum = sum + a(l,m)
         if (sum > 100) goto 10
      enddo
   enddo
10 ave = sum/n
```

と等価です。なお，複数のdo文にラベルを付ける時は，ラベル名が重複しないようにしなければなりません。

第3章 サブルーチン

サブルーチンは，メインプログラムと同じレベルの完結したプログラムです。メインプログラムと同様に動作開始点と終了点を持っていますが，異なるのは他のプログラムから起動してその機能を利用できる形式になっていることです。サブルーチンは，名前が異なれば複数記述することができますが，サブルーチンだけで構成されたプログラムを実行することはできません。

数値積分や微分方程式の解法のような数値計算プログラムでは，サブルーチンを用いてそれぞれの計算部分をパッケージ化し，問題に応じてそれらを利用するプログラムにしておくと便利です。また，計算機シミュレーションのように様々な機能を盛り込んだプログラムを書く時には，それぞれの機能に対応したサブルーチンに分割しておけば，プログラムの見通しが良くなり，メンテナンスが楽になります。

本章ではサブルーチンの作り方と使い方を説明します。なお，“ルーチン”とは，メインプログラムとサブルーチンの総称です。

3.1 サブルーチンの宣言と呼び出し

サブルーチンはsubroutine文で開始を宣言し，end subroutine文で終了します。すなわち，次のような構造にします。

```
subroutine subr1
   implicit none
   real a,b
   integer i
    .......
    .......
end subroutine subr1
```

先頭のsubroutine文で，subroutineの後に指定した文字の並び（この例ではsubr1）を“サブルーチン名”といいます。また，最後のend subroutine文にはsubroutine文と同じサブルーチン名を指定します。見てわかるように，メインプログラムと同じ構造です。サブルーチン内部のプログラムの書き方も基本的にメインプログラムと同じで，subroutine文の次にimplicit noneを書き，非実行文を上方に集約して，その後に実行文を書きます。サブルーチンはそれ自体で閉じているので，実行文中で使う変数や配列は，基本的にその内部で宣言しなければなりません。ただし，異なるルーチン間で共用可能な変数を別途用意することは可能です。これについては，3.5節（p.41）で説明します。

上の例では，subroutine文にサブルーチン名しかありませんが，これを“引数なしサブルーチン”といいます。これに対して，サブルーチン名の後に，かっこで囲んだ変数リストを付加することができ，これを“引数ありサブルーチン”といいます。以下に引数ありサブルーチンの一例を示します。

```
subroutine subr2(x,m,y,n)
   implicit none
   real x,y,a,b,z(10)
   integer m,n,i,k
    .......
    .......
end subroutine subr2
```

リスト中の変数を“引数”といいます。この例では，x，m，y，nが引数です。引数は，サブルーチンとそのサブルーチンを使うルーチンの間で数値を受け渡すために使います。引数もサブルーチン内部の変数なので，必要に応じた型宣言をしなければなりません。

サブルーチンを動作させてその機能を使う時は，call文を使ってそのサブルーチンを指名します。このため，サブルーチンを指名することを，“サブルーチンを呼び出す”とか“コールする”といいます。call文は以下のような形式です。

```
call サブルーチン名                              ! 引数なしサブルーチン用
call サブルーチン名(数値または変数のリスト)      ! 引数ありサブルーチン用
```

たとえば，先ほど出てきた，引数なしと引数ありの二つのサブルーチンを使う時は，それぞれ，次の(1)と(2)のようにコールします。

```
real z
integer m
call subr1       !......................(1)
m = 21
call subr2(10.0,100,z,m*5+1)      !....(2)
```

1.2節(p.15)で説明したように，計算式は計算結果の数値を動作命令に与えるので，call文の引数には，(2)の一番右のように計算式を与えることもできます。

サブルーチンだけのプログラムは実行できません。次のように，メインプログラムを付加したセットを構成して初めて一つのプログラムが完成します。

```
program stest1
   implicit none
   real x,y
   x = 5.0
   y = 100.0
   call subr(x,y,10)     ! サブルーチンの呼び出し
```

```
    print *,x,y
end program stest1

subroutine subr(x,y,n)
    implicit none
    real x,y
    integer n
    x = n
    y = y*x
end subroutine subr
```

ここでは，メインプログラムを先に，サブルーチンを後に書きましたが，逆でも問題ありません。サブルーチンが複数存在する場合も，ルーチンを記述する順番は実行結果とは無関係です。サブルーチンの中から別のサブルーチンをコールすることも可能です。

上記のプログラム実行の流れを図3.1に示します。

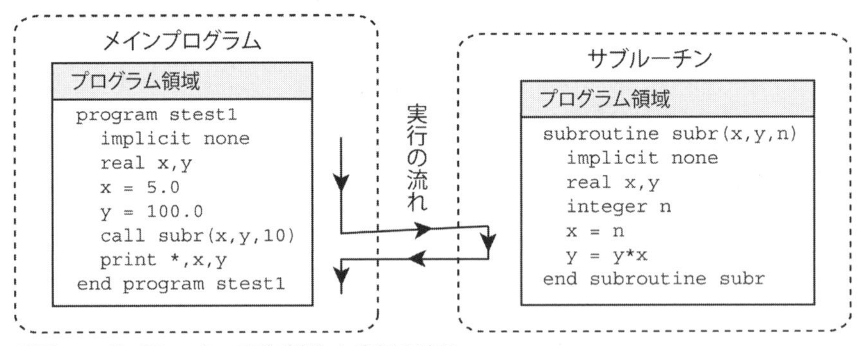

●図3.1　サブルーチンの呼び出しと実行の流れ

図3.1のように，メインプログラムの`call`文でサブルーチンを指名すると，サブルーチンの一番最初の実行文に動作が移り，サブルーチン内部の動作が完了すると，コールしたメインプログラムに戻って，その`call`文の次の文から実行を継続します。

条件に応じて，途中でサブルーチンの処理を打ち切って戻る時には`return`文を用います。

```
subroutine subr(x,y,m,n)
    implicit none
    real x,y
    integer m,n
     .......
    if (m < 0) return
     .......
end subroutine subr
```

この例では，m＜0の時にサブルーチンの処理が終了し，コールしたルーチンに戻ります。ここでreturn文の代わりにstop文を用いれば，プログラムの実行がその時点で終了します。

3.2 ローカル変数と引数

サブルーチン内部で宣言した変数や配列は，メインプログラムや他のサブルーチンから独立しています。すなわち，同じ名前を使っても全く別の変数です。たとえば，

```
program stest1
   implicit none
   real x,y
   x = 10.0
   y = 30.0
   call subr1
end program stest1

subroutine subr1
   implicit none
   real x,y
   print *,x,y
end subroutine subr1
```

と書いても，サブルーチンsubr1中のprint文によって出力されるxとyはメインプログラムで代入した10.0と30.0ではなく，全く無関係な数字です。逆に言えば，他のルーチンでの宣言を気にせずに変数や配列の名前を決めることができます。このルーチン内部でのみ有効な変数を“ローカル変数”といいます。

上記のプログラムを期待通り働かせるために，コール側ルーチンの数値をサブルーチンに伝えるのが引数です。たとえば，上記のプログラムを次のsubr2のように書き直せば，サブルーチン中のprint文で出力されるxとyは，メインプログラムと同じ10.0と30.0になります。

```
program stest2
   implicit none
   real x,y
   x = 10.0
   y = 30.0
   call subr2(x,y)
end program stest2
```

```
subroutine subr2(x,y)
   implicit none
   real x,y
   print *,x,y
end subroutine subr2
```

引数は，数値の受け渡しをするための窓口に過ぎないので，コール側の引数とサブルーチン側の引数の変数名を同じにする必要はありません。次のサブルーチンに置きかえても全く同じ動作をします。

```
subroutine subr2(a,b)
   implicit none
   real a,b
   print *,a,b
end subroutine subr2
```

外部からの影響を受けたり，外部に影響を与える，という性質を持つことを除けば，引数もローカル変数です。すなわち，コール側のルーチンからその詳細は見えません。見えるのは，引数という窓口の並びだけです。このため，引数ありサブルーチンを使う時に重要なポイントは，「引数の数」と「対応する引数の型」がcall文とsubroutine文とで一致していなければならないことです。たとえば，

```
program stest3
   implicit none
   real z
   integer n
   z = 200.0
   n = 21
   call subr3(10.0,z**2,100,n*5+1)
end program stest3

subroutine subr3(x,y,m,n)
   implicit none
   real x,y
   integer m,n
   print *,x,y,m,n
end subroutine subr3
```

というプログラムでは，表3.1のような対応になっています。

▼表3.1 サブルーチンの引数対応

call文	subroutine文	数値型
10.0	x	実数
z**2	y	実数
100	m	整数
n*5+1	n	整数

ここで注意すべきなのは，第1引数のxは実数型なので実定数10.0を与え，第3引数のmは整数型なので整定数100を与えていることです。もし，第1引数に同じ意味だろうと思って10という整定数を与えると，動作は保証されません。

サブルーチン内部の実行文で，引数に数値を代入すると，call文の対応する引数に与えた変数にその数値が代入されます。たとえば，

```
program stest4
   implicit none
   real x,y,p
   x = 10.0
   y = 30.0
   call subr4(x+y,20.0,p)
   print *,x,y,p
end program stest4

subroutine subr4(x,y,z)
   implicit none
   real x,y,z
   z = x*y
end subroutine subr4
```

と書くと，サブルーチンsubr4中のxはコール側のx+y，すなわち40.0であり，サブルーチン中のyはコール側の20.0なので，サブルーチン中のzにはx*yの計算結果である800.0が代入されます。この時，zが引数なので，call文の対応する位置にある変数pに800.0が代入され，call文の次のprint文ではx，y，pとして，10.0，30.0，800.0が出力されます。

このようにサブルーチンの引数に数値を代入することで，call文の引数変数に代入される数値を“戻り値”といいます。戻り値を使えば，サブルーチンの動作で得られた結果をコール側で受け取ることができます。ただし，call文の引数には定数を与えたり計算式を書いてもよい，と述べましたが，戻り値を代入する引数は別で，必ず変数か配列にしなければなりません。これは、値を返す場所（メモリアドレス）を引数に与える必要があるからです。

3.3 配列を引数にする場合

配列をcall文の引数にする時は，配列名を引数にすることも，配列要素を引数にすることも可能です。配列名は配列の先頭要素を代表するので，配列名を引数にすることと，その配列の第1要素を引数にすることは同じ意味になります。たとえば，real a(10)と宣言した1次元配列に対して，

```
call sub(a)  と  call sub(a(1))
```

は同じ動作をします。

与えた配列に対し，サブルーチン側でも配列として利用したい時は対応する引数変数を配列として宣言します。たとえば，上記のcall文に対して，

```
subroutine sub(x)
   implicit none
   real x(10)          ! 配列宣言
   integer i
   do i = 1, 10
      x(i) = i
   enddo
end subroutine sub
```

のように引数xを配列宣言すれば，サブルーチン側の配列xはコール側プログラムの配列aとして計算することができます。

この時，引数によってサブルーチン側に引き渡す情報は，コール側で指定した配列の先頭要素のメモリアドレスだけです。1.7節(p.21)で説明したように，配列はコンピュータ内部の連続したメモリ領域なので，先頭のメモリアドレスをサブルーチンに与えれば，サブルーチン側では先頭から何番目という指定で要素を特定することができます。サブルーチン側での引数配列の宣言は，配列の形状(次元や下限値)を指示するためのものです。このため，上記のサブルーチンを

```
call sub(a(3))
```

とコールすれば，a(3)を先頭要素とする配列を与えたことになり，サブルーチン側では，a(3)→x(1)，a(4)→x(2)，…という対応で計算します。

このため，コール側ルーチンで宣言した要素数とサブルーチンで宣言した要素数を一致させる必要はありません。引数配列をどう宣言するかは，サブルーチン内部の計算の都合に合わせて，サブルーチン側で決めることができます。よって，汎用性のあるサブルーチンにするには，配列のアドレス以外に，配列の要素数も引数にしてサブルー

チンに伝える必要があります。

配列の形状さえわかればいいのですから，サブルーチンで引数配列を宣言する時は，数字の代わりに“*”を書くことができます。たとえば，要素数nの1次元配列aに代入されているデータを，同じ長さの1次元配列bにコピーするプログラムは，以下のようになります。

```
subroutine copy(a,b,n)
   implicit none
   real a(*),b(*)
   integer n,i
   do i = 1, n
      b(i) = a(i)
   enddo
end subroutine copy
```

このように，サブルーチンの引数配列aやbの宣言を“*”にすることで，要素数が不定の1次元配列であることを明示しています[†1]。

“*”による宣言は2次元以上の配列でも使うことができますが，a(*,*)という形の宣言はできません。なぜなら，2番目の要素を進めるのは1番目の要素が上限値に達した時なので，1番目の要素数が不定では情報不足で進められないからです。“*”が使用できるのは，a(3,*)にように一番右の要素だけです。

そこで，“整合配列”と呼ばれる機能が用意されています。整合配列とはsubroutine文の引数の中にある整数型変数を利用して宣言した形の引数配列のことです。たとえば，以下のように宣言することができます。

```
subroutine copy2d(a,b,m,n)
   implicit none
   real a(m,n),b(m,n)
   integer m,n,i,j
   do j = 1, n
      do i = 1, m
         b(i,j) = a(i,j)
      enddo
   enddo
end subroutine copy2d
```

この例では，mとnが引数の中にあるので，これらを使って引数の配列aとbを宣言することができるのです。a(m,n)のような単純な宣言だけではなく，a(0:2*m,n-1)のような，下限指定や計算式を使った宣言も可能です。

†1　なお，“*”だけ書くと配列の下限値は1です。もし下限値を変更したい時には下限値も指定します。たとえば，配列aの下限値を0にする場合は，real a(0:*)と宣言します。

このサブルーチンの使用例を次に示します。サブルーチンの引数a，bにどんな要素数の2次元配列を与えても，コール側ルーチンにおける配列宣言と同じ要素数をm，nに与えれば，正しく動作します。

```
program stest1
   implicit none
   real a(10,20),b(10,20),c(100,200),d(100,200)
    .......
   call copy2d(a,b,10,20)
   call copy2d(c,d,100,200)
end program stest1
```

なお，コール側で下限値を指定して宣言した配列をサブルーチンで同様に使用するには，サブルーチン側でも同じ下限値を指定して宣言する必要があります。

3.4 関数副プログラム

sin(x)のように,引数を使って内部で計算した結果を計算式中で使うことができる“関数”を自作することもできます。これを“関数副プログラム”といいます。関数副プログラムは，サブルーチンとほとんど同じ構造ですが，以下のような違いがあります。

(1) subroutineの代わりにfunctionを書く
(2) 関数名を変数として宣言し，それに計算結果(関数値)を代入しなければならない

これ以外は，引数ありサブルーチンと同じです。引数に関する注意もサブルーチンと同じで，戻り値を代入する引数を含めることもできます。関数副プログラムとは，引数以外に戻り値を1個持つサブルーチンの変種だといえます。この戻り値が関数値になります。

関数副プログラムの一例を示します。

```
function square(x)
   implicit none
   real square,x           !  関数名の型宣言
   square = x*x            !  関数名に値を代入する
end function square
```

このように，function文で開始し，end function文で終了します。また，関数名squareを実数型宣言し，引数xの2乗を代入して終了しています。すなわち，この例は引数xに実数型の数値を与えると，x^2を関数値として与える関数になります。

関数副プログラムを使うことは，“関数名”という変数を使うことであると考えます。

このため，作成した関数を使用するルーチンでも関数名を型宣言する必要があります。たとえば，上例のsquareを使うには，

```
program ftest1
   implicit none
   real x,y,square           !  使用する関数名を型宣言する
   x = 5.2
   y = 3.0*square(x+1.0) + 50.5
   print *,x,y
end program ftest1
```

のように，squareという関数名を関数副プログラムでの宣言と同じ型で宣言しておかなければなりません。関数副プログラム中で宣言した関数名の型と，その関数を使用するルーチンで宣言した関数名の型が異なる場合には正しい結果が得られません。

3.5 モジュールを使ったグローバル変数の利用

ローカル変数のおかげで各ルーチンの独立性は保たれますが，引数でしかルーチン間のデータ受け渡しができないのは不便です。計算機シミュレーションのように様々な計算手順を組み込んだプログラムでは，ルーチン間で共用する変数が多数必要ですが，共用の変数を全て引数にするのは効率が悪く，エラーも発生しやすくなります。

そこで，ルーチン内部でのみ意味を持つ“ローカル変数”に対して，“グローバル変数”が用意されています。グローバル変数とは，どのルーチンから参照しても共通した値を保持している変数のことで，Fortranでは，モジュールとuse文の組み合わせで利用可能です。

モジュールとは，変数やサブルーチンなどを集めて一つのパッケージにしたもので，module文で開始してend module文で終了します。サブルーチンと同じ構造をしていることからわかるように，モジュールの記述は，メインプログラムやサブルーチンと同レベルです。たとえば，

```
module data1
   integer nmin,nmax
   real tinitial,amatrix(20,30)
end module data1
```

のように書きます。先頭のmodule文で，moduleの後に指定した文字の並び（この例ではdata1）を“モジュール名”といいます。また，最後のend module文にはmodule文と同じモジュール名を指定します。サブルーチンや関数副プログラムと異なり，モジュールはプログラムに記述しただけでは利用することができません。利用するルーチンの

先頭に，use文を使ってモジュール名を指定し，その利用を宣言する必要があります。use文は以下のような形式です。

```
use モジュール名
```

use文はimplicit文よりも前に書かなければなりません。モジュールを使ったプログラムの一例を以下に示します。

```
module global
   real xaxis,yaxis
end module global

program stest4
   use global
   implicit none
   xaxis = 5.0
   yaxis = 100.0
   call subr4
   print *,xaxis,yaxis
end program stest4

subroutine subr4
   use global
   implicit none
   print *, xaxis,yaxis
   yaxis = 25.0
end subroutine subr4
```

モジュールの中で宣言された変数や配列は，メインプログラムやサブルーチンとは独立して存在したデータ領域にあり，use文で利用を宣言すれば，どのルーチンからでも参照することができます。

モジュールは，名前が異なれば複数作成することも可能であり，一つのルーチンが複数のモジュールを利用することも可能です。また，あるモジュールが，別のモジュールを参照することも可能です。ただし，モジュールはuse文で利用を宣言するより前で（プログラムの上方で）定義されている必要があります。このため，通常はこの例のように全てのルーチンより前に記述しておきます。

モジュールで宣言されている変数は，use文を書くだけで利用できるという利便性がありますが，ルーチン内で明示的に宣言されていないので，不用意に使ってしまう可能性があります。そこで，次のようなonly句を使って，ルーチン内で必要な変数だけに宣言を限定することができます。

```
use モジュール名, only : 変数1, 変数2, ...
```

たとえば，前の例で，

```
use global, only : yaxsis
```

のように書くと，yaxsis以外の変数(xaxsis)は，このルーチンでは宣言されていないのと同等です。宣言されていない変数は，ローカル変数として別途宣言することも可能です。

3.6 サブルーチンや関数副プログラムを引数にする手法

ここまで説明したサブルーチンや関数副プログラムの引数は変数や配列でしたが，サブルーチンや関数副プログラムの名前を引数に持つサブルーチンや関数副プログラムを作ることも可能です†2。

サブルーチン名を引数にしたサブルーチンを作るのは簡単で，引数並びの中にサブルーチン名を入れるだけです。たとえば，

```
subroutine subrout(subr,xmin,xmax,n)
   implicit none
   real xmin,xmax,dx,y
   integer n,i
   dx = (xmax-xmin)/n
   do i = 0, n
      call subr(dx*i+xmin,y)      ! 引数subrを使ったcall文
      print *,i,y
   enddo
end subroutine subrout
```

のように書くことができます。この例では，subrが引数としてのサブルーチン名で，これをコールする文を書くことができます。関数副プログラムを引数にする場合も同様ですが，関数名の型宣言は必要です。たとえば，次のように書きます。

```
subroutine funcout(func,xmin,xmax,n)
   implicit none
   real func,xmin,xmax,x,dx,y    ! 引数funcが関数なので型宣言をする
   integer n,i
   dx = (xmax-xmin)/n
   do i = 0, n
      x = dx*i + xmin
      y = func(x)**3              ! 引数funcを関数として使う
```

†2　ここではサブルーチンと関数副プログラムを合わせて“外部副プログラム”と呼びます。

```
        print *,x,y
    enddo
end subroutine funcout
```

このように，外部副プログラムを引数に持つサブルーチンを作るのは簡単ですが，このサブルーチンを使用するコール側ルーチンでは，「引数が変数ではなく，外部副プログラムである」という宣言が必要です。この宣言はexternal文で行います。たとえば，

```
subroutine sub(x,y)
    implicit none
    real y,x
    y = 2*sin(x) + cos(x**2)
end subroutine sub

function fun(x)
    implicit none
    real fun,x
    fun = sin(x)**3
end function fun
```

というサブルーチンや関数副プログラムを引数にして，上記のサブルーチン（subroutやfuncout）をコールする時は，

```
program test_func
    implicit none
    external fun,sub          !  external文を使って宣言する
    call subrout(sub,0.0,3.0,10)
    call funcout(fun,0.0,3.0,10)
end program test_func
```

のように書きます。external文による宣言がないと，subやfunという単語が“変数”と見なされて，「型宣言されていない」というエラーになります。external文は非実行文なので，変数の型宣言と同様に，全ての実行文より前に書く必要があります。

なお，関数を引数に持つサブルーチンにsinやexpのような組み込み関数名を与えてコールする時は，external文の代わりにintrinsic文で宣言します。たとえば，

```
program test_sin
    implicit none
    intrinsic sin
    call funcout(sin,0.0,3.0,10)
end program test_sin
```

のように書きます。

第4章 データ出力とデータ入力

プログラムは計算結果を出力して初めて完結します。これまでは，1.6節 (p.20) で紹介したprint文でとりあえず画面に表示する方法を使ってきましたが，本章では好みに応じて数値の出力形式を変える方法や，ファイルに保存する方法について説明します。さらにデータを入力することでプログラムを変更せずに動作を変える方法についても説明します。

4.1 データ出力先の指定

これまでもたびたび登場しましたが，もっとも単純な出力命令はprint文です。

```
print form, データ1, データ2 ...
```

print文で出力すると，画面（正確には標準出力）にデータが表示されます。*form*は出力形式を指定するためのものですが，とりあえず"*"を書いておけば，データの数値型に応じた標準形式で表示します。たとえば，

```
print *, x, y(i), x**2+5, '   abc = ', 10
```

のように，データの位置には，変数や配列を与えても良いし，計算式や定数を与えることも可能です。また，文字列を適当に入れて，データの意味を並記することもできます。

画面ではなく，ファイルに出力する時はwrite文を用います。print文との違いは，出力先を指定する整数値*nd*と出力形式指定の*form*をかっこで記述することです。

```
write(nd,form) データ1, データ2 ...
```

*nd*を装置番号といいます。装置番号は，出力ファイルを識別する数字で，任意に選ぶことができます。また，変数や整数値を結果とする計算式を与えることもできるので，条件に応じて出力先を変更することも可能です。*nd*に適当な整数を与えてwrite文を実行すると，"fort.*nd*"という名のファイルに出力されます[†1]。たとえば，

```
write(20,*) x,y,z
```

と書けば，x, y, zの値が"fort.20"という名前のファイルに出力されます。この例のように，

†1 "fort"の部分はコンパイラに依存します。ファイル名は4.6節 (p.55) で説明するopen文を使えば変更することができます。また，コンパイラによっては，open文を使わなくても装置番号に対応する環境変数の指定で，任意の名前を持つファイルに変更することが可能です。

$form$に“*”を与えれば，print文と同じく，データの数値型に応じた標準形式で出力します。

なお，原則として$nd \geqq 10$にして下さい。これは，Fortranコンパイラの仕様によって，1桁の数値は予約されている可能性があるからです。たとえば，$nd=6$にすればprint文と同じ標準出力の指定になるので，write(6,*)と書けば，ファイルへの出力はなく，画面に表示されます。

4.2 配列の出力，do型並び

出力文において，データの位置に配列名を書けば，全要素が並んで出力されます。たとえば，

```
real a(3)
do i = 1, 3
   a(i) = i
enddo
print *,a
```

というプログラムを実行すると，

```
   1.00000000000000   2.00000000000000   3.00000000000000
```

のように，配列要素が先頭から順に並んで出力されます。この時，配列要素が多いと適当に改行を入れて出力されますが，全要素を出力する必要がない時には不便です。

そこで“do型並び”が用意されています。do型並びとは，

```
(データ1,データ2,...,整数型変数 = 初期値, 終了値)
```

のような，データリストと制御指定をかっこで囲んだ形式です。これをprint文やwrite文のデータの位置に記述すれば，do文のように，整数型変数が初期値から終了値まで1ずつ増えていき，その変数で指定した，データ1,データ2,...という並びをその位置に書き込んだのと同等の動作をします。do型並びを複数並べたり，通常のデータと並べて書くこともできます。たとえば，

```
print *,5*x,(a(i),b(i),i=1,3)
```

は，“print *,5*x,a(1),b(1),a(2),b(2),a(3),b(3)”と書くことと同等です。

do文と同様に，3番目の数として増分値を付加することもできます。

```
(データ1,データ2,...,整数型変数 = 初期値, 終了値, 増分値)
```

たとえば,

```
print *,(a(i),i=10,1,-2)
```

は, “print *,a(10),a(8),a(6),a(4),a(2)”と書くことと同等です。

do型並びは多重にすることもできます。たとえば,

```
print *,((a(i,j),j=1,3),i=1,3)
```

は, “print *,a(1,1),a(1,2),a(1,3),a(2,1),a(2,2),a(2,3),a(3,1),a(3,2),a(3,3)”と書くことと同等です。この例のように, 多重の時には内側の整数型変数(この例ではj)が先に進みます。

なお, do型並びの整数型変数は, do文のカウンタ変数に相当します。このため, do型並びの入っている出力文をdoブロックの中に入れる時には, do文のカウンタ変数と重複しないようにしなければなりません。

4.3 出力における書式指定

これまで“*”を書いていた*form*の位置に書式指定を記述すれば, 小数点以下の桁数を小さくしたり, 必要に応じて数字と数字の間にスペースを入れたり, 改行を入れたりすることができます。

書式の指定方法は2種類あります。一つはformat文による指定です。一例を示します。

```
   real x,y
   integer n
   x = 1.5;   y = 0.03;   n = 100
   print 600,x,y,n                    !  600はformat文の文番号
600 format('  x = ',f10.5,'   y = ',es12.5,'   n = ',i10)
```

最後の文がformat文です。format文は, サブルーチンの引数のように, 出力形式の指定をリストにしてかっこで囲み, 先頭に文番号を付けます。この文番号をprint文やwrite文の*form*に指定すれば, その指定にしたがってデータが整形されて出力されます。この例では, 600が*form*指定の文番号です。文番号は重複できないので, ルーチン内ではformat文ごとに異なる数字をつけなければなりません。

複数のprint文やwrite文が同じformat文を指定するのは可能です。たとえば, 次のように共用することができます。

```
   real x,y,u,v
   integer n,k
```

```
   x = 1.5;    y = 0.03;    n = 100
   u = 2*x;    v = y**2;    k = -n
   print 600,x,y,n
   write(20,600) u,v,k
600 format('   x = ',f10.5,'    y = ',es12.5,'    n = ',i10)
```

なお、formatは書式を記述するためのものであり，コンピュータの動作はありません。このため，非実行文より後でさえあれば，指定するprint文やwrite文より前に書くことも可能です。

書式を指定するもう一つの方法は，文字列を使って*form*の位置に直接書式を記述するというものです。たとえば，上記のformat文の書式をprint文やwrite文に埋め込んで，

```
print "(' x = ',f10.5,'    y = ',es12.5,'    n = ',i10)",x,y,n
write(20,"(' x = ',f10.5,'    y = ',es12.5,'    n = ',i10)") u,v,k
```

のように書くことができます。この時，“format”の文字は不要ですが，両端のかっこは必要です。なお，Fortranでの文字列は2個の「'」で囲むのが基本ですが，「"」も使えるので，書式の内部に「'」が入っている時には「"」で囲みます。

出力における書式の指定方法を上記のformat文を例にして説明しましょう。まず，指定した書式中の文字列はそのまま出力されます。この例では，'   x = 'や，'   y = 'は，スペースも含めてそのまま出力されます。

次に，出力文中のデータ値の並びに対し，それぞれの出力形式を指定する“編集記述子”を選んで，前から順に記述します。この例では，f10.5，es12.5，i10，が編集記述子で，print文の並びに対し，

```
   print 600,           x          ,          y         ,        n
                        ↓                     ↓                  ↓
600 format('   x = ',f10.5,'    y = ',es12.5,'    n = ',i10)
```

という対応で出力形式を指定しています。文字列と，編集記述子で指定したデータ値は，その並び順に出力されます。よって，このprint文を実行した時の出力は以下のようになります。

```
   x =    1.50000    y =  3.00000e-02    n =          100
```

出力形式を指定する編集記述子の主要なものを表4.1に示します。データの数値型に応じた編集記述子を使用しないと正しい値が出力されないので注意して下さい。なお，表4.1で斜体文字(w,m,d)は整定数で指定します。ここでは編集指定の文字(FやESなど)を指定数(wなど)と区別するために大文字で書きましたが，小文字でも同じ意味です。

▼表4.1　主要な編集記述子

編集指定	数値型	編集の意味
Iw	整数	幅wで整数を出力する
I$w.m$	整数	幅wで整数を出力する 出力整数の桁がmより小さい時には，先頭に0を補う（$w \geqq m$）
F$w.d$	実数	幅wで実数を固定小数点形式で出力する dは小数点以下の桁数（$w \geqq d+3$）
E$w.d$	実数	幅wで実数を浮動小数点形式で出力する dは小数点以下の桁数（$w \geqq d+8$） 仮数部の1桁目は0になる
G$w.d$	実数	幅wで実数を固定小数点形式または浮動小数点形式で出力する どちらになるかは，実数の指数部の大きさで決まる dは小数点以下の桁数
ES$w.d$	実数	幅wで実数を浮動小数点形式で出力する（dはE編集と同じ） 0以外の数値を出力すると，仮数部の1桁目は1から9になる
EN$w.d$	実数	幅wで実数を浮動小数点形式で出力する（dはE編集と同じ） 0以外の数値を出力すると，仮数部の整数部は1以上1000未満となり，指数部は3で割り切れる数になる
A	文字列	文字列をそれ自身の長さの幅で出力する
Aw	文字列	幅wで文字列を出力する

たとえば，`i10`は整数型値を幅10文字で出力することを意味し，`f10.5`は実数型値を幅10文字，小数点以下5桁で出力することを意味しています。このため，

```
real x,y
integer m,n
x = 1.5;    y = 0.03;    m = 100;    n = 10
print "(f10.5,f10.5,i10,i10.5)",x,y,m,n
```

というプログラムの出力は，

```
   1.50000   0.03000       100     00010
+----+----+----+----+----+----+----+----+
```

となります。2行目の目盛りは位置を確認するために書いたものですが，10文字の中に右寄りで出力されているのがわかります。なお,出力文字数が指定の幅wを越えると，“`*****`”のように“`*`”がw個出力されます。

E編集を使って実数を浮動小数点形式で出力すると，小数点の前が0になります。たとえば，

```
real x,y
x = 1.5
y = 3.14e10
print "(e15.5,e15.5)",x,y
```

の出力結果は,

```
    0.15000e+01     0.31400e+11
```

となります。これでは感覚的にわかりにくいし,表示字数が1個無駄になります。そこで,ES編集やEN編集を使う方が良いでしょう。たとえば,

```
real x
x = 3.14e10
print "(es15.5,en15.5)",x,x
```

の出力結果は,

```
    3.14000e+10   31.40000e+09
```

となります。

各編集記述子と出力の数値は1対1対応にしなければならないので,配列を出力する時には出力要素数と同数の編集記述子を書かなければなりません。この時,同じ編集記述子をくり返すならば,編集記述子の前に整数rを付加して,“r回反復する”という指定ができます。たとえば,“3f10.5”は“f10.5,f10.5,f10.5”と書くことと同等です。

さらに,実数,整数,実数,整数のようなくり返しの時には,かっこで囲んで反復指定をすることができます。たとえば,次のように書くことができます。

```
real x,y
integer m,n
x = 1.5;   y = 0.03;   m = 5;   n = 100
print "(2(f10.5,'  ',i7))",x,m,y,n
```

このprint文の書式は,“(f10.5,' ',i7,f10.5,' ',i7)”と書くことと同等です。

複素数は,“実部,虚部”という実数のペアであり,計算機内部的には要素数2の1次元配列と同型です。このため,複素数を出力する時は,複素数1個あたり,実数の編集記述子を2個並べる必要があります。たとえば,以下のように書きます。

```
complex x
c = (1.0,-2.0)
print "(4f8.3)",c,c**2
```

この出力結果は,

```
   3.000  -2.000   5.000 -12.000
```

となります。

なお，書式の中にある編集記述子の数よりも出力文のデータ値の方が多い場合には，編集記述子の数だけ出力した後で改行し，同じ書式を再度使って残りのデータ値を出力します。文字列が入っていれば，文字列も再度出力されます。

逆に，書式の中にある編集記述子の数よりも出力文のデータ数の方が少ない場合には，対応するデータ値が無くなった段階で終了し，残りの編集記述子は無視されます。無視された記述子以降は文字列などが入っていても全て無視されます。そこで，配列を出力する時などは，反復指定に大きめの数値を与えておくことができます。

たとえば，

```
real a(4)
integer m
a(1) = 2.25;    a(2) = 30.2
a(3) = 400.7;   a(4) = 5000.6
print "(10(f10.2,'cm  '))",(a(m),m=1,4)   !  反復指定は10
```

のように，反復指定を10回にしておいても，出力結果は，

```
    2.25cm        30.20cm        400.70cm       5000.60cm
```

となります。

文字列のように，出力文中のデータ値との対応がない編集記述子もあります。いくつかを表4.2に示します。

▼表4.2　出力文中のデータ値との対応がない編集記述子

編集指定	編集の意味
/	改行する
r/	r回改行する
rX	r個スペースを挿入する
$	print文やwrite文終了時の改行を抑制する
:	出力文中の数値の出力が終わった時点で以後の書式指定による出力を打ち切る

ここで，rは整定数で指定します。たとえば，2次元配列a(3,3)の配列要素を3行3列の行列のように1行あたり3個ずつ出力する時は，スラッシュ（/）編集を使って，

```
real a(3,3)
 .......
print "(3(3f12.5/))",((a(i,j),j=1,3),i=1,3)
```

と書くことができます。

4.4 データ入力

プログラムが実行している時，そのプログラム中の指定した変数に外部からデータを代入することを“入力する”といいます。計算条件を設定するための変数にデータを入力できるようにしておけば，プログラムの実行を開始してから条件を設定して，それに応じた計算をさせることができます。

データ入力にはread文を用います。

```
read(nd,*) 変数1，変数2，...
```

ndは装置番号で，ndに適当な整数を与えると“fort.nd”という名のファイルから入力します[†2]。装置番号に関する条件や注意事項は出力の場合と同じで，原則として$nd \geqq 10$にして下さい。出力ファイルと違うのはfort.ndという名のファイルが存在していなければエラーになるので，あらかじめ用意しておかなければならないことです。なお，“*”の位置には，write文のような書式指定ができますが，あまり使うことがないので説明は省略します。

たとえば，fort.30という名前のファイルに，

```
5.21.5 3
```

と書いて保存しておき，プログラム中に，

```
read(30,*) x,y,z
```

と書けば，このread文の実行後，x＝5.2，y＝1.5，z＝3.0となって実行が継続します。入力ファイルに改行が入っていても，read文の変数入力が完了するまで読み込みを続けるので，fort.30の入力数値は次のように3行に分けて書くこともできます。

```
5.2
1.5
3
```

read文の実行時に，ファイルが存在しなかったり，データが足らない場合には，エラーになってプログラムが強制終了します。これに対し，read文が要求する数値よりもファイルに書かれている数値の方が多い場合は，read文に記述されている全ての変数に数値が代入された時点で入力が終了します。この後，別のread文で再び入力を実行すると，最後に読み込んだ行の次の行から入力を再開します。たとえば，fort.20という名前のファイルに，

†2　出力ファイルと同様，“fort”の部分はコンパイラに依存します。ファイル名の変更に関しても出力ファイルと同様です（4.1節の脚注参照（p.45））。

```
5.2    1.5
10     20
```

と書いて保存しておき，プログラム中に，

```
read(20,*) x,y
read(20,*) m,n
```

と書けば，この2回のread文の実行後，x＝5.2，y＝1.5，m＝10，n＝20となります。read文の処理は行単位で行われるので，最後に読み込んだ行に余分な数値が書かれている場合は無視されます。たとえば，上記のfort.20を書き換えて，

```
5.2    1.5    30    40
10     20
```

のように1行目に数字を余分に書いても，2回目のread文の結果は変わりません。

read文の変数の位置には，配列名や，do型並びを書くこともできます。これらは，出力と入力という方向が異なりますが，入力要素数やくり返しの意味は同じです。

ファイルではなく，キーボード（正確には標準入力）を使って入力したい時には，以下のように書きます[†3]。

```
read *, 変数1, 変数2, ...
```

この文を実行すると，プログラムの動作が一時停止し，キーボードからの数値入力を待つ状態になります。そこで，適切な数値をキーボードから入力すると，その数値を所定の変数に代入した後，実行が再開します。

ファイルからデータを入力する時，上記のように要求したファイルが存在しなかったり，書き込まれたデータ数が不足している時は，実行時エラーになります。これを防ぐため，read文中にエラー処理指定を入れることができます。

```
read(nd,*,err=num) 変数1, 変数2, ...
```

ここで，*num*には文番号を与えます。このread文を実行した時，入力エラーが起こると*num*で指定した文番号の行へジャンプします。たとえば，

```
    do k = 1, 100
       read(10,*,err=999) x,y,z
       .......
    enddo
999 x = 100
```

と書けば，エラーが起こると文番号999の行にジャンプして，その行から実行を継続します。

†3　標準入力の装置番号は5です。よって，“read *,”と書く代わりに，“read(5,*)”と書くこともできます。

もし“ファイルの終了”，すなわち，データを入力する時に，それ以上入っていなかった，という場合を検知するだけなら，err=*num*の代わりにend=*num*と書くこともできます。入力データ数が不明の時には，err指定やend指定を入れておいて，データ終了時点で次の処理に進むようなプログラムにしておくと良いでしょう。

4.5 書式なし入出力文による バイナリ形式の利用

これまで，print文・write文による出力やread文による入力には，文字を使って表現した数値を用いていました。この文字による表現を“テキスト形式”といいます。しかし，計算機内部の数値は2進数で表現されているので，入出力時に2進数と10進数文字表現というデータ変換が必要ですし，文字に変換することでデータ量が増える可能性もあります。そこで，大量のデータを精度を落とさずに保存する時は，内部表現のままで保存するのが有効です。この内部表現を“バイナリ形式”といいます。Fortranでバイナリ形式の入出力を行う時は，write文やread文において*form*を省略した書式を用います。これを“書式なし入出力文”といいます。これに対し，これまで説明してきた*form*を指定するwrite文やread文は“書式付き入出力文”です。

書式なしwrite文は，次のように装置番号だけをかっこ内に指定したwrite文です。

```
write(nd) データ1, データ2, ...
```

また，書式なしread文は，装置番号だけをかっこ内に指定したread文です。

```
read(nd) 変数1, 変数2, ...
```

書式なしread文は，書式付きread文と同様に，文番号*num*を使って，

```
read(nd,err=num) 変数1, 変数2, ...
```

のように，err=*num*やend=*num*を追加したエラー発生や終了時の処理をすることもできます。

書式なしwrite文で作成したバイナリ形式ファイルから，書式なしread文を使ってデータを読み込む時にはいくつか注意が必要です。まず，write文で出力した時のデータと同じ数値型の変数を同じ順番でread文に並べる必要があります。たとえば，

```
real x,y
integer n
x = 10.0;   y = 100.0;   n = 10
write(20) x,n,y
```

というプログラムで作成されたfort.20というファイルから数値を入力するには，

```
real x,y
integer n
read(20) x,n,y
```

のように書かなければなりません。この場合，xもnも同じ10だからと思って，

```
read(20) n,x,y
```

と入力すると，出力と数値型の異なるnとxには，正しい値が代入されません。

また，テキスト出力のような“改行”はありませんが，write文1回ごとに印(ヘッダ)が付くので，write文1回の出力に対し，read文1回で入力しなければなりません。ただし，write文1回で書き込まれたデータ数よりもread文1回で入力するデータが少ないのは問題ありません。この時，入力しなかったデータは読み飛ばします。

4.6 ファイルのオープンとクローズ

write文やread文を使ってファイルから入出力をする場合，何も指定がなければ，装置番号*nd*を付加した“fort.*nd*”という名のファイルを使用します。これに対し，任意の名前を持つファイルを使いたい時には，open文を使って入出力文の実行前にファイル名を指定しておきます。これを“ファイルをオープンする”といいます。open文は以下の形式です。

```
open(nd,file=name [, form=format] [, status=stat] [, err=num] )
```

[ ]は，その内容が省略可能という意味です。それぞれの記述(制御指定子)の意味を表4.3に示します。

▼表4.3　open文の制御指定子の意味

指定子	指定情報	指定子の意味と注意
nd	装置番号	整数を与える(整数型変数や整数式を与えることも可能) オープンした後，read文やwrite文の装置番号として使う
name	ファイル名	文字列で指定する(文字変数も可能) ファイル名は大文字・小文字を正しく指定する必要がある
format	ファイル形式	文字列で指定する 省略するとテキスト形式の入出力が仮定される バイナリ形式の入出力を使う時は「'unformatted'」を指定する
stat	ファイル情報	文字列で指定する 既存のファイルを使う時は「'old'」を，存在しないファイルを使う時は「'new'」を指定する 条件に合わないとエラーが発生する
num	文番号	エラーの時にジャンプする行の文番号を指定する 省略すると，エラーが起きた時はプログラムが強制終了する

たとえば，装置番号10のテキスト形式ファイルを“text.out”という名にする時は，

```
open(10,file='text.out')
```

と書きます。また，装置番号30のバイナリ形式ファイルを“binary.dat”という名にする時は，

```
open(30,file='binary.dat',form='unformatted')
```

と書きます。ただし，既存のファイルを指定してwrite文で書き込むと，それまで書き込まれていたデータが上書きされて消えるので注意が必要です。上書きを防ぎたい時には，

```
open(30,file='binary.dat',form='unformatted',status='new',err=999)
```

のように，status='new'とerrを指定します。statusに'new'を指定すると，ファイルが存在しなければ新しく作成しますが，存在すればエラーになるので，errで指定した文番号999の行にジャンプします。

逆に，ファイルが入力用の時は，status='old'を指定して，その存在をチェックした方が良いでしょう。たとえば，バイナリ形式ファイル“binary.in”を入力ファイルとして装置番号20に指定するには，

```
open(20,file='binary.in',form='unformatted',status='old',err=999)
```

のように書きます。このopen文では，オープンした時点でファイルが存在しなければエラーになり，err=999で指定した文番号999の行へジャンプします。

ファイルに出力する場合，write文実行時の出力命令のタイミングと実際にディスクに書き込まれるタイミングは必ずしも一致していません。これは入出力ハードウェアを効率よく運用するために，一時記憶領域への読み書きが介在するためです。このため，確実に書き込みを完了させたい時にはファイルをクローズします。クローズは，次のclose文で行います。

```
close(nd)
```

ndはクローズするファイルの装置番号です。たとえば，装置番号30のファイルをクローズする時は，

```
close(30)
```

のように書きます。close文を実行すると，その時点までに装置番号ndに出力した全てのデータがディスクに書き込まれます。また，装置番号ndが未使用になるので，新たに別のファイルをオープンする時に使うことも可能です。

第5章 知っておくと便利な文法

ここまで説明した基本的文法を使えば，原理的にはどんな数値計算プログラムでも書くことができます。しかし，Fortranにはこの他にもたくさんの文法が用意されていて，汎用性の高いプログラムにしたり，計算精度を上げたり，細かい動作制御をするような記述が可能です。本章では，その中の便利なものをいくつか紹介します。これらは，実践編の解答プログラム例でも使っているところがあるので，必要に応じて読んでください。

5.1 拡張宣言文による変数の属性指定

これまで変数や配列の宣言に使っていた宣言文は，

```
型指定 変数1, 変数2, ...
```

という形式でした。ここで，“型指定”には“integer”とか，“real”のような数値型を記述し，“変数”には変数名か，配列名とその要素数を記述します。この宣言文は，データ領域におけるメモリの確保という意味もあります。

さて，変数や配列には，型以外の属性を付加したり，初期値を代入したりすることができます。この場合には，以下のように拡張された宣言文を使います。

```
型指定 [,属性1, 属性2, ...] :: 変数1 [=数値1] ,変数2 [=数値2], ...
```

ここで，角かっこ，“[”と“]”は，この中が省略可能であるという意味で使っているだけなので，角かっこ自体は書かないで下さい。この宣言文を本書では“拡張宣言文”と呼びます。拡張宣言文を使用する時は，型指定部と宣言する変数や配列の間にコロン2個“::”を書く必要があります。また，“属性”には宣言する変数の特性を指定するための予約語を記述します。属性も数値も省略して，単に型指定と変数の間に“::”を書いただけの宣言文は，書かずに宣言した単純な書式と同じ意味です。

属性を書かずに，単に数値を代入した形で宣言すると，その変数に指定した数値を代入して，プログラムの動作が開始することを意味します。たとえば，

```
integer :: imax=10, jmax=100
real :: xx=1.0, yy=2.0
```

のように宣言すると，それぞれの変数に指定された値を代入した状態で動作が開始します。ただし，この宣言文中での数値代入は一度だけです。サブルーチン中で数値代入した変数を宣言しても，コールするたびに数値が代入されるのではありません。こ

のため，その変数を実行文で変更すると，その変更した結果が残ります。たとえば，

```
program stest1
   implicit none
   call subr1
   call subr1
   call subr1
end program stest1

subroutine subr1
   implicit none
   integer :: n=1
   print *,n           !  コールするたびにnは増加する
   n = n + 1
end subroutine subr1
```

というプログラムでは，メインプログラムでサブルーチンsubr1が3回コールされていますが，サブルーチン中のprint文の出力は，1回目が1，2回目が2，3回目が3，となります。

さて，上記のサブルーチンの動作を考える時に注意しなければならないことがあります。3.2節(p.35)で，ローカル変数はルーチンごとに独立しているという説明をしましたが，変数のメモリ領域には2種類あります。一つはサブルーチンをコールする時に一時的に生成されるメモリ領域で，もう一つはプログラム開始時から常に確保されたメモリ領域です。本書では，前者を"一時メモリ領域"と呼び，後者を"固定メモリ領域"と呼ぶことにします。

メインプログラムの変数とモジュール内のグローバル変数は，全て固定メモリ領域に所属します。これに対し，サブルーチン内部の単純な型宣言文で宣言したローカル変数は，一時メモリ領域に所属します。一時メモリ領域に所属する変数は，サブルーチンを呼び出すたびに生成されるので，前回代入した値がそのまま残っているとは限りません。たとえば，

```
program stest2
   implicit none
   call subr2(1)
   call subr2(2)
end program stest2

subroutine subr2(n)
   implicit none
   integer n
   real x,y
```

```
    if (n == 2) print *,x,y        !  この出力値は不定
    x = 10.0
    y = 100.0
end subroutine subr2
```

のようなプログラムを書いたとします。1回目のcall文，call subr2(1)で，ローカル変数xとyに，それぞれ10.0と100.0という値が代入されますが，2回目のcall文，call subr2(2)を実行した時に，print文で出力したxとyが10.0と100.0になる保証はありません。

これに対し，拡張宣言文を使って初期値を代入したローカル変数は，固定メモリ領域に所属します。最初のサブルーチン例，subr1の変数nが，コールするごとに1ずつ増加した値を出力するのは，初期値1を代入して宣言することで固定メモリ領域に所属させたためです。

変数の初期値が未定の時や，ローカル配列を固定メモリ領域に所属させたい時は，変数にsave属性を指定します。たとえば，上記のサブルーチンsubr2を以下のように書き換えれば，2回目のコールで10.0と100.0が出力されます。

```
subroutine subr2(n)
    implicit none
    integer n
    real, save :: x,y            !  save属性を指定
    if (n == 2) print *,x,y
    x = 10.0
    y = 100.0
end subroutine subr2
```

拡張宣言文の属性をいくつか紹介します。たとえば，10×10の2次元実数型配列を5個用意する時，通常の宣言では，

```
real a(10,10), b(10,10), c(10,10), d(10,10), e(10,10)
```

のように書きますが，dimension属性を使えば，これを次のように書くことができます。

```
real, dimension(10,10) :: a, b, c, d, e
```

すなわち，dimension属性に配列の形状（次元や要素数）を書いておけば，宣言する変数の位置には，配列名を記述するだけになります。

配列を宣言する時に便利なのが，parameter属性を指定した変数，parameter変数です。parameter変数には必ず値を代入しなければなりません。たとえば，

```
integer, parameter :: imax=10, jmax=200
```

のように書くと，imaxとjmaxがparameter変数になります。parameter変数は，“変数

＝数値”の形式で変数名と数値の対応関係を示しているだけであり，メモリとしての実体はありません。このため，実行文を使って値を変更することはできません。

この対応関係を使った“変数”から“数値”への置き換えは，コンパイルの段階で行われるので，非実行文である宣言文でも使えます。たとえば，

```
integer, parameter :: imax=100, imax2=imax**2
real a(imax-1),b(0:imax*2),c(-imax2:imax2)
```

のように書くことが可能です。このプログラムは，以下のプログラムと同等です。

```
integer, parameter :: imax=100, imax2=10000
real a(99),b(0:200),c(-10000:10000)
```

ただし，imax2のように他のparameter変数の計算式に代入する時は，代入される変数(imax2)が，代入する計算式に使う変数(この例ではimax)より後で宣言されなければなりません。

5.2 数値型の精度指定

1.3節(p.16)で，基本的な数値型には整数型と実数型があり，実数型には単精度実数型と倍精度実数型があるという話をしました。Fortranのデフォルト実数型は単精度ですが，コンパイラの自動倍精度化機能を使えばデフォルトを倍精度実数型に変更できるので，本書では2種類の実数型を区別せず，単に“実数型”と表現しています。しかし，大量の実数型データをバイナリ形式で保存する時には，保存容量を圧縮するために精度を落とすことが考えられますし，“4倍精度実数”という倍精度よりも有効桁数の多い実数型を使えば，より高精度の計算をすることも可能です。ここでは，定数や変数の精度を変更する書式について説明します。

変数の精度を指定する代表的な書式は以下の通りです[†1]。

```
型指定(精度数)　変数1, 変数2, ...
```

ここで，“精度数”のところには，数値型のbyte数を整定数で指定します。実数型の場合，単精度なら4，倍精度なら8，4倍精度なら16です。5.1節(p.57)で述べた属性や数値代入を含む拡張宣言にする時は，“(精度数)”の後に属性を書きます。

```
型指定(精度数)[,属性1, ...] :: 変数1[=数値1],変数2[=数値2], ...
```

†1　古いFortranでの型指定は，real*8のように，“型指定*精度数”という形式でした。古いプログラムを利用する場合には注意して下さい。

たとえば，単精度実数型変数を宣言するには,

```
real(4) xs2,ys2,as2(100)
real(4), save :: z1,z2
```

のように書きます。また，通常の整数型は4byteですが，精度の高い8byteの倍精度整数型 $(-2^{63} \sim 2^{63}-1)$ を利用する時には,

```
integer(8) n82,m82,k82(100)
```

のように書きます。

精度数は，5.1節(p.57)で説明したparameter変数を使って指定することもできます。

```
integer, parameter :: kp=16
real(kp) xq2,yq2,aq2(100)
```

parameter変数で精度指定をしておけば，計算機環境に応じて精度を変更する必要がある時に便利です。

ただし,高精度の計算をする場合は,定数も高精度にしなければなりません。たとえば, "1.23"と書けばデフォルトの実数型になるので，本書の暗黙指定では倍精度実数型です。よって，このまま4倍精度の計算に使うと精度が落ちてしまいます。$A \times 10^B$で表される実数を4倍精度で表現する時は,"AqB"と書きます。このため,"1.23"は"1.23q0"と書かなければなりません[†2]。

しかし，parameter変数で変数の精度を指定する時に，eやqのような文字を使って定数の精度を指定していると，精度変更の時に定数の変更が別途必要になります。そこで，数値の後にアンダースコア"_"と精度数を付けて定数の精度を指定することができます。たとえば,倍精度の"1.23"は"1.23_8"と書くことができ,4倍精度の"1.23q0"は，"1.23_16"と書くことができます。この精度指定にはparameter変数を使うことができるので，次のように書くことができます。

```
integer, parameter :: kp=16
real(kp) xx,yy
xx = 1.23_kp
yy = 1.2345e-15_kp*xx**3
```

この例のyyに代入している実数の指数指定はeを使っていますが, 精度数が16なので, 4倍精度定数になります。

†2　デフォルト実数が単精度の時, 倍精度実定数は"AdB"と書きます。たとえば，"1.2"は"1.2d0"です。

5.3 do while文と無条件do文

do文には，2.1節（p.24）で述べた基本形の他に，条件でループの動作を続けるか終了するかを決める形式も用意されています。これがdo while文です。do while文は以下のような形式です。

```
do while（条件）
   .......
   .......
enddo
```

この場合，do while文の条件を満足しなくなるまで，そのdoブロック内部をくり返し実行します。もし条件を満足しなければ，doブロックは終了してenddo文の次に実行が移ります。たとえば，

```
integer n
n = 100
do while (n > 0)
   n = n/2
   print *,n
enddo
```

と書けば，nを2でくり返し割って，0になった時点でループが終了します。

また，「doのみ」のdo文，“無条件do文”もあります。この場合，doループを終了させる条件がないので，do文とenddo文で指定した範囲をいつまでもくり返す無限ループになります。たとえば，

```
do
   sum = sum + x**2
   if (sum > 100) exit
   x = 1.2*x + 0.5
enddo
```

と書くと，sumが100を超えるまで計算を続けます。

5.4 ネームリストを用いた入力

便利なデータ入力手段として，“ネームリスト”を用いる方法があります。たとえば，

```
read(10,*) x,y,n
```

という入力文では，入力ファイルfort.10を，

```
10.0   1.e10   100
```

のように作成しますが，作成するためには入力変数の対応を常に覚えておかなければなりません。必要なデータを全部書き込まなければならないし，順番を間違えることもできません。

これに対し，ネームリスト入力では，入力データを“変数＝データ”という代入形で記述するので，どの変数に代入するかを入力ファイルの中で明示することができます。

ネームリスト入力を使う時は，まず入力する可能性のある変数や配列名をnamelist文で登録します。namelist文は次のような形式です。

```
namelist /ネームリスト名/ 変数1, 変数2, ...
```

namelist文は非実行文なので，全ての実行文より前に書かなければなりません。また，変数や配列名の登録だけなので，型宣言は別途必要です。たとえば，

```
real x,y,a(10)
integer n
namelist /option/ x,y,n,a
```

と書きます。ローカル変数だけでなく，use文で指定されたモジュール中で宣言されているグローバル変数も登録可能です。

namelist文を使ってネームリストに登録された変数に対し，入力文は，

```
read(nd,ネームリスト名)
```

だけです。これをネームリスト入力文といいます。ネームリスト入力文は変数を指定しません。必要ならば，文番号*num*を使って，

```
read(nd,ネームリスト名,err=num)
```

のように，err=*num*やend=*num*を追加して，エラー発生や終了時の処理をすることも可能です。たとえば，ネームリスト名がoptionならば，

```
read(15,option,err=999)
```

などのように書きます。

ネームリスト入力文に対する入力ファイルは次の形式で用意します。変数の順番はnamelist文の登録順とは無関係なので，自由に並べることができます。

```
&ネームリスト名
   変数1=データ1, 変数2=データ2, ...
/
```

“&ネームリスト名”から“/”までがネームリスト入力文1回で入力されるデータです。たとえば上例のようにネームリスト名がoptionの時には，

```
&option
   x=10.0, y=1.e10, n=100
/
```

のようにファイルに書いておきます。入力を開始すると，ネームリスト入力終了の記号“/”を読み込むまで入力を続けるので，次のように1行ずつ書くこともできます。

```
&option
   x=10.0
   y=1.e10
   n=100
/
```

ネームリスト入力にはもう一つ利点があります。それは，必ずしも登録された変数全部を入力ファイルに記述する必要がないことです[†3]。記述しなかった変数には，ネームリスト入力文の実行前までに代入されていた値がそのまま残ります。このため，あらかじめ全ての登録変数にデフォルト値を代入しておけば，変更したい変数だけ入力ファイルに記述することができます。たとえば，

```
real x,y,a(10)
integer n,i
namelist /option/ x,y,n,a
x = 100.0
y = 100.e10
n = 0
do i = 1, 10
   a(i) = i
enddo
read(10,option)
```

†3　逆に，入力ファイルに同じ変数を複数回記述することもできます。この場合は最後に代入した値が有効になります。

のようにプログラムを書いたとします。入力ファイルとしてfort.10という名のファイルに,

```
&option  x=10.0, a(3)=5.0 /
```

と書き込んでおけば,read文実行後,xは変更されますが,yやnはそのままです。配列aの場合には,代入された要素a(3)のみが変更されます。

なお,ネームリストに登録された変数の内容は,次のネームリスト出力文で出力することもできます。

```
write(nd,ネームリスト名)
```

この場合,全登録変数が“変数=データ値”という形で出力されます。

5.5 配列の動的割り付け

配列を宣言する時には,整数定数を使って要素数を明示しなければなりません。これは,その情報に基づいて,プログラムの動作開始時に計算で使用するメモリ量を確定するためです。しかし,汎用性のあるプログラムにする時には,メモリ使用量を動作時に決められると便利です。このような,プログラムの実行中におけるメモリ確保を“動的割り付け”といいます。Fortranにおける動的割り付けの手順には2種類の方法があります。

まず,サブルーチンの中で必要に応じた要素数の配列を確保する簡単な方法として,サブルーチンの引数を使った配列宣言があります。たとえば,次のサブルーチンでreal宣言されている2次元配列bがこれに相当します。

```
subroutine memory1(a,m,n)
   implicit none
   real a(m,n),b(m,n),x          !  引数mとnを使って宣言する
   integer m,n,i,j
   x = 10.0
   do j = 1, n
      do i = 1, m
         b(i,j) = x*i*j
         a(i,j) = b(i,j)**3
      enddo
   enddo
end subroutine memory1
```

配列bは,このサブルーチンがコールされた時点で,引数mとnの値を使って確保さ

れます。この時，b(m,n)のような単純な宣言だけではなく，b(0:2*m,n-1)のような，下限指定や計算式を使った宣言も可能です。配列aも引数を使って宣言されていますが，aは引数に含まれているので3.3節（p.38）で説明した整合配列です。整合配列は，コール側ルーチンに属する配列です。

これに対し，配列bは引数に含まれていないのでローカル配列であり，サブルーチン内の一時メモリ領域に所属します。5.1節（p.57）で説明したように，一時メモリ領域はサブルーチンを呼び出した時点で生成されるので，引数の整数値を使って配列に必要なメモリを確保します。ただし，これはあくまでもサブルーチンで宣言する配列についてのみ使える機能なので，メインプログラムの配列やモジュール中のグローバル配列としては使えません。

そこで，メモリの動的割り付けを明示的に行う仕組みも用意されています。Fortranで動的割り付けを行うには，二つの手続きが必要です。一つは，割り付けたメモリを配列として使用するための配列名の宣言です。これは，割り付けたメモリの先頭アドレスを保持するためのメモリを用意することです。もう一つは，その配列名にメモリを割り付ける動作です。前者は宣言文なので非実行文，後者はプログラム実行中に割り付けるので実行文です。

メモリを割り付ける予定の配列名は，allocatable属性を付けて型宣言をします。この時，配列の次元情報をコロン“:”を使って示す必要があります。配列の次元はコロンの数で決まり，実行時に変更することはできません。たとえば，

```
real, allocatable :: ab(:),z2(:,:)
integer, allocatable, dimension(:,:) :: km1, km2
```

のように宣言します。1行目のように，名前の後ろに次元情報を付加しても良いし，2行目のように，dimension属性を使うことも可能です。この例の場合，abは1次元実数型配列，z2は2次元実数型配列，km1とkm2は2次元整数型配列として割り付けることができます。

配列の割り付けはallocate文で行います。allocate文は，次のように配列の要素指定をかっこで囲んで記述します。

```
allocate ( ab(100), z2(0:m,-m:m), km1(k-1,2*k) )
```

かっこ内は，配列宣言と同じ形式です。abやkm1のように，要素数に整数だけを与えると，その次元の下限は1になるし，z2のように“:”を使って下限指定をすることも可能です。allocate文は実行文なので，z2やkm1のように整数型変数や整数式の計算結果を使って割り付けることも可能です。一旦割り付けられた配列は，通常の宣言文で宣言した配列と同様に使用することができます。

ただし，むやみに割り付けをくり返すと，コンピュータで利用できる容量を超える“メモリオーバー”になる可能性があります。そこで，不用になった配列のメモリ領域はdeallocate文で解放することができます。deallocate文は，次のように配列名だけ

をかっこで囲んで指定します。

```
deallocate ( ab, km1 )
```

たとえば，先ほどのサブルーチンmemory1は，以下のように書き換えることができます。

```
subroutine memory1(a,m,n)
   implicit none
   real a(m,n),x
   real, allocatable :: b(:,:)          !  割り付け用2次元実数型配列
   integer m,n,i,j
   allocate (b(m,n))                    !  m×nの2次元配列を割り付け
   x = 10.0
   do j = 1, n
      do i = 1, m
         b(i,j) = x*i*j
         a(i,j) = b(i,j)**3
      enddo
   enddo
   deallocate (b)                       !  メモリの解放
end subroutine memory1
```

なお，引数変数を使って宣言したローカル配列は一時メモリ領域に所属するので，環境によってはあまり大きなサイズを指定するとエラーになることがあります。allocate文で割り付けた配列はサブルーチンの一時メモリとは別に確保されるので，要素数の大きな配列を割り付ける時にはallocate文を使う方が良いでしょう[†4]。実践編の解答プログラム例では，1次元配列は引数で宣言したローカル配列を利用し，2次元以上の配列はallocate文を用いて動的割り付けをするようにしています。

allocate文を使った動的割り付けは，メインプログラムでも利用できるし，モジュールの中で配列名宣言をして，グローバル配列として使用することも可能です。ただし，allocate文で割り付けられた配列を，解放しないで再度allocate文で割り付けようとすると実行時エラーになります。また，割り付ける前にその配列を使用しようとしても実行時エラーになります。そこで，配列が割り付けられているか否かを確認する関数allocatedが用意されています。allocatedは論理型の値を返す関数で，allocatable属性を持つ配列名を引数に与えると，その配列がすでに割り付けられていれば“真”，割り付けられていなければ“偽”を返します[†5]。論理型の関数は，そのままif文の条件として使うことができるので，たとえば次のように利用することができます。

---

†4　ただし，割り付けた配列を解放せず，次のコールの際にその内容を利用したい時には，配列宣言にsave属性を付加する必要があります。

†5　本書では，論理型の詳細な説明は省略しています。簡単にいえば真か偽のどちらかを値とする型です。if文の条件が真ならばそのブロックを実行し，偽ならば実行しません。

```
real, allocatable :: a(:)
integer i,n
if (allocated(a)) then
   do i = 1, n           ! doブロック1
      a(i) = 100*i
   enddo
 else
   allocate ( a(n) )
   do i = 1, n           ! doブロック2
      a(i) = 200*i
   enddo
endif
```

この場合，配列aがすでに割り付けられていれば“doブロック1”を実行し，割り付けられていなければ，allocate文で割り付けてから“doブロック2”を実行します。

5.6 include文

プログラムが完成して，後は問題に応じてparameter変数などによる配列要素の設定を変更して使用するだけになったとします。この時，代入文の設定変更のためだけにプログラムファイルを修正するのは煩わしいし，変更する時に誤ってプログラムの内容を書き換えてしまうリスクもあります。

そこで，プログラムの一部を別のファイルに保存し，必要に応じて結合する手段としてinclude文の利用があります。include文とは，以下のようにincludeの後に，ファイル名を文字列で記述した文です。

```
include 'ファイル名'
```

include文を書くと，コンパイラはその位置に“ファイル名”で指定したファイルの内容を挿入したプログラムを生成して，それをコンパイルします。たとえば，

```
integer, parameter :: imax=100, jmax=50
```

という一行を“ijmax.inc”というファイルに書き込んで保存しておけば，次のように記述することができます。

```
module mod_array
   include 'ijmax.inc'          !  ここにijmax.incの内容が挿入される
   real abc(imax,jmax),cd(jmax*2-1)
end module mod_array
```

```
program mtest1
   use mod_array
   implicit none
   integer km(imax)
    .......
```

include文が指定するファイルの内容は，それをinclude文の位置に挿入した時にプログラム全体が正しく動作すればいいので，モジュールやサブルーチンのような完結したプログラムである必要はありません。

5.7 乱数発生用サブルーチン

実践編では，乱数を利用したプログラムがいくつか登場します。Fortranでは乱数発生用の組み込みサブルーチンが用意されているので，ここで使用方法を紹介します。
たとえば，1個の乱数を発生させる時には，xを実数型変数として，

```
call random_number(x)
```

と書きます。この結果，xに$0 \leqq x < 1$の範囲の実数が代入されます。代入される実数は一様乱数で，このサブルーチンをコールするごとに異なります。
乱数を1回で複数発生させたい時には配列を引数に与えます。たとえば，配列a(10)に10個の乱数を代入する時は次のように書きます。

```
call random_number(a(1:10))
```

なお，random_numberが生成する乱数は擬似乱数です。擬似乱数は，所定の漸化式を使って得られる数列なので，プログラムを何度実行しても同じ乱数列を生成します。もし，プログラムの実行ごとに乱数を変えたい場合には，乱数の初期値を変更する必要があります。詳細は参考文献[1]などを見て下さい。

第6章 文字列

これまで出力表示の補助やファイル名の指定に使ってきた文字列ですが，この他にも様々な用途があります。また，文字列変数を使って条件に応じてその内容を変更したり，文字列と文字列を連結したり，文字列の一部を取り出したりするなどの“文字列演算”をすることもできます。

本章では，文字列を活用する手法について説明します。

6.1 文字列定数と文字列変数

Fortranにおける文字列とは2個の「'」または「"」で囲んだ文字の並びのことです。たとえば，

```
'abc'  'Taguchi␣T.'   "(123.5678+X^2)"  "漢字も書けます"
```

などが文字列です。文字列にはスペースや記号を入れることもできます[†1]。「'」と「"」は同等なので，どちらを使うかは自由です。たとえば，通常は「'」で囲み，文字列の中に「'」を使いたい時は，「"Teacher's"」のように全体を「"」で囲む，というように決めておけば良いでしょう。

コンピュータの“文字”は文字コードという整数値と対応していて，文字列は文字コードを表す整数の配列で実現されています。このため，整数定数の「1」と文字列の「'1'」は全く異なるものです。文字コードは半角英数字なら1文字あたり1byteの整数，全角の漢字やひらがななら1文字あたり2byteの整数です。半角英数字の文字コードは，現在ほとんど全てのコンピュータでASCIIコードが使われているので，本書においては，文字列中の“文字”は1byteのASCIIコードであると仮定して説明します[†2]。

「'」または「"」で囲んだ文字列は，文字列定数ですが，文字列を代入して保存する文字列変数を用意することもできます。文字列変数を作るにはcharacter宣言文を使います。character宣言文は，以下のような書式です。

```
character 文字列変数1*文字数1, 文字列変数2*文字数2, ...
```

†1　本章では半角スペース記号を明記する時に“␣”を使います。

†2　ASCIIコードと半角文字の対応表は，付録Dに示しています。

文字数とは，文字列変数に代入可能な最大の文字数です。指定できる最小の文字数は1です。たとえば，

```
character c1*10,c2*20
character chr(20)*30,chs(10,20)*50
```

と宣言すると，文字列変数c1には10個まで，c2には20個までの文字を代入することができます。またchrは30文字まで入る文字列の1次元配列で，chsは50文字まで入る文字列の2次元配列です。

同じ文字数の文字列変数を複数個宣言する時は，次の書式で宣言することができます。

```
character(文字数)　文字列変数1，文字列変数2，...
```

ここで，“文字列変数”には，変数名か，配列名とその要素数を記述します。たとえば，文字数10の文字列変数や文字列配列を宣言する時は，

```
character(10) cs1,ds1,cas1(100)
```

などと書きます。文字数は，5.2節（p.60）で説明した精度数のようにparameter変数で指定することもできます。

文字列変数に文字列を代入するには，数値の代入と同じで，イコール「=」を使います。たとえば，上記の10文字の文字列変数c1に文字列定数を代入するには，

```
c1 = 'abc'
```

のように書きます。この時，代入される文字 'abc' は3文字なので，10文字の変数c1の先頭から順に1文字ずつ代入され，残りの領域は半角スペースが代入されます。

逆に，代入する文字列の文字数の方が多い場合には，その文字列の先頭から代入できる最大文字数までが代入され，残りは切り捨てられます。拡張宣言文（5.1節（p.57））を使えば，次のようにあらかじめ文字列定数を代入した文字列変数を用意することも可能です。

```
character :: chr*10='abcde'
```

この場合，文字列変数の文字数が10文字なのに代入しているのは5文字ですから，後の5文字はスペースが代入されています。

6.2 部分文字列と文字列演算

文字列変数に代入された文字列は部分的に取り出すことができます。これを“部分文字列”といいます。部分文字列は，文字列変数の先頭から数えて何番目から何番目という範囲を「:」を使って指定します。たとえば，c1という文字列変数のn1番目からn2番目の文字を取り出すには，

```
c1(n1:n2)
```

と指定します。この文字列は，n2-n1+1文字の文字列として扱われます。たとえば，

```
c1 = 'abcdefg'
```

ならば，c1(3:5)は'cde'です。n1とn2を等しくして1文字取り出すこともできます。

文字列配列の部分文字列を取り出す場合には，要素指定を先に，部分文字列指定を後に書きます。たとえば，1次元の文字列配列chrに対し，k番目の要素の部分文字列は，

```
chr(k)(n1:n2)
```

のように指定します。

文字列は連結することもできます。文字列の連結には演算子「//」を用います。たとえば，

```
c1 = 'abc'//'xyz'
```

と書くと，c1には'abcxyz'という文字列が代入されます。文字列の連結は，文字列定数と文字列変数，文字列変数と文字列変数という組み合わせでも可能です。ただし，文字列変数に代入された文字列を連結する時には注意が必要です。たとえば，

```
character c1*10,c2*20
c1 = 'abc'
c2 = c1//'xyz'
```

と書いても，c2に'abcxyz'という文字列は代入されません。正しくは

```
'abc␣␣␣␣␣␣␣xyz'
```

が代入されます。これは，c1が10文字の文字列であり，'abc'の後に7個の半角スペースが代入されているからです。末尾の不要なスペースを削除するには，部分文字列を使うか，関数trimを使います。trimは末尾のスペースを除去した文字列を返す組み込み関数です。たとえば，

```
character c1*10,c2*20
c1 = 'abc'
c2 = trim(c1)//'xyz'
```

と書けば，c2には'abcxyz'が代入されます。

文字列をサブルーチンの引数にする時は，「(*)」を指定して宣言します。たとえば，

```
subroutine csubr1(chr)
   implicit none
   character(*) chr          !  文字数は不要
    .......
```

のchrのように宣言します。Fortranの文字列には，文字コードの並びだけではなく，文字数の情報も含まれています。このため，(*)指定のように文字数が明記されていなくても，コール側で指定した文字数の文字列として使用することができます。

たとえば，

```
program ctest1
   implicit none
   call csubr1('abcde')
end program ctest1

subroutine csubr1(chr)
   implicit none
   character(*) chr
   print *,chr,len(chr)     !  文字列 'abced'と文字数5が出力される
end subroutine csubr1
```

のようなプログラムにおいて，サブルーチンcsubr1中のprint文の出力は，文字列'abcde' と文字数5になります。ここで，関数lenは文字列の文字数を取得する組み込み関数です。

文字列には大小関係があり，これを利用してif文で条件分岐をすることもできます。2個の文字列を比較する時は，以下の手順で行います。

(1) 文字数の長さが異なる時は，短い方の文字列の末尾にスペースを追加して文字数を等しくする
(2) 2個の文字列を先頭から1文字ずつ比較していって，全て同じならば，“等しい(==)”
(3) 異なる文字があれば，最初に異なる文字コードを比較して，文字コード値の大小が文字列の“大(>)”または“小(<)”

ASCIIコードは，付録Dにあるように，“スペース”<“数字”<“英大文字”<“英小文字”の順で大きくなり，個々の文字は次のような順序になっています。

```
␣ < '0' < '1' <...< '9' < 'A' <...< 'Z' < 'a' <...< 'z'
```

たとえば，文字列の比較を使って次のようなプログラムを書くことができます。

```
character c1*10,c2*20
c1 = 'abcde'                    !  3番目が 'c'
c2 = 'abdce'                    !  3番目が 'd'
if (c1 < c2)   print *,'c1 < c2'
if (c1 == c2)  print *,'c1 == c2'
if (c1 > c2)   print *,'c1 > c2'
```

この結果は，“c1 < c2”です。なぜなら，3番目の文字が初めて異なり，c1は 'c'，c2は 'd' ですが，'c' < 'd'だからです。なお，c1は10文字，c2は20文字ですが，c1の後ろにスペースを補うので，この例の結果には無関係です。

6.3 出力における文字列の利用

4.3節 (p.47) で紹介した出力の書式指定をprint文やwrite文の中に埋め込む手法も文字列の利用方法の一つです。この時，文字列変数を使えば，複数の場所で同じ書式指定を使う時に便利です。たとえば，次のように書くことができます。

```
character :: form*20="(' x = ',es12.5)"
print form,x
write(10,form) x
```

文字列変数を利用すれば,出力内容に応じて実行時に書式を変更することも可能です。たとえば,

```
real x
character form*20
if (abs(x) >= 1.e5) then
   form = "('x = ',es12.5)"
 else
   form = "('x = ',f10.5)"
endif
print form,x
```

とすれば，xの絶対値が10^5以上の時にはes12.5編集で，さもなくばf10.5編集で出力されます。

6.4 数値・文字列変換

write文やread文の装置番号の位置に文字列を記述することもできます。これは“文字列”から“数値”への変換，またはその逆変換を行う時に使用します。6.1節(p.70)で述べたように，「123」という数値と「'123'」という文字列は計算機内部の表現が異なりますが，処理の過程で123という数値からそれに相当する文字を作ったり，逆に'123'という文字列を数値として計算に利用したい場合があります。書式付きwrite文は“計算機内部の2進数”を“文字で表現された10進数”に変換して出力する動作であり，書式付きread文はファイルなどから“文字で表現された10進数”を入力して“計算機内部の2進数”に変換する動作です。装置番号の位置に文字列を利用すると，その変換機能だけを使うことができます。

“数値→文字列変換”をする時はwrite文を用います。たとえば，

```
real x
character ch*20
x = 123.5
write(ch,"(f10.5)") x
```

と書けば，文字列変数chに'　123.50000'という文字列が代入されます。ただし，文字列に変換する時は，出力文字数以上の長さを持つ文字列変数を用意しておく必要があります。

逆に，“文字列→数値変換”をする時はread文を用います。たとえば，

```
real x
character ch*20
ch = '12345.0'
read(ch,*) x
```

と書けば，実数型変数xに12345.0という“数値”が代入されます。

6.5 文字列に関する組み込み関数

文字列に関する組み込み関数は，trimやlenの他にも色々あります。代表的なものを表6.1に示します。

▼表6.1　文字列に関する組み込み関数

文字列関数	引数の型	関数値の型	関数の意味
trim(c)	文字列	文字列	末尾の空白を削除した文字列
len(c)	文字列	整数	文字列の文字数
len_trim(c)	文字列	整数	末尾の空白を削除した文字列の文字数
adjustl(c)	文字列	文字列	文字列を左にそろえた文字列
adjustr(c)	文字列	文字列	文字列を右にそろえた文字列
index(c,cp)	2個の文字列	整数	文字列c中で文字列cpが含まれていれば，その開始位置を返す。無ければ0を返す
repeat(c,n)	文字列と整数	文字列	文字列cをn個連結した文字列
char(n)	整数	1文字の文字列	ASCIIコード値を与えると，それに対応する半角英数文字を返す
ichar(c)	1文字の文字列	整数	半角英数1文字を与えると，それに対応するASCIIコード値を返す

最後のcharとicharの使用例を示します。この二つの関数を組み合わせれば，read文やwrite文を使わなくても，文字と数値の変換をすることができます。たとえば，2桁の整数を3桁の8進数で表示するプログラムは以下のようになります。

```
integer zero,num
character c1*10
num = 12
c1 = '000'
zero = ichar('0')                  !  '0'の文字コードを整数値に変換
c1(3:3) = char(zero+mod(num,8))    !  numの1の位の文字
c1(2:2) = char(zero+mod(num/8,8))  !  numの8の位の文字
c1(1:1) = char(zero+mod(num/64,8)) !  numの64の位の文字
print *,'decimal(',num,') = octal( ',trim(c1),' )'
```

ASCIIコードでは，'0'，'1'，…，'9'の順で数値が1ずつ増加しています。そこで，関数icharを使って先頭の'0'のコード値を取得し，そのコードに1桁の数字を加えて関数charで文字に戻せば，指定した数値に対応した文字が得られるわけです。この方法を応用して，アルファベットを整数値で指定することもできます。

第7章 配列計算式

第6章で説明した文字列の処理では，“文字列”という文字コードの集合を一つの変数で取り扱い，文字列と文字列の連結や文字列変数への代入を一つの式で実行することができました。Fortranでは，この概念を一般の配列に拡張した“配列演算”が可能です。配列演算とは，数値の集合を配列名で代表させ，配列要素と配列要素の演算を，配列名と配列名の演算の形で記述するものです。配列演算を使えば，do文を使わずに配列を使った計算を記述することができます。これを“配列計算式”と呼びます。

本章では，配列計算式の使い方について説明します。

7.1 基本的な配列計算式

配列演算は，配列の全要素に対して，全て同じパターンの演算をするのが基本です。このため，1行の配列計算式で用いる配列は，次元と各次元の要素数が全て等しい“同型の配列”でなければなりません。その点に注意すれば，配列の全ての要素に同じ定数を代入する時や，2個の配列の対応する要素間で全て同じ四則演算をする時に，あたかも配列名が一つの変数であるかのような記述をすることができます。たとえば，次のような記述が可能です。

```
real x(10,10),y(10,10),z(10,10),w(10,10)
x = 1.0
y = 2.0
z = x + 3.5*x*y**2
w = x*sin(y)/sqrt(3.2*y + 1.5e-3)
```

このプログラムを実行すると，配列xの全ての要素は1.0になり，配列yの全ての要素は2.0になります。すなわち，配列計算式中の定数は，全要素に対して共通の値として計算します。最後の行のように組み込み関数を利用することも可能です。

このプログラムはdo文を使った以下のプログラムと同じ結果になります[†1]。

```
real x(10,10),y(10,10),z(10,10),w(10,10)
integer i,j
do j = 1, 10
   do i = 1, 10
      x(i,j) = 1.0
```

†1 ただし，ループの処理はコンパイラが自動的に生成するので，この通りの順序で計算するとは限りません。あくまでも，このプログラムと同じ結果になるという意味です。

```
      y(i,j) = 2.0
      z(i,j) = x(i,j) + 3.5*x(i,j)*y(i,j)**2
      w(i,j) = x(i,j)*sin(y(i,j))/sqrt(3.2*y(i,j) + 1.5e-3)
   enddo
enddo
```

配列計算式においては，式中に含まれる全ての配列が同型でなければならないので，異なる次元や要素数の配列が混じっているとエラーになります。ただし，下限は異なってもかまいません。たとえば，

```
real a(3,3),r(-1:1,0:2)
  .......
a = 3.14*r**2
```

のように計算することができます。ただし，この配列計算式をdo文で表せば，

```
do j = 1, 3
   do i = 1, 3
      a(i,j) = 3.14*r(i-2,j-1)**2
   enddo
enddo
```

のように，対応する要素の位置がずれるので注意して下さい。

なお，サブルーチンの引数配列を使って配列計算をする時には注意が必要です。たとえば，

```
subroutine subr(a,b)
   implicit none
   real a(*),b(*)
   a = b**2          !  これはエラーになる
    .......
```

のようなプログラムでは，配列計算式はコンパイルエラーになります。なぜなら，“*”を入れて配列宣言をした場合は，要素数が不定だからです。これに対し，

```
subroutine subr(a,b,n)
   implicit none
   real a(n),b(n)
   integer n
   a = b**2          !  この場合はOK
    .......
```

のように，整合配列を使うと，配列計算が可能になります。

配列計算式を使うとプログラムがシンプルになります。逆に，単一変数の計算式と

配列計算式との区別がなくなるので，両者が入り交じるとプログラムがわかりにくくなり，エラーが見つけにくくなるという欠点もあります。

7.2 部分配列

配列名だけを使った配列計算式では全ての要素について計算をしますが，常に全要素の計算が必要とは限りません。そこで，配列の一部を取り出した配列，“部分配列”を指定することができます。部分配列は“:”(コロン)を使って要素番号の範囲を指定します。たとえば，1次元配列aに対して，

```
a(n1:n2)
```

と書けば，a(n1) ～ a(n2)というn2-n1+1個の要素から構成された1次元配列として配列計算式に使うことができます。また，2次元配列bに対して，

```
b(n11:n12,n21:n22)
```

と書けば，b(n11,n21) ～ b(n12,n21) ～ b(n11,n22) ～ b(n12,n22)という(n12-n11+1)×(n22-n21+1)の2次元配列として配列計算式に使うことができます。また，ある次元の要素番号を固定して，

```
b(n,n21:n22)
```

と書けば，b(n,n21) ～ b(n,n22)というn22-n21+1個の要素から構成された1次元配列として配列計算式に使うことができます。

逆に，要素番号に“:”だけを記述すると，「その次元の全要素」という意味になります。たとえば，

```
b(:,n21:n22)
```

と書けば，第1次元は全要素で，第2次元がn21 ～ n22の範囲の要素から構成された2次元配列として配列計算式に使うことができます。このため，全ての要素番号を“:”にすると，配列全体を指定することになります。そこで，全配列要素を使った配列計算式を書く時にも“:”を使って配列であることを明示することができます。たとえば，7.1節(p.77)の2次元配列計算式，

```
a = sqrt(b*sin(c)/(3.2*c + 1.5e-3))
```

は，次のように書くことができます。

```
a(:,:) = sqrt(b(:,:)*sin(c(:,:))/(3.2*c(:,:) + 1.5e-3))
```

この方が，単一変数の計算式と区別できるので，本書でもこれ以降はこの書式で全要素の配列計算式を記述します。

要素範囲の指定に“:整数値”を追加して，do文のような増分値を指定することもできます。たとえば，1次元配列aに対して，

```
a(n1:n2:n3)
```

と書けば，a(n1)，a(n1+n3)，a(n1+2*n3)，...という要素からなる1次元配列として配列計算式に使うことができます。この場合，終了要素はn2とは限らないので注意して下さい。増分値は負数を与えることも可能です。

なお，部分配列を使った配列計算式で，左辺と右辺に同じ配列を使う場合には，単純にdo文で置き換えた動作と結果が異なる場合があります。たとえば，

```
real a(10)
do i = 1, 10
   a(i) = i
enddo
a(2:10) = a(1:9)
print *,(a(i),i=2,10)
```

というプログラムを考えます。この中の配列計算式a(2:10)=a(1:9)をdo文にすると，

```
do i = 1, 9
   a(i+1) = a(i)
enddo
```

と置き換えられそうですが，実際に実行してみるとprint文の出力結果は異なります。配列計算式の場合は1から9までの異なる数字が出力されるのに対し，このdoループで置き換えると全て1が出力されます。

これは,配列計算式がdoループのように1要素ずつ計算と代入をくり返すのではなく，まず右辺の配列要素計算を全て行って結果を補助配列に保存しておき，その後で保存した補助配列から左辺の配列への代入を行うからです。このため，配列代入機能を利用すると，次のように配列要素の順番を逆転させるのも簡単です。

```
a(1:10) = a(10:1:-1)
```

この配列代入機能は，配列計算式を使う利点の一つです。

7.3 where文による条件分岐

配列計算式は全ての要素について同じ形の計算をするので，要素の条件に応じて異なる処理をさせることができません。そこで，配列要素の条件に応じて動作を分岐させるためのwhere文が用意されています。where文は，以下のような形式です。

```
where（配列条件）配列計算式
```

これは，“配列条件”に合った要素に対してのみ，“配列計算式”を実行するという意味です。たとえば，

```
real a(10,10),b(10,10)
.......
where (a(:,:) > 0) b(:,:) = a(:,:)**2
```

のように書きます。このwhere文の部分をdo文で表せば，次のようになります。

```
do j = 1, 10
   do i = 1, 10
      if (a(i,j) > 0) b(i,j) = a(i,j)**2
   enddo
enddo
```

where文はブロック構文にすることもできます。whereブロックは，配列条件のみ指定したwhere文とendwhere文で範囲を指定します。else if文のように，条件に一致しない場合の動作を記述する時は，途中にelse where文を挿入します。すなわち，次のような構文になります。

```
where（配列条件1）
    配列計算式1
     .......
  else where（配列条件2）
    配列計算式2
     .......
  else where
    配列計算式0
     .......
endwhere
```

この場合，配列条件1を満足する要素は配列計算式1のブロックを実行し，配列条件1を満足せず，配列条件2を満足する要素は配列計算式2のブロックを実行し，...　とい

う具合に続いて，全ての条件を満足しない要素は配列計算式0のブロックを実行するという動作になります。中間のelse where文に関するブロックは省略可能です。たとえば，

```
where (3.0*b(:,:) > 0)
   a(:,:) = b(:,:)**2
 else where
   a(:,:) = b(:,:)**3
endwhere
```

のように書くことができます。このブロックwhere文をdo文で表せば，次のようになります。

```
do j = 1, 10
   do i = 1, 10
      if (3.0*b(i,j) > 0) then
         a(i,j) = b(i,j)**2
       else
         a(i,j) = b(i,j)**3
      endif
   enddo
enddo
```

whereブロック中で使用する配列は，全て同型でなければなりません。このため，whereブロックの中に，単一変数の計算式や，次元や要素数の異なる配列計算式を入れることはできません。

7.4 配列構成子

配列演算を使えば，do文を使わなくても配列要素の計算ができますが，これまでの書式では配列要素ごとに異なる数値を代入することはできません。そこで，1次元配列だけですが，定数や変数などを並べて明示的に配列要素を与える配列構成子が用意されています。n個の要素からなる1次元の配列構成子は以下の形式です。

```
(/数値1,数値2,...,数値n/)
```

この時，n個の数値は全て同じ型の数値型でなければなりません。たとえば，

```
real a(5)
a(:) = (/1.0,2.0,3.0,4.0,5.0/)
```

と書けば，右辺は実数型の1次元配列構成子であり，この配列計算式は，a(1)=1.0，a(2)=2.0，a(3)=3.0，a(4)=4.0，a(5)=5.0という5個の代入文を実行したことに相当します。

数値の位置には変数や計算式を書くこともできます。たとえば，

```
real a(5),b
a = (/b,2*b,3*b,4*b,5*b/)
```

と書けば，この配列計算式は，a(1)=b，a(2)=2*b，a(3)=3*b，a(4)=4*b，a(5)=5*bという5個の代入文を実行したことに相当します。

部分配列で指定することも可能です。たとえば，

```
real a(5),c(5)
a(:) = (/1.0,2.0,3.0,4.0,5.0/)
c(:) = (/a(3:5),a(1:2)/)
```

と書けば，この配列計算式は，c(1)=a(3)，c(2)=a(4)，c(3)=a(5)，c(4)=a(1)，c(5)=a(2)という5個の代入文を実行したことに相当します。

この配列構成子は，数値が全て定数であれば，次のように拡張宣言文の初期値代入に使うこともできます。

```
real :: a(5)=(/1.0,2.0,3.0,4.0,5.0/)
```

しかし，配列要素が多くなると，数値を並べて配列構成子を記述するのに手間がかかります。そこで，4.2節(p.46)で説明したdo型並びを使って数値の設定をすることができます。do型並びには，増分値なしと増分値付きの2種類があります。増分値を省略した時の増分値は1です。

```
(データ1,データ2,...,整数型変数=初期値,終了値)          ! 増分値なし
(データ1,データ2,...,整数型変数=初期値,終了値,増分値)   ! 増分値付き
```

この形式を配列構成子中に記述すると，まず整数型変数(カウンタ変数)を初期値にして，データ1，データ2，...と並べ，次に，カウンタ変数に増分値を加えて，再度，データ1，データ2，...と並べ，カウンタ変数が終了値より大きくなるまでくり返して得られる数値を並べたことに相当します。

たとえば，

```
(/(n, n=1,5)/)
```

というdo型並びを使った配列構成子は，整数型の配列構成子，

```
(/1,2,3,4,5/)
```

と同じです。また，

```
(/(n, n**2, n=1,5)/)
```

というdo型並びを使った配列構成子は，整数型の配列構成子，

```
(/1,1,2,4,3,9,4,16,5,25/)
```

と同じです。増分値を指定して，

```
(/(n, n**3, n=1,8,2)/)
```

というdo型並びを使った配列構成子は，整数型の配列構成子，

```
(/1,1,3,27,5,125,7,343/)
```

と同じです。

複数のdo型並びを並べたり，通常の数値と混在させることも可能です。たとえば，

```
(/(real(n), n=0,2),1.5,1.8,(real(n), n=3,5)/)
```

という実数型の配列構成子は，

```
(/0.0,1.0,2.0,1.5,1.8,3.0,4.0,5.0/)
```

と同じです。この時，型変換関数のreal(n)を単にnと書くとエラーになるので注意して下さい。これは，nが整数型なので，nだけを書くと一つの配列構成子の中に実数型と整数型が混在するからです。

do型並びは多重にすることも可能です。たとえば，

```
(/((i+j,i=1,3),j=1,4)/)
```

というdo型並びを使った整数型の配列構成子は，

```
(/2,3,4,3,4,5,4,5,6,5,6,7/)
```

と同じです。多重にした場合，カウンタ変数は内側が先に進みます。また，do型並びをdoブロックの中に入れる時には，カウンタ変数がdo文のカウンタ変数とも重複しないようにしなければなりません。

本節最初の例は，次のようにdo型並びを使って書くことができます。

```
real a(5)
a(:) = (/(n, n=1,5)/)
```

ここで，右辺は整数型の配列で，左辺は実数型の配列ですが，この場合は全要素に対して整数型から実数型への変換が行われて代入されるのでエラーにはなりません。なお，do型並びは拡張宣言文での初期値代入に使うこともできますが，カウンタ変数はその宣言文より前に宣言されている必要があります。

配列構成子は1次元配列しか用意されていません。このため，2次元以上の配列計算で使う時は，1次元ごとの部分配列に代入するか，配列の形状を変換する組み込み関数reshapeを使います。reshapeについては7.5節（p.85）で説明します。

7.5 配列に関する組み込み関数

配列を引数にする組み込み関数も色々用意されています。配列要素を利用した計算に関する関数を表7.1に示します。

▼表7.1　配列要素の計算に関する組み込み関数

配列関数	引数の型	関数値の型	関数の意味
sum(a)	配列	配列要素の型	全ての配列要素の和
product(a)	配列	配列要素の型	全ての配列要素の積
minval(a)	配列	配列要素の型	全ての配列要素の最小値
maxval(a)	配列	配列要素の型	全ての配列要素の最大値

たとえば，関数sumやproductを使って，

```
real a(10),s,p
integer i
a(:) = (/(i, i=1,10)/)
s = sum(a)                 ! 配列aの全要素の合計
p = product(a(1:5))        ! 部分配列の要素a(1) ～ a(5)の積
```

と書けば，変数sには配列aの全要素の合計（55.0）が代入され，pにはa(1)からa(5)までの積（120.0）が代入されます。

表7.1の関数を使う場合，引数配列の後に整数型の引数を追加すると，その整数値が指定する次元に関してのみ計算をすることができます。たとえば，関数maxvalを使って，

```
real b(3,4),x,y(4),z(3)
  .......
x = maxval(b)              ! 配列bの全要素の最大値
y(:) = maxval(b,1)         ! 配列bの第1次元方向の要素の最大値
z(:) = maxval(b,2)         ! 配列bの第2次元方向の要素の最大値
```

と書けば，xには2次元配列bの全要素の最大値が代入されますが，1次元配列yには，bの第2次元を固定して第1次元方向に要素を比較した時の最大値がそれぞれ代入されます。また，1次元配列zには，bの第1次元を固定して第2次元方向に要素を比較した時の最大値がそれぞれ代入されます。すなわち，次元を指定すると，その次元を抜いた要素数の配列が結果になります。

次に，配列情報に関する関数を表7.2に示します。

▼表7.2　配列情報に関する組み込み関数

配列関数	引数の型	関数値の型	関数の意味
minloc(a)	配列	整数型配列	全ての配列要素の最小値の位置
maxloc(a)	配列	整数型配列	全ての配列要素の最大値の位置
lbound(a)	配列*	整数型配列	配列の各次元の最小要素番号リスト
ubound(a)	配列*	整数型配列	配列の各次元の最大要素番号リスト
shape(a)	配列	整数型配列	配列の各次元の要素数リスト
size(a)	配列*	整数	配列の全要素数
reshape(a,s)	配列と 整数型配列	aの型の配列	配列aを配列sで指定された型の配列に変換する
allocated(a)	配列	論理	配列aが割り付けられていれば真，さもなくば偽

表7.2で，引数の型に“*”の付いた関数は，引数配列の後に次元を示す整数型の引数を追加して，その次元に関する値を取り出すこともできます。たとえば，関数sizeを使って，

```
real array(3,4)          !  3×4の配列
integer m,n1,n2
m  = size(array)         !  全要素数3×4＝12
n1 = size(array,1)       !  第1次元要素数3
n2 = size(array,2)       !  第2次元要素数4
```

と書けば，mには，arrayの全要素数である12が代入され，n1にはarrayの第1次元の要素数である3が，n2にはarrayの第2次元の要素数である4が代入されます。

また，表7.2で関数値の型が“整数型配列”になっている関数は，引数に与えた配列の次元を要素数に持つ1次元整数型配列が戻り値です。その際，その1次元配列の各要素には，引数配列の各次元の情報が代入されています。たとえば，下限と上限を取得するための関数，lboundとuboundは以下のように使います。

```
real bb(-10:10,4)          !  2次元配列
integer blow(2),bupp(2)  !  2次元なので要素数2の配列
blow = lbound(bb)
bupp = ubound(bb)
print *,blow,bupp
```

ここで，2次元配列bbは，第1次元の下限が−10，上限が10，第2次元の下限が1，上限が4ですから，配列構成子で書けば，blowは(/-10,1/)，buppは(/10,4/)になります。この時，ubound(bb,2)のように，次元に関する引数を加えると，その結果は1個の整数(この例では4)になります。

reshapeは，配列の形状を変換する関数です。そもそも，どんな次元の配列もメ

モリ上では1次元的に並んでいるので，2次元配列a(3,4)と1次元配列b(12)のように，全要素数が等しい配列は同じように取り扱えるはずです。しかし，配列演算は次元および各次元の要素数が等しい同型の配列間でしか許可されていません。そこで，a(3,4)とb(12)の間で演算をするには，形式上，同型になるような変換が必要です。これを実行するのが関数reshapeです。reshapeには，最初の引数に変換したい配列を与え，2番目の引数に変換後の形状を表す1次元配列を与えます。ここで形状を表す1次元配列とは，変換後の配列が，k1×k2× … ×knのn次元配列であれば，

```
(/k1,k2,...,kn/)
```

で与えられる要素数nの1次元整数型配列のことです。たとえば，多重のdo型並びで指定した配列構成子を2次元配列に代入する場合は，

```
real a(3,4)
integer i,j
a(:,:) = reshape((/((sin(0.5*(i+j)), i=1,3), j=1,4)/), (/3,4/))
```

と書くことができます。reshapeの第1引数は多重のdo型並びですが，生成されるのは1次元配列なので，これを第2引数の(/3,4/)で配列aに合わせた3×4の2次元配列に変換するよう指定しているわけです。

この配列の形状を表す1次元配列は，関数shapeを使って取得することができます。たとえば，上記のa(3,4)という宣言をした配列に対し，shape(a)の結果は1次元整数型配列(/3,4/)になります。そこで，上記の配列計算式は次のように書くことができます。

```
a(:,:) = reshape((/((sin(0.5*(i+j)),i=1,3),j=1,4)/),shape(a))
```

しかし，これではまだdo型並びにおけるiやjの範囲指定が定数のままです。そこで，ここは先ほど説明した関数sizeで書き直すことができます。

```
a(:,:) = reshape((/((sin(0.5*(i+j)),i=1,size(a,1)), &
                                   j=1,size(a,2))/),shape(a))
```

これなら，宣言文の要素数を変更しても，この配列計算式を変更する必要はありません。

第 II 部

Fortran 実践編

第II部は実践編です。実践編は，様々な数値計算法を題材にした例題を出して，その解答プログラム例を示し，その後で解答に含まれる数値計算アルゴリズムを説明する，という構成になっています。各章の初めの方は比較的簡単な例題にしてあるので，プログラムの初心者は基礎編で学習した文法を使って実際にプログラムを書く練習に利用して下さい。

各章の中盤からは実用的なアルゴリズムを集めてあります。基本的文法だけではなく，基礎編第5章の拡張文法や第7章の配列計算式を使った解答プログラム例もあるので，必要に応じて読んで下さい。

基礎編の第1章で説明していますが，本書では記述を簡単にするために自動倍精度化機能を使うことを前提にしています。これは解答プログラム例でも同様で，実数定数やreal宣言した変数は全て倍精度を仮定しています[†1]。もし，使っているコンパイラに自動倍精度化機能がない場合には，realの部分をreal(8)に修正し，2e10などの指数部付き定数のeをdに置き換えるとともに，1.0などの定数には1.0d0のように全てd0を付加して下さい[†2]。なお，自動倍精度化オプションを付加しなくてもコンパイルは可能ですが，精度が落ちるだけでなく予期せぬ実行結果になることがあります。たとえば，反復計算を含んだプログラムでは，収束条件を緩めないと適切に終了しません。

数値計算にとっては，計算速度の向上が一つのポイントです。同じ結果を与えるプログラムでも，コンピュータが計算しやすいような書き方に修正するだけで高速化できることがあります。その中のいくつかは付録Cで紹介しているので，実践編のプログラムを書く前に一度読んでおいてください。

実践編の解答プログラム例は，ある程度汎用性を考えて作っていますが，改良の余地はまだまだあります。プログラム作成に習熟したら，より高速で実用性の高いプログラムに修正してもらえればと思います。

---

†1　gfortranでの自動倍精度化オプションは付録Aで説明しています。
†2　精度指定に関しては，基礎編の5.2節 (p.60) で説明しています。

第1章 連立1次方程式の直接解法

n個の未知数$x_1, x_2, \cdots, x_n$に対して，一般的な連立1次方程式は次の形をしています。

$$\begin{aligned} a_{11}x_1 + a_{12}x_2 + \cdots + a_{1n}x_n &= b_1 \\ a_{21}x_1 + a_{22}x_2 + \cdots + a_{2n}x_n &= b_2 \\ &\vdots \\ a_{n1}x_1 + a_{n2}x_2 + \cdots + a_{nn}x_n &= b_n \end{aligned} \tag{1-1}$$

この方程式は，縦ベクトル$\boldsymbol{x} = (x_1, x_2, \cdots, x_n)^T$と$\boldsymbol{b} = (b_1, b_2, \cdots, b_n)^T$と$n$行$n$列の行列($n$次の正方行列)，

$$A = \begin{pmatrix} a_{11} & a_{12} & \cdots & a_{1n} \\ a_{21} & a_{22} & \cdots & a_{2n} \\ \vdots & \vdots & \ddots & \vdots \\ a_{n1} & a_{n2} & \cdots & a_{nn} \end{pmatrix} \tag{1-2}$$

を使って，

$$A\boldsymbol{x} = \boldsymbol{b} \tag{1-3}$$

と表すことができます[†1]。よって，数学的には逆行列A^{-1}を計算して，

$$\boldsymbol{x} = A^{-1}\boldsymbol{b} \tag{1-4}$$

のように，$\boldsymbol{b}$に掛ければ，連立方程式を解くことができます。しかしn個の解を計算するためにn^2個の逆行列要素を計算するのは効率的ではありません。数値的に連立1次方程式の解を計算する時は，計算速度やメモリ効率を考慮してアルゴリズムを選ぶ必要があります。本章では，行列Aの特長に合わせた手法を使って連立1次方程式を解くプログラムを作成します。

連立1次方程式の数値解法には，直接解法と反復解法の2種類があります。直接解法は，定まった回数の計算で解が得られる方法です。これに対し，反復解法は，適当な近似解から出発して，くり返し計算で真の解に近づけていく方法です。原理的には，どんな連立1次方程式でも直接解法を使えば解を計算することができます。しかし，行列Aの要素のほとんどが0である行列，疎行列の連立1次方程式の場合には，メモリ使用量の問題から反復解法の方が有利になることがあります。

本章では直接解法のプログラムを作成します。反復解法に関する例題は，第8章に用意しています。

---

†1　本書では，行列Aに対して転置行列をA^Tで表します。

1.1 2元連立1次方程式の解法

例題

次の2元連立1次方程式を解くプログラムを作成せよ。

$$\begin{aligned} 7x_1 + 4x_2 &= 2 \\ x_1 - 8x_2 &= -1 \end{aligned} \tag{1-5}$$

▼解答プログラム例

```
program matrix_22
   implicit none
   real a11,a12,a21,a22,b1,b2,det,x1,x2
   a11 = 7
   a12 = 4
   a21 = 1
   a22 = -8
   b1 = 2
   b2 = -1
   det = a11*a22 - a21*a12
   x1 = (b1*a22 - b2*a12)/det
   x2 = (a11*b2 - a21*b1)/det
   print *,'X1, X2 = ',x1,x2
end program matrix_22
```

このプログラムは，2行2列の行列要素を**a11**，**a21**，**a12**，**a22**に代入し，定数ベクトルの成分を**b1**，**b2**に代入して，行列式による解の公式を使って**x1**と**x2**を計算している[†2]。

解説

式(1-1)で$n=2$の時，すなわちx_1とx_2に関する2元連立1次方程式の解の公式は以下の通りです。

$$x_1 = \frac{b_1 a_{22} - b_2 a_{12}}{a_{11}a_{22} - a_{21}a_{12}}, \qquad x_2 = \frac{a_{11}b_2 - a_{21}b_1}{a_{11}a_{22} - a_{21}a_{12}} \tag{1-6}$$

本節の解答プログラム例は，この公式をそのままプログラムにしたものです。よって，$a_{11}a_{22} - a_{21}a_{12} = 0$になるような問題に適用すると0で割るというエラーが発生するので注意が必要です。

†2　解の公式は，Key Elements 1.1 (p.98) で示します。

1.2 3元連立1次方程式の解法

例題

次の3元連立1次方程式を解くプログラムを作成せよ。この時，3次の行列式を計算するサブルーチンを利用するプログラムにせよ。

$$\begin{aligned} 6x_1 + 4x_2 - 5x_3 &= 9 \\ x_1 - 8x_2 + 2x_3 &= -3 \\ 4x_1 + x_2 - 10x_3 &= 12 \end{aligned} \tag{1-7}$$

▼解答プログラム例

```
program matrix_33
   implicit none
   real a(3,3),b(3),det,num,x1,x2,x3
   a(1,1) = 6;        a(1,2) =  4;      a(1,3) = -5
   a(2,1) = 1;        a(2,2) = -8;      a(2,3) =  2
   a(3,1) = 4;        a(3,2) =  1;      a(3,3) = -10
   b(1)   = 9;        b(2)   = -3;      b(3)   =  12
   call determinant33(a(1,1),a(1,2),a(1,3),det)
   call determinant33(b,a(1,2),a(1,3),num)
   x1 = num/det
   call determinant33(a(1,1),b,a(1,3),num)
   x2 = num/det
   call determinant33(a(1,1),a(1,2),b,num)
   x3 = num/det
   print *,'X1, X2, X3 = ',x1,x2,x3
end program matrix_33

subroutine determinant33(u,v,w,det)
   implicit none
   real u(3),v(3),w(3),det
   det = u(1)*v(2)*w(3) + u(2)*v(3)*w(1) + u(3)*v(1)*w(2) &
       - w(1)*v(2)*u(3) - w(2)*v(3)*u(1) - w(3)*v(1)*u(2)
end subroutine determinant33
```

このプログラムは，3行3列の行列要素を2次元配列`a(3,3)`に代入し，定数ベクトルの成分を1次元配列`b(3)`に代入して，行列式による解の公式を使って，`x1`，`x2`，`x3`を計算している。プログラムを簡潔にするため，行列式の値を計算するサブルーチン`determinant33`は，要素3の1次元配列`u(3)`，`v(3)`，`w(3)`を与えると，それを列ベクトルとする3次の行列式の値を実変数`det`に代入するようにしている。

解説

$n=3$の3元連立1次方程式の解の公式は以下の通りです。

$$x_1=\frac{\begin{vmatrix} b_1 & a_{12} & a_{13} \\ b_2 & a_{22} & a_{23} \\ b_3 & a_{32} & a_{33} \end{vmatrix}}{D},\quad x_2=\frac{\begin{vmatrix} a_{11} & b_1 & a_{13} \\ a_{21} & b_2 & a_{23} \\ a_{31} & b_3 & a_{33} \end{vmatrix}}{D},\quad x_3=\frac{\begin{vmatrix} a_{11} & a_{12} & b_1 \\ a_{21} & a_{22} & b_2 \\ a_{31} & a_{32} & b_3 \end{vmatrix}}{D} \tag{1-8}$$

ここで,

$$D=\begin{vmatrix} a_{11} & a_{12} & a_{13} \\ a_{21} & a_{22} & a_{23} \\ a_{31} & a_{32} & a_{33} \end{vmatrix} = a_{11}a_{22}a_{33}+a_{21}a_{32}a_{13}+a_{31}a_{12}a_{23} -a_{13}a_{22}a_{31}-a_{23}a_{32}a_{11}-a_{33}a_{12}a_{21} \tag{1-9}$$

です。この公式を使って解を計算するには，行列式を4個計算する必要がありますが，分子の3個の行列式は，行列式Dの1列を定数ベクトル$\boldsymbol{b}$で置き換えた形になっています。そこで，解答プログラム例では，3個の要素3の1次元配列`u(3)`，`v(3)`，`w(3)`を与えると，

$$\texttt{det}=\begin{vmatrix} \texttt{u(1)} & \texttt{v(1)} & \texttt{w(1)} \\ \texttt{u(2)} & \texttt{v(2)} & \texttt{w(2)} \\ \texttt{u(3)} & \texttt{v(3)} & \texttt{w(3)} \end{vmatrix} \tag{1-10}$$

を計算するサブルーチン`determinant33`を用意しました。Fortranでの2次元配列は，`a(1,1)`, `a(2,1)`, `a(3,1)`, …のように左の添字の方が先に進むように並んでいます。また，サブルーチンの引数に配列要素を与えると，その要素が先頭の配列を与えたことになるので[†3]，

```
      call determinant33(a(1,1),b,a(1,3),num)
```

という`call`文は，`a(1,1)`，`a(2,1)`，`a(3,1)`が`u`に対応し，`b`が`v`に対応し，`a(1,3)`，`a(2,3)`，`a(3,3)`が`w`に対応して，サブルーチン内部の計算が実行されます。

†3　基礎編3.3節(p.38)を参照して下さい,

1.3 一般の連立1次方程式の解法1 —ガウスの消去法—

例題

次の連立1次方程式をガウスの消去法で解くプログラムを作成せよ。ガウスの消去法を計算する部分は汎用性のあるサブルーチンにせよ。

$$\begin{aligned} 2x_1 + 4x_2 + 5x_3 + 2x_4 &= 9 \\ x_1 - 8x_2 + 2x_3 - 6x_4 &= -3 \\ 4x_1 + x_2 - 10x_3 - 2x_4 &= 1 \\ x_1 + 7x_2 + x_3 - 2x_4 &= -3 \end{aligned} \tag{1-11}$$

▼解答プログラム例

```
program matrix_44
   implicit none
   real a(4,4),b(4),x(4),det
   a(1,1) = 2;   a(1,2) =  4;   a(1,3) =  5;   a(1,4) =  2
   a(2,1) = 1;   a(2,2) = -8;   a(2,3) =  2;   a(2,4) = -6
   a(3,1) = 4;   a(3,2) =  1;   a(3,3) = -10;  a(3,4) = -2
   a(4,1) = 1;   a(4,2) =  7;   a(4,3) =  1;   a(4,4) = -2
   b(1)   = 9;   b(2)   = -3;   b(3)   =  1;   b(4)   = -3
   call gaussian(a,b,4,x,det)
   print *,'X = ',x(1),x(2),x(3),x(4),det
end program matrix_44

subroutine gaussian(a,b,n,x,det)
   implicit none
   real a(n,n),b(n),x(n),det,dd
   integer n,i,j,k
   do k = 1, n-1
      do i = k+1, n
         dd = a(i,k)/a(k,k)
         do j = k+1, n
            a(i,j) = a(i,j) - dd*a(k,j)
         enddo
         b(i) = b(i) - dd*b(k)
      enddo
   enddo
   x(n) = b(n)/a(n,n)
   do i = n-1, 1, -1
      dd = b(i)
```

```
        do j = i+1, n
           dd = dd - a(i,j)*x(j)
        enddo
        x(i) = dd/a(i,i)
     enddo
     det = a(1,1)
     do i = 2, n
        det = det*a(i,i)
     enddo
  end subroutine gaussian
```

gaussianは，整数引数nで指定した2次元配列a(n,n)にn行n列の行列要素を代入し，1次元配列b(n)に定数ベクトルの要素を代入して引数に与えると，ガウスの消去法を用いてn元連立1次方程式の解を計算して1次元配列x(n)に代入するサブルーチンである。その際，ガウスの消去法で得られる係数から行列Aの行列式が簡単に計算できるので，これを変数detに代入する。なお，サブルーチンgaussianの実行後，配列aとbは破壊される。

解説

ガウスの消去法（Gaussの消去法）は，連立1次方程式（1-1）の解を次のような手順で計算します。

まず，式（1-1）の1行目の方程式にa_{21}/a_{11}を掛けて，2行目の方程式から引けば，2行目のx_1の係数が0になります。同様に，式（1-1）の1行目の方程式を使って，3行目からn行目のx_1の係数を消去すると，以下のような連立方程式が得られます。

$$
\begin{aligned}
a_{11}x_1 + a_{12}x_2 + a_{13}x_3 + \cdots + a_{1n}x_n &= b_1 \\
a'_{22}x_2 + a'_{23}x_3 + \cdots + a'_{2n}x_n &= b'_2 \\
a'_{32}x_2 + a'_{33}x_3 + \cdots + a'_{3n}x_n &= b'_3 \\
&\vdots \\
a'_{n2}x_2 + a'_{n3}x_3 + \cdots + a'_{nn}x_n &= b'_n
\end{aligned}
\tag{1-12}
$$

次に，式(1-12)の2行目の式を使って式(1-12)の3行目以降の変数x_2の係数を消去し，続いて3行目の式を使って4行目以降の変数x_3の係数を消去し，…と続けていけば，行番号と列番号が等しい係数より下の係数を全て0にすることができます。

$$\begin{aligned}
a_{11}x_1 + a_{12}x_2 + a_{13}x_3 + \cdots \quad & + a_{1n-1}x_{n-1} + a_{1n}x_n = b_1 \\
a'_{22}x_2 + a'_{23}x_3 + \cdots \quad & + a'_{2n-1}x_{n-1} + a'_{2n}x_n = b'_2 \\
a''_{33}x_3 + \cdots \quad & + a''_{3n-1}x_{n-1} + a''_{3n}x_n = b''_3 \\
\vdots \quad & \\
& a''_{n-1n-1}x_{n-1} + a''_{n-1n}x_n = b''_{n-1} \\
& a''_{nn}x_n = b''_n
\end{aligned} \tag{1-13}$$

この過程を前進消去といいます。前進消去が完了すれば，最後の式から，$x_n = b''_n/a''_{nn}$と計算できます。すると，下から2行目の式においてx_nが既知ですから，

$$x_{n-1} = \frac{b''_{n-1} - a''_{n-1n}x_n}{a''_{n-1n-1}} \tag{1-14}$$

となります。同様に，式(1-13)を下から順に使って，x_{n-2}，x_{n-3}，…，x_1と計算していけば，全ての解が得られます。この過程を後退代入といいます。前進消去と後退代入で連立1次方程式を解くのがガウスの消去法です。

前進消去のプログラムにおいては変数x_iを陽に出す必要はなく，行列要素a_{ij}と，定数項b_iの変形だけで十分です。この時，配列を保持する必要がなければ，計算で得られたa''_{ij}やb''_iを，それに対応する配列要素`a(i,j)`や`b(i)`に代入して計算を続けることが可能です。未知数が多い問題を解く場合には，メモリの節約は重要です。

なお，前進消去の手順は行列式の値を保ちます。前進消去が完了して得られる対角線より下側の要素が全て0の行列(上三角行列)では，行列式は対角要素の積になるので，解答プログラム例のサブルーチン`gaussian`では，ガウスの消去法の副産物として，行列式を計算して変数`det`に代入しています。

●Key Elements 1.1　行列式の計算量

一般に，連立1次方程式 (1-1) の解は，3元連立1次方程式の解の公式 (1-8) を拡張した，

$$x_1 = \frac{\begin{vmatrix} b_1 & a_{12} & \cdots & a_{1n} \\ b_2 & a_{22} & \cdots & a_{2n} \\ \vdots & \vdots & \ddots & \vdots \\ b_n & a_{n2} & \cdots & a_{nn} \end{vmatrix}}{D}, \quad x_2 = \frac{\begin{vmatrix} a_{11} & b_1 & \cdots & a_{1n} \\ a_{21} & b_2 & \cdots & a_{2n} \\ \vdots & \vdots & \ddots & \vdots \\ a_{n1} & b_n & \cdots & a_{nn} \end{vmatrix}}{D}, \cdots, x_n = \frac{\begin{vmatrix} a_{11} & a_{12} & \cdots & b_1 \\ a_{21} & a_{22} & \cdots & b_2 \\ \vdots & \vdots & \ddots & \vdots \\ a_{n1} & a_{n2} & \cdots & b_n \end{vmatrix}}{D} \tag{1-15}$$

で与えられます。これをクラメルの公式 (Cramerの公式) といいます。ここで，

$$D = \begin{vmatrix} a_{11} & a_{12} & \cdots & a_{1n} \\ a_{21} & a_{22} & \cdots & a_{2n} \\ \vdots & \vdots & \ddots & \vdots \\ a_{n1} & a_{n2} & \cdots & a_{nn} \end{vmatrix} \tag{1-16}$$

です。しかし，nが大きい時，この公式を使って解を計算することはありません。なぜなら，計算量が多くて効率が悪いからです。ちょっと考えてみましょう。

行列式の定義は，次式で与えられます。

$$D = \sum \varepsilon_{k_1 k_2 \cdots k_n} a_{1k_1} a_{1k_2} \cdots a_{1k_n} \tag{1-17}$$

ここで，Σは$1, 2, \cdots, n$の全ての順列$k_1, k_2, \cdots, k_n$についての合計です。$\varepsilon_{k_1 k_2 \cdots k_n}$は，$k_1, k_2, \cdots, k_n$が偶置換なら1，奇置換なら$-1$です。この定義を使って行列式を計算するには，各項の計算に$n-1$回の掛け算が必要であり，順列の数は$n!$ですから，全部で$(n-1)n!$回の掛け算が必要です。いくつかをまとめるように工夫すれば，もう少し少ない量で計算できますが，それでも$n!$に比例することに変わりはありません。$n!$は，nの増加とともに膨大な数になるので，数値計算には向かないというわけです。

1.4 一般の連立1次方程式の解法2 ―ピボット選択付きガウスの消去法―

例題

次の連立1次方程式をガウスの消去法で解くプログラムを作成せよ。ガウスの消去法を計算する部分はピボット選択をする汎用性のあるサブルーチンにせよ。

$$
\begin{aligned}
4x_2 + 5x_3 + 2x_4 &= 9 \\
x_1 + 2x_3 - 6x_4 &= -3 \\
4x_1 + x_2 - 2x_4 &= 1 \\
x_1 + 7x_2 + x_3 &= -3
\end{aligned}
\tag{1-18}
$$

▼解答プログラム例

```
program matrix_44pv
   implicit none
   real a(4,4),b(4),x(4),det
   a(1,1) = 0;   a(1,2) =  4;   a(1,3) = 5;   a(1,4) =  2
   a(2,1) = 1;   a(2,2) =  0;   a(2,3) = 2;   a(2,4) = -6
   a(3,1) = 4;   a(3,2) =  1;   a(3,3) = 0;   a(3,4) = -2
   a(4,1) = 1;   a(4,2) =  7;   a(4,3) = 1;   a(4,4) =  0
   b(1)   = 9;   b(2)   = -3;   b(3)   = 1;   b(4)   = -3
   call gaussian_pivot(a,b,4,x,det)
   print *,'X = ',x(1),x(2),x(3),x(4),det
end program matrix_44pv

subroutine gaussian_pivot(a,b,n,x,det)
   implicit none
   real a(n,n),b(n),x(n),det,dd,amax
   integer n,ipv(n),i,j,k,imax,ip
   do i = 1, n
      ipv(i) = i
   enddo
   ip = 1
   do k = 1, n-1
      amax = a(ipv(k),k)
      imax = k
      do i = k+1, n
         if (amax < abs(a(ipv(i),k))) then
            amax = abs(a(ipv(i),k))
            imax = i
         endif
```

```
      enddo
      if (imax /= k) then
         j = ipv(k)
         ipv(k) = ipv(imax)
         ipv(imax) = j
         ip = -ip
      endif
      do i = k+1, n
         dd = a(ipv(i),k)/a(ipv(k),k)
         do j = k+1, n
            a(ipv(i),j) = a(ipv(i),j) - dd*a(ipv(k),j)
         enddo
         b(ipv(i)) = b(ipv(i)) - dd*b(ipv(k))
      enddo
   enddo
   x(n) = b(ipv(n))/a(ipv(n),n)
   do i = n-1, 1, -1
      dd = b(ipv(i))
      do j = i+1, n
         dd = dd - a(ipv(i),j)*x(j)
      enddo
      x(i) = dd/a(ipv(i),i)
   enddo
   det = a(ipv(1),1)
   do i = 2, n
      det = det*a(ipv(i),i)
   enddo
   if (ip < 0) det = -det
end subroutine gaussian_pivot
```

gaussian_pivotは，整数引数nで指定した2次元配列a(n,n)にn行n列の行列要素を代入し，1次元配列b(n)に定数ベクトルの要素を代入して引数に与えると，ピボット選択付きガウスの消去法を用いてn元連立1次方程式の解を計算して1次元配列x(n)に代入するサブルーチンである。その際，行列Aの行列式も簡単に計算できるので，これを変数detに代入する。なお，サブルーチンgaussian_pivotの実行後，配列aとbは破壊される。

解説

本節の例題を1.3節 (p.95) のサブルーチンgaussianで計算するとエラーになります。なぜなら，1行目のx_1の係数a_{11}が0なので，最初のa_{11}の割り算ができないからです。この問題は，a_{11}が0という場合だけでなく，計算途中で対角要素が0か，0に非常に近い場合に起こります。この割り算をする要素をピボット (pivot) といいます。この問題を回避して汎用性のあるサブルーチンにするには，ピボットの絶対値ができるだけ大きくなるように行を入れ替える，ピボット選択という作業を行います。ピボット選択をする方が精度の良い解を計算できることもわかっています。

まず，a_{11}，a_{21}，⋯，a_{n1}の中で絶対値が最大の行を選択し，これを1行目と交換してからx_1の係数を0にする消去を行います。次に，a'_{22}，a'_{32}，⋯，a'_{n2}の中で絶対値が最大の行を選択し，これを2行目と交換してからx_2の係数を0にする消去を行います。この手順をくり返していけば，常に0でない割り算が行われるはずなので，エラーにはなりません。もし0になることがあれば，それは行列Aの行列式が0であり，そもそも解が計算できないことを意味します。

ピボット選択をする時，実際に行列や定数ベクトルの配列要素を入れ替える必要はありません。要は，どの行を使って計算するかが問題になるだけだからです。そこで，整数型の1次元配列`ipv(n)`を用意し，最初に`ipv(1)`＝1，`ipv(2)`＝2，⋯，`ipv(n)`＝n，のように代入しておきます。そして，a_{11}，a_{21}，⋯，a_{n1}の中で絶対値が最大の行kが1行目でない場合は，`ipv(1)`と`ipv(k)`の数値を入れ替えます。その後のプログラムは，`gaussian`と同じですが，`a(i,j)`が`a(ipv(i),j)`に，`b(i)`が`b(ipv(i))`になっています。

ピボット選択により行を交換すると行列式の符号が変わります。そこで，行の交換記録を変数`ip`に代入しておきます。具体的には，最初に`ip`＝1を代入し，行を交換したら`ip`の符号を変えます。前進消去が完了した段階で`ip`が負ならば，対角要素を掛けて得られる行列式の値`det`の符号を変えます。

1.5 逆行列計算 —LU分解—

例題

次の5行5列の行列Aの逆行列をLU分解を使った連立1次方程式の解法を使って計算せよ。LU分解とそれによる連立1次方程式の解法は，ピボット選択も含めた汎用性のあるサブルーチンにせよ。

$$A = \begin{pmatrix} 2 & 4 & 5 & 2 & -3 \\ 1 & 3 & 2 & -6 & -1 \\ 4 & 1 & -3 & -2 & -2 \\ 1 & 7 & 1 & 3 & -6 \\ 3 & 4 & -1 & -3 & 3 \end{pmatrix} \tag{1-19}$$

▼解答プログラム例

```
program matrix_inversion
   implicit none
   real a(5,5),ai(5,5),b(5),det
   integer ipv(5)
```

```
   integer i,j,k,n
   a(1,1) = 2;  a(1,2) = 4;  a(1,3) =  5;  a(1,4) =  2;  a(1,5) = -3
   a(2,1) = 1;  a(2,2) = 3;  a(2,3) =  2;  a(2,4) = -6;  a(2,5) = -1
   a(3,1) = 4;  a(3,2) = 1;  a(3,3) = -3;  a(3,4) = -2;  a(3,5) = -2
   a(4,1) = 1;  a(4,2) = 7;  a(4,3) =  1;  a(4,4) =  3;  a(4,5) = -6
   a(5,1) = 3;  a(5,2) = 4;  a(5,3) = -1;  a(5,4) = -3;  a(5,5) =  3
   n = 5
   call ludecomposition(a,n,ipv,det)
   do k = 1, n
      b = 0
      b(k) = 1
      call lusolution(a,ipv,b,n,ai(1,k))
   enddo
   do i = 1, n
      print "(10f13.7)",(ai(i,j),j=1,n)
   enddo
end program matrix_inversion

subroutine ludecomposition(a,n,ipv,det)
   implicit none
   real a(n,n),det,dd,amax
   integer n,ipv(n),i,j,k,imax,ip
   do i = 1, n
      ipv(i) = i
   enddo
   ip = 1
   do k = 1, n-1
      amax = a(ipv(k),k)
      imax = k
      do i = k+1, n
         if (amax < abs(a(ipv(i),k))) then
            amax = abs(a(ipv(i),k))
            imax = i
         endif
      enddo
      if (imax /= k) then
         j = ipv(k)
         ipv(k) = ipv(imax)
         ipv(imax) = j
         ip = -ip
      endif
      do i = k+1, n
         dd = a(ipv(i),k)/a(ipv(k),k)
```

```
            do j = k+1, n
               a(ipv(i),j) = a(ipv(i),j) - dd*a(ipv(k),j)
            enddo
            a(ipv(i),k) = dd
         enddo
      enddo
      det = a(ipv(1),1)
      do i = 2, n
         det = det*a(ipv(i),i)
      enddo
      det = det*ip
   end subroutine ludecomposition

   subroutine lusolution(a,ipv,b,n,x)
      implicit none
      real a(n,n),b(n),x(n),dd
      integer n,ipv(n),i,j
      do j = 1, n-1
         do i = j+1, n
            b(ipv(i)) = b(ipv(i)) - a(ipv(i),j)*b(ipv(j))
         enddo
      enddo
      x(n) = b(ipv(n))/a(ipv(n),n)
      do i = n-1, 1, -1
         dd = b(ipv(i))
         do j = i+1, n
            dd = dd - a(ipv(i),j)*x(j)
         enddo
         x(i) = dd/a(ipv(i),i)
      enddo
   end subroutine lusolution
```

ludecompositionは，整数引数nで指定した2次元配列a(n,n)にn行n列の行列要素を代入して引数に与えると，その行列をLU分解し，その結果を同じ配列に代入するサブルーチンである。その時にピボット選択を行うので，行の順番の情報を1次元整数配列ipv(n)に代入する。実変数detには行列式の値を代入する。

lusolutionは，整数引数nで指定した，ludecompositionの実行で得られたLU分解行列a(n,n)とピボット情報整数配列ipv(n)，および定数ベクトルの要素を代入した1次元配列b(n)を引数に与えると，n元連立1次方程式の解を計算して，1次元配列x(n)に代入する。サブルーチンlusolutionの実行後，配列bは破壊される。

解答プログラム例では，逆行列を計算するためにn個の単位ベクトルを定数項とした連立1次方程式を解き，その結果を2次元配列ai(n,n)に一列ずつ代入している。

解説

ガウスの消去法のプログラムでは，前進消去が完了すると，対角線以上の要素のみの行列（上三角行列）がそのまま元の2次元配列aに保存されています。前進消去の過程で定数ベクトルの配列bも変形されますが，この変形に必要な係数を記録しておけば，同じ行列Aで異なる定数ベクトル$\boldsymbol{b}$に対する解の計算をする時に，行列の前進消去計算が不要になります。

前進消去では，まず連立1次方程式 (1-1) の1行目にa_{21}/a_{11}を掛けて2行目の方程式から引き，a_{31}/a_{11}を掛けて3行目の方程式から引き，…という手順でx_1の係数を消去します。よって，$\boldsymbol{b}$の変形に必要な係数は，$l_{21}=a_{21}/a_{11}$，$l_{31}=a_{31}/a_{11}$，…，$l_{n1}=a_{n1}/a_{11}$です。

次に，新しい連立方程式 (1-12)の2行目を使って，3行目以降のx_2の係数を消去する時，$\boldsymbol{b}$の変形に必要な係数は，$l_{32}=a'_{32}/a'_{22}$，$l_{42}=a'_{42}/a'_{22}$，…，$l_{n2}=a'_{n2}/a'_{22}$です。以後の係数の消去でも同様であり，前進消去における$\boldsymbol{b}$の変形は，これらの係数を使った次の連立1次方程式を解いて，式 (1-13) の右辺の定数項を計算することに相当します。

$$\begin{pmatrix} 1 & 0 & 0 & \cdots & 0 \\ l_{21} & 1 & 0 & \cdots & 0 \\ l_{31} & l_{32} & 1 & \cdots & 0 \\ \vdots & \vdots & \vdots & \ddots & \vdots \\ l_{n1} & l_{n2} & l_{n3} & \cdots & 1 \end{pmatrix} \begin{pmatrix} b_1 \\ b'_2 \\ b''_3 \\ \vdots \\ b''_n \end{pmatrix} = \begin{pmatrix} b_1 \\ b_2 \\ b_3 \\ \vdots \\ b_n \end{pmatrix} \tag{1-20}$$

ここで，左辺の対角要素より上の要素が0の行列（下三角行列）をLとします。

前進消去が完了した時の連立方程式 (1-13) は，次の形をしています。

$$\begin{pmatrix} u_{11} & u_{12} & u_{13} & \cdots & u_{1n} \\ 0 & u_{22} & u_{23} & \cdots & u_{2n} \\ 0 & 0 & u_{33} & \cdots & u_{3n} \\ \vdots & \vdots & \vdots & \ddots & \vdots \\ 0 & 0 & 0 & \cdots & u_{nn} \end{pmatrix} \begin{pmatrix} x_1 \\ x_2 \\ x_3 \\ \vdots \\ x_n \end{pmatrix} = \begin{pmatrix} b_1 \\ b'_2 \\ b''_3 \\ \vdots \\ b''_n \end{pmatrix} \tag{1-21}$$

ここで，左辺の対角要素より下の要素が0の行列（上三角行列）をUとします。すなわち，行列Aは下三角行列Lと上三角行列Uの積に分解することができるのです。

$$A = LU \tag{1-22}$$

これを行列のLU分解といいます。

さて，前進消去の過程で消去された配列要素は不要です。そこで，l_{ij}を計算したら，対応する2次元配列要素a(i,j)に代入して保存します。上三角行列の要素はすでに代入されているので，これにより，ガウスの消去法に必要な全ての係数を元の2次元配列aの中に保存できます。

LU分解後, 式(1-20)を解くことで$\boldsymbol{b}$を変形し, 変形したベクトルを右辺とする式(1-21)を解くことで連立1次方程式の解$\boldsymbol{x}$を得ます。LU分解を行ってその係数を記録しておけば, 同じ行列で異なる定数ベクトルでの解を計算するのに便利です。手間が省けるだけではなく, 計算量も少なくなります(Key Elements 1.2 (p.120) 参照)。

さて, 逆行列とは,

$$\begin{pmatrix} a_{11} & a_{12} & \cdots & a_{1n} \\ a_{21} & a_{22} & \cdots & a_{2n} \\ \vdots & \vdots & \ddots & \vdots \\ a_{n1} & a_{n2} & \cdots & a_{nn} \end{pmatrix} \begin{pmatrix} c_{11} & c_{12} & \cdots & c_{1n} \\ c_{21} & c_{22} & \cdots & c_{2n} \\ \vdots & \vdots & \ddots & \vdots \\ c_{n1} & c_{n2} & \cdots & c_{nn} \end{pmatrix} = \begin{pmatrix} 1 & 0 & \cdots & 0 \\ 0 & 1 & \cdots & 0 \\ \vdots & \vdots & \ddots & \vdots \\ 0 & 0 & \cdots & 1 \end{pmatrix} \tag{1-23}$$

となるような要素を持つ行列Cのことです。よって, n個の単位列ベクトル$(1,0,\cdots,0)^T$, $(0,1,\cdots,0)^T$, $\cdots$, $(0,0,\cdots,1)^T$を定数ベクトルとして解を計算し, 得られたn個の列ベクトル$(c_{11},c_{21},\cdots,c_{n1})^T$, $(c_{12},c_{22},\cdots,c_{n2})^T$, $\cdots$, $(c_{1n},c_{2n},\cdots,c_{nn})^T$を縦要素として並べたものが行列$A$の逆行列になります。

1.6 対称帯行列の連立1次方程式の解法 ―修正コレスキー分解―

例題

次の9元連立1次方程式の解を修正コレスキー分解を使って計算せよ。修正コレスキー分解による解法のサブルーチンは, 行列の対称性と帯構造を仮定したものにせよ。

$$\begin{pmatrix} 5 & -2 & -1 & 1 & 0 & 0 & 0 & 0 & 0 \\ -2 & 5 & -2 & -1 & 1 & 0 & 0 & 0 & 0 \\ -1 & -2 & 5 & -2 & -1 & 1 & 0 & 0 & 0 \\ 1 & -1 & -2 & 5 & -2 & -1 & 1 & 0 & 0 \\ 0 & 1 & -1 & -2 & 5 & -2 & -1 & 1 & 0 \\ 0 & 0 & 1 & -1 & -2 & 5 & -2 & -1 & 1 \\ 0 & 0 & 0 & 1 & -1 & -2 & 5 & -2 & -1 \\ 0 & 0 & 0 & 0 & 1 & -1 & -2 & 5 & -2 \\ 0 & 0 & 0 & 0 & 0 & 1 & -1 & -2 & 5 \end{pmatrix} \begin{pmatrix} x_1 \\ x_2 \\ x_3 \\ x_4 \\ x_5 \\ x_6 \\ x_7 \\ x_8 \\ x_9 \end{pmatrix} = \begin{pmatrix} -4 \\ -3 \\ -2 \\ -1 \\ 0 \\ 1 \\ 2 \\ 3 \\ 4 \end{pmatrix} \tag{1-24}$$

▼解答プログラム例

```
program matrix_cholesky
   implicit none
   integer, parameter :: nm = 9, nb = 3
   real a(nm,nb+1),b(nm),x(nm)
   integer i,j
   do i = 1, nm
      a(i,1) = 5
```

```
      a(i,2) = -2
      a(i,3) = -1
      a(i,4) = 1
      b(i)   = i-5
   enddo
   call bandcholesky(a,b,nm,nb,x,1)
   do i = 1, nm
      print "(4f10.5)",(a(i,j),j=1,nb+1)
   enddo
   do i = 1, nm
      print *,'X(i) = ',i,x(i)
   enddo
end program matrix_cholesky

subroutine bandcholesky(a,b,n,m,x,mode)
   implicit none
   real a(n,m+1),b(n),x(n)
   integer n,m,mode,i,j,k
   if (mode == 1) then
      do j = 1, n
         do i = j, min(j+m,n)
            do k = max(1,i-m), j-1
               a(j,i-j+1) = a(j,i-j+1) - a(k,1)*a(k,i-k+1)*a(k,j-k+1)
            enddo
         enddo
         do i = j+1, min(j+m,n)
            a(j,i-j+1) = a(j,i-j+1)/a(j,1)
         enddo
      enddo
   endif
   x = b
   do i = 2, n
      do j = max(1,i-m), i-1
         x(i) = x(i) - a(j,i-j+1)*x(j)
      enddo
   enddo
   do i = n, 1, -1
      x(i) = x(i)/a(i,1)
      do j = i+1, min(i+m,n)
         x(i) = x(i) - a(i,j-i+1)*x(j)
      enddo
   enddo
end subroutine bandcholesky
```

bandcholeskyは，整数引数nとmで指定した2次元配列a(n,m+1)にn行n列で半帯幅mの対称帯行列の要素を代入して引数に与えると，修正コレスキー分解した結果を同じ行列に戻す。その後，1次元配列b(n)に代入した定数ベクトルの要素を使って，n元連立1次方程式の解を計算し，1次元配列x(n)に代入する。

修正コレスキー分解を実行するか否かは整数引数modeで制御できる。mode＝1の時は，与えられた配列要素の修正コレスキー分解を実行するが，mode＝0の時は，修正コレスキー分解が完了している配列aを使ってbからxへの解の計算のみ実行する。なお，本ルーチン実行後，aは破壊されるが，bは破壊されない。よって，bとxを異なる配列にすれば，bに代入された数値はそのまま残る。逆に，bの数値を残す必要がなければ，bとxを同じ配列にして，メモリを節約することも可能である。

解説

対称行列Aを，対角要素が1の下三角行列L，その転置行列L^T，および対角行列Dを使って次のように分解することを修正コレスキー分解（modified Cholesky decomposition）といいます。

$$A = LDL^T \tag{1-25}$$

式(1-25)の右辺を具体的に書けば，次のようになります。

$$\begin{pmatrix} 1 & 0 & \cdots & 0 \\ l_{21} & 1 & \cdots & 0 \\ \vdots & \vdots & \ddots & \vdots \\ l_{n1} & l_{n2} & \cdots & 1 \end{pmatrix} \begin{pmatrix} d_1 & 0 & \cdots & 0 \\ 0 & d_2 & \cdots & 0 \\ \vdots & \vdots & \ddots & \vdots \\ 0 & 0 & \cdots & d_n \end{pmatrix} \begin{pmatrix} 1 & l_{21} & \cdots & l_{n1} \\ 0 & 1 & \cdots & l_{n2} \\ \vdots & \vdots & \ddots & \vdots \\ 0 & 0 & \cdots & 1 \end{pmatrix} \tag{1-26}$$

右の2個の行列積を実行すれば，

$$\begin{pmatrix} 1 & 0 & \cdots & 0 \\ l_{21} & 1 & \cdots & 0 \\ \vdots & \vdots & \ddots & \vdots \\ l_{n1} & l_{n2} & \cdots & 1 \end{pmatrix} \begin{pmatrix} d_1 & d_1 l_{21} & \cdots & d_1 l_{n1} \\ 0 & d_2 & \cdots & d_2 l_{n2} \\ \vdots & \vdots & \ddots & \vdots \\ 0 & 0 & \cdots & d_n \end{pmatrix} \tag{1-27}$$

となるので，Dの要素はAをLU分解した時のUの対角要素です。行列の対称性を利用すれば，1.5節（p.101）で説明したLU分解よりも少ない，以下の手順で下三角行列Lの非対角要素l_{ij}と対角行列Dの対角要素d_iを計算することができます。

$$d_1 = a_{11} \tag{1-28}$$

$$l_{i1} = a_{i1}/d_1 \qquad i = 2 \cdots n \tag{1-29}$$

$$d_j = a_{jj} - \sum_{k=1}^{j-1} d_k l_{jk}^2 \tag{1-30}$$

$$l_{ij} = (a_{ij} - \sum_{k=1}^{j-1} d_k l_{ik} l_{jk})/d_j \qquad i = j+1 \cdots n, \quad j = 2 \cdots n \tag{1-31}$$

ここで，式(1-31)の分子は式(1-30)と同じ形をしてるので，解答プログラム例では，

$$d_{ij} = a_{ij} - \sum_{k=1}^{j-1} d_k l_{ik} l_{jk} \qquad i = j \cdots n, \quad j = 2 \cdots n \tag{1-32}$$

を計算した後に，$d_j = d_{jj}$, $l_{ij} = d_{ij}/d_j$を計算するという手順で配列要素を計算しています。

さて，連立1次方程式は様々な分野で出てきますが，問題によっては，ほとんどの要素が0の疎行列になります。ガウスの消去法においては，前進消去過程で0の要素が0でない値に置き換わる可能性があるため，疎行列の連立1次方程式でも全ての要素を代入する2次元配列を用意しなければなりません。このため，未知数が多いとメモリ効率が非常に悪くなります。

しかし，前進消去を行っても0の要素が0のまま保たれることが予測可能な疎行列の場合には，その特長を利用して余分なメモリを消費せずに計算を進めることができます。ここでは，その一例として対称帯行列を考えました[4]。これは次のような形をした行列です。

$$\begin{pmatrix} a_1 & b_1 & c_1 & d_1 & 0 & \cdots & 0 & 0 & 0 \\ b_1 & a_2 & b_2 & c_2 & d_2 & \cdots & 0 & 0 & 0 \\ c_1 & b_2 & a_3 & b_3 & c_3 & \cdots & 0 & 0 & 0 \\ d_1 & c_2 & b_3 & a_4 & b_4 & \cdots & 0 & 0 & 0 \\ 0 & d_2 & c_3 & b_4 & a_5 & \cdots & 0 & 0 & 0 \\ \vdots & \vdots & \vdots & \vdots & \vdots & \ddots & \vdots & \vdots & \vdots \\ 0 & 0 & 0 & 0 & 0 & \cdots & a_{n-2} & b_{n-2} & c_{n-2} \\ 0 & 0 & 0 & 0 & 0 & \cdots & b_{n-2} & a_{n-1} & b_{n-1} \\ 0 & 0 & 0 & 0 & 0 & \cdots & c_{n-2} & b_{n-1} & a_n \end{pmatrix} \tag{1-33}$$

この行列は，対角線要素$a_1, a_2, \cdots, a_n$の両隣に対角線に平行に$b_1, b_2, \cdots, b_{n-1}$, $c_1, c_2, \cdots, c_{n-2}$，…のように要素が並んでいます。この例では，非対角要素はb_iからd_iまでの3筋だけですが，一般にm筋の非対角要素を持つ対称行列を，半帯幅mの対称帯行列といいます。

対称帯行列にガウスの消去法や修正コレスキー分解を適用しても，帯要素より外にある要素は影響を受けません。たとえば，1行目を利用して2行目以降の1列目を消去

する時には$m+1$行目まで計算すればよく，それ以降はすでに0です。しかし，1行目は$m+1$列目までしか要素がないのですから，$m+1$行目で計算を終了すれば，影響を受けるのは，対角要素a_{m+1m+1}までです。それより下や右の要素は更新されないので，帯要素以外の要素は影響を受けません。これは，2列目以降の消去でも同様であり，変更があるのは帯要素だけです。

そこで，帯要素だけ保存した配列を利用することでメモリを節約することができます。サブルーチンbandcholeskyでは，引数配列の要素数をa(n,m+1)として，a(1,1)〜a(n,1)に対角要素$a_1, a_2, \cdots, a_n$を代入し，a(1,2)〜a(n-1,2)に$b_1, b_2, \cdots, b_{n-1}$を代入し，…というように行列要素を代入しておけば，これを対称帯行列と見なして修正コレスキー分解を行い，対応する配列要素に代入します。分解後，与えられた定数ベクトルb(n)を用いて，連立1次方程式の解を計算し，配列x(n)に代入します。コレスキー分解を1回行えば，同じ行列で異なる定数ベクトルに対する解を計算する時の分解は不要です。

なお，LU分解の際に行ったピボット選択をすると，行の入れ替えによって帯行列の構造が崩れます。このため，サブルーチンbandcholeskyではピボット選択をしていません。よって，正定値行列(固有値がすべて正である行列)のように，修正コレスキー分解での安定性が保証されている行列に利用を限定する必要があります。

1.7 3重対角連立1次方程式の解法 —ガウスの消去法—

例題

次の30元連立1次方程式の解をガウスの消去法を使って計算せよ。ガウスの消去法のサブルーチンは3重対角行列に特化して汎用性のあるものにせよ。

$$-2x_1 + \left(1 + \frac{1}{2}\right) x_2 = -2\sin(0.1 - 5)$$

$$\left(i - \frac{1}{2}\right) x_{i-1} - 2ix_i + \left(i + \frac{1}{2}\right) x_{i+1} = -2\sin(0.1i^2 - 5) \qquad i = 2, \cdots, 29 \quad (1\text{-}34)$$

$$\left(30 - \frac{1}{2}\right) x_{29} - 60x_{30} = -2\sin(0.1 \times 30^2 - 5)$$

▼解答プログラム例

```
program tridiagonal_matrix_test
   implicit none
   integer, parameter :: nm = 30
   real a(nm),b(nm),c(nm),d(nm),x(nm)
   integer i
   do i = 1, nm
      a(i) = i-0.5
```

```
      b(i) =  -2*i
      c(i) = i+0.5
   enddo
   do i = 1, nm
      d(i) = -2*sin(0.1*i**2-5)
   enddo
   call tridiagonal_matrix(a,b,c,d,nm,x)
   do i = 1, nm
      print *,i,x(i)
   enddo
end program tridiagonal_matrix_test

subroutine tridiagonal_matrix(a,b,c,d,n,x)
   implicit none
   real a(n),b(n),c(n),d(n),x(n)
   real G(n),H(n),den
   integer i,n
   G(1) = -c(1)/b(1)
   H(1) = d(1)/b(1)
   do i = 2, n
      den  = 1/(b(i) + a(i)*G(i-1))
      G(i) = -c(i)*den
      H(i) = (d(i) - a(i)*H(i-1))*den
   enddo
   x(n) = H(n)
   do i = n-1, 1, -1
      x(i) = G(i)*x(i+1) + H(i)
   enddo
end subroutine tridiagonal_matrix
```

tridiagonal_matrixは，整数引数nで指定した1次元配列a(n)，b(n)，c(n)にn行n列の3重対角行列の係数を代入し，1次元配列d(n)に定数ベクトルの要素を代入して引数に与えれば，ガウスの消去法を使って3重対角n元連立1次方程式の解を計算して，1次元配列x(n)に代入するサブルーチンである。なお，本ルーチン終了後，配列a, b, c, dは破壊されないので再度利用することができる。また，xとdは同じ配列を与えることも可能である。

解説

3重対角行列とは，次の形式の行列のことです。

$$\begin{pmatrix} b_1 & c_1 & 0 & 0 & \cdots & 0 & 0 & 0 \\ a_2 & b_2 & c_2 & 0 & \cdots & 0 & 0 & 0 \\ 0 & a_3 & b_3 & c_3 & \cdots & 0 & 0 & 0 \\ \vdots & \vdots & \ddots & \ddots & \ddots & \vdots & \vdots & \vdots \\ \vdots & \vdots & \vdots & \ddots & \ddots & \ddots & \vdots & \vdots \\ \vdots & \vdots & \vdots & \vdots & \ddots & \ddots & \ddots & \vdots \\ 0 & 0 & 0 & 0 & \cdots & a_{n-1} & b_{n-1} & c_{n-1} \\ 0 & 0 & 0 & 0 & \cdots & 0 & a_n & b_n \end{pmatrix} \tag{1-35}$$

すなわち，半帯幅1の帯行列です。ただし，対称である必要はありません。これを用いた連立1次方程式を1行で表せば，

$$a_i x_{i-1} + b_i x_i + c_i x_{i+1} = d_i \qquad i = 1, \cdots, n \tag{1-36}$$

となります。ここで，$a_1 = c_n = 0$です。この連立方程式は，ガウスの消去法を変形した手順を使って解を計算することができます。

まず次の漸化式を使ってG_iとH_iを計算します。

$$\begin{aligned} G_i &= -\frac{c_i}{b_i + a_i G_{i-1}} \\ H_i &= \frac{d_i - a_i H_{i-1}}{b_i + a_i G_{i-1}} \qquad i = 2, \cdots, n \end{aligned} \tag{1-37}$$

ただし，初期値は$G_1 = -c_1/b_1$，$H_1 = d_1/b_1$です。G_iとH_iが全て計算できたら，次に，$x_n = H_n$から開始して，

$$x_i = G_i x_{i+1} + H_i \qquad i = n-1, \cdots, 1 \tag{1-38}$$

のように逆向きにx_iを計算します。このため，3重対角連立1次方程式の解を求める場合，その計算量は未知数の個数nに比例します。

なお，解答プログラム例ではピボット選択はしていません。行を入れ替えると3重対角ではなくなるからです。また，$|b_i| > |a_i| + |c_i|$という対角優位条件があれば，ピボットが0にならないことが証明されています[2]。

1.8 ブロック3重対角連立1次方程式の解法 —ブロック巡回縮約法—

例題

Bを次のような7次の3重対角正方行列とする。

$$B = \begin{pmatrix} 4 & -1 & 0 & 0 & 0 & 0 & 0 \\ -1 & 4 & -1 & 0 & 0 & 0 & 0 \\ 0 & -1 & 4 & -1 & 0 & 0 & 0 \\ 0 & 0 & -1 & 4 & -1 & 0 & 0 \\ 0 & 0 & 0 & -1 & 4 & -1 & 0 \\ 0 & 0 & 0 & 0 & -1 & 4 & -1 \\ 0 & 0 & 0 & 0 & 0 & -1 & 4 \end{pmatrix} \tag{1-39}$$

このBと7次の単位行列Iを使った次の7×7元連立1次方程式の解をブロック巡回縮約法を使って計算せよ。

$$\begin{pmatrix} B & -I & & & & & \\ -I & B & -I & & & & \\ & -I & B & -I & & & \\ & & -I & B & -I & & \\ & & & -I & B & -I & \\ & & & & -I & B & -I \\ & & & & & -I & B \end{pmatrix} \begin{pmatrix} \boldsymbol{x}_1 \\ \boldsymbol{x}_2 \\ \boldsymbol{x}_3 \\ \boldsymbol{x}_4 \\ \boldsymbol{x}_5 \\ \boldsymbol{x}_6 \\ \boldsymbol{x}_7 \end{pmatrix} = \begin{pmatrix} \boldsymbol{d}_1 \\ \boldsymbol{d}_2 \\ \boldsymbol{d}_3 \\ \boldsymbol{d}_4 \\ \boldsymbol{d}_5 \\ \boldsymbol{d}_6 \\ \boldsymbol{d}_7 \end{pmatrix} \tag{1-40}$$

ここで，要素が省略されているところは，7行7列の0行列である。

また，$j=1,\cdots,7$に対して，$\boldsymbol{x}_j$は成分が7個の未知数ベクトル，$\boldsymbol{d}_j$は成分が7個の定数ベクトルである。ここでは，$\boldsymbol{d}_j$のi成分d_{ij}を次式で与える。

$$d_{ij} = 2\sin(0.1i^2 + 0.3j - 5) \tag{1-41}$$

ブロック巡回縮約法の計算部分はサブルーチンにせよ。ただし，Bは3重対角行列であると仮定して良い。

▼解答プログラム例

```
program matrix_2dcyclic
   implicit none
   integer, parameter :: nx = 7, ny = 7
   real a(nx),b(nx),c(nx),d(nx,ny),x(nx,ny)
   integer i,j
   do i = 1, nx
      a(i) = -1
```

```
      b(i) =  4
      c(i) = -1
   enddo
   do j = 1, ny
      do i = 1, nx
         d(i,j) = 2*sin(0.1*i**2+0.3*j-5)
      enddo
   enddo
   call cyclic_reduction_2d(a,b,c,d,nx,ny,x)
   do j = 1, ny
      do i = 1, nx
         print *,i,j,x(i,j)
      enddo
   enddo
end program matrix_2dcyclic

subroutine cyclic_reduction_2d(a,b,c,d,m,n,x)
   implicit none
   real a(m),b(m),c(m),d(m,n),x(m,n)
   real,allocatable :: yr(:),pr(:,:),roots(:),br(:)
   real, parameter :: pi = 3.141592653589793
   integer m,n,n0,i,j,k,nd,i2,l,l0,ls(n)
   k  = 0
   n0 = n + 1
   do i = 1, n
      if (mod(n0,2) /= 0) then
         print *,'Matrix shape must be m * (2**k-1) :',m,'*',n
         return
      endif
      n0 = n0/2
      k  = k + 1
      if (n0 <= 1) exit
   enddo
   allocate ( yr(m), pr(m,n), roots(n), br(m) )
   n0 = n + 1
   x(:,:)  = d(:,:)
   pr(:,:) = 0
   nd = 1
   ls(1) = 0
   roots(1) = 0
   do j = 1, k-1
      i2 = nd;      nd = nd*2;      l0 = ls(j)
```

```
      do l = 1, i2/2
         roots(l0+2*l)   = 2*sin((2*l-1-i2)*pi/(2*i2))
         roots(l0+2*l-1) = -roots(l0+2*l)
      enddo
      do i = nd, n0-nd, nd
         yr(:) = x(:,i) + pr(:,i-i2) + pr(:,i+i2)
         do l = l0+1, l0+i2
            br(:) = b(:) - roots(l)
            call tridiagonal_matrix(a,br,c,yr,m,yr)
         enddo
         pr(:,i) = pr(:,i) + yr(:)
         x(:,i) = x(:,i-i2) + x(:,i+i2) + 2*pr(:,i)
      enddo
      ls(j+1) = ls(j) + i2
   enddo
   nd = n0;   i2 = nd/2;   l0 = ls(k)
   do l = 1, i2/2
      roots(l0+2*l)   = 2*sin((2*l-1-i2)*pi/(2*i2))
      roots(l0+2*l-1) = -roots(l0+2*l)
   enddo
   yr(:) = x(:,i2)
   do l = l0+1, l0+i2
      br(:) = b(:) - roots(l)
      call tridiagonal_matrix(a,br,c,yr,m,yr)
   enddo
   x(:,i2) = pr(:,i2) + yr(:)
   do j = k-1, 1, -1
      nd = i2;      i2 = i2/2
      yr(:) = x(:,i2) + x(:,i2*2)
      l0 = ls(j)
     do l = l0+1, l0+i2
         br(:) = b(:) - roots(l)
         call tridiagonal_matrix(a,br,c,yr,m,yr)
      enddo
      x(:,i2) = pr(:,i2) + yr(:)
      do i = i2+nd, n0-nd-i2, nd
         yr(:) = x(:,i) + x(:,i-i2) + x(:,i+i2)
         do l = l0+1, l0+i2
            br(:) = b(:) - roots(l)
            call tridiagonal_matrix(a,br,c,yr,m,yr)
         enddo
         x(:,i) = pr(:,i) + yr(:)
```

```
      enddo
      yr(:) = x(:,n0-i2) + x(:,n0-i2*2)
      do l = l0+1, l0+i2
         br(:) = b(:) - roots(l)
         call tridiagonal_matrix(a,br,c,yr,m,yr)
      enddo
      x(:,n0-i2) = pr(:,n0-i2) + yr(:)
   enddo
   deallocate ( yr, pr, roots, br )
end subroutine cyclic_reduction_2d
```

cyclic_reduction_2dは，整数引数mとnで指定した，m次の正方行列を縦横にn個並べたブロック3重対角な形で与えられる$m \times n$元連立1次方程式の解をブロック巡回縮約法で計算するサブルーチンである。ただし，$n=2^k-1$を仮定しているので，そうでない数値をnに与えた場合にはエラーメッセージを出力して終了する。対角ブロックの行列Bはm次の3重対角行列を仮定し，1次元配列a(m)，b(m)，c(m)にその3重対角行列の係数を代入して引数に与える。また，定数ベクトル$\boldsymbol{d}_j$の保存にはm列ベクトルがn個必要なので，$m \times n$の2次元配列d(m,n)に値を代入して引数に与える。サブルーチンの実行後に得られる解$\boldsymbol{x}_j$の保存にはm列ベクトルがn個必要なので，$m \times n$の2次元配列x(m,n)を引数に与える。

なお，このプログラムの実行には，1.7節(p.109)のサブルーチンtridiagonal_matrixが必要である。また，cyclic_reduction_2dの終了後，a，b，cおよびdは破壊されないので再度利用することができる。xとdは同じ配列を与えることも可能である。

解説

m次の正方行列，A_j，B_j，C_jで構成された次のような$m \times n$次正方行列をブロック3重対角行列といいます。

$$
\begin{pmatrix}
B_1 & C_1 & & & & \\
A_2 & B_2 & C_2 & & & \\
 & A_3 & B_3 & C_3 & & \\
 & & \ddots & \ddots & \ddots & \\
 & & & \ddots & \ddots & \ddots \\
 & & & A_{n-1} & B_{n-1} & C_{n-1} \\
 & & & & A_n & B_n
\end{pmatrix}
\tag{1-42}
$$

要素が書かれていないところは，m次の0行列です。ブロック巡回縮約法とは，このブロック3重対角行列の形で表された連立1次方程式における，メモリ効率の良い解の計算手法です。ただし，手順中に行列の掛け算や逆行列の計算が必要なので，計算効率から考えて，ここでは最も単純な場合，全てのjについてA_j，B_j，C_jが等しく，かつ$A_j=C_j=-I$の場合のみ考えます。Iはm次の単位行列です。

$$\begin{pmatrix} B & -I & & & & & \\ -I & B & -I & & & & \\ & -I & B & -I & & & \\ & & \ddots & \ddots & \ddots & & \\ & & & \ddots & \ddots & \ddots & \\ & & & & -I & B & -I \\ & & & & & -I & B \end{pmatrix} \begin{pmatrix} \boldsymbol{x}_1 \\ \boldsymbol{x}_2 \\ \boldsymbol{x}_3 \\ \vdots \\ \vdots \\ \boldsymbol{x}_{n-1} \\ \boldsymbol{x}_n \end{pmatrix} = \begin{pmatrix} \boldsymbol{d}_1 \\ \boldsymbol{d}_2 \\ \boldsymbol{d}_3 \\ \vdots \\ \vdots \\ \boldsymbol{d}_{n-1} \\ \boldsymbol{d}_n \end{pmatrix} \tag{1-43}$$

ここで，$\boldsymbol{x}_j$と$\boldsymbol{d}_j$はm次元ベクトルです。かなり特殊な形に見えますが，2次元ポアソン方程式を差分化すると出てくる行列なので，応用範囲は広いです[†4]。

ブロック巡回縮約法の手順は以下の通りです。まず，式(1-43)の連続した3行を並べて書くと，次のようになります。

$$\begin{aligned} -\boldsymbol{x}_{j-2} + B\boldsymbol{x}_{j-1} - \boldsymbol{x}_j &= \boldsymbol{d}_{j-1} & (1\text{-}44) \\ -\boldsymbol{x}_{j-1} + B\boldsymbol{x}_j - \boldsymbol{x}_{j+1} &= \boldsymbol{d}_j & (1\text{-}45) \\ -\boldsymbol{x}_j + B\boldsymbol{x}_{j+1} - \boldsymbol{x}_{j+2} &= \boldsymbol{d}_{j+1} & (1\text{-}46) \end{aligned}$$

式(1-45)の左から行列Bを掛け，式(1-44)と式(1-46)を加えれば，

$$-\boldsymbol{x}_{j-2} + B^{(1)}\boldsymbol{x}_j - \boldsymbol{x}_{j+2} = \boldsymbol{d}_j^{(1)} \tag{1-47}$$

という形になります。ここで，

$$\begin{aligned} B^{(1)} &= B^2 - 2I \\ \boldsymbol{d}_j^{(1)} &= B\boldsymbol{d}_j + \boldsymbol{d}_{j-1} + \boldsymbol{d}_{j+1} \end{aligned} \tag{1-48}$$

です。式(1-47)と式(1-45)が異なるのは，隣り合う未知ベクトルが，$\boldsymbol{x}_{j-1}$と$\boldsymbol{x}_{j+1}$ではなく$\boldsymbol{x}_{j-2}$と$\boldsymbol{x}_{j+2}$になっていることです。そこで，偶数のjについて，すなわち$j=2,4,\cdots,n-1$について，この変形を行います。これで第1ステップ完了です。なお，$\boldsymbol{x}_0$と$\boldsymbol{x}_{n+1}$は未知数ベクトルではありませんが，説明の便宜上$\boldsymbol{x}_0=0$，$\boldsymbol{x}_{n+1}=0$として加えておきます。

次に，第2ステップとして，得られたjが偶数の方程式を使って，jが4の倍数($j=4,8,\cdots$)の方程式に関して同様の変形をします。第2ステップが完了したら，第3ステップとして，jが4の倍数の方程式を使ってjが8の倍数の方程式に関して同様の変形をする，…，というように式変形をくり返します。この結果，第rステップでの方程式は以下の形をしています。

$$-\boldsymbol{x}_{j-2^r} + B^{(r)}\boldsymbol{x}_j - \boldsymbol{x}_{j+2^r} = \boldsymbol{d}_j^{(r)} \tag{1-49}$$

†4　2次元ポアソン方程式の詳細とその反復解法は第8章(p.329)で説明します。

ここで,

$$\begin{aligned} B^{(r)} &= (B^{(r-1)})^2 - 2I & (1\text{-}50) \\ \boldsymbol{d}_j^{(r)} &= B^{(r-1)}\boldsymbol{d}_j^{(r-1)} + \boldsymbol{d}_{j-2^{r-1}}^{(r-1)} + \boldsymbol{d}_{j+2^{r-1}}^{(r-1)} & (1\text{-}51) \end{aligned}$$

です。$n=2^k-1$の場合,この変形をくり返していけば,1ステップごとに方程式の数が半分になり,第$k-1$ステップでは次の1式だけが残ります。

$$-\boldsymbol{x}_0 + B^{(k-1)}\boldsymbol{x}_{2^{k-1}} - \boldsymbol{x}_{2^k} = \boldsymbol{d}_{2^{k-1}}^{(k-1)} \quad (1\text{-}52)$$

ここまでが前進消去です。$\boldsymbol{x}_0=0$, $\boldsymbol{x}_{n+1}=\boldsymbol{x}_{2^k}=0$なので,式(1-52)は,

$$B^{(k-1)}\boldsymbol{x}_{2^{k-1}} = \boldsymbol{d}_{2^{k-1}}^{(k-1)} \quad (1\text{-}53)$$

となり,このm元連立1次方程式を解けば,$\mathrm{x}_{2^{k-1}}$が得られます。

残りの未知数ベクトルは,式(1-49)を変形して得られる次式を使った後退代入で計算します。

$$B^{(r)}\boldsymbol{x}_j = \boldsymbol{d}_j^{(r)} + \boldsymbol{x}_{j-2^r} + \boldsymbol{x}_{j+2^r} \quad (1\text{-}54)$$

まず,$r=k-2$の時,$\boldsymbol{x}_0=0$, $\boldsymbol{x}_{2^k}=0$, および$\boldsymbol{x}_{2^{k-1}}$が既知なので,$j=2^{k-2}$, $j=3\times2^{k-2}$については,式(1-54)の右辺の$\boldsymbol{x}_{j-2^{k-2}}$と$\boldsymbol{x}_{j+2^{k-2}}$が既知です。よって,式(1-54)は,$\boldsymbol{x}_j$についての$m$元連立1次方程式になり,これを解けば,$\boldsymbol{x}_j$が得られます。これで,$j$=偶数$\times2^{k-3}$の$\boldsymbol{x}_j$が全て得られたので,次は,$r=k-3$における式(1-54)を解くことで,$j$=奇数$\times2^{k-3}$の$\boldsymbol{x}_j$が得られます。

rを1ずつ減らしながらこの過程を続けて,第0ステップの式(1-54)からj=奇数の$\boldsymbol{x}_j$を計算すれば,全てのjについて$\boldsymbol{x}_j$が得られることになります。これがブロック巡回縮約法(Block Cyclic Reduction法)です[24]。ブロック巡回縮約法は,疎行列の直接解法としてはメモリ効率が良いのが特長です。

しかし,この原理のままで計算するには問題がいくつかあります。まず,A_jとC_jが$-I$になるように方程式を変形しなければなりませんが,多くの問題では,これによりBの対角要素が1より大きな値になります。$B^{(r)}$の漸化式(1-50)は,1回前の行列を2乗するので,$B^{(k-1)}$は$B^{2^{k-1}}$を含みます。このため,nが大きい場合には行列要素の絶対値が非常に大きくなって打ち切り誤差が無視できません。

そこで,ブネマン(Buneman)により提案された次の分解を使います[24]。

$$\boldsymbol{d}_j^{(r)} = B^{(r)}\boldsymbol{p}_j^{(r)} + \boldsymbol{q}_j^{(r)} \quad (1\text{-}55)$$

ここで,$\boldsymbol{p}_j^{(r)}$と$\boldsymbol{q}_j^{(r)}$は次式のような漸化式で計算することができます。

$$\boldsymbol{p}_j^{(r)} = \boldsymbol{p}_j^{(r-1)} + (B^{(r-1)})^{-1}(\boldsymbol{q}_j^{(r-1)} + \boldsymbol{p}_{j-2^{r-1}}^{(r-1)} + \boldsymbol{p}_{j+2^{r-1}}^{(r-1)}) \tag{1-56}$$

$$\boldsymbol{q}_j^{(r)} = 2\boldsymbol{p}_j^{(r)} + \boldsymbol{q}_{j-2^{r-1}}^{(r-1)} + \boldsymbol{q}_{j+2^{r-1}}^{(r-1)} \tag{1-57}$$

ただし，初期値は，$\boldsymbol{p}_j^{(0)} = 0$, $\boldsymbol{q}_j^{(0)} = \boldsymbol{d}_j$ です。ここで，$\boldsymbol{p}_j^{(r)}$ の計算に逆行列が入っているので，前進消去の過程でも連立1次方程式を解く必要がありますが，誤差の増大が深刻なので，やむを得ません。

また，後退代入の時にも式(1-54)に式(1-55)を代入して得られる

$$B^{(r)}(\boldsymbol{x}_j - \boldsymbol{p}_j^{(r)}) = \boldsymbol{q}_j^{(r)} + \boldsymbol{x}_{j-2^r} + \boldsymbol{x}_{j+2^r} \tag{1-58}$$

を使って，$\boldsymbol{x}_j - \boldsymbol{p}_j^{(r)}$ を計算し，$\boldsymbol{p}_j^{(r)}$ を加えて $\boldsymbol{x}_j$ を計算します。

もう一つの問題は，$B^{(r)}$ に関する漸化式を計算して逆行列を解かねばならないことです。B が3重対角行列でも，$B^{(r)}$ は疎行列とは限りません。r が大きくなると非対角要素が増えてくるので，結局LU分解や修正コレスキー分解のような一般的な解法を使う必要が出てきます。

これを回避するため，$B^{(r)}$ を因数分解する手法を用います。漸化式(1-50)で得られる $B^{(r)}$ は B の多項式になりますが，この多項式は，チェビシェフ多項式(Chebyshev多項式)で表されることがわかっています。

$$B^{(r)} = 2T_{2^r}\left(\frac{B}{2}\right) \tag{1-59}$$

ここで，$T_l(z)$ は l 次のチェビシェフ多項式です(5.5節(p.245))。チェビシェフ多項式は，三角関数を使って，

$$T_l(z) = \cos(l \cos^{-1} z) \tag{1-60}$$

と表されるので，$T_l(z) = 0$ の解は，

$$z_i^{(l)} = \cos\frac{\pi(2i-1)}{2l} = \sin\frac{\pi(l-2i+1)}{2l} \qquad i = 1, \cdots, l \tag{1-61}$$

です。この解を使えば，多項式 $B^{(r)}$ は次のように因数分解することができます。

$$B^{(r)} = (B - 2z_1^{(2^r)}I)(B - 2z_2^{(2^r)}I)\cdots(B - 2z_{2^r}^{(2^r)}I) \tag{1-62}$$

なお，式(1-61)においてsinに与えているのは，

$$\frac{\pi(l-1)}{2l}, \quad \frac{\pi(l-3)}{2l}, \quad \cdots, \quad -\frac{\pi(l-3)}{2l}, \quad -\frac{\pi(l-1)}{2l} \tag{1-63}$$

ですが，$l=2^r$は偶数ですから，全部計算する必要はありません。前半の正の解だけを計算すれば，後半はその符号を変えた数値になります。

以上より，$B^{(r)}\boldsymbol{x}=\boldsymbol{y}$という連立1次方程式を解くには，$(B-2z_i^{(2^r)}I)\boldsymbol{x}^{(i)}=\boldsymbol{x}^{(i-1)}$のような連立1次方程式を式(1-62)の全ての因子について解けば良いことがわかります。各因子はBの対角要素を修正しただけの行列なので，Bが3重対角行列なら，各因子も3重対角行列です。よって，連立方程式を解く計算にさほどの時間はかかりません。rが増加すれば因子の数が増えるのでそれだけ連立方程式を解く回数が増えますが，未知ベクトルの数は減るので，各ステップにおける連立方程式を解く回数は同じです。

これでアルゴリズムは完了です。各因子の3重対角連立1次方程式の解法には1.7節(p.109)のサブルーチン`tridiagonal_matrix`を利用しています。

ここで説明したブロック巡回縮約法は，行列の形がかなり制限されたものを仮定していますが，もう少し条件をゆるめて，$A_j=a_jI$，$B_j=B+b_jI$，$C_j=c_jI$の場合に拡張する方法も提案されています[26]。また，ブロック数が2^k-1ではない場合に使える方法も提案されています[25]。

●Key Elements 1.2　直接解法の計算量

これまで説明した連立1次方程式の直接解法がどの程度の計算量か見積もってみましょう。まず，ガウスの消去法の前進消去では，1行目にa_{21}/a_{11}を掛けて2行目から引き，1行目にa_{31}/a_{11}を掛けて3行目から引き，…という動作をくり返すので，1列目の消去に$(n+1)(n-1)$回の掛け算が必要です。ここで，$n+1$にしているのは，定数ベクトルの変形分です。同様に，2列目の消去には$n(n-2)$回の掛け算が必要で，3列目の消去には$(n-1)(n-3)$回の掛け算が必要で，…と進めて，$n-1$列目まで計算を行えば，nが大きい時には，全部でおよそ$n^3/3$回の掛け算が必要になります。

これに対し，後退代入ではx_nの計算に割り算が1回，x_{n-1}の計算に割り算が1回，掛け算が1回，x_{n-2}の計算に割り算が1回，掛け算が2回，…なので，割り算がn回，掛け算が$n^2/2$回程度です。すなわち，後退代入は前進消去ほど計算量は必要ありません。よって，全体的にはn^3に比例する計算量が必要です。n^3もnの増加とともに大きくなりますが，$n!$ほどではありません。これがクラメルの公式を使って計算しない理由です。

LU分解の実行にはやはり前進消去にn^3に比例する計算量が必要ですが，下三角行列Lを使って定数ベクトルを変形するのはn^2の計算量で済みます。よって，LU分解が完了して，与えられた定数ベクトルに対する解を計算するだけなら，全体でもn^2に比例する計算量で済みます。行列はそのままで，定数ベクトルを変えて何度も計算を行う時には，LU分解を使うべきです。

修正コレスキー分解も基本的にはガウスの消去法と同じなので，n^3に比例する計算量が必要です。しかし，帯幅mの帯行列を仮定すると，1行あたりの掛け算回数と消去する行の数がmになるので，計算量はnm^2に比例します。すなわち，帯幅が小さいほど計算量は少なくなります。3重対角行列の計算がnに比例するのはこのためです。

では，ブロック巡回縮約法はどうでしょう。この計算で最も時間がかかるのは，$B^{(r)}$に関する連立1次方程式を解くことです。この計算には2^r回のm次3重対角行列の解法を使わねばならないので，計算量は，$m\times 2^r$に比例します。これを1ステップあたり，$2^{k-r-1}-1$回計算する必要があるので，全部でおよそ$m\times 2^r\times 2^{k-r-1}=m\times 2^{k-1}$回です。ステップは，前後半それぞれ$k-1$回なので，全部で$2(k-1)m\times 2^{k-1}$回の連立方程式を解く必要があります。すなわち，$mn\log_2 n$に比例した計算量になります。さすがに，3重対角行列のように要素数mnに比例するというわけにはいきませんが，nの増大に対して$\log_2 n$はさほど大きくならないので，計算量はそれほど多くありません。

第2章　非線形方程式の解法

2次方程式の解は平方根と加減乗除で計算できます。しかし，5次以上の代数方程式には，べき乗根や加減乗除だけで構成された解の公式は存在しないことが証明されています。代数方程式でさえそうなのですから，$\cos x = x^2$のような，三角関数が混じった方程式の解の公式は存在しません。このような色々な関数で表される方程式や2次以上の代数方程式は，一般的に"非線形方程式"と呼ばれています。本章では，未知数が1個の非線形方程式，$f(x)=0$の解を計算するプログラムを作成します。

非線形方程式では，2次方程式のように解の公式が存在する場合には，方程式の係数を使って定まった計算手順で解を計算することができます。これに対し，解の公式が存在しない場合には反復計算によって解の近似値を求めます。すなわち，解の近くの値x_0から出発して，何らかの計算手順を用いて関数値$f(x_1)$がより0に近いx_1を計算し，次にそのx_1から同様の手順で関数値$f(x_2)$がさらに0に近いx_2を計算する，というくり返しで真の解x_Aの近似値を計算します。このため，収束性能の良いアルゴリズムの選択が必要です。しかし，計算の初期値x_0が解に十分近くなければ必ずしも収束するとは限らないので，初期値の選択も重要です。加えて，解に確実に近づいているという保証があれば，安全に反復計算を続けることができます。

本章では，このあたりの戦略も考えたプログラムの作成を行います。ただし，本章では重解がない非線形方程式を仮定しています。重解や非常に接近した複数の解がある方程式では，本章の計算手法が必ずしもうまく働かないので注意が必要です。

2.1　2次方程式の解法1

例題

実数$a=3$，$b=5$，$c=1$として，2次方程式$ax^2+bx+c=0$の解を計算するプログラムを作成せよ。

▼解答プログラム例

```
program simple_quadratic
   implicit none
   real a,b,c,D,x1,x2
   a = 3
   b = 5
   c = 1
   D = b*b - 4*a*c
   x1 = (-b + sqrt(D))/(2*a)
```

```
   x2 = (-b - sqrt(D))/(2*a)
   print *,'X1, X2 = ',x1,x2
end program simple_quadratic
```

このプログラムは解の公式をそのままプログラムにしたものである。判別式$D=b^2-4ac$が負になるようなa,b,cの組み合わせでは，平方根の計算でエラーになるので使えない。

解説

2次方程式$ax^2+bx+c=0$は2個の解x_1とx_2を持ち，以下で与えられます。

$$x_1=\frac{-b+\sqrt{b^2-4ac}}{2a},\qquad x_2=\frac{-b-\sqrt{b^2-4ac}}{2a} \tag{2-1}$$

解答プログラム例は，この公式をそのまま使って2個の解を計算しています。取りあえず解が欲しい場合には使えますが，係数aが0の時や，判別式$D=b^2-4ac$が負になる場合には使えません。

2.2 2次方程式の解法2 —判別式に応じた解の計算—

例題

実数$a=3$，$c=1$として，$b=0,1,2,\cdots,10$という整数に対する2次方程式$ax^2+bx+c=0$の解を計算して出力するプログラムを作成せよ。ただし，2次方程式の解を計算する部分は汎用性のあるサブルーチンにせよ。

▼解答プログラム例

```
program quadratic_sample
   implicit none
   real a,b,c,x1,x2
   integer ib,nr
   a = 3
   c = 1
   do ib = 0, 10
      b = ib
      call quadratic(a,b,c,x1,x2,nr)
      if (nr == 0) then
         print *,'No Roots !'
      else if (nr == 1) then
         print *,'Single Root : X = ',x1
      else if (nr == 2) then
```

```
        print *,'Two Real Roots : X1, X2 = ',x1,x2
      else
        print *,'Two Imaginary Roots : X1, X2 = ',x1,'+- i(',x2,')'
      endif
    enddo
end program quadratic_sample

subroutine quadratic(a,b,c,x1,x2,nroot)
    implicit none
    real a,b,c,x1,x2,D,d1,s
    integer nroot
    if (a == 0) then
      if (b == 0) then
        nroot = 0
      else
        x1 = -c/b
        nroot = 1
      endif
      return
    endif
    D = b*b - 4*a*c
    nroot = 2
    if (D == 0) then
      x1 = -b/(2*a)
      x2 = x1
    else if (D > 0) then
      d1 = sqrt(D)
      if (b >= 0) d1 = -d1
      s  = (-b + d1)/2
      x1 = s/a
      x2 = c/s
    else
      nroot = -2
      x1 = -b/(2*a)
      x2 = sqrt(-D)/(2*a)
    endif
end subroutine quadratic
```

サブルーチンquadraticは，実数a，b，cを与えると2次方程式$ax^2+bx+c=0$の2解を計算して実変数x1とx2に返す。ただし，整数変数nrootに代入される数値によって，以下のように解の意味が異なる。

▼**表2.1　nrootの数値による意味の違い**

nroot=0	方程式ではない ($a=b=0$)
nroot=1	$a=0$の時の解，$-c/b$をx1に返す
nroot=2	2実数解x_1，x_2をそれぞれx1，x2に返す(重解を含む)
nroot=−2	虚数解の実部をx1に，虚部をx2に返す

メインプログラムでは，このnrootの値に応じて解の出力表示を変えている。

解説

2次方程式の解の公式は式(2-1)で与えられますが，これを汎用性のあるサブルーチンにするには，2次の係数aが0か否かの判定(2次方程式か否か)や判別式の正負による実数解か虚数解かの判定などが必要です。サブルーチンquadraticはこの判定を行い，判定結果に応じて解の数値を実変数x1とx2に代入します。ただし，戻り値変数を実数型にするため，虚数解を返す時には，解の値そのものではなく，解の実部と虚部を返すようにしています。すなわち，解は，x1$\pm i$x2です。このため，判定結果を返す戻り値nrootの値に応じてメインプログラム側でx1とx2を使い分けなければなりません。実数ではなく，複素数の戻り値にするなどは使い勝手を考えて改良すればいいでしょう。

なお，2実数解を計算する場合は注意が必要です。$b^2 \gg |4ac|$の場合，$|b|$と$\sqrt{b^2-4ac}$の差が小さいため，$-b+\sqrt{b^2-4ac}$または$-b-\sqrt{b^2-4ac}$の計算で桁落ちする可能性があります。これを防ぐため，サブルーチンquadraticでは，まず，$\pm\sqrt{b^2-4ac}$の2個から$-b$と同符号のものを選んでD_1とし，bとD_1から次の値を計算します。

$$s=\frac{-b+D_1}{2} \tag{2-2}$$

sの計算は桁落ちしません。sを使えば，2個の実数解は$x_1=s/a$と$x_2=c/s$で与えられます。

2次方程式の実数解を計算する場合，絶対値が小さい方の解だけを計算したい場合がありますが，この時は$x_2=c/s$を選びます。この解の計算だけならaの割り算が不要なので，$a=0$の場合でも使うことができます。

2.3 非線形方程式の反復解法1 —逐次代入法—

例題

非線形方程式$x = \cos x$の解を逐次代入法で求めよ。反復の初期値は$x_0 = 0$とする。

▼解答プログラム例

```
program x_cosx
   implicit none
   real x1,x2,eps
   integer it,itmax
   x1  = 0
   eps = 1e-10
   itmax = 100
   do it = 1, itmax
      x2 = cos(x1)
      if (abs(x2-x1) < eps) exit
      x1 = x2
   enddo
   if (it > itmax) then
      print *,'No Convergence !'
   else
      print *,'X = ',x2,cos(x2)-x2,it
   endif
end program x_cosx
```

このプログラムは逐次代入法で方程式の解を計算している。epsは収束判定値で，解の精度を指定する。また，itmaxは反復回数の上限で，この回数以下で収束しなければメッセージを出して終了する。

解説

逐次代入法とは，$x = f(x)$の解を求めるのに，適当な初期値x_0から出発して，以下のような漸化式を使って反復計算をする手法です。

$$x_{n+1} = f(x_n) \tag{2-3}$$

反復をくり返した結果，x_nとx_{n+1}の差が十分小さくなれば，$x_{n+1} \fallingdotseq f(x_{n+1})$と見なせるので，その時の$x_{n+1}$が解の近似値になります。このプログラム例は，$x = \cos x$にこの手順を適用し，最終的に，$|x_{n+1} - x_n|$が指定した収束判定値$\varepsilon$よりも小さくなった時に終了して，$x_{n+1}$を解の近似値として出力しています。

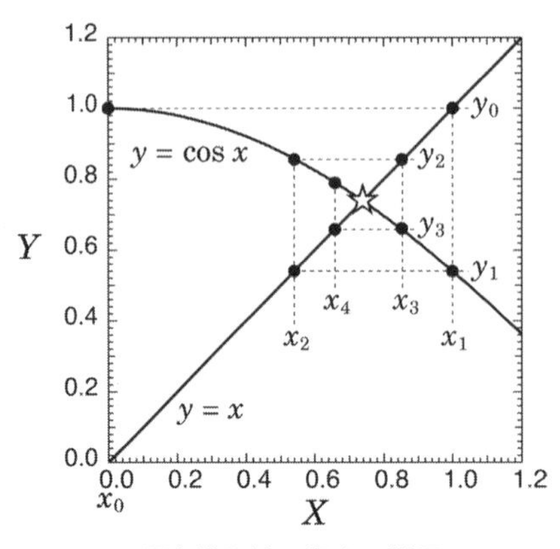

●図2.1　逐次代入法の収束の様子

図2.1に，解への収束の様子を示します。$x=\cos x$の解とは，図2.1の☆に位置する$y=x$と$y=\cos x$の交点です。逐次代入法は，まず$x_0=0$として$y_0=\cos x_0$を計算し，次に(x_0,y_0)の点をX軸に平行に伸ばして$y=x$との交点のX座標$x_1=y_0$における$y_1=\cos x_1$を計算し，さらに(x_1,y_1)の点をX軸に平行に伸ばして$y=x$との交点のX座標$x_2=y_1$における$y_2=\cos x_2$を計算する，という過程をくり返していくことに相当します。図2.1を見れば，この過程を続けることで徐々に$y=x$と$y=\cos x$の交点に近づいていくことがわかります。

なお，解答プログラム例において，収束したか否かは更新前の解の近似値との差$|x_{n+1}-x_n|$だけで判定しています。しかし，絶対値が1に比べて十分大きい解や十分小さい解を求める時には，解の大きさを含めて，

$$|x_{n+1}-x_n|<\varepsilon|x_n| \tag{2-4}$$

のような相対的な判定にした方が良いでしょう。

2.4 非線形方程式の反復解法2 —2分法—

例題

$0\leqq x\leqq 3.14$の区間内にある非線形方程式$x=\cos x$の解を2分法で求めよ。2分法のプログラムは汎用性のあるサブルーチンにせよ。

▼解答プログラム例

```
program x_cosx_bisection
   implicit none
   real x1,x2,x,eps,xcosx
```

```
    external xcosx
    integer ind
    x1 = 0
    x2 = 3.14
    eps = 1e-10
    call bisection(xcosx,x1,x2,x,eps,ind)
    if (ind >= 0) then
       print *,'X = ',x,xcosx(x),ind
    else if (ind == -1) then
       print *,'f(x1)*f(x2) must be less than 0'
    else
       print *,'No Convergence !'
    endif
end program x_cosx_bisection

function xcosx(x)
    real xcosx,x
    xcosx = x - cos(x)
end function xcosx

subroutine bisection(func,x10,x20,x,eps,ind)
    implicit none
    real func,x10,x20,x,eps,x1,x2,y1,y2,xm,ym
    external func
    integer ind,it
    integer, parameter :: itmax=100
    x1 = x10
    x2 = x20
    y1 = func(x1)
    y2 = func(x2)
    ind = 0
    if (y1 == 0) then
       x = x1
       return
    else if (y2 == 0) then
       x = x2
       return
    else if (y1*y2 > 0) then
       ind = -1
       return
    endif
    do it = 1, itmax
```

```
      xm = (x1+x2)/2
      ym = func(xm)
      if (ym == 0) then
         x = xm
         exit
      endif
      if (ym*y1 < 0) then
         x2 = xm
         y2 = ym
      else
         x1 = xm
         y1 = ym
      endif
      if (abs(x2-x1) < eps) then
         x = xm
         exit
      endif
   enddo
   if (it > itmax) then
      ind = -itmax
   else
      ind = it
   endif
end subroutine bisection
```

サブルーチンbisectionは，非線形方程式の関数を記述した関数副プログラム名funcと，解の存在する区間の下限値x10および上限値x20を与えると，2分法を用いてfunc(x)＝0の解を計算して実変数xに代入して終了する。epsは収束判定値で，更新値x_{n+1}と更新前の値x_nの差がこの値より小さくなったら終了する。終了時に，計算に要した反復回数を整数変数indに代入するが，ind＜0の時はエラーで終了したことを示す。ind＝−1の場合には指定した区間内に解が存在するとは限らないことを示し，ind＜−1の場合には収束しなかったことを示す。本プログラムでは，関数副プログラムxcosxに非線形方程式の関数を記述してサブルーチンに与えている。

解説

連続な関数$y = f(x)$に対して，$x_1 < x_2$となる2点x_1とx_2における関数値$f(x_1)$と$f(x_2)$の符号が異なる場合には，中間値の定理（Key Elements 2.1）より，x_1とx_2の間に$f(x) = 0$となる点x_Aが必ず存在します。

そこで，このような2点から出発し，その中点$x_m = (x_1 + x_2)/2$での値$f(x_m)$を計算して，これと符号が同じになる端点とx_mを入れ替えます。たとえば，$f(x_1)$と符号が同じならば，$x_1 = x_m$として次のステップに進み，$f(x_2)$と符号が同じならば，$x_2 = x_m$

として次のステップに進みます（図2.2）。ただし，もし運良く$f(x_m)=0$になった場合には，x_mを解として反復を終了します。

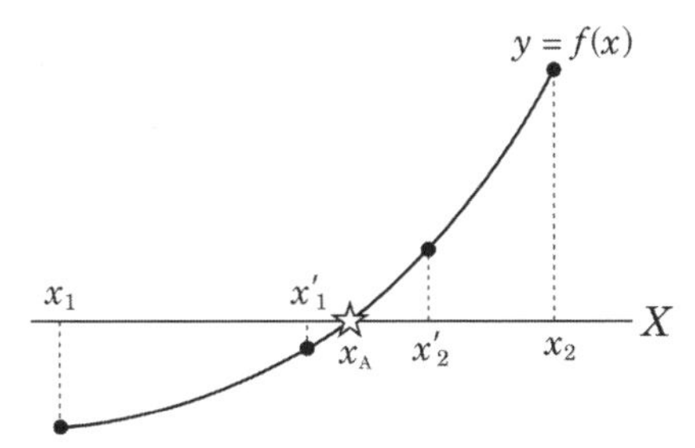

●図2.2　2分法による近似解の計算

この手順をくり返せば，解の存在区間の幅$|x_1-x_2|$が1ステップあたり半分になるので，幅が指定した収束判定値εより小さくなった段階で反復を終了すれば，その幅を誤差として解x_Aの近似値が求まります。この計算手法を2分法といいます。

ただし，関数が解x_Aの付近で急激に変化する場合には，区間の幅が十分小さくても，$f(x_m)$が十分0に近いとは限りません。このため，メインプログラムではサブルーチンbisectionによって得られたxで関数xcosxを計算し，どの程度0に近いかの確認をしています。

なお，最初どのあたりに解があるかわからない場合には，適当な間隔ごとに関数値を計算していって，隣接した2点での関数値の符号が異なる区間から2分法を開始するようなプログラムに改良すればいいでしょう。これについては，2.6節（p.133）を参考にして下さい。

●Key Elements 2.1　中間値の定理

連続な実数関数$y=f(x)$に対し，$x_1<x_2$となる2点x_1とx_2における関数値を$y_1=f(x_1)$，$y_2=f(x_2)$とします。今，$y_1<y_2$とすると，$y_1<y_0<y_2$となる任意の実数y_0に対して，$y_0=f(x_0)$となる点x_0がx_1とx_2の間に必ず存在することが証明できます。これを中間値の定理といいます。$y_1>y_0>y_2$の場合も同様です。図2.2のように$(x_1,f(x_1))$と$(x_2,f(x_2))$を連続した曲線で結べば，x_1とx_2の間のどこかで$y=y_0$の線を横切るはずである，ということです。

中間値の定理があるので，$f(x_1)f(x_2)<0$であれば，$f(x)=0$となるxが必ずx_1とx_2の間に存在することが保証されています。このため，2分法を使えば必ず解に収束するのです。

2.5 非線形方程式の反復解法3 —割線法と2分法の併用—

例題

非線形方程式$x^3=\cos x^2$において，$-2\leqq x\leqq 2$の条件を満たす解を割線法で求めよ。割線法のプログラムは汎用性のあるサブルーチンにせよ。ただし，計算途中で割線法による解の更新値が解の存在領域の外に出た場合は2分法に切り換えるようにせよ。

▼解答プログラム例

```
program x_cosx_secant
   implicit none
   real x1,x2,x,eps,xcosx
   external xcosx
   integer ind
   x1 = -2
   x2 = 2
   eps = 1e-10
   call secant(xcosx,x1,x2,x,eps,ind)
   if (ind >= 0) then
      print *,'X = ',x,xcosx(x),ind
   else if (ind == -1) then
      print *,'f(x1)*f(x2) must be less than 0'
   else
      print *,'No Convergence !'
   endif
end program x_cosx_secant

function xcosx(x)
   real xcosx,x
   xcosx = x**3 - cos(x**2)
end function xcosx

subroutine secant(func,x10,x20,x,eps,ind)
   implicit none
   real func,x10,x20,x,eps,x1,x2,y1,y2,xm,ym,xs,ys
   external func
   integer ind,it,ib
   integer, parameter :: itmax=100
   x1 = x10
   x2 = x20
   y1 = func(x1)
```

```
y2 = func(x2)
ind = 0
if (y1 == 0) then
   x = x1
   return
else if (y2 == 0) then
   x = x2
   return
else if (y1*y2 > 0) then
   ind = -1
   return
endif
if (abs(y1) < abs(y2)) then
   xm = x1;  x1 = x2;  x2 = xm
   ym = y1;  y1 = y2;  y2 = ym
endif
xs = x1;  ys = y1
do it = 1, itmax
   xm = x2 - (x2-x1)/(y2-y1)*y2
   ib = 0
   if (xm < min(x2,xs) .or. xm > max(x2,xs)) then
      xm = (xs+x2)/2
      ib = 1
   endif
   ym = func(xm)
   if (ym == 0) then
      x = xm
      exit
   endif
   if (y2*ym < 0) then
      xs = x2;  ys = y2
      x1 = x2;  y1 = y2
   else if (ib > 0) then
      x1 = xs;  y1 = ys
   else
      x1 = x2;  y1 = y2
   endif
   x2 = xm;  y2 = ym
   if (abs(x2-x1) < eps) then
      x = xm
      exit
   endif
```

```
    enddo
    if (it > itmax) then
       ind = -itmax
    else
       ind = it
    endif
end subroutine secant
```

サブルーチンsecantは，非線形方程式の関数を記述した関数副プログラム名funcと，解の存在する区間の下限値x10および上限値x20を与えると，割線法を用いてfunc(x)＝0の解を計算して実変数xに代入して終了する。epsは収束判定値で，更新値x_{n+1}と更新前の値x_nの差がこの値より小さくなったら終了する。ただし，解の存在区間を別途記録しておき，割線法による更新値がこの存在区間の外に出た時は，2分法で更新する。本プログラムでは，関数副プログラムxcosxに非線形方程式の関数を記述してサブルーチンに与えている。なお，終了判定に関する整数変数indの意味は2.4節 (p.126) のサブルーチンbisectionと同じである。

解説

2点(x_{n-1}, y_{n-1})と(x_n, y_n)を通る直線の方程式は，

$$y = \frac{y_n - y_{n-1}}{x_n - x_{n-1}}(x - x_n) + y_n \quad (2\text{-}5)$$

ですから，これを$y=0$として得られるxを近似解の更新値x_{n+1}とすれば，

$$x_{n+1} = x_n - \frac{x_n - x_{n-1}}{y_n - y_{n-1}} y_n \quad (2\text{-}6)$$

となります。この漸化式で解の予測値を更新していく方法を，割線法 (secant法) といいます。図2.3に割線法による収束の様子を示します。割線法は，2分法よりも収束が速いことがわかっています (Key Elements 2.2 (p.137) 参照)。

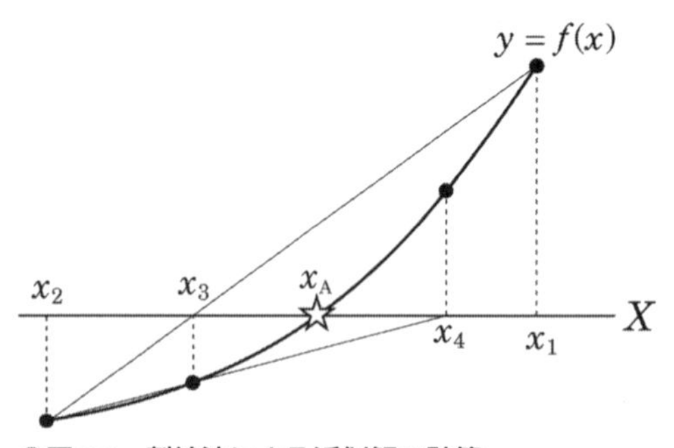

●図2.3　割線法による近似解の計算

ただし，2分法と違って，更新値x_{n+1}が2点x_{n-1}とx_nの間にあるとは限りません。図2.3の場合，最初の更新値x_3はx_1とx_2の間にありますが，次の更新値x_4はx_2とx_3の間にありません。関数形によっては，x_1とx_2の外に出てしまう可能性もあります。そこで，サブルーチンsecantでは，解の存在区間を別に記録しています。すなわち，更新値x_{n+1}に対し，それまでの更新値の中で，$f(x_{n+1})$と符号が異なる関数値$f(x_s)$を持ち，かつ最新であるx_sを別に保存しておきます。これにより，解はx_sとx_{n+1}の間にあることが保証されているので，もし次の更新値がこの範囲から外に出た時は2分法に切り換えて新しい更新値を計算します。

2.6 非線形方程式の反復解法4 ―ニュートン法―

例題

非線形方程式$\frac{1}{2}\cos x = \sin x^2$において，$0 \leqq x \leqq 6$の間にある解を，ニュートン法を使ってできるだけ多く求めよ。ニュートン法のプログラムは汎用性のあるサブルーチンにせよ。ただし，計算途中でニュートン法による解の更新値が解の存在領域の外に出た場合は2分法に切り換えるようにせよ。

▼解答プログラム例

```
program sincosx_newton
   implicit none
   real x1,x2,x,eps,y,dy,xmin,xmax,dx
   external sincosx
   integer ind,n,nmax
   xmin = 0
   xmax = 6
   nmax = 10
   dx   = (xmax-xmin)/nmax
   x1   = xmin
   eps  = 1e-10
   do n = 1, nmax
      x2 = xmin + dx*n
      call newton(sincosx,x1,x2,x,eps,ind)
      if (ind >= 0) then
         call sincosx(x,y,dy)
         print *,'X = ',x,y,ind
      else if (ind < -1) then
         print *,'No Convergence !'
      endif
      x1 = x2
```

```
   enddo
end program sincosx_newton

subroutine sincosx(x,f,df)
   real x,f,df
   f  = cos(x)/2 - sin(x*x/2)
   df = -sin(x)/2 - x*cos(x*x/2)
end subroutine sincosx

subroutine newton(subr,x10,x20,x,eps,ind)
   implicit none
   real x10,x20,x,eps,x1,x2,y2,dy2,xm,ym,dym,xs
   external subr
   integer ind,it,ib
   integer, parameter :: itmax=100
   xm = x10
   x2 = x20
   call subr(xm,ym,dym)
   call subr(x2,y2,dy2)
   ind = 0
   if (ym == 0) then
      x = xm
      return
   else if (y2 == 0) then
      x = x2
      return
   else if (ym*y2 > 0) then
      ind = -1
      return
   endif
   if (abs(ym) < abs(y2)) then
      xs = xm;  xm = x2;  x2 = xs
      y2 = ym;  dy2 = dym
   endif
   xs = xm;  x1 = xm
   do it = 1, itmax
      xm = x2 - y2/dy2
      ib = 0
      if (xm < min(x2,xs) .or. xm > max(x2,xs)) then
         xm = (xs+x2)/2
         ib = 1
      endif
```

```
      call subr(xm,ym,dym)
      if (ym == 0) then
         x = xm
         exit
      endif
      if (y2*ym < 0) then
         xs = x2;  x1 = x2
      else if (ib > 0) then
         x1 = xs
      else
         x1 = x2
      endif
      x2 = xm;  y2 = ym;  dy2 = dym
      if (abs(x2-x1) < eps) then
         x = xm
         exit
      endif
   enddo
   if (it > itmax) then
      ind = -itmax
   else
      ind = it
   endif
end subroutine newton
```


サブルーチンnewtonは，非線形方程式の関数とその導関数を記述したサブルーチン名subrと，解の存在する区間の下限値x10および上限値x20を与えると，ニュートン法を用いてその非線形方程式の解を計算して実変数xに代入して終了する。epsは収束判定値で，更新値x_{n+1}と更新前の値x_nの差がこの値より小さくなったら終了する。なお，終了判定に関する整数変数indの意味は2.4節（p.126）のサブルーチンbisectionと同じである。

引数に与えるサブルーチンsubrは，次のように，3個の引数を持ち，引数xの値に対する関数値$f(x)$を実変数yに，その導関数値$f'(x)$を実変数dyに代入するように作成する。

```
subroutine subr(x,y,dy)
   implicit none
   real x,y,dy
   y  = ...              ! 関数値    f(x)
   dy = ...              ! 導関数値  f'(x)
end subroutine subr
```

本プログラムでは，サブルーチン`sincosx`に非線形方程式の関数とその導関数を記述してサブルーチンに与えている。

メインプログラムでは，与えられた区間[0,6]を`nmax`（＝10）分割して，その各小区間に対してサブルーチン`newton`を実行することで，できるだけ多くの解を求めている。ここで，戻り値`ind`が－1か否かで解が存在する区間かどうかを判定できることを利用している。

解説

関数$y=f(x)$における点$(x_n, f(x_n))$を通る接線の方程式は，

$$y = f'(x_n)(x - x_n) + f(x_n) \tag{2-7}$$

ですから，これを$y=0$として得られるxを近似解の更新値x_{n+1}とすれば，

$$x_{n+1} = x_n - \frac{f(x_n)}{f'(x_n)} \tag{2-8}$$

となります。そこで，適当な近似点(x_0, y_0)から出発して，この漸化式で解の予測値を更新していく方法をニュートン法（ニュートン・ラフソン法，Newton-Raphson法）といいます。図2.4にニュートン法による収束の様子を示します。ニュートン法は，割線法よりも速く収束します（Key Elements 2.2参照）。

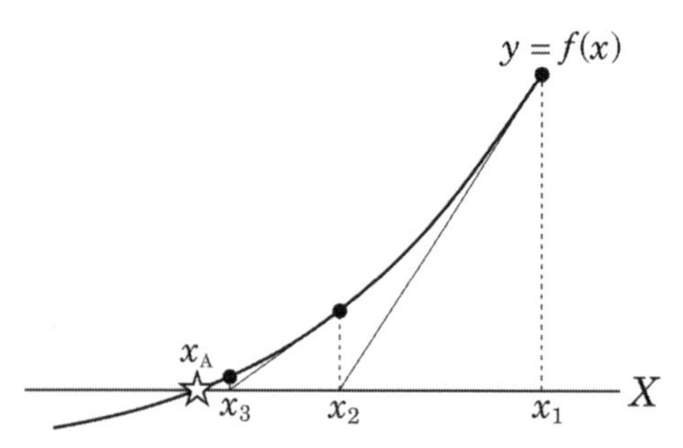

●図2.4　ニュートン法による近似解の計算

しかし，割線法と同様に更新値が解の存在範囲を保証しないので，サブルーチン`newton`でも2分法を併用し，解が存在する区間の幅を確実に小さくしています。

解答プログラム例では，与えられた区間を10分割し，それぞれの小区間について，サブルーチン`newton`を使って解を計算しています。分割数を多くすれば，確実に全ての解を探索することができますが，計算に時間がかかります。しかし，分割区間の幅が大きくて，区間内に2個の解があると，両端の符号が同じになって解を見落とす可能性があります。

●Key Elements 2.2 収束の速さ

反復法による解の計算手法の収束の速さについて考察しましょう。まず，逐次代入法は，$x=\cos x$という問題には適用できましたが，一般的には常に解に収束するとは限りません。$x=f(x)$という非線形方程式が逐次代入法で収束する条件は，$|f'(x)|<1$です。これは，一つ前の$x_n=f(x_{n-1})$と$x_{n+1}=f(x_n)$を引き算して変形すれば，

$$x_{n+1}-x_n=f(x_n)-f(x_{n-1})\fallingdotseq f'(x_{n-1})(x_n-x_{n-1}) \tag{2-9}$$

と近似できることから，$|x_{n+1}-x_n|$が徐々に小さくなるためには，解の付近で$|f'(x)|<1$にならなければならないからです。$x=\cos x$の解は，およそ0.79ですが，この時，$|f'(x)|=\sin x=0.67$なので，1回につき，67%にしか差は縮まりません。プログラムは簡単なので，取りあえず計算する時には使えますが，収束が遅いし，常に解に収束する保証がないので，汎用性のあるサブルーチンにするには不向きです。

2分法は原理的に必ず収束するので，関数の性質がよくわからない時にまず試すと良い方法です。この時，1回の更新につき解の存在領域の幅が1/2になるので，

$$|x_2-x_1|_{n+1}=\frac{1}{2}|x_2-x_1|_n \tag{2-10}$$

です。このため，N回更新後の誤差は初期値の$1/2^N$です。2^{10}が約1000なので，10回更新後に，ようやく誤差は1000分の1になります。収束の速さという点では逐次代入法とあまり変わりません。

これに対し割線法は，正しい解x_Aからのずれ$|x_n-x_A|$が，

$$|x_{n+1}-x_A|=\alpha|x_n-x_A|^{\gamma} \tag{2-11}$$

のような依存性を持つことを証明することができます。ここで，αは定数で，$\gamma=(1+\sqrt{5})/2\fallingdotseq 1.6$です。よって，収束係数が$|x_n-x_A|^{0.6}$に比例して小さくなるので，近似解が真の解に近づくと，2分法より速く収束します。

最後のニュートン法は，正しい解x_Aからのずれ，$|x_n-x_A|$が，

$$|x_{n+1}-x_A|=\alpha|x_n-x_A|^2 \tag{2-12}$$

のような依存性を持つことを証明することができます。すなわち，収束係数が$|x_n-x_A|$に比例して小さくなるので，近似解が真の解に近づくと，割線法よりさらに速く収束します。

2.7 複素非線形方程式の反復解法 —ニュートン法—

例題

複素数zについての非線形方程式$e^z = z^3$において，$z = x + iy$の実部xが$-10 \leqq x \leqq 10$，虚部yが$-10 \leqq y \leqq 10$の範囲にある解をニュートン法で求めよ。ニュートン法のプログラムは，複素平面領域を細分割して，できるだけ多くの解を求める汎用性のあるサブルーチンにせよ。

▼解答プログラム例

```
program cexpz3_newton
   implicit none
   real xmin,xmax,ymin,ymax,eps
   complex z(10)
   integer n,nmax,nroot
   external cexpz3
   xmin = -10
   xmax = 10
   ymin = -10
   ymax = 10
   nmax = 20
   nroot = 10
   eps  = 1e-10
   call croots_newton(cexpz3,xmin,xmax,nmax,ymin,ymax,nmax,z,nroot,eps)
   do n = 1, nroot
      print *,n,z(n)
   enddo
end program cexpz3_newton

subroutine cexpz3(z,cf,cdf)
   complex z,cf,cdf
   cf  = exp(z) - z*z*z
   cdf = exp(z) - 3*z*z
end subroutine cexpz3

subroutine croots_newton(csubr,xmin,xmax,nx,ymin,ymax,ny,zroot,nroot,eps)
   implicit none
   real xmin,xmax,ymin,ymax,eps,dx,dy,x,y
   integer nx,ny,nr,nroot,l,m,k,iadj
   integer ic(4),md(4),im,insm(4),ind
```

```
   integer, allocatable :: isuv(:,:)
   complex zroot(*),w,dw
   external csubr
   dx    = (xmax-xmin)/nx
   dy    = (ymax-ymin)/ny
   allocate ( isuv(0:nx,0:ny) )
   do m = 0, ny
      y = dy*m + ymin
      do l = 0, nx
         x = dx*l + xmin
         call csubr(cmplx(x,y),w,dw)
         if (real(w) >= 0) then
            if (imag(w) >= 0) then
               isuv(l,m) = 1
            else
               isuv(l,m) = 2
            endif
         else
            if (imag(w) >= 0) then
               isuv(l,m) = 3
            else
               isuv(l,m) = 4
            endif
         endif
      enddo
   enddo
   nr = 0
   if (nroot <= 0) nroot = nx*ny
out : do m = 0, ny-1
      do l = 0, nx-1
         ic(1) = isuv(l,m)
         ic(2) = isuv(l+1,m)
         ic(3) = isuv(l,m+1)
         ic(4) = isuv(l+1,m+1)
         im = 0
         do k = 1, 4
            if (ic(k) > 2) then
               im = im + 1
               insm(im) = k
            endif
            md(k) = mod(ic(k),2)
         enddo
```

```
      if (im == 1) then
         if (((insm(1) == 1 .or. insm(1) == 4) .and. &
            md(2) /= md(3)) .or. &
            ((insm(1) == 2 .or. insm(1) == 3) .and. &
            md(1) /= md(4))) im = -1
      else if (im == 2) then
         iadj = insm(1)+insm(2)
         if ((iadj == 3 .and. md(3) /= md(4)) .or. &
            (iadj == 4 .and. md(2) /= md(4)) .or. &
            (iadj == 6 .and. md(1) /= md(3)) .or. &
            (iadj == 7 .and. md(1) /= md(2))) im = -1
      endif
      if (im < 0) then
         w = cmplx(dx*(l+0.5)+xmin, dy*(m+0.5)+ymin)
         call complex_newton(csubr,w,eps,ind)
         if (ind >= 0) then
            if (nr >= nroot) exit out
            nr = nr + 1
            zroot(nr) = w
         endif
      endif
    enddo
  enddo out
  nroot = nr
  deallocate ( isuv )
end subroutine croots_newton

subroutine complex_newton(csubr,z0,eps,ind)
  implicit none
  complex z0,z,z1,cf,cdf
  real eps
  integer ind,it
  integer, parameter :: itmax=100
  external csubr
  z = z0;   z1 = z
  do it = 1, itmax
    call csubr(z,cf,cdf)
    if (cf == 0) exit
    z1 = z - cf/cdf
    if (abs(z1-z) < eps) exit
    z = z1
  enddo
```

```
    if (it > itmax) then
        ind = -itmax
    else
        ind = it
    endif
    z0 = z1
end subroutine complex_newton
```

サブルーチンcroots_newtonは，複素非線形方程式の関数を記述したサブルーチン名csubrと，実部区間の下限値xminと上限値xmaxおよびその分割数nx，虚部区間の下限値yminと上限値ymaxおよびその分割数nyを与えると，指定した複素平面上の領域を指定した分割数で分割した間隔ごとの小領域における解の存在の有無をチェックして，解に近いと判定した小領域中の点からニュートン法を使って解を計算する。解は複数存在する可能性があるので，引数で与えた複素数1次元配列zroot(*)に代入する。整数引数nrootには探索する解の最大個数を与える。通常は，zrootの要素数を与えればよい。サブルーチン終了後，nrootには得られた解の個数が代入される。このため，nrootは変数でなければならない。

epsは収束判定値である。サブルーチンcsubrは，2.6節(p.133)の解答プログラム例で与えた実数関数のサブルーチンと同様に関数値と導関数値を代入するように作成するが，引数は全て複素数型である。本プログラムでは，サブルーチンcexpz3に非線形方程式とその導関数を記述してcroots_newtonに与えている。

complex_newtonは，非線形方程式の関数を記述したサブルーチン名csubrと，初期複素数値z0，および収束判定値epsを与えると，複素数のニュートン法を用いて非線形方程式の解を計算するサブルーチンである。整数引数indには収束に要した反復回数が代入されるが，ind＜0の時は収束しなかったことを示す。

解説

ニュートン法は複素非線形方程式$f(z)=0$の解を計算する場合にも使うことができます。これは，関数$f(z)$をz_nの周りでテイラー展開すると，

$$f(z) = f(z_n) + f'(z_n)(z - z_n) + \frac{1}{2}f''(z_n)(z - z_n)^2 + \cdots \qquad (2\text{-}13)$$

ですから，2次以降の項を無視して$f(z)=0$になるzを更新値とすると式(2-8)と同じ漸化式になるからです。

しかし，ニュートン法は解の近くに初期値を設定しないと収束するとは限りません。そこで，本プログラムでは，指定した複素数領域を与えられた分割数で分割して得られる格子点(2次元平面に等間隔に並んだ点)での関数値を計算しておいて，次のような戦略で解に近い小領域を選別しています[23]。

(1) 全ての格子点z_gでの関数値$f(z_g)=u+iv$を計算し，その実部uと虚部vの正負を調べて記録する
(2) 隣接した4個の格子点を頂点とする長方形小領域を順に調べていき，4個の中で，実部が0以上の点が2個か3個の場合を解の近くにある小領域の候補とする
(3) その候補の中で，さらに次の条件のどちらかを満足する時に解に近い小領域として選別する
   (a) 実部が0以上の点が2個の場合，その2点の虚部の符号が異なる時
   (b) 実部が0以上の点が3個の場合，それ以外の点（実部が負の点）の隣の2点の虚部の符号が異なる時

この戦略の意味は，Key Elements 2.3で説明します。

(1) における格子点の実部と虚部の正負の情報は，格子点の個数だけ用意した2次元整数配列`isuv(0:nx,0:ny)`に代入しています。(u,v)が（＋，＋）なら`isuv`は1,（＋，－）なら2，（－，＋）なら3，（－，－）なら4です。このため，`isuv`が1か2なら$u\geqq 0$，3か4なら$u<0$，`isuv`を2で割った余りが1なら$v\geqq 0$，さもなくば$v<0$です。

また, Key Elements 2.3の図2.5のように, 格子点(l,m)を①, $(l+1,m)$を②, $(l,m+1)$を③，$(l+1,m+1)$を④と番号付けすれば，2点の番号を加えた数が3なら①と②，4なら①と③，6なら②と④，7なら③と④，であることがわかります。(2) ではこれを利用して隣接点の確認をしています。

探索を続けた結果，(3) の (a) または (b) を満足する小領域が見つかると，4点の中央を開始点として，ニュートン法で解を計算します。ニュートン法のサブルーチン`complex_newton`には, 確実に解に収束する保証はありません。収束しなかった場合には,解は無しとします。

解答プログラム例の戦略では, ある程度細かく分割しないと解の分離はできませんが,関数の計算が`nx`×`ny`回程度必要なので，あまり分割を細かくすると，計算時間がかかります。

●Key Elements 2.3 複素非線形方程式の解周辺の挙動

複素非線形方程式$f(z)=0$の解の探索は，実数の方程式ほど簡単ではありません。実数は1次元なので，2点の関数値がわかれば，中間値の定理を適用することで，2点間の解の存在を調べることができます。しかし，複素数は実部と虚部の2次元なので，中間値の定理は使えず，数個の点の情報だけで解の存在を確定するのは困難です。

$z=x+iy$の関数$w=f(z)$に対して$w=u(x,y)+iv(x,y)$とすると，$w=0$の解を求めるには，2変数の実数関数に対する連立非線形方程式$u(x,y)=0$，$v(x,y)=0$を解かねばなりません。図2.5のように，$u(x,y)=0$と$v(x,y)=0$は2次元平面内の曲線であり，連立方程式の解とは，この曲線の交点（☆）です。曲線$u(x,y)=0$の両側ではuの正負が異なり，曲線$v(x,y)=0$の両側ではvの正負が異なるので，解の周りの領域は(u,v)が$(+,+)$，$(+,-)$，$(-,+)$，$(-,-)$の四つの領域に分かれます。そこで，ある小領域の四隅の格子点において，正負の組み合わせが全て異なる場合にはその領域内部に解が存在している可能性が高いといえます。しかし，図のように正負の組み合わせが3種類でも解が存在する場合があるので，それも考慮して解を探索する必要があります。

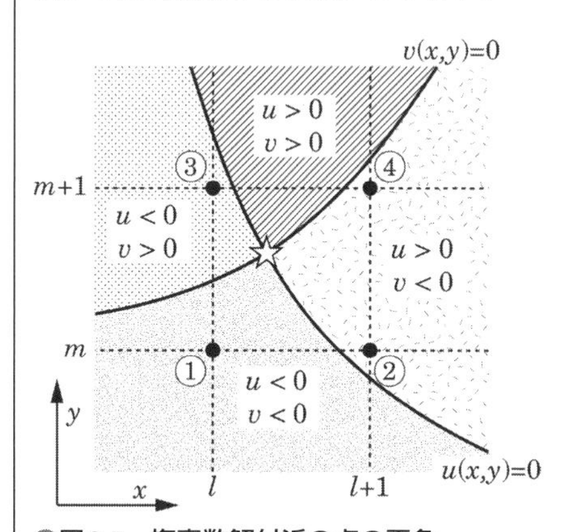

●図2.5 複素数解付近の点の正負

なお，複素関数論によれば，$f(z)$が解析関数の場合，$u(x,y)=0$の曲線と$v(x,y)=0$の曲線は常に直角に交わります。このため，実部方向の格子点の間隔と虚部方向の格子点の間隔ができるだけ等しくなるように分割する方が解の探索は確実です。

2.8 多項式の解を全て計算する方法 —DKA法—

例題

次の5次方程式の全ての解をDKA法で計算せよ。DKA法の計算は汎用性のあるサブルーチンにせよ。

$$180z^5 - 708z^4 + 593z^3 + 232z^2 + 1398z + 580 = 0 \tag{2-14}$$

▼解答プログラム例

```
program quintic_equation
   implicit none
   real pa(0:10),eps
   complex zroot(10),zz
   integer i,n,ind,j
   pa(0) = 580
   pa(1) = 1398
   pa(2) = 232
   pa(3) = 593
   pa(4) = -708
   pa(5) = 180
   n = 5
   eps   = 1e-10
   call dkaroot(pa,n,zroot,eps,ind)
   do i = 1, n
      zz = 0
      do j = n, 0, -1
         zz = zz*zroot(i) + pa(j)
      enddo
      print *,i,zroot(i),abs(zz),ind
   enddo
end program quintic_equation

subroutine dkaroot(pa,n,zroot,eps,ind)
   implicit none
   real pa(0:n),p1(0:n-1),p2(0:n),eps,beta,rad,ang,del
   complex zroot(*),z(n),dz,zp,zd
   integer n,ind,i,j,it
   integer, parameter :: itmax = 1000
   real, parameter :: pi2 = 6.28319
```

```
if (pa(n) == 0) then
   ind = -1
   return
endif
do i = 0, n-1
   p1(i) = pa(i)/pa(n)
   p2(i) = p1(i)
enddo
p2(n) = 1
beta = -p1(n-1)/n
do i = 0, n-2
   do j = n-1, i, -1
      p2(j) = p2(j+1)*beta + p2(j)
   enddo
   p2(i) = -abs(p2(i))
enddo
p2(n-1) = 0
call proot1_newton(p2,n,rad)
do i = 1, n
   ang = (pi2*(i-1) + 1.5)/n
   z(i) = beta + rad*cmplx(cos(ang),sin(ang))
enddo
do it = 1, itmax
   del = 0
   do i = 1, n
      zp = 1
      zd = 1
      do j = n-1, 0, -1
         zp = zp*z(i) + p1(j)
         if (j+1 /= i) zd = zd*(z(i) - z(j+1))
      enddo
      if (zd == 0) then
         ind = -2
         return
      endif
      dz = -zp/zd
      del = max(del,abs(dz))
      z(i) = z(i) + dz
   enddo
   if (del < eps) exit
enddo
if (it > itmax) then
```

```
      ind = -itmax
   else
      ind = it
   endif
   do i = 1, n
      zroot(i) = z(i)
   enddo
end subroutine dkaroot

subroutine proot1_newton(p1,n,x)
   implicit none
   real p1(0:n-1),x,eps,pp,dp,x0,x1
   integer n,it,j,m0
   integer, parameter :: itmax = 100
   eps = 1e-8
   x0 = 0
   m0 = 0
   do j = 0, n-1
      if (p1(j) /= 0) m0 = m0 + 1
   enddo
   do j = 0, n-1
      if (p1(j) /= 0) then
         x0 = max(x0, abs(m0*p1(j))**(1.0/(n-j)))
      endif
   enddo
   do it = 1, itmax
      pp = 1
      dp = 0
      do j = n-1, 0, -1
         dp = dp*x0 + pp
         pp = pp*x0 + p1(j)
      enddo
      if (pp == 0) exit
      x1 = x0 - pp/dp
      if (abs(x1-x0) < eps) exit
      x0 = x1
   enddo
   x = x1
end subroutine proot1_newton
```

サブルーチンdkarootは，整数引数nで指定した1次元配列pa(0:n)に，n次の代数方程式，

$$a_n z^n + a_{n-1} z^{n-1} + \cdots + a_2 z^2 + a_1 z + a_0 = 0 \tag{2-15}$$

の係数$a_0, a_1, \cdots, a_n$を代入して引数に与えると，この代数方程式のn個の解を計算して複素数型1次元配列zroot(n)に代入する。epsは収束判定値である。

計算終了後，整数indに収束に要した反復回数を代入するが，ind＜0の時はエラーで終了したことを示す。ind＝−1ならば，最高次の係数a_nが0であるという意味，ind＝−2ならば，途中で0の除算が出て計算ができなかったという意味である。ind＜−2の場合は収束しなかったことを示す。

proot1_newtonは，整数引数nで指定した実係数のn次代数方程式の係数を1次元配列p(0:n-1)に代入して引数に与えると，最も大きな正の実数解をニュートン法を使って計算し，実変数xに代入する。ただし，n次の係数は1を仮定している。

解説

DKA法（デュラン・ケルナー・アバース法，Durand–Kerner–Aberth法）とは，最高次数の係数が1のn次多項式，

$$p(z) = z^n + b_{n-1} z^{n-1} + \cdots + b_2 z^2 + b_1 z + b_0 \tag{2-16}$$

に対し，代数方程式$p(z)=0$を適当なn個の複素数の初期値$z_1^{(0)}$，$z_2^{(0)}$，...，$z_n^{(0)}$から開始して，次の式で一度に全部更新する方法です。

$$z_k^{(r+1)} = z_k^{(r)} - \frac{p(z_k^{(r)})}{\displaystyle\prod_{l=1, l\neq k}^{n} (z_k^{(r)} - z_l^{(r)})} \qquad k = 1, \cdots, n \tag{2-17}$$

正確には，このアルゴリズムを2次のデュラン・ケルナー法といい，これにアバースの初期値を利用するのがDKA法です。アバースの初期値は，次式で与えられます。

$$z_k^{(0)} = -\frac{b_{n-1}}{n} + R \exp\left[\frac{i}{n}\left(2\pi(k-1) + \frac{3}{2}\right)\right] \qquad k = 1, \cdots, n \tag{2-18}$$

代数の基本定理より，$z_1 + z_2 + \cdots + z_n = -b_{n-1}$ですから，$-b_{n-1}/n$は全ての解の平均値です。すなわち，アバースの初期値は，複素平面上で解の平均値を中心とした半径Rの円周上に等間隔に配置されています。

この時，Rは全ての解を円の内部に含むように設定すると良いのですが，適切なRの決め方は少し複雑です[4]。まず，$p(z)$を$y = z + b_{n-1}/n$に関する多項式に変形することで，解の平均が0の多項式に変換します。

$$q(y) = y^n + c_{n-2}y^{n-2} + \cdots + c_2y^2 + c_1y + c_0 \tag{2-19}$$

$q(y)=0$は，解の合計が0なので$c_{n-1}=0$です。多項式(2-19)の係数c_kは，

$$\begin{aligned} p(z) &= (z + b_{n-1}/n)p_1(z) + c_0 \\ p_1(z) &= (z + b_{n-1}/n)p_2(z) + c_1 \\ &\vdots \\ p_{n-2}(z) &= (z + b_{n-1}/n)p_{n-1}(z) + c_{n-2} \end{aligned} \tag{2-20}$$

のように，$p(z)$を$z+b_{n-1}/n$で割った商の多項式と剰余の計算をくり返し行うことで得られます。商の多項式と剰余の計算には，組み立て除法(10.1節(p.399))を使います。組み立て除法は，多項式の導関数を同時に計算することができるので，後の方程式(2-21)の解を計算するニュートン法でも使っています。

式(2-18)のRは，方程式(2-19)の係数を使って次の方程式を作り，その最も大きい正の解に取ると良いことがわかっています。

$$y^n - |c_{n-2}|y^{n-2} - \cdots - |c_2|y^2 - |c_1|y - |c_0| = 0 \tag{2-21}$$

この方程式は，正の実数に必ず解があるので，ニュートン法を使って簡単に解を計算できますが，最も大きい解を得るには，次式の値から開始すればよいこともわかっています。

$$y_0 = \max_{0 \leq k \leq n-2} (m|c_k|)^{1/(n-k)} \tag{2-22}$$

ただし，mは$c_0, c_1, c_2, \cdots, c_{n-2}$の中で，0でないものの個数です。proot1_newtonは，この解を計算するためのサブルーチンです。

サブルーチンdkarootは実数係数の代数方程式用ですが，DKA法は複素数係数でも使えるので，配列などの宣言を修正すれば複素数係数の代数方程式用に改良することができます。

DKA法の欠点は，実係数の代数方程式でも常に複素数計算をしなければならないことです。また，実係数の代数方程式の場合，解は実数か共役な2個の複素数のどちらかです。しかし，DKA法では全ての解が複素数で，ばらばらに求まるため，共役複素数のようなペアを選別するには別の作業が必要です。また，重解がある場合には分母が0に近くなって収束しない可能性があることにも注意しなければなりません。

第3章 行列の固有値と固有ベクトル

n次の正方行列Aに対し，定数λと0でないベクトル$\boldsymbol{x}$が存在して，

$$A\boldsymbol{x} = \lambda\boldsymbol{x} \tag{3-1}$$

となる時，λを固有値，$\boldsymbol{x}$を固有ベクトルといいます。固有値や固有ベクトルの計算は行列の特性を抽出することに相当し，その行列が表す現象の本質を調べることができます。たとえば，量子力学において，固有値はエネルギーや運動量を，固有ベクトルは量子化された状態を表します。

式(3-1)を変形すれば，

$$(A - \lambda I)\boldsymbol{x} = 0 \tag{3-2}$$

となります。Iはn次の単位行列です。式(3-2)を満足する0でないベクトル$\boldsymbol{x}$が存在するには，行列$\lambda I - A$の逆行列が存在しない条件，すなわち，

$$|\lambda I - A| = 0 \tag{3-3}$$

が必要です。ここで，$|A|$は行列Aの行列式です。n次の正方行列Aに対して，式(3-3)の左辺の行列式はλに関するn次の多項式になります。これを固有多項式といい，式(3-3)を固有方程式といいます。固有方程式はλの代数方程式ですから，解は必ず存在します。また，その固有値に対して，式(3-2)を満足する0でないベクトルも必ず存在します。しかし，代数方程式の解は実数とは限らないので，行列要素が実数でも，一般的な行列の固有値や固有ベクトルを計算する時には複素数が必要です。また，固有値が全て異なる時は，異なるn個の固有ベクトルが存在しますが，固有多項式に重解があると，固有ベクトルがn個存在するとは限りません。

このため，任意の行列の固有値・固有ベクトルを求める手法は，色々な場合分けを考慮しなければならず，かなり複雑です。そこで，本章では比較的簡単に固有値や固有ベクトルの計算ができる，以下の条件を持った行列に限定した固有値計算プログラムを作成します。

(1) 実数対称行列である(全てのAの要素a_{ij}は実数で，$a_{ij} = a_{ji}$である)
(2) 固有値は全て異なり，0の固有値は存在しない

実数対称行列の固有値は，全て実数であることが保証されているので，この条件を満足する行列は全て異なる実数の固有値を持つことになります[†1]。

なお，$\boldsymbol{x}$が固有ベクトルの場合，任意の定数cに対して$c\boldsymbol{x}$も固有ベクトルです。この不定性を避けるため，本章の解答プログラム例では，$|\boldsymbol{x}| = 1$になるように規格化した固有ベクトルを最終結果にしています。

---

†1　詳しくは，Key Elements 3.1で説明します。

3.1 2次の正方行列の固有値と固有ベクトル

例題

次の行列Aの固有値と固有ベクトルを計算せよ。

$$A = \begin{pmatrix} 5 & -6 \\ -6 & 8 \end{pmatrix} \tag{3-4}$$

▼解答プログラム例

```
program eigenvalue_2
   implicit none
   real a(2,2),x(2,2),eigen(2)
   real u,v,d
   real, parameter :: eps = 1e-14
   integer k
   a(1,1) = 5;    a(1,2) = -6
   a(2,1) = -6;   a(2,2) = 8
   u = a(1,1) + a(2,2)
   v = a(1,1)*a(2,2) - a(1,2)*a(2,1)
   d = sqrt(u*u-4*v)
   eigen(1) = (u + d)/2
   eigen(2) = (u - d)/2
   do k = 1, 2
      if (abs(a(1,1)-eigen(k)) > eps .or. abs(a(1,2)) > eps) then
         x(1,k) = -a(1,2)
         x(2,k) = a(1,1) - eigen(k)
       else
         x(1,k) = a(2,2) - eigen(k)
         x(2,k) = -a(2,1)
      endif
      d = sqrt(x(1,k)*x(1,k) + x(2,k)*x(2,k))
      x(1,k) = x(1,k)/d;     x(2,k) = x(2,k)/d
   enddo
   call check_eigenvalue(a,eigen(1),x(1,1),2)
   call check_eigenvalue(a,eigen(2),x(1,2),2)
end program eigenvalue_2

subroutine check_eigenvalue(a,eigen,x,n)
   implicit none
   real a(n,n),eigen,x(n),xe,err
   integer n,i,j
```

```
    character(80) form
    err = 0
    do i = 1, n
       xe = 0
       do j = 1, n
          xe = xe + a(i,j)*x(j)
       enddo
       err = max(err,abs(eigen*x(i)-xe))
    enddo
    print "('  Eigenvalue  = ',f14.7,'   Error = ',es11.4)",eigen,err
    form = "('  Eigenvector = (',f12.5,@(',',f12.5),')')"
    i = index(form,'@')
    form(i:i) = char(ichar('0')+n-1)
    print form,x(1),(x(i),i=2,n)
 end subroutine check_eigenvalue
```


eigenvalue_2は2行2列の行列要素を2次元配列a(2,2)に代入し，その値を使って固有方程式 (3-3) の係数を計算し，その固有方程式を解いて2個の固有値を求めた後，それぞれの固有値に対応する固有ベクトルを計算するプログラムである。固有値は，1次元配列eigen(2)に代入し，固有値eigen(k)に対する固有ベクトルの成分は，与えられた2次元配列x(2,2)の (x(1,k), x(2,k)) に代入している。

check_eigenvalueは，整数引数nで指定したn次の正方行列の要素a_{ij}を代入した2次元配列a(n,n)，固有値eigen，固有ベクトルの成分を代入した1次元配列x(n)を与えると，固有値とそれに属する固有ベクトルの成分値を出力するとともに，それぞれの固有値と固有ベクトルが式 (3-1) を満足しているかどうかを確認して誤差を出力するサブルーチンである。ただし，このサブルーチンではnが10以下でなければならない。

解説

2次の正方行列，

$$A = \begin{pmatrix} a_{11} & a_{12} \\ a_{21} & a_{22} \end{pmatrix} \tag{3-5}$$

の場合，固有方程式は以下のようになります。

$$\lambda^2 - (a_{11} + a_{22})\lambda + (a_{11}a_{22} - a_{12}a_{21}) = 0 \tag{3-6}$$

本節の解答プログラム例は，この2次方程式の解λ_1とλ_2を計算し，それぞれに対して，以下の方程式を満足するベクトル(x_1, x_2)の成分を計算しています。

$$(a_{11} - \lambda_k)x_1 + a_{12}x_2 = 0 \tag{3-7}$$

$$a_{21}x_1 + (a_{22} - \lambda_k)x_2 = 0 \tag{3-8}$$

式(3-7)と式(3-8)の2個の方程式は独立ではないので，どちらかを満足する成分を計算すれば十分です。たとえば，$(-a_{12}, a_{11}-\lambda_k)$は式(3-7)を満足するので，これを規格化すれば固有ベクトルになります。ただし，$(-a_{12}, a_{11}-\lambda_k)$が0ベクトルに近い場合を考慮して，解答プログラム例では，成分が両方とも0に近いかどうかをチェックし，近い時には式(3-8)を使って，固有ベクトルを計算するようにしています[†2]。

なお，以上の計算手順は対称行列でなくても使えます。しかし，対称行列でない場合には固有値が実数であるとは限らないので，2次方程式の判別式をチェックして，虚数解になる場合には，固有値や固有ベクトルを複素数で計算する必要があります。

3.2 3次の正方行列の固有値と固有ベクトル

例題

次の行列Aの固有値と固有ベクトルを計算せよ。

$$A = \begin{pmatrix} 8 & -6 & 2 \\ -6 & 9 & 4 \\ 2 & 4 & 12 \end{pmatrix} \tag{3-9}$$

▼解答プログラム例

```
program eigenvalue_3
   implicit none
   real a(3,3),a1(3,3),x(3,3),eigen(3)
   real u,v,w
   real, parameter :: eps = 1e-14
   integer i,j,k,ind,mod3(5)
   a(1,1) = 8;   a(1,2) = -6;   a(1,3) = 2
   a(2,1) = -6;  a(2,2) = 9;    a(2,3) = 4
   a(3,1) = 2;   a(3,2) = 4;    a(3,3) = 12
   u = -(a(1,1) + a(2,2) + a(3,3))
   v = a(1,1)*a(2,2) - a(1,2)*a(2,1) + a(3,3)*a(1,1) - a(1,3)*a(3,1) &
            + a(2,2)*a(3,3) - a(2,3)*a(3,2)
   w = a(1,3)*a(2,2)*a(3,1)+a(2,3)*a(3,2)*a(1,1)+a(3,3)*a(1,2)*a(2,1) &
      -a(1,1)*a(2,2)*a(3,3)-a(2,1)*a(3,2)*a(1,3)-a(3,1)*a(1,2)*a(2,3)
   call root_cubic(u,v,w,eigen)
   do i = 1, 5
      mod3(i) = i
      if (i > 3) mod3(i) = i-3
   enddo
```

†2　この固有ベクトルの計算方法はλ_1とλ_2が等しい重解の場合には使えません。なぜなら，式(3-7)も式(3-8)も係数が全て0になるためです。重解を考慮する時は，場合分けをして固有ベクトルを(1,0)と(0,1)にします。

```
   do k = 1, 3
      a1(:,:) = a(:,:)
      a1(1,1) = a1(1,1) - eigen(k)
      a1(2,2) = a1(2,2) - eigen(k)
      a1(3,3) = a1(3,3) - eigen(k)
   out: do j = 1, 3
         do i = 1, 3
            call eigenvector_3(a1,mod3(i),mod3(j),eps,x(1,k),ind)
            if (ind == 0) exit out
         enddo
      enddo out
   enddo
   call check_eigenvalue(a,eigen(1),x(1,1),3)
   call check_eigenvalue(a,eigen(2),x(1,2),3)
   call check_eigenvalue(a,eigen(3),x(1,3),3)
end program eigenvalue_3

subroutine root_cubic(a,b,c,x)
   implicit none
   real, parameter :: sq3 = 1.732050807568877
   real a,b,c,x(3),q,r,t,cc,ss
   q = (a*a - 3*b)/9
   r = (a*(2*a*a-9*b) + 27*c)/54
   t = acos(r/(sqrt(q)*q))
   q = sqrt(q);   t = t/3;    r = a/3
   cc   = cos(t);     ss = sin(t)
   x(1) =  -(2*q*cc + r)
   x(2) =  q*(cc + ss*sq3) - r
   x(3) =  q*(cc - ss*sq3) - r
end subroutine root_cubic

subroutine eigenvector_3(a,ii,jj,eps,x,ind)
   implicit none
   real a(3,3),eps,x(3),d,s
   integer ii(2),jj(3),i1,i2,j1,j2,j3,ind
   i1 = ii(1);   i2 = ii(2)
   j1 = jj(1);   j2 = jj(2);   j3 = jj(3)
   d = a(i1,j1)*a(i2,j2)-a(i2,j1)*a(i1,j2)
   if (abs(d) < eps) then
      ind = 1
      return
   endif
   x(j1) = -(a(i1,j3)*a(i2,j2)-a(i2,j3)*a(i1,j2))/d
```

```
    x(j2) = -(a(i1,j1)*a(i2,j3)-a(i2,j1)*a(i1,j3))/d
    x(j3) = 1
    s = 1/sqrt(x(1)**2+x(2)**2+x(3)**2)
    x(1) = x(1)*s;   x(2) = x(2)*s;   x(3) = x(3)*s
    ind  = 0
end subroutine eigenvector_3
```

eigenvalue_3は3行3列の行列要素を2次元配列a(3,3)に代入し，その値を使って固有方程式(3-3)の係数を計算し，その固有方程式を解いて3個の固有値を求めた後，それぞれの固有値に対応する固有ベクトルを計算するプログラムである。固有値は，1次元配列eigen(3)に代入し，固有値eigen(k)に対する固有ベクトルの成分は，与えられた2次元配列x(3,3)の(x(1,k), x(2,k), x(3,k))に代入している。

root_cubicは実数a, b, cに係数を与えると，3次方程式の3個の実数解を計算して，1次元配列x(3)に代入するサブルーチンである。

eigenvector_3は，配列a(3,3)に行列要素を，1次元整数配列ii(2)に異なる2個の行番号を，1次元整数配列jj(3)に異なる3個の列番号を代入してコールすると，ii(1)とii(2)で指定した2行の連立方程式で，jj(1)とjj(2)で指定した2列の未知数に対し，jj(3)で指定した列の未知数を1として固有ベクトルの成分を計算するサブルーチンである。得られたベクトルの成分は，規格化して1次元配列x(3)に代入する。整数変数indは戻り値で，indが0の時は正常に固有ベクトルが計算できたことを示し，indが0でなければ，固有ベクトルが計算できないと判定されたことを意味する。これは，引数で指定した誤差評価値epsよりも成分計算に必要な連立方程式の行列式の絶対値が小さい時である。このため，ind≠0の時は，行番号・列番号の指定を変更して，再度固有ベクトルを計算する必要がある。

本プログラムの実行には，固有値の出力とチェックのために3.1節(p.150)のサブルーチンcheck_eigenvalueが必要である。ただし，固有値計算や固有ベクトルの成分計算とは無関係である。

解説

3次の正方行列，

$$A = \begin{pmatrix} a_{11} & a_{12} & a_{13} \\ a_{21} & a_{22} & a_{23} \\ a_{31} & a_{32} & a_{33} \end{pmatrix} \tag{3-10}$$

の場合，固有方程式は以下のようになります。

$$\begin{aligned} \lambda^3 - (a_{11}+a_{22}+a_{33})\lambda^2 &+ \left(\begin{vmatrix} a_{11} & a_{12} \\ a_{21} & a_{22} \end{vmatrix} + \begin{vmatrix} a_{11} & a_{13} \\ a_{31} & a_{33} \end{vmatrix} + \begin{vmatrix} a_{22} & a_{23} \\ a_{32} & a_{33} \end{vmatrix} \right)\lambda \\ &- \begin{vmatrix} a_{11} & a_{12} & a_{13} \\ a_{21} & a_{22} & a_{23} \\ a_{31} & a_{32} & a_{33} \end{vmatrix} = 0 \end{aligned} \tag{3-11}$$

本節の解答プログラム例は，この3次方程式を解いて固有値λ_1，λ_2，λ_3を計算しています。3次方程式の解の計算には，以下の公式を使いました[2]。ここで，3次方程式を

$$\lambda^3 + a\lambda^2 + b\lambda + c = 0 \tag{3-12}$$

とします。まず，係数からQとRを計算します。

$$Q = \frac{a^2 - 3b}{9}, \qquad R = \frac{2a^3 - 9ab + 27c}{54} \tag{3-13}$$

このQとRを使って，

$$\theta = \cos^{-1} \frac{R}{\sqrt{Q^3}} \tag{3-14}$$

を計算すれば，3次方程式の3個の実数解λ_1，λ_2，λ_3は以下で与えられます†3。

$$\lambda_k = -2\sqrt{Q}\cos\left(\frac{\theta + 2\pi(k-1)}{3}\right) - \frac{a}{3} \qquad k = 1, 2, 3 \tag{3-15}$$

固有値が計算できれば，固有ベクトルを計算します。ここでは，行列$A' = A - \lambda_k I$の要素を使って計算する方法を使いました。まず，適当な2行を選びます。たとえば，$i = 1,2$を取って，

$$a'_{11}x_1 + a'_{12}x_2 + a'_{13}x_3 = 0 \tag{3-16}$$

$$a'_{21}x_1 + a'_{22}x_2 + a'_{23}x_3 = 0 \tag{3-17}$$

とします。次に，適当な2列を選びます。たとえば，$j = 1,2$を取ります。iとjで指定した2行2列の行列式，$\left|a'_{11}a'_{22} - a'_{21}a'_{12}\right|$が0でなければ，3列目の未知数$x_3$を1とした以下の方程式を解いて$x_1$と$x_2$を計算することができます。

$$a'_{11}x_1 + a'_{12}x_2 = -a'_{13} \tag{3-18}$$

$$a'_{21}x_1 + a'_{22}x_2 = -a'_{23} \tag{3-19}$$

この時，$(x_1, x_2, 1)$が固有ベクトルになります。もし，$\left|a'_{11}a'_{22} - a'_{21}a'_{12}\right|$が0に近い場合には別の行や列を選択して，0に近くない行と列の組み合わせを探します†4。

なお，以上の計算手順は対称行列でなくても使えます。しかし，対称行列でない場合には固有値が実数であるとは限らないので，3次方程式の判別式をチェックして，虚数解になる場合には，固有値や固有ベクトルを複素数で計算する必要があります。

---

†3　対称行列の固有値は全て実数であることが保証されているので，この公式が使えます。1実数解と2虚数解の場合は$Q^3 < R^2$になるので，式(3-14)が使えません。

†4　この固有ベクトルの探索方法はλ_1, λ_2, λ_3の中に等しい解が存在する場合には不完全です。このため，重解がある時は固有ベクトルの出力数が3未満になります。

●Key Elements 3.1　実数対称行列の固有値と固有ベクトル

対称行列Aとは，その転置行列A^Tに対して，$A=A^T$となる行列のことです。すなわち，行列要素a_{ij}とa_{ji}が全て等しい行列です。要素が全て実数の対称行列は，固有値と固有ベクトルについて，いくつかの特長を持っています。

まず，実数対称行列の固有値は全て実数です。これは，次のように証明することができます。まず，式(3-1)と固有ベクトルの複素共役$\boldsymbol{x}^*$の内積を取ると，

$$(\boldsymbol{x}^*)^T A\boldsymbol{x} = \lambda|\boldsymbol{x}|^2 \tag{3-20}$$

となります。式(3-1)の複素共役転置は$(\boldsymbol{x}^*)^T(A^*)^T=\lambda^*(\boldsymbol{x}^*)^T$ですが，これと$\boldsymbol{x}$との内積を取ると，

$$(\boldsymbol{x}^*)^T A\boldsymbol{x} = \lambda^*|\boldsymbol{x}|^2 \tag{3-21}$$

となります。ここで，実数対称条件$(A^*)^T=A$を使いました。式(3-20)から式(3-21)を引けば，

$$(\lambda-\lambda^*)|\boldsymbol{x}|^2 = 0 \tag{3-22}$$

となるので，$\lambda=\lambda^*$です。よって，固有値λは実数です。

次に，異なる固有値の固有ベクトルは直交します。これは，$A\boldsymbol{x}_1=\lambda_1\boldsymbol{x}_1$，$A\boldsymbol{x}_2=\lambda_2\boldsymbol{x}_2$として，それぞれに$\boldsymbol{x}_2$，$\boldsymbol{x}_1$の内積を取ると，

$$\boldsymbol{x}_2^T A\boldsymbol{x}_1 = \lambda_1\boldsymbol{x}_2\bullet\boldsymbol{x}_1, \qquad \boldsymbol{x}_1^T A\boldsymbol{x}_2 = \lambda_2\boldsymbol{x}_1\bullet\boldsymbol{x}_2 \tag{3-23}$$

ですが，Aが対称行列なので左辺は等しくなります。よって，

$$(\lambda_1-\lambda_2)\boldsymbol{x}_1\bullet\boldsymbol{x}_2 = 0 \tag{3-24}$$

ですが，$\lambda_1\neq\lambda_2$なので，$\boldsymbol{x}_1\bullet\boldsymbol{x}_2=0$です。すなわち，$\boldsymbol{x}_1$と$\boldsymbol{x}_2$は直交します。本章では，実数対称行列で，かつ全ての固有値が異なることを仮定しているので，2次や3次の行列での探索方法で，全ての固有ベクトルを計算することができます。

なお，固有方程式がp重解を持つ場合，実数対称行列ならば，その重解の固有値に所属する固有ベクトル空間はp次元になります。よって，その中から直交するベクトルをp個取り出すことができ，行列の固有ベクトル全てを使ってn次元空間を構成することができます。非対称行列では，p重解の固有ベクトル空間はp次元になるとは限りません。

3.3 べき乗法

例題

次の対称行列Aの絶対値最大の固有値とその固有ベクトルをべき乗法で計算せよ。べき乗法の計算は汎用性のあるサブルーチンにせよ。

$$A = \begin{pmatrix} 14 & 7 & 3 & -5 \\ 7 & 13 & -2 & -1 \\ 3 & -2 & 6 & 1 \\ -5 & -1 & 1 & 8 \end{pmatrix} \tag{3-25}$$

▼解答プログラム例

```
program power_method
   implicit none
   real a(4,4),x(4),emax
   real, parameter :: eps = 1e-14
   integer ind
   a(1,1) = 14;    a(1,2) = 7;     a(1,3) = 3;     a(1,4) = -5
   a(2,1) = 7;     a(2,2) = 13;    a(2,3) = -2;    a(2,4) = -1
   a(3,1) = 3;     a(3,2) = -2;    a(3,3) = 6;     a(3,4) = 1
   a(4,1) = -5;    a(4,2) = -1;    a(4,3) = 1;     a(4,4) = 8
   call max_eigenvalue(a,4,eps,emax,x,ind)
   if (ind < 0) then
      print *,'No Convergence max_eigenvalue !'
    else
      call check_eigenvalue(a,emax,x,4)
   endif
end program power_method

subroutine max_eigenvalue(a,n,eps,emax,x,ind)
   implicit none
   real a(n,n),x(n),eps,emax,y1(n),y2(n)
   real p1,p2,dp,e1,e2
   integer, parameter :: itmax = 1000
   integer ind,i,j,n,it
   call random_number(y1(1:n))
   e1 = 0
   do it = 1, itmax
      do i = 1, n
```

```
        y2(i) = 0
        do j = 1, n
          y2(i) = y2(i) + a(i,j)*y1(j)
        enddo
      enddo
      p1 = 0;   p2 = 0
      do i = 1, n
        p1 = p1 + y1(i)*y2(i)
        p2 = p2 + y2(i)*y2(i)
      enddo
      e2 = p2/p1
      p2 = 1/sqrt(p2)
      if (e2 < 0) p2 = -p2
      dp = 0
      do i = 1, n
        p1 = p2*y2(i)
        dp = dp + abs(y1(i)-p1)
        y1(i) = p1
      enddo
      if (abs((e1-e2)/e2) < eps .and. dp < eps) exit
      e1 = e2
    enddo
    if (it > itmax) then
      ind = -itmax
      return
    endif
    ind = it
    emax = e2
    x(1:n) = y1(1:n)
end subroutine max_eigenvalue
```

max_eigenvalueは，整数引数nで指定した2次元配列a(n,n)にn次の対称行列要素を代入して引数に与えると，べき乗法を使ってその行列の絶対値最大の固有値を計算してemaxに代入し，同時に得られる固有ベクトルを1次元配列x(n)に代入するサブルーチンである。epsには収束判定値を与える。このサブルーチンは，固有値と固有ベクトルの成分がepsの範囲で収束した時に終了して戻る。その際，整数変数indに収束に要した回数を代入する。ind＜0の場合には，収束しなかったことを示す。べき乗法の実行に対し，ベクトルの初期値は乱数で与えている。

本プログラムの実行には，固有値の出力とチェックのために3.1節(p.150)のサブルーチンcheck_eigenvalueが必要である。ただし，固有値計算や固有ベクトルの成分計算とは無関係である。

解説

Key Elements 3.1 (p.156) で説明したように，n次の実数対称行列Aの固有値は全て実数で，それぞれの固有ベクトルは全て直交しています。このため，任意のn次元ベクトル$\boldsymbol{x}$は，各固有値λ_kに所属する固有ベクトル$\boldsymbol{x}_k$を使って，

$$\boldsymbol{x} = c_1\boldsymbol{x}_1 + c_2\boldsymbol{x}_2 + \cdots + c_n\boldsymbol{x}_n \tag{3-26}$$

と表すことができます。

式 (3-26) の両辺に行列Aを掛ければ

$$A\boldsymbol{x} = c_1\lambda_1\boldsymbol{x}_1 + c_2\lambda_2\boldsymbol{x}_2 + \cdots + c_n\lambda_n\boldsymbol{x}_n \tag{3-27}$$

であり，これをくり返せば，

$$A^k\boldsymbol{x} = c_1\lambda_1^k\boldsymbol{x}_1 + c_2\lambda_2^k\boldsymbol{x}_2 + \cdots + c_n\lambda_n^k\boldsymbol{x}_n \tag{3-28}$$

となります。

今，λ_1が絶対値最大の固有値とすれば，

$$A^k\boldsymbol{x} = \lambda_1^k\left(c_1\boldsymbol{x}_1 + c_2\left(\frac{\lambda_2}{\lambda_1}\right)^k\boldsymbol{x}_2 + \cdots + c_n\left(\frac{\lambda_n}{\lambda_1}\right)^k\boldsymbol{x}_n\right) \tag{3-29}$$

となるので，$k\to\infty$で，

$$A^k\boldsymbol{x} = \lambda_1^k c_1\boldsymbol{x}_1 \tag{3-30}$$

となります。すなわち，適当なベクトルにくり返しAを掛けて得られるベクトルは，絶対値最大の固有値に属する固有ベクトルに収束します。この手順で絶対値最大の固有値と固有ベクトルを計算する手法をべき乗法といいます。

具体的には以下のように計算します。まず，適当なベクトル$\boldsymbol{x}^{(0)}$を初期値とし，以下の漸化式で，$\boldsymbol{x}^{(k)}$を計算します。

$$\boldsymbol{x}^{(k)} = A\boldsymbol{x}^{(k-1)}, \qquad k = 1, 2, \cdots \tag{3-31}$$

この漸化式をくり返し計算し，十分収束すれば$\boldsymbol{x}^{(k)} = A\boldsymbol{x}^{(k-1)} = \lambda\,\boldsymbol{x}^{(k-1)}$になるのですから，絶対値最大の固有値は次式で近似することができます。

$$\lambda = \frac{\boldsymbol{x}^{(k)}\bullet\boldsymbol{x}^{(k)}}{\boldsymbol{x}^{(k)}\bullet\boldsymbol{x}^{(k-1)}} \tag{3-32}$$

そこで，Aを掛ける前と後の固有値の近似値 (3-32) の差や固有ベクトル$\boldsymbol{x}^{(k)}$の成分の差を計算し，これらが適当な収束判定値εより小さくなった段階で反復を終了します。

ベクトル成分の比較が必要なので，式(3-32)を計算した後で，$\boldsymbol{x}^{(k)}$を$\left|\boldsymbol{x}^{(k)}\right|$で割って規格化をしますが，固有値が負の場合にはベクトルの符号が変化するので，$-\left|\boldsymbol{x}^{(k)}\right|$で割ります。

3.4 逆べき乗法

例題

次の対称行列Aの絶対値最小の固有値とその固有ベクトルを逆べき乗法で計算せよ。逆べき乗法は汎用性のあるサブルーチンにせよ。

$$A = \begin{pmatrix} 14 & 7 & 3 & -5 \\ 7 & 13 & -2 & -1 \\ 3 & -2 & 6 & 1 \\ -5 & -1 & 1 & 8 \end{pmatrix} \tag{3-33}$$

▼解答プログラム例

```
program invpower_method
   real a(4,4),x(4),emax
   real, parameter :: eps = 1e-14
   integer ind
   a(1,1) = 14;    a(1,2) = 7;     a(1,3) = 3;     a(1,4) = -5
   a(2,1) = 7;     a(2,2) = 13;    a(2,3) = -2;    a(2,4) = -1
   a(3,1) = 3;     a(3,2) = -2;    a(3,3) = 6;     a(3,4) = 1
   a(4,1) = -5;    a(4,2) = -1;    a(4,3) = 1;     a(4,4) = 8
   call min_eigenvalue(a,4,eps,emax,x,ind)
   if (ind < 0) then
      print *,'No Convergence min_eigenvalue !'
    else
      call check_eigenvalue(a,emax,x,4)
   endif
end program invpower_method

subroutine min_eigenvalue(a,n,eps,emin,x,ind)
   implicit none
   real a(n,n),x(n),eps,emin
   real p1,p2,dp,e1,e2
   integer, parameter :: itmax = 1000
   integer n,ind,i,it
   real, allocatable :: a1(:,:),b(:),y1(:),y2(:)
   integer, allocatable :: ipv(:)
```

```
   allocate ( a1(n,n),b(n),y1(n),y2(n),ipv(n) )
   a1(:,:) = a(:,:)
   call random_number(y1(1:n))
   call ludecomposition(a1,n,ipv,p1)
   e1 = 1d100
   do it = 1, itmax
      b(:) = y1(:)
      call lusolution(a1,ipv,b,n,y2)
      p1 = 0;   p2 = 0
      do i = 1, n
         p1 = p1 + y1(i)*y2(i)
         p2 = p2 + y2(i)*y2(i)
      enddo
      e2 = p1/p2
      p2 = 1/sqrt(p2)
      if (e2 < 0) p2 = -p2
      dp = 0
      do i = 1, n
         p1 = p2*y2(i)
         dp = dp + abs(y1(i)-p1)
         y1(i) = p1
      enddo
      if (abs((e1-e2)/e2) < eps .and. dp < eps) exit
      e1 = e2
   enddo
   emin = e2
   x(1:n) = y1(1:n)
   deallocate ( a1,b,y1,y2,ipv )
   if (it > itmax) then
      ind = -itmax
    else
      ind = it
   endif
end subroutine min_eigenvalue
```

min_eigenvalueは，整数引数nで指定した2次元配列a(n,n)にn次の対称行列要素を代入して引数に与えると，逆べき乗法を使ってその行列の絶対値最小の固有値を計算してeminに代入し，同時に得られる固有ベクトルを1次元配列x(n)に代入するサブルーチンである。epsには収束判定値を与える。このサブルーチンは，固有値と固有ベクトルの成分がepsの範囲で収束した時に終了して戻る。その際，整数変数indに収束に要した回数を代入する。ind＜0の場合には，収束しなかったことを示す。逆べき乗法の実行に対し，ベクトルの初期値は乱数で与えている。

min_eigenvalueは，逆行列の計算に1.5節(p.101)の解答プログラム例に含まれるサブルーチンludecompositionとlusolutionを利用している。ただし，ludecompositionは行列要素を代入した2次元配列a(n,n)を破壊するので，min_eigenvalueでは，元の配列を別の配列にコピーして使っている。

本プログラムの実行には，固有値の出力とチェックのために3.1節(p.150)のサブルーチンcheck_eigenvalueが必要である。ただし，固有値計算や固有ベクトルの成分計算とは無関係である。

解説

3.3節(p.157)で説明したべき乗法は，Aをくり返し掛けていくことで絶対値最大の固有値を計算する手法でした。これに対し，0の固有値を持たない行列Aの場合，逆行列A^{-1}を掛けていけば，絶対値最小の固有値を計算することができます。なぜなら，式(3-1)の両辺にA^{-1}を掛けて変形すれば，

$$A^{-1}\boldsymbol{x} = \frac{1}{\lambda}\boldsymbol{x} \tag{3-34}$$

となるので，Aの代わりにA^{-1}を，λの代わりにλ^{-1}を使えば，3.3節と同じ原理で絶対値が最大の固有値λ^{-1}，すなわち絶対値が最小の固有値λが計算できるからです。収束して得られるベクトルは固有ベクトルです。これが逆べき乗法です。

逆べき乗法は，

$$\boldsymbol{x}^{(k)} = A^{-1}\boldsymbol{x}^{(k-1)}, \qquad k = 1, 2, \cdots \tag{3-35}$$

という反復計算をしますが，逆行列を利用して$A^{-1}\boldsymbol{x}^{(k-1)}$を計算するのではなく，連立1次方程式$A\boldsymbol{x}^{(k)} = \boldsymbol{x}^{(k-1)}$を解いて$\boldsymbol{x}^{(k)}$を計算します。ここで，連立1次方程式の解法には1.5節で説明したLU分解を使用しました。

漸化式をくり返した結果，十分収束すれば$\boldsymbol{x}^{(k)} = A^{-1}\boldsymbol{x}^{(k-1)} = \lambda^{-1}\boldsymbol{x}^{(k-1)}$になるのですから，絶対値最小の固有値は次式で近似することができます。

$$\lambda = \frac{\boldsymbol{x}^{(k)} \cdot \boldsymbol{x}^{(k-1)}}{\boldsymbol{x}^{(k)} \cdot \boldsymbol{x}^{(k)}} \tag{3-36}$$

そこで，連立1次方程式を解く前と後の固有値の近似値(3-36)の差や固有ベクトル$\boldsymbol{x}^{(k)}$の成分の差を計算し，これらが適当な収束判定値εより小さくなった段階で反復を終了します。なお，ベクトルの成分比較を行うための規格化は，3.3節のべき乗法と同様です。

逆べき乗法は，絶対値最小の固有値が0に近いほど速く収束します。式(3-1)は

$$(A - \lambda_0 I)\boldsymbol{x} = (\lambda - \lambda_0)\boldsymbol{x} \tag{3-37}$$

のように変形できるので，行列$A-\lambda_0 I$の固有値は$\lambda-\lambda_0$であり，固有ベクトルは変わりません。そこで，ある程度収束した近似固有値をλ_0として逆べき乗法を使用すれば，少ない反復回数で精度の良い固有値が得られます。この方法は3.7節 (p.176) で利用します。

3.5 ヤコビ法

例題

次の対称行列Aの固有値と固有ベクトルをヤコビ法で計算せよ。ヤコビ法は汎用性のあるサブルーチンにせよ。

$$A=\begin{pmatrix}1&1&1&1&1\\1&2&2&2&2\\1&2&3&3&3\\1&2&3&4&4\\1&2&3&4&5\end{pmatrix} \tag{3-38}$$

▼**解答プログラム例**

```
program Jacobian_method
   implicit none
   integer, parameter :: n0 = 5
   real a(n0,n0),x(n0,n0),eigen(n0)
   real, parameter :: eps = 1e-15
   integer ind,i,j,k
   a(1,1) = 1; a(1,2) = 1; a(1,3) = 1; a(1,4) = 1; a(1,5) = 1
               a(2,2) = 2; a(2,3) = 2; a(2,4) = 2; a(2,5) = 2
                           a(3,3) = 3; a(3,4) = 3; a(3,5) = 3
                                       a(4,4) = 4; a(4,5) = 4
                                                   a(5,5) = 5
   do j = 1, n0-1
      do i = j+1, n0
         a(i,j) = a(j,i)
      enddo
   enddo
   call jacobian_eigen(a,n0,eps,eigen,x,ind)
   do k = 1, n0
      call check_eigenvalue(a,eigen(k),x(1,k),n0)
   enddo
end program Jacobian_method
```

```
subroutine jacobian_eigen(a,n,eps,eigen,x,ind)
   implicit none
   real a(n,n),eps,eigen(n),x(n,n)
   real amax,c1,c2,tt,cc,ss,sc
   integer, parameter :: itmax = 1000
   integer ind,i,j,n,it,p,q
   real, allocatable :: a1(:,:),am(:)
   integer, allocatable :: im(:)
   allocate ( a1(n,n),am(n),im(n) )
   a1(:,:) = a(:,:)
   do j = 2, n
      am(j) = abs(a1(1,j));     im(j) = 1
      do i = 2, j-1
         if (abs(a1(i,j)) > am(j)) then
            am(j) = abs(a1(i,j))
            im(j) = i
         endif
      enddo
   enddo
   x(:,:) = 0
   do i = 1, n
      x(i,i) = 1
   enddo
   do it = 1, itmax
      amax = 0
      do j = 2, n
         if (am(j) > amax) then
            amax = am(j)
            q = j
         endif
      enddo
      if (amax < eps) exit
      p = im(q)
      tt = (a1(q,q)-a1(p,p))/(2*a1(p,q))
      if (tt >= 0) then
         tt = 1/(tt + sqrt(tt*tt+1))
       else
         tt = 1/(tt - sqrt(tt*tt+1))
      endif
      cc = 1/sqrt(1+tt*tt);   ss = cc*tt
      sc = ss/(1+cc)
```

```
    do i = 1, n
       if (i == p) then
          a1(p,p) = a1(p,p) - a1(p,q)*tt
          a1(q,q) = a1(q,q) + a1(p,q)*tt
          a1(p,q) = 0;      a1(q,p) = 0
        else if (i /= q) then
          c1 = a1(i,p) - ss*(a1(i,q) + sc*a1(i,p))
          c2 = a1(i,q) + ss*(a1(i,p) - sc*a1(i,q))
          a1(i,p) = c1;     a1(i,q) = c2
          a1(p,i) = c1;     a1(q,i) = c2
       endif
    enddo
    do i = 1, n
       c1 = x(i,p) - ss*(x(i,q) + sc*x(i,p))
       c2 = x(i,q) + ss*(x(i,p) - sc*x(i,q))
       x(i,p) = c1;     x(i,q) = c2
    enddo
    do j = 2, n
       if (j == p .or. j == q) then
          am(j) = abs(a1(1,j));     im(j) = 1
          do i = 2, j-1
             if (abs(a1(i,j)) > am(j)) then
                am(j) = abs(a1(i,j))
                im(j) = i
             endif
          enddo
        else
          if (am(j) < abs(a1(p,j))) then
             am(j) = abs(a1(p,j))
             im(j) = p
            else if (am(j) < abs(a1(q,j))) then
             am(j) = abs(a1(q,j))
             im(j) = q
          endif
       endif
    enddo
 enddo
 do i = 1, n
    eigen(i) = a1(i,i)
 enddo
 deallocate ( a1,am,im )
 if (it > itmax) then
```

```
      ind = -itmax
    else
      ind = it
    endif
end subroutine jacobian_eigen
```

jacobian_eigenは，整数引数nで指定した2次元配列a(n,n)にn次の対称行列要素を代入して引数に与えると，ヤコビ法を使ってその行列の固有値と固有ベクトルを全て計算するサブルーチンである。固有値は，1次元配列eigen(n)に代入し，固有値eigen(k)に対する固有ベクトルの成分は，2次元配列x(n,n)を用意して，$\boldsymbol{x}_k$のi成分をx(i,k)に代入する。epsには収束判定値を与える。jacobian_eigenは，ヤコビ法により変形した行列の非対角要素の絶対値がepsよりも小さくなった時に終了する。その際，整数変数indに収束に要した回数を代入する。ind＜0の場合には，収束しなかったことを示す。

本プログラムの実行には，固有値の出力とチェックのために3.1節(p.150)のサブルーチンcheck_eigenvalueが必要である。ただし，固有値計算や固有ベクトルの成分計算とは無関係である。

解説

対称行列Aを次のような回転行列で相似変換します[†5]。

$$R = \begin{matrix} \\ \\ \\ (p) \\ \\ (q) \\ \\ \\ \end{matrix} \begin{pmatrix} 1 & & & (p) & & (q) & \\ & 1 & & \vdots & & \vdots & \\ & & \ddots & & & & \\ & & \cdots & \cos\theta & \cdots & \sin\theta & \cdots \\ & & & \vdots & \ddots & \vdots & \\ & & \cdots & -\sin\theta & \cdots & \cos\theta & \cdots \\ & & & \vdots & & \vdots & \ddots \\ & & & & & & & 1 \end{pmatrix} \tag{3-39}$$

ここで，空白の非対角要素は0，$\cos\theta$以外の対角要素は全て1です。pとqは適当に選んだ行または列の番号で，$p<q$とします。この行列は，$R^T R = I$を満足する直交行列です。このため，相似変換された行列は$R^T AR$であり，その固有ベクトルは$R^T\boldsymbol{x}$です。

さて，Aの要素をa_{ij}，Rの要素をr_{ij}とすると，$A' = R^T AR$の要素a'_{ij}は，

$$a'_{ij} = \sum_{k=1}^{n}\sum_{l=1}^{n} r_{ki} r_{lj} a_{kl} \tag{3-40}$$

†5　相似変換や直交行列については，Key Elements 3.2で説明します。

となります。r_{ij}の中で，0でない要素は対角要素r_{ii}とr_{pq}，r_{qp}だけなので，iとjのどちらもpでもqでもなければ，$a'_{ij}=a_{ij}$です。すなわち，変換前後で値は変わりません。変化する要素は行または列番号がpまたはqの以下に限られます。

$$a'_{ip}=a'_{pi}=a_{ip}\cos\theta-a_{iq}\sin\theta \qquad i\neq p,q \tag{3-41}$$
$$a'_{iq}=a'_{qi}=a_{ip}\sin\theta+a_{iq}\cos\theta \qquad i\neq p,q \tag{3-42}$$
$$a'_{pp}=a_{pp}\cos^2\theta-2a_{pq}\cos\theta\sin\theta+a_{qq}\sin^2\theta$$
$$a'_{qq}=a_{pp}\sin^2\theta+2a_{pq}\cos\theta\sin\theta+a_{qq}\cos^2\theta$$
$$a'_{pq}=(a_{pp}-a_{qq})\cos\theta\sin\theta+a_{pq}(\cos^2\theta-\sin^2\theta) \tag{3-43}$$

ここで，対称性$a_{ij}=a_{ji}$を使っています。$a'_{pq}=0$となる条件を変形すれば，

$$\frac{\cos\theta\sin\theta}{\cos^2\theta-\sin^2\theta}=\frac{1}{2}\tan 2\theta=\frac{a_{pq}}{a_{qq}-a_{pp}} \tag{3-44}$$

なので，

$$\tan 2\theta=\frac{2a_{pq}}{a_{qq}-a_{pp}} \tag{3-45}$$

からθを決めれば，$a'_{pq}=0$にすることができます。この変換をヤコビ回転といいます。

ヤコビ法（Jacobi法）は，非対角要素の中で絶対値が最大のものを探索し，ヤコビ回転を使ってその要素を0にする，という動作をくり返して，最終的に全ての非対角要素が0に近くなるまで反復を行う手法です。全ての非対角要素が0になれば対角行列になるので，固有値はその対角要素で，固有ベクトルは単位ベクトルになります。ヤコビ法の反復がM回で終了したとし，回転行列を最初から順に$R_1, R_2, \cdots, R_M$とすれば，固有ベクトルは$R_M^T\cdots R_2^T R_1^T \boldsymbol{x}$と変換されます。よって，回転行列の積，

$$U=R_1R_2\cdots R_M \tag{3-46}$$

を記録しておけば，行列Uのk番目の列ベクトルがk番目の固有値に対する固有ベクトルになります。Uは初期値を単位行列Iとし，ヤコビ回転ごとに，右からR_1，R_2，$\cdots$と掛けることで計算します。

実際の計算には，いくつか工夫があります[2]。まず，θを計算する必要はありません。$t=\tan\theta$，$\alpha=1/\tan 2\theta$と置けば，tは次の2次方程式の解になります。

$$t^2+2\alpha t-1=0 \tag{3-47}$$

この解の絶対値の小さい方を選んで，$\cos\theta$と$\sin\theta$を，

$$\cos\theta = \frac{1}{\sqrt{1+t^2}}, \qquad \sin\theta = t\cos\theta \tag{3-48}$$

で計算します。また，変換後の要素は，$a'_{pq}=0$を利用した公式，

$$\begin{aligned} a'_{ip} &= a_{ip} - \sin\theta(a_{iq} + \beta a_{ip}) \qquad i \neq p, q \\ a'_{iq} &= a_{iq} + \sin\theta(a_{ip} - \beta a_{iq}) \qquad i \neq p, q \\ a'_{pp} &= a_{pp} - t a_{pq} \\ a'_{qq} &= a_{qq} + t a_{pq} \end{aligned} \tag{3-49}$$

で計算します。ここで，$\beta=\sin\theta/(1+\cos\theta)$です。これらの式は，$\theta$が0に近づいた時の桁落ちを防ぐように変形してあります。

また，固有ベクトルを計算するための回転行列Rの積の計算は，$U'=UR$とすれば，

$$u'_{ij} = \sum_{k=1}^{n} u_{ik} r_{kj} \tag{3-50}$$

なので，次式のようにu'_{ip}とu'_{iq}だけが変わり，残りの要素は変化しません。

$$\begin{aligned} u'_{ip} &= u_{ip} - \sin\theta(u_{iq} + \beta u_{ip}) \\ u'_{iq} &= u_{iq} + \sin\theta(u_{ip} - \beta u_{iq}) \end{aligned} \tag{3-51}$$

ヤコビ法は，モグラたたきのように，ある非対角要素を0にすると，0だった別の非対角要素が0でなくなる可能性があるので，定まった回数で計算を終了することはできません。ただし，a_{pq}以外の非対角要素の変換式(3-41)と(3-42)はa_{ip}とa_{iq}のペアが回転する形になっているので，$(a'_{ip})^2+(a'_{iq})^2=a_{ip}^2+a_{iq}^2$です。よって，ヤコビ回転を1回実行すると，非対角要素の絶対値の2乗の合計は必ず小さくなります。このため，ヤコビ回転をくり返せば，いつかは誤差範囲に収まることが保証されています。

なお，非対角要素は$n(n-1)/2$個存在するので，nが大きくなると，絶対値の大きな要素の探索にn^2に比例する時間がかかります。しかし，ヤコビ回転により変化するのはa_{ip}，a_{iq}，a_{pi}，a_{qi}という要素だけなので，解答プログラム例では列ごとの最大値とその最大値の行番号を記録しています[6]。ヤコビ回転を1回実行した後で，変化した列に関して最大値とその行番号を更新し，最後に列ごとの最大値を調べて，その中から最大値の存在する列を探しています。こうすれば，2回目以降はnに比例する探索回数で絶対値最大の要素を探すことができます。

●Key Elements 3.2 行列の相似変換

n次の正方行列Aと，行列式が0でないn次の正方行列Rに対して，

$$A' = R^{-1}AR \tag{3-52}$$

をAの相似変換といいます。相似変換は，行列の特性を変えない変換です。たとえば，n次の正方行列Bに対して，$B' = R^{-1}BR$とすれば，

$$A'B' = R^{-1}ARR^{-1}BR = R^{-1}ABR \tag{3-53}$$

なので，行列の積の相似変換は，それぞれの行列の相似変換の積になります。また，Aの固有値をλ，固有ベクトルを$\boldsymbol{x}$とすれば，$A\boldsymbol{x} = \lambda\boldsymbol{x}$なので，

$$A'(R^{-1}\boldsymbol{x}) = R^{-1}ARR^{-1}\boldsymbol{x} = \lambda(R^{-1}\boldsymbol{x}) \tag{3-54}$$

となります。すなわち，相似変換された行列A'の固有値は元の行列の固有値に等しく，その固有ベクトルは$\boldsymbol{x}' = R^{-1}\boldsymbol{x}$になります。よって，相似変換を使って行列をより単純な行列に変換すれば，固有値や固有ベクトルの計算が楽になります。

ここまでは，どんな行列に対しても成り立ちますが，対称行列の場合には，Rとして直交行列を取ることができます。直交行列Rとは，転置行列R^Tが逆行列R^{-1}に等しい行列のことです。転置行列が逆行列になるということは，行列Rのn個の列ベクトル（またはn個の行ベクトル）が正規直交系をなしていることを意味します。すなわち，異なる列ベクトルの内積は0であり，列ベクトルの絶対値は1です。

直交行列を使うと，相似変換が，

$$A' = R^TAR \tag{3-55}$$

になるので，Aが対称の場合，A'も対称です。すなわち，対称性も保たれます。よって，直交変換を使って，ある非対角要素を0にすれば，その対称位置にある要素も0になります。これをくり返して，すべての非対角要素を十分小さくして行列を対角要素のみにしようというのがヤコビ法であり，3重対角行列に変換するのが，3.6節（p.170）のハウスホルダー変換です。

3.6 ハウスホルダー変換による対称行列の3重対角化

例題

次の対称行列Aをハウスホルダー変換により3重対角化せよ。3重対角化は汎用性のあるサブルーチンにせよ。また，適当なベクトル$\boldsymbol{x}$を選んで，ハウスホルダー変換による3重対角化とその逆変換の動作を確認せよ。

$$A = \begin{pmatrix} 1 & 1 & 1 & 1 & 1 \\ 1 & 2 & 2 & 2 & 2 \\ 1 & 2 & 3 & 3 & 3 \\ 1 & 2 & 3 & 4 & 4 \\ 1 & 2 & 3 & 4 & 5 \end{pmatrix} \tag{3-56}$$

▼解答プログラム例

```
program Householder_transform
   implicit none
   integer, parameter :: n0 = 5
   real a(n0,n0),al(n0),be(n0),x(n0),y(n0),z(n0)
   integer i,j
   a(1,1) = 1; a(1,2) = 1; a(1,3) = 1; a(1,4) = 1; a(1,5) = 1
               a(2,2) = 2; a(2,3) = 2; a(2,4) = 2; a(2,5) = 2
                           a(3,3) = 3; a(3,4) = 3; a(3,5) = 3
                                       a(4,4) = 4; a(4,5) = 4
                                                   a(5,5) = 5
   call householder(a,n0,al,be)
   print *,'Diagonal Elements'
   print *,al
   print *,'Non-Diagonal Elements'
   print *,be(1:n0-1)
   call random_number(x(1:n0))
   print *,'Original Vector'
   print *,x
   z(1) = al(1)*x(1)+be(1)*x(2)
   do i = 2, n0-1
      z(i) = be(i-1)*x(i-1)+al(i)*x(i)+be(i)*x(i+1)
   enddo
   z(n0) = be(n0-1)*x(n0-1)+al(n0)*x(n0)
   call back_htransform(z,a,n0)
   call back_htransform(x,a,n0)
```

```
   do i = 1, n0
      y(i) = 0
      do j = 1, i-1
         y(i) = y(i) + a(j,i)*x(j)
      enddo
      do j = i, n0
         y(i) = y(i) + a(i,j)*x(j)
      enddo
   enddo
   print *,'Back-Transformed Vector'
   print *,y
   print *,'Maximum Difference',maxval(abs(z-y))
end program Householder_transform

subroutine householder(a,n,alpha,beta)
   implicit none
   real a(n,n),alpha(n),beta(n)
   real s,c,d
   integer i,j,n,k,k1
   real, allocatable :: a1(:,:),u(:),p(:)
   allocate ( a1(n,n),u(n),p(n) )
   a1(:,:) = a(:,:)
   do j = 1, n
      a1(j,j) = a(j,j)
      do i = 1, j-1
         a1(i,j) = a(i,j)
         a1(j,i) = a(i,j)
      enddo
   enddo
   do k = 1, n-2
      k1 = k + 1
      s = 0
      do i = k1, n
         u(i) = a1(i,k)
         s = s + u(i)*u(i)
      enddo
      s = sqrt(s)
      alpha(k) = a1(k,k)
      if (s == 0) then
         beta(k)  = 0
         do j = k1, n
            a1(j,k) = 0
```

```
            enddo
            cycle
         endif
         if (u(k1) < 0) s = -s
         u(k1) = u(k1) + s
         beta(k)  = -s
         c = 1/sqrt(u(k1)*s)
         u(k1:n) = u(k1:n)*c
         do i = k1, n
            p(i) = 0
            do j = k1, n
               p(i) = p(i) + a1(i,j)*u(j)
            enddo
         enddo
         d = 0
         do i = k1, n
            d = d + p(i)*u(i)
         enddo
         d = d/2
         do i = k1, n
            p(i) = p(i) - d*u(i)
         enddo
         do j = k1, n
            a1(j,k) = u(j)
            do i = k1, n
               a1(i,j) = a1(i,j) - (u(i)*p(j) + u(j)*p(i))
            enddo
         enddo
      enddo
      alpha(n-1) = a1(n-1,n-1)
      beta(n-1)  = a1(n,n-1)
      alpha(n)   = a1(n,n)
      do j = 1, n-1
         do i = j+1, n
            a(i,j) = a1(i,j)
         enddo
      enddo
      deallocate ( a1,u,p )
   end subroutine householder

   subroutine back_htransform(x,a,n)
      implicit none
      real x(n),a(n,n)
```

```
   real p1
   integer n,i,j
   do j = n-2, 1, -1
      p1 = 0
      do i = j+1, n
         p1 = p1 + a(i,j)*x(i)
      enddo
      do i = j+1, n
         x(i) = x(i) - p1*a(i,j)
      enddo
   enddo
end subroutine back_htransform
```

householderは，整数引数nで指定した2次元配列a(n,n)にn次の対称行列要素を代入して引数に与えると，ハウスホルダー変換により3重対角化し，その行列の対角要素を1次元配列alpha(n)に，非対角要素を1次元配列beta(n)に代入するサブルーチンである。このサブルーチンは対称行列を仮定しているので，配列a(i,j)にはi≦jの要素のみ代入すればよい。ハウスホルダー変換の際に使用した縦ベクトル$\boldsymbol{w}_k$は，配列a(i,j)のi＞jの要素に代入される。このため，対角線以上の三角要素はそのままだが，対角要素より下は破壊される。

back_htransformは，整数引数nで指定したn次元ベクトルの成分を代入した1次元配列x(n)と，サブルーチンhouseholderを使ってハウスホルダー変換した時に得られる変換行列情報を含んだ2次元配列a(n,n)を与えれば，x(n)を変換前の座標系のベクトルに戻して同じ配列に代入するサブルーチンである。

メインプログラムでは，まずhouseholderを使って2次元配列a(5,5)に代入された5次の対称行列要素を3重対角化し，その対角要素と非対角要素を出力する。次に，乱数を代入した1次元配列x(5)をベクトル成分として，householderを使って得られた3重対角行列に掛けて得られるベクトル成分を1次元配列z(5)に代入する。さらに，xとzの成分をback_htransformを使って変換前の座標系に戻し，xにハウスホルダー変換前の行列Aを掛けて得られたベクトル成分を1次元配列y(5)に代入して，ベクトルzとの差を計算することで変換が理論どおり働いていることを確認している。

解説

固有値を求めるのに，直交変換を使って行列を3重対角化し，その3重対角行列の固有値と固有ベクトルを計算する手法があります。本節では，3重対角化としてハウスホルダー変換（Householder変換）を使用しました。ハウスホルダー変換とは，以下の行列で相似変換する手法です。

$$R = I - \boldsymbol{w}\boldsymbol{w}^T \tag{3-57}$$

第I部 第II部 3 行列の固有値と固有ベクトル

ここで，$\boldsymbol{w}$は長さが $\sqrt{2}$のn次元ベクトルです。この行列(ハウスホルダー行列)は対称であり，

$$R^2 = (I - \boldsymbol{w}\boldsymbol{w}^T)^2 = I - 2\boldsymbol{w}\boldsymbol{w}^T + \boldsymbol{w}\boldsymbol{w}^T\boldsymbol{w}\boldsymbol{w}^T = I \tag{3-58}$$

であることから，$R^T R = I$の直交行列であることがわかります。ここで，$\boldsymbol{w}^T\boldsymbol{w} = |\boldsymbol{w}|^2 = 2$を使いました。

ハウスホルダー行列を使って相似変換を行えば，対称行列を3重対角行列に変換することができます。まず，行列Aの第1列の列ベクトル，

$$\boldsymbol{a}_1 = \begin{pmatrix} a_{11} \\ a_{21} \\ a_{31} \\ \vdots \\ a_{n1} \end{pmatrix} \tag{3-59}$$

に対し，次のベクトルを作ります。

$$\boldsymbol{u}_1 = \begin{pmatrix} 0 \\ a_{21} + s_1 \\ a_{31} \\ \vdots \\ a_{n1} \end{pmatrix} \tag{3-60}$$

ここで，

$$s_1^2 = a_{21}^2 + a_{31}^2 + \cdots + a_{n1}^2 \tag{3-61}$$

です。ただし，s_1は$a_{21} + s_1$が桁落ちしないようにa_{21}と同符号に取ります。

この$\boldsymbol{u}_1$から，

$$\boldsymbol{w}_1 = \frac{\boldsymbol{u}_1}{\sqrt{s_1(a_{21} + s_1)}} \tag{3-62}$$

とすれば，$|\boldsymbol{w}_1| = \sqrt{2}$になるので，これを使ってハウスホルダー行列$R_1 = I - \boldsymbol{w}_1\boldsymbol{w}_1^T$を作り，$A$を相似変換します。この結果，次のようになります。

$$\begin{aligned} A^{(1)} = R_1 A R_1 &= (I - \boldsymbol{w}_1\boldsymbol{w}_1^T)A(I - \boldsymbol{w}_1\boldsymbol{w}_1^T) \\ &= A - \boldsymbol{w}_1(\boldsymbol{w}_1^T A) - (A\boldsymbol{w}_1)\boldsymbol{w}_1^T + \boldsymbol{w}_1(\boldsymbol{w}_1^T A\boldsymbol{w}_1)\boldsymbol{w}_1^T \end{aligned} \tag{3-63}$$

この行列は，以下の形をしています。

$$
A^{(1)} = \begin{pmatrix} a_{11} & -s_1 & 0 & \cdots & 0 \\ -s_1 & a_{22}^{(1)} & a_{23}^{(1)} & \cdots & a_{2n}^{(1)} \\ 0 & a_{32}^{(1)} & \ddots & & \vdots \\ \vdots & \vdots & \ddots & & \vdots \\ 0 & a_{n2}^{(1)} & \cdots & & a_{nn}^{(1)} \end{pmatrix} \tag{3-64}
$$

すなわち，1行目と1列目の3番目以降の要素が0になります。なお，$a_{ij}^{(1)} = a_{ji}^{(1)}$です。そこで次に，

$$
\boldsymbol{u}_2 = \begin{pmatrix} 0 \\ 0 \\ a_{32}^{(1)} + s_2 \\ \vdots \\ a_{n2}^{(1)} \end{pmatrix} \tag{3-65}
$$

というベクトルを使ってハウスホルダー行列R_2を作れば，2行目と2列目の4番目以降の要素を0にすることができます。同様に，R_3，…，R_{n-2}とハウスホルダー変換を行えば，行列Aを3重対角化することができます。

ハウスホルダー変換の計算は，以下の手順で行います[4]。まず，Aと$\boldsymbol{w}_1$からベクトル$\boldsymbol{p} = A\boldsymbol{w}_1$を計算し，この$\boldsymbol{p}$を使って，次のベクトル$\boldsymbol{q}$を計算します。

$$
\boldsymbol{q} = \boldsymbol{p} - \frac{1}{2}(\boldsymbol{w}_1 \cdot \boldsymbol{p})\boldsymbol{w}_1 \tag{3-66}
$$

$\boldsymbol{q}$を使えば，$A^{(1)}$は次式で計算することができます。

$$
A^{(1)} = A - \boldsymbol{w}_1\boldsymbol{q}^T - \boldsymbol{q}\boldsymbol{w}_1^T \tag{3-67}
$$

ハウスホルダー変換に使用したベクトルは，$\boldsymbol{w}_1$の第1成分が0，$\boldsymbol{w}_2$の第1と第2成分が0，...となっているので，k回目のハウスホルダー変換は$k+1$行$k+1$列以降のみの行列計算だけで完了します。

ベクトル$\boldsymbol{w}_k$は，後で固有ベクトルを元の座標系に戻す時にも使います。たとえば，3重対角行列の固有ベクトルを$\boldsymbol{z}$とすれば，元の行列Aの固有ベクトル$\boldsymbol{x}$は，

$$
\boldsymbol{x} = R_1 R_2 \cdots R_{n-2}\boldsymbol{z} \tag{3-68}
$$

により得られます。そこで，サブルーチン`householder`では入力行列の対角線より下側の要素に$\boldsymbol{w}_k$の成分を代入して保存しています。

なお，$s_k=0$の可能性がありますが，これはその行と列がすでに3重対角化されていることを意味しています。よって，その位置の計算はスキップして，次に進みます。対応する$\boldsymbol{w}_k$は0ベクトルです。

3.7 2分法による3重対角行列の固有値計算，および逆べき乗法による固有値の精度向上と固有ベクトルの計算

例題

次の対称行列Aをハウスホルダー変換で3重対角化した後，2分法で固有値を計算せよ。さらに，逆べき乗法を使って，固有値の精度を向上させると共に，固有ベクトルを計算せよ。

$$A=\begin{pmatrix}1&1&1&1&1\\1&2&2&2&2\\1&2&3&3&3\\1&2&3&4&4\\1&2&3&4&5\end{pmatrix} \tag{3-69}$$

▼解答プログラム例

```
program Householder_Eigen
   implicit none
   integer, parameter :: n0 = 5
   real a(n0,n0),al(n0),be(n0),eigen(n0),x(n0,n0)
   real, parameter :: eps = 1e-5, eps1 = 1e-14
   integer k,ind
   a(1,1) = 1; a(1,2) = 1; a(1,3) = 1; a(1,4) = 1; a(1,5) = 1
               a(2,2) = 2; a(2,3) = 2; a(2,4) = 2; a(2,5) = 2
                           a(3,3) = 3; a(3,4) = 3; a(3,5) = 3
                                       a(4,4) = 4; a(4,5) = 4
                                                   a(5,5) = 5
   call householder(a,n0,al,be)
   call root_bisection(al,be,n0,eps,eigen,ind)
   do k = 1, n0
      call min_eigenvalue_tri(al,be,eigen(k),n0,eps1,x(1,k),ind)
      call back_htransform(x(1,k),a,n0)
      call check_eigenvalue_sym(a,eigen(k),x(1,k),n0)
   enddo
end program Householder_Eigen
subroutine root_bisection(alpha,beta,n,eps,eigen,ind)
```

```
implicit none
real alpha(n),beta(n),eps,eigen(n),r1,r2,a,b,c,g
integer n,ind,i,k,it,itm,nc,ip
integer, parameter :: itmax = 1000
r2 = abs(alpha(1))+abs(beta(1))
do i = 2, n-1
   r2 = max(r2,abs(beta(i-1))+abs(alpha(i))+abs(beta(i)))
enddo
r2 = max(r2,abs(beta(n-1))+abs(alpha(n)))
r1 = -r2
itm = 0
do k = 1, n
   a = r1;  b = r2
   do it = 1, itmax
      c = (a+b)/2
      g = c - alpha(1)
      nc = 0;     ip = 0
      if (g <= 0) nc = 1
      do i = 2, n
         if (ip == 1) then
            g = c - alpha(i)
          else if (abs(g) < 1e-15) then
            ip = 1
            cycle
          else
            g = c - alpha(i) - beta(i-1)**2/g
         endif
         if (g <= 0) nc = nc + 1
         ip = 0
      enddo
      if (nc >= n .and. r1 < a) then
         r1 = a
      endif
      if (nc >= k) then
         a = c
       else
         b = c
      endif
      if (b-a < eps) exit
   enddo
   itm = max(it,itm)
   eigen(k) = c
```

```
      r2 = c
   enddo
   if (itm > itmax) then
      ind = -itmax
    else
      ind = itm
   endif
end subroutine root_bisection

subroutine min_eigenvalue_tri(alpha,beta,eigen,n,eps,x,ind)
   implicit none
   real alpha(n),beta(n),eigen,eps,x(n)
   real y1(n),y2(n),a1(n),b1(n),c1(n),d1(n),y(n)
   real p1,p2,dp,e1,e2
   integer n,ind,i,it,ip(n)
   integer, parameter :: itmax = 1000
   b1(1) = alpha(1) - eigen
   c1(1) = beta(1)
   do i = 2, n
      a1(i) = beta(i-1)
      b1(i) = alpha(i) - eigen
      c1(i) = beta(i)
   enddo
   call random_number(y1(1:n))
   e1 = 1d100
   call ludecomposition3(a1,b1,c1,d1,ip,n)
   do it = 1, itmax
      y = y1
      call lusolution3(a1,b1,c1,d1,ip,y,n,y2)
      p1 = 0;   p2 = 0
      do i = 1, n
         p1 = p1 + y1(i)*y2(i)
         p2 = p2 + y2(i)*y2(i)
      enddo
      e2 = p1/p2
      p2 = 1/sqrt(p2)
      if (e2 < 0) p2 = -p2
      dp = 0
      do i = 1, n
         p1 = p2*y2(i)
         dp = dp + abs(y1(i)-p1)
         y1(i) = p1
```

```
      enddo
      if (abs((e1-e2)/e2) < eps .and. dp < eps) exit
      e1 = e2
   enddo
    eigen = eigen + e2
    x(1:n) = y1(1:n)
   if (it > itmax) then
      ind = -itmax
    else
      ind = it
   endif
end subroutine min_eigenvalue_tri

subroutine ludecomposition3(a,b,c,d,ip,n)
   implicit none
   real a(n),b(n),c(n),d(n),dd,cc
   integer n,k,ip(n)
   d(1) = 0
   do k = 2, n
      d(k) = 0
      if (abs(a(k)) <= abs(b(k-1))) then
         dd = -a(k)/b(k-1)
         b(k) = b(k) + dd*c(k-1)
         a(k) = dd
         ip(k) = 0
       else
         cc = c(k-1)
         dd = -b(k-1)/a(k)
         b(k-1) = a(k)
         c(k-1) = b(k)
         d(k-1) = c(k)
         a(k) = dd
         b(k) = cc + dd*b(k)
         c(k) = dd*c(k)
         ip(k) = 1
      endif
   enddo
end subroutine ludecomposition3

subroutine lusolution3(a,b,c,d,ip,y,n,x)
   implicit none
   real a(n),b(n),c(n),d(n),y(n),x(n),yy
```

```
   integer n,k,ip(n)
   do k = 2, n
      if (ip(k) == 0) then
         y(k) = y(k) + a(k)*y(k-1)
       else
         yy = y(k)
         y(k) = y(k-1) + a(k)*yy
         y(k-1) = yy
      endif
   enddo
   x(n) = y(n)/b(n)
   x(n-1) = (y(n-1) - c(n-1)*x(n))/b(n-1)
   do k = n-2, 1, -1
      x(k) = (y(k) - c(k)*x(k+1) - d(k)*x(k+2))/b(k)
   enddo
end subroutine lusolution3

subroutine check_eigenvalue_sym(a,eigen,x,n)
   implicit none
   real a(n,n),eigen,x(n),xe,err
   integer n,i,j
   character(80) form
   err = 0
   do i = 1, n
      xe = a(i,i)*x(i)
      do j = 1, i-1
         xe = xe + a(j,i)*x(j)
      enddo
      do j = i+1, n
         xe = xe + a(i,j)*x(j)
      enddo
      err = max(err,abs(eigen*x(i)-xe))
   enddo
   print "('  Eigenvalue  = ',f14.7,'   Error = ',es11.4)",eigen,err
   form = "('  Eigenvector = (',f12.5,@(',',f12.5),')')"
   i = index(form,'@')
   form(i:i) = char(ichar('0')+n-1)
   print form,x(1),(x(i),i=2,n)
end subroutine check_eigenvalue_sym
```

root_bisectionは，整数引数nで指定したn次の3重対角対称行列の対角要素を1次元配列alpha(n)に，対角線より上の非対角要素を1次元配列beta(n)に代入して引数に与えると，2分法を用いてn個の固有値を計算するサブルーチンである。固有値は1次元配列eigen(n)に代入する。epsは2分法を終了するための収束判定値である。終了後，整数変数indに収束に要した回数の最大値を代入する。ind＜0の場合には，収束しなかった固有値が存在したことを示す。

min_eigenvalue_triは，整数引数nで指定したn次の3重対角対称行列の対角要素を1次元配列alpha(n)に，対角線より上の非対角要素を1次元配列beta(n)に，その固有値の推定値をeigenに代入して与えると，逆べき乗法を使って精度を向上させた固有値をeigenに戻し，それに属する固有ベクトルの成分を1次元配列x(n)に代入するサブルーチンである。epsには逆べき乗法の収束判定値を与える。このサブルーチンは，固有値と固有ベクトルの成分がepsの範囲で収束した時に終了して戻る。その際，整数変数indに収束に要した回数を代入する。ind＜0の場合には，収束しなかったことを示す。

ludecomposition3は整数引数nで指定したn次の3重対角行列の対角線左要素，対角要素，対角線右要素を，それぞれ3個の1次元配列a(n)，b(n)，c(n)に代入して引数に与えると，その行列をLU分解して，係数をa,b,cおよび補助1次元配列d(n)に代入するサブルーチンである。また，ピボット選択の情報を整数1次元配列ip(n)に代入する。ip(k)は，k行とk－1行の入れ替えがあれば1，入れ替えがなければ0である。lusolution3はこれらの配列と整数n，および定数ベクトルを代入した1次元配列y(n)を引数に与えると，3重対角連立1次方程式の解を計算して1次元配列x(n)に代入する。

サブルーチンcheck_eigenvalue_symは，3.1節(p.150)の固有値チェックと出力を行うサブルーチンcheck_eigenvalueと同じ機能を持つが，上三角行列のみ代入された2次元配列a(n,n)に対して，対称性を利用して確認を行うように修正したものである。

本プログラムの実行には，3.6節(p.170)のサブルーチンhouseholderとback_htransformが必要である。

解説

3重対角対称行列の固有値を求める手法の一つに2分法があります。対称3重対角行列を

$$A = \begin{pmatrix} \alpha_1 & \beta_1 & 0 & \cdots & 0 & 0 \\ \beta_1 & \alpha_2 & \beta_2 & \cdots & 0 & 0 \\ 0 & \beta_2 & \alpha_3 & \cdots & 0 & 0 \\ \vdots & \vdots & & \ddots & \vdots & \vdots \\ 0 & 0 & & \cdots & \alpha_{n-1} & \beta_{n-1} \\ 0 & 0 & & \cdots & \beta_{n-1} & \alpha_n \end{pmatrix} \qquad (3\text{-}70)$$

とすれば，固有多項式は，

$$|\lambda I - A| = \begin{vmatrix} \lambda - \alpha_1 & -\beta_1 & 0 & \cdots & 0 & 0 \\ -\beta_1 & \lambda - \alpha_2 & -\beta_2 & \cdots & 0 & 0 \\ 0 & -\beta_2 & \lambda - \alpha_3 & \cdots & 0 & 0 \\ \vdots & \vdots & & \ddots & \vdots & \vdots \\ 0 & 0 & & \cdots & \lambda - \alpha_{n-1} & -\beta_{n-1} \\ 0 & 0 & & \cdots & -\beta_{n-1} & \lambda - \alpha_n \end{vmatrix} \tag{3-71}$$

です。そこで，以下の多項式を定義します。

$$p_k(\lambda) = \begin{vmatrix} \lambda - \alpha_1 & -\beta_1 & 0 & \cdots & 0 & 0 \\ -\beta_1 & \lambda - \alpha_2 & -\beta_2 & \cdots & 0 & 0 \\ 0 & -\beta_2 & \lambda - \alpha_3 & \cdots & 0 & 0 \\ \vdots & \vdots & & \ddots & \vdots & \vdots \\ 0 & 0 & & \cdots & \lambda - \alpha_{k-1} & -\beta_{k-1} \\ 0 & 0 & & \cdots & -\beta_{k-1} & \lambda - \alpha_k \end{vmatrix} \tag{3-72}$$

式(3-72)を小行列展開することで，$p_k(\lambda)$は次の漸化式を満足することがわかります。

$$p_k(\lambda) = (\lambda - \alpha_k)p_{k-1}(\lambda) - \beta_{k-1}^2 p_{k-2}(\lambda) \tag{3-73}$$

この漸化式を$p_0(\lambda)=1$，$p_1(\lambda)=\lambda-\alpha_1$から開始すれば，$p_n(\lambda)=|\lambda I-A|$です。スツルム(Sturm)の定理によれば，ある$\lambda$に対して，$p_0(\lambda)$から$p_n(\lambda)$まで計算した時，$p_{k-1}(\lambda)$と$p_k(\lambda)$の符号が変化する回数を$N(\lambda)$とすると，$N(\lambda)$は$\lambda$より大きな固有値の個数に等しくなります。そこで，この定理を利用すれば，漸化式の計算で固有値の存在領域を特定することができます。本節の解答プログラム例では，参考文献[5]の手順を使って固有値を計算しました。

今，固有値は大きい方から，λ_1，λ_2，$\cdots$，λ_Nとし，この中のλ_kを計算するとします。2個の実数aとbがあり，$a<b$とする時，$N(a) \geqq k$，$N(b)<k$であれば，スツルムの定理から$a<\lambda_k \leqq b$であることがわかります。そこで，aとbの中点$c=(a+b)/2$を使って，$N(c)$を計算し，$N(c) \geqq k$なら，cをaに，さもなくば，cをbに置き換えて，再び中点を計算する，という手順をくり返します。その結果，$b-a$が所定の収束判定値より小さくなった時点で終了すれば，cがλ_kの近似値になります。

aとbの初期値は，ゲルシュゴーリン(Gerschgorin)の定理に基づいて，

$$r = \max_{1 \leqq i \leqq n} (|\beta_{i-1}| + |\alpha_i| + |\beta_i|) \tag{3-74}$$

で決めます。ただし，$\beta_0=\beta_n=0$です。このrを使って$a=-r$, $b=r$から開始します。ただし，固有値の大きい方から計算しているので，λ_kを計算したら，次のbはλ_kから開始すれば十分です。また，計算の途中で得られた，$N(s)=n$となるできるだけ大き

なsを保存しておき，これを次回の最小値aにすれば反復回数を減らすことができます。

実際の$N(\lambda)$の計算では，$g_k(\lambda)=p_k(\lambda)/p_{k-1}(\lambda)$と定義して，$g_k(\lambda)$に関する漸化式,

$$g_k(\lambda)=(\lambda-\alpha_k)-\frac{\beta_{k-1}^2}{g_{k-1}(\lambda)} \tag{3-75}$$

を$k=2,\cdots,n$まで計算します。ここで，初期値は$g_1(\lambda)=\lambda-\alpha_1$です。この時，$g_1(\lambda)$，$g_2(\lambda)$，…，$g_N(\lambda)$の中で，負または0の項の数が$N(\lambda)$になります。ただし，$g_{k-1}(\lambda)$が非常に0に近い時は，$g_k(\lambda)$の計算はせず，$g_k(\lambda)>0$として，$g_{k+1}(\lambda)=\lambda-\alpha_{k+1}$から漸化式の計算を再開します。サブルーチン`root_bisection`は，このアルゴリズムに従って，大きな固有値から順に計算しています。

ただし，2分法では1回あたり区間幅が1/2にしかならないので，収束はあまり速くありません。また，固有ベクトルは別に計算しなければなりません。そこで，解答プログラム例では収束判定値をあまり小さくせず，適当なところで反復を終了し，後は3.4節 (p.160) の逆べき乗法を使って固有値と固有ベクトルを計算しています。固有値λの近似値をλ'，固有ベクトルを$\boldsymbol{x}$とすると，

$$(A-\lambda' I)\boldsymbol{x}=(\lambda-\lambda')\boldsymbol{x} \tag{3-76}$$

ですが，行列$A-\lambda' I$の固有値$\lambda-\lambda'$の絶対値は非常に小さいので，これが$A-\lambda' I$の絶対値最小の固有値になります。そこで，逆べき乗法を適用すれば，少ない反復回数で精度の良い固有値と固有ベクトルを計算することができます。ただし，$A-\lambda' I$の対角要素が小さいと，1.7節 (p.109) のピボット選択無しのガウスの消去法では安定に計算できない可能性があります。そこで，解答プログラム例では，ピボット選択付きのLU分解による3重対角連立1次方程式の解法を使いました。3重対角行列の場合，ガウスの消去法を$i-1$行まで進めても，

$$\begin{array}{ccccccc}
 & & (i-1) & (i) & (i+1) & (i+2) & \\
 & \ddots & \vdots & \vdots & \vdots & \vdots & \\
(i-1) & \cdots\ 0 & \alpha'_{i-1} & \beta'_{i-1} & 0 & 0 & \cdots \\
(i) & \cdots\ 0 & \beta_{i-1} & \alpha_i & \beta_i & 0 & \cdots \\
(i+1) & \cdots\ 0 & 0 & \beta_i & \alpha_{i+1} & \beta_{i+1} & \cdots
\end{array} \tag{3-77}$$

のパターンしか出てきません。ここで，$i-1$行の要素に$'$を付けているのは，消去後で係数が変わっていることを示しています。$i-1$列の$i+1$行以降の要素は0なので，ピボット選択は，α'_{i-1}とβ_{i-1}を比較して，$|\alpha'_{i-1}|<|\beta_{i-1}|$の場合に$i-1$行と$i$行を入れ替えるだけです。この時，

$$
\begin{array}{lccccccc}
 & & (i-1) & (i) & (i+1) & (i+2) & \\
 & \ddots & \vdots & \vdots & \vdots & \vdots & \\
(i-1) & \cdots & 0 & \beta_{i-1} & \alpha_i & \beta_i & 0 & \cdots \\
(i) & \cdots & 0 & \alpha'_{i-1} & \beta'_{i-1} & 0 & 0 & \cdots \\
(i+1) & \cdots & 0 & 0 & \beta_i & \alpha_{i+1} & \beta_{i+1} & \cdots
\end{array}
\tag{3-78}
$$

になりますが，新しい$i-1$行を使ってi行のα'_{i-1}を消去しても，i行の$i+2$列以降は変わりません。このため，消去が次の行に移っても式(3-77)のパターンは保たれます。ただし，$i-1$行において対角線から二つ右の要素が0でなくなるので，3重対角形は維持されません。そこで，3重対角行列用のLU分解ルーチン`ludecomposition3`では，下側の非対角要素a_i，対角要素b_i，上側の非対角要素c_iを与えると，その行列をLU分解した時のL行列要素をa_iに，U行列要素をb_iとc_iに代入すると同時に，2筋目の非対角要素d_iを代入する配列と，入れ替え情報を代入する整数配列を用意するようにしています[†6]。

固有ベクトルの計算は，3.4節(p.160)と同様に乱数で発生したベクトルから開始します。固有値が非常に小さいので，数回くり返せば，十分の精度で固有値$\lambda_k-\lambda'_k$が計算でき，これにλ'_kを加えてλ_kを計算します。同時に固有ベクトルも得られますが，ハウスホルダー変換を使って得られた3重対角行列を使っているので，解答プログラム例では最後にハウスホルダー変換の情報を使って式(3-68)で座標系を戻し，元の行列に対する固有ベクトルを計算しています。

---

†6　ただし，配列の番号付けは，式(1-36)と同じで，連立方程式$a_ix_{i-1}+b_ix_i+c_ix_{i+1}=y_i$を指定するようになっています。対角行列の要素を配列に代入する時は注意してください。

第4章　数値積分

下限a，上限bの区間における関数$f(x)$の積分（定積分）の定義は，

$$\int_a^b f(x)dx = \lim_{N\to\infty} \sum_{k=0}^{N-1} f(x_k)(x_{k+1} - x_k) \tag{4-1}$$

です。$f(x)$を被積分関数といいます。ここで，$a = x_0 < x_1 < \cdots < x_{N-1} < x_N = b$は，区間$[a, b]$内の点（分点）で，極限は，点の数$N$の増加とともに，隣り合う点の間隔$x_{k+1} - x_k$の最大値が0に近づくように取ります。式(4-1)の右辺における$f(x_k)(x_{k+1} - x_k)$は，図4.1(a)のように，区間$[a, b]$を細分化した時の各小区間における長方形の面積になるので，これを合計して細分化の極限を取れば，図4.1(b)のように関数$f(x)$とx軸との間の面積になります。

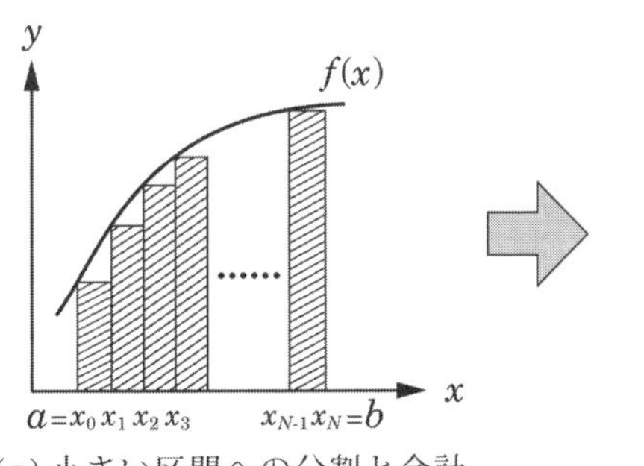

(a) 小さい区間への分割と合計

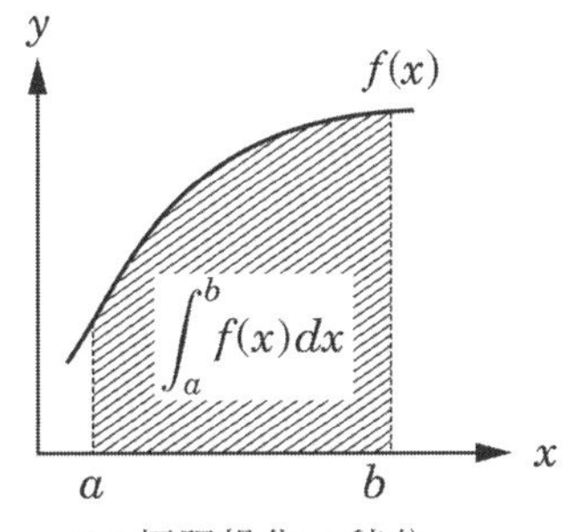

(b) 極限操作→積分

●図4.1　定積分の概念

数値計算では極限値を計算することができないので，式(4-1)を有限な分割数Nでとどめた値で近似します。このため，計算精度を上げるには分割数Nを大きくして小区間幅を小さくしなければなりません。しかし，全体の区間幅は決まっているのですから，分割を細かくすればするほど必要な関数値の数が増加し，計算に時間がかかります。このため，数値積分のポイントは，できるだけ少ない分点で精度のよい積分値が得られる近似公式を使うことです。本章では，色々な数値積分プログラムの作成を行います。

なお，本章では被積分関数が性質の良い関数であることを仮定しています。積分区間中に特異点を持つ関数の積分に応用する時は注意が必要です。

4.1 台形公式

例題

次の積分値を台形公式を使って近似計算せよ。

$$S = \int_{-2}^{5} (x^6 - 6x^2 + 3x + 2) dx \tag{4-2}$$

ここで，区間の分割数は100とする。

▼解答プログラム例

```
program trapesoidal_integral
   implicit none
   real func,x,a,b,h,s
   integer k,nmax
   nmax = 100
   a = -2
   b = 5
   h = (b-a)/nmax
   s = 0.5*(func(a) + func(b))
   do k = 1, nmax-1
      x = a + h*k
      s = s + func(x)
   enddo
   s = s*h
   print *,'S = ',s
end program trapesoidal_integral

function func(x)
   implicit none
   real func,x
   func = x**6 - 6*x**2 + 3*x + 2
end function func
```

trapesoidal_integralは台形公式を使って定積分の近似値を計算するプログラムである。被積分関数は，関数副プログラムfunc(x)で与えている。また，積分の下限値と上限値は変数aとbで，分割数は変数nmaxで与えている。

解説

数値積分とは，関数で表される曲線とx軸で囲まれた領域の面積なのですから，分割した各区間の面積を精度良く近似できれば良いことになります。台形公式は，この面積を台形の面積で近似します。

まず，区間$[a,b]$をN等分します。分割した小区間幅を$h=(b-a)/N$として，各小区間$[x_k,x_{k+1}]$での面積を，次式で近似するのが台形公式です。

$$S_k=\int_{x_k}^{x_{k+1}} f(x)dx \fallingdotseq \frac{h}{2}(f(x_k)+f(x_{k+1})) \tag{4-3}$$

この各小区間の面積を合計すれば，定積分の近似値は次式で与えられます。

$$\begin{aligned} S &\fallingdotseq S_0+S_1+\cdots+S_{N-1} \\ &= h\left(\frac{1}{2}f(a)+f(x_1)+\cdots+f(x_{N-1})+\frac{1}{2}f(b)\right) \end{aligned} \tag{4-4}$$

式(4-4)を見ると，両端の寄与が半分になること以外は，定積分の定義に近い計算になっています。解答プログラム例は，この公式をそのままプログラムにしています。

解答プログラム例を実行した結果は，$S=10966.1998177980$です。実際の値は，$S=10958.5$なので，誤差は7×10^{-4}程度です。ちなみに，分割数を1000にすると，誤差は7×10^{-6}程度になります。すなわち，台形公式の誤差はN^2に反比例します。

4.2 シンプソンの公式

例題

次の積分値をシンプソンの公式を使って近似計算せよ。ここで，区間の分割数は100とする。

$$S=\int_{-2}^{5}(x^6-6x^2+3x+2)dx \tag{4-5}$$

シンプソンの公式で積分計算する部分はサブルーチンにし，積分関数，区間の指定値，分割数を与えると積分値を返すようにせよ。

▼解答プログラム例

```
program Simpson_test
   implicit none
   real func,a,b,s
   external func
   a = -2
   b = 5
   call Simpson_rule(func,a,b,100,s)
   print *,'S = ',s
end program Simpson_test
```

```
function func(x)
   implicit none
   real func,x
   func = x**6 - 6*x**2 + 3*x + 2
end function func

subroutine Simpson_rule(fun,a,b,n,s)
   implicit none
   real fun,a,b,s,h,x
   integer n,i
   h = (b-a)/n
   s = fun(a) + fun(b) + 4*fun(b-h)
   do i = 1, n-3, 2
      x = a + h*i
      s = s + 4*fun(x) + 2*fun(x+h)
   enddo
   s = s*h/3
end subroutine Simpson_rule
```

Simpson_ruleは，実数値を返す関数副プログラム名fun，定積分の下限値aと上限値b，および整数nを与えると，nを分割数としたシンプソンの公式を使って定積分の近似値を計算し，変数sに代入するサブルーチンである。nは偶数を仮定している。ここでは，関数副プログラムfuncに被積分関数を記述して与えている。

解説

台形公式とは，隣り合った2個の分点における関数曲線上の点を直線で結んだ線形近似（5.1節（p.222））で積分値を計算する手法です。これを拡張して，より高次の多項式で関数を近似すれば，より精度の高い積分値が得られると考えられます。線形近似の次は2次関数

$$y = ax^2 + bx + c \tag{4-6}$$

で近似することですが，この関数を決定するには，3個の定数a,b,cを決めなければなりません。よって，関数値は3個必要です。そこで，区間をN等分して，分点x_kの両隣のx_{k-1}とx_{k+1}を使って，

$$f(x_{k-1}) = ax_{k-1}^2 + bx_{k-1} + c \tag{4-7}$$
$$f(x_k) = ax_k^2 + bx_k + c \tag{4-8}$$
$$f(x_{k+1}) = ax_{k+1}^2 + bx_{k+1} + c \tag{4-9}$$

をa,b,cについて解き，区間$[x_{k-1}, x_{k+1}]$の積分値を，2次関数(4-6)の積分値で近似

すると,

$$S_k = \int_{x_{k-1}}^{x_{k+1}} f(x)dx \fallingdotseq \frac{h}{3}(f(x_{k-1}) + 4f(x_k) + f(x_{k+1})) \tag{4-10}$$

となります。ここで, $h = (b-a)/N$です。分割数Nは偶数を与えるとし, 隣り合う2区間ごとに式(4-10)を適用すれば,

$$\begin{aligned} S &\fallingdotseq S_1 + S_3 + \cdots + S_{N-1} \\ &= \frac{h}{3}\big(f(a) + 4f(x_1) + 2f(x_2) + \cdots + 2f(x_{N-2}) + 4f(x_{N-1}) + f(b)\big) \end{aligned} \tag{4-11}$$

となります。すなわち, 奇数項は4倍, 偶数項は2倍, 両端はそのまま加えて全体に$h/3$を掛ける, という計算です。これをシンプソンの公式といいます。

解答プログラム例を実行した結果は, $S = 10958.5021284945$です。実際の値は, $S = 10958.5$なので, 誤差は2×10^{-7}程度で, 台形公式よりかなり精度が良いことがわかります。ちなみに, 分割数を1000にすると, 誤差は2×10^{-11}程度になります。すなわち, シンプソンの公式の誤差はN^4に反比例します。

シンプソンの公式は比較的簡単ですが, 台形公式より精度が良いのでよく使われています。あまり複雑な関数でなければ, シンプソンの公式で十分です。なお, 分割数が奇数の場合には, 両端区間のどちらか片方だけ台形公式にするなどの工夫が必要です。

4.3 複素関数の周回積分 ―留数計算―

例題

次の複素関数の周回積分を台形公式を使って近似計算せよ。

$$I_C = \frac{1}{2\pi i}\oint_C \frac{3z^3 + 3z^2 + 2z + 1}{z(z^2+1)(z+2)}dz \tag{4-12}$$

Cは複素平面上の閉曲線であるが, ここでは被積分関数の特異点を全て囲む, $z=0$を中心とした半径$R=3$の円とする。分点は100点として計算せよ。

▼解答プログラム例

```
program complex_integral
   implicit none
   complex zfunc,z,zic
   real, parameter :: pi = 3.141592653589793, pi2 = 2*pi
   real R,th,dth
   integer k,nmax
```

第I部　第II部　4　数値積分

```
   nmax = 100
   dth = pi2/nmax
   zic = 0
   R   = 3
   do k = 0, nmax-1
      th  = dth*k
      z   = cmplx(R*cos(th),R*sin(th))
      zic = zic + zfunc(z)*z
   enddo
   print *,'IC = ',zic*dth/pi2
end program complex_integral

function zfunc(z)
   implicit none
   complex zfunc,z
   zfunc = (((3*z+3)*z+2)*z+1)/(z*(z**2+1)*(z+2))
end function zfunc
```

complex_integralは，台形公式を使って複素関数の周回積分の近似値を計算するプログラムである。zfuncは複素数引数zを与えると，複素数の被積分関数値を返す関数副プログラムである。メインプログラムでは，$z=0$を中心とした半径$R=3$の円を経路とし，これをnmax分割して積分値を計算している。

解説

複素関数論によれば，複素数zの関数$f(z)$が複素平面上の閉曲線Cの内部で正則，すなわち関数値が無限大になるような点（特異点）がなければ，その閉曲線を周回した積分は0になります。

$$\oint_C f(z)dz = 0 \tag{4-13}$$

閉曲線内に特異点がある場合には0になるとは限りませんが，特異点が孤立している時には留数を使って周回積分を計算することができます。ここで，$z=z_0$が$f(z)$の特異点である時，z_0を囲む十分小さい閉曲線Γでの周回積分，

$$Res(z_0) = \frac{1}{2\pi i}\oint_\Gamma f(z)dz \tag{4-14}$$

が留数です。z_0の近傍で$f(z)$が$z-z_0$に反比例する特異点の場合には，

$$Res(z_0) = \lim_{z\to z_0}(z-z_0)f(z) \tag{4-15}$$

であることがわかっています。

留数の定理によれば，複素平面上の閉曲線Cを経路とする周回積分，

$$I_C = \frac{1}{2\pi i}\oint_C f(z)dz \tag{4-16}$$

は，その閉曲線内部にある特異点それぞれでの留数の合計になります。例題で与えた被積分関数の分母は，$z=0, \pm i, -2$の4点で0になるので，それぞれの留数を加えると，$I_C=3$になります。

さて，経路Cが$z=0$を中心とした半径Rの円である場合には，式(4-16)式において$z=Re^{i\theta}$と変数変換することで，θに関する積分，

$$I_C = \frac{1}{2\pi}\int_0^{2\pi} f(Re^{i\theta})Re^{i\theta}d\theta \tag{4-17}$$

に置き換えることができます。円を1周して元に戻るので，周期的な関数の積分計算になります。台形公式(4-4)では，両端の値は半分しか寄与しませんが，周期的な場合には，その両端をつなぎ合わせる必要があるので，定積分の近似値は，

$$I_C \fallingdotseq \frac{h}{2\pi}\left(f(Re^{i\theta_0})Re^{i\theta_0} + f(Re^{i\theta_1})Re^{i\theta_1} + \cdots + f(Re^{i\theta_{N-1}})Re^{i\theta_{N-1}}\right) \tag{4-18}$$

になります。ここで，Nは角度θの分割数で，$h=2\pi/N$，$\theta_k=kh$です。

解答プログラム例の結果は，$I_C=3.00000000000000$で，数値精度の範囲で解析解と一致します。なお，半径を小さくして$R=2.1$にすると，$I_C=3.01149414208533$となります。これは，経路が特異点の一つである$z=-2$の付近を通るため，関数の変化が激しくなることが原因です。

●Key Elements 4.1　数値積分の精度

数値積分の精度について考えてみましょう。関数$f(x)$をx_kの周りでテイラー展開すれば，

$$f(x) = f(x_k) + f'(x_k)(x - x_k) + \frac{1}{2}f''(x_k)(x - x_k)^2 + \cdots \tag{4-19}$$

ですから，これを，x_kから$x_k + h$まで積分すれば，

$$\int_{x_k}^{x_k+h} f(x)dx = f(x_k)h + \frac{1}{2}f'(x_k)h^2 + \frac{1}{6}f''(x_k)h^3 + \cdots \tag{4-20}$$

となります。これに対し，

$$f(x_k + h) = f(x_k) + f'(x_k)h + \frac{1}{2}f''(x_k)h^2 + \cdots \tag{4-21}$$

ですから，台形公式との差は，

$$\int_{x_k}^{x_k+h} f(x)dx - \frac{h}{2}(f(x_k) + f(x_k + h)) = -\frac{1}{12}f''(x_k)h^3 + \cdots \tag{4-22}$$

となります。すなわち，台形公式の誤差はh^3に比例し，分割数Nの3乗に反比例して小さくなります。ただし，これは分割した区間あたりの誤差なので，全体の積分計算はこれに分割数を掛けた程度の誤差が生じます。よって，近似積分値の誤差はNの2乗に反比例します。

シンプソンの公式は3点公式なので，積分は$x_k - h$から$x_k + h$の区間で行います。この場合，対称性のために，hの偶数べきの項は0になります。すなわち，

$$\int_{x_k-h}^{x_k+h} f(x)dx = 2\left(f(x_k)h + \frac{1}{6}f''(x_k)h^3 + \frac{1}{120}f''''(x_k)h^5 + \cdots\right) \tag{4-23}$$

です。よって，シンプソンの公式との差は，

$$\int_{x_k-h}^{x_k+h} f(x)dx - \frac{h}{3}(f(x_k - h) + 4f(x_k) + f(x_k + h)) = -\frac{1}{90}f''''(x_k)h^5 + \cdots \tag{4-24}$$

となります。すなわち，誤差はhの5乗に比例します。これが，近似積分値の誤差がNの4乗に反比例する理由です。

台形公式やシンプソンの公式は，一般的にはニュートン・コーツの公式 (Newton-Cotesの公式) と呼ばれる部類に属するもので，さらに高次の公式もあります。しかし，高次の公式を使えば，より少ない分点数で精度良く計算できると考えるのは間違いです。高次のニュートン・コーツの公式というのは，隣り合った数個の分点の関数値で分点間を多項式補間し，近似積分値を計算するものです。よって，分割が粗くて分割した小区間内で関数が大きく変化する場合には，どんなに高次の公式を使っても誤差は小さくなりません。分割数は関数の変化に応じて決める必要があります[†1]。

ところで，周期的な関数を1周期にわたって積分する場合，台形公式では，全ての関数値を加えて区間幅を掛ければ良いという結果でした。シンプソンの公式の場合に両端を継ぎ足すと，

$$S = \frac{h}{3}(2f(x_0) + 4f(x_1) + 2f(x_2) + \cdots + 2f(x_{N-2}) + 4f(x_{N-1})) \quad (4\text{-}25)$$

となりますが，関数が周期的ですから，開始点を1個ずらせた

$$S = \frac{h}{3}(4f(x_0) + 2f(x_1) + 4f(x_2) + \cdots + 4f(x_{N-2}) + 2f(x_{N-1})) \quad (4\text{-}26)$$

もシンプソンの公式になります。ということは，この2式の平均を取った，

$$S = h(f(x_0) + f(x_1) + f(x_2) + \cdots + f(x_{N-2}) + f(x_{N-1})) \quad (4\text{-}27)$$

は，シンプソンの公式であるともいえます。このことは，高次の公式でも同様です。すなわち，周期関数を1周期にわたって積分する場合，関数の変化を十分捉えた分点数を用いれば，式 (4-27) が最良の公式なのです。第9章で説明する高速フーリエ変換において，積分を単純な合計で近似しているのは，簡単というだけではなく，これで十分だからです。

†1　多項式補間の問題については，Key Elements 5.1 (p.234) も参考にして下さい。

4.4 ルジャンドル・ガウス積分公式

例題

次の積分値をルジャンドル・ガウス積分公式を使って近似計算せよ。

$$S = \int_{-5}^{3} (x^{12} - 5x^8 - 4e^{2x} - 4x^2 + 2)dx \tag{4-28}$$

ルジャンドル・ガウス積分公式の計算プログラムはサブルーチンにし，分点と重みのデータは別のプログラムであらかじめ計算したものを利用するようにする。ここでは7次の公式を使え。

▼解答プログラム例

```
program legendre_test
   implicit none
   external func
   real func,a,b,s
   a = -5
   b = 3
   call Legendre_Gauss(func,a,b,s)
   print *,'S = ',s
end program legendre_test

function func(x)
   implicit none
   real func,x
   func = x**12 - 5*x**8 - 4*exp(2*x) - 4*x**2 + 2
end function func

subroutine Legendre_Gauss(fun,a,b,s)
   implicit none
   include 'legendre.inc'          ! ファイルを挿入
   real fun,a,b,s,s0,x1,x2,c1,c2
   integer k,n1
   if (a == b) then
      s = 0
      return
   endif
   c1 = (b-a)/2
   c2 = (b+a)/2
   if (leposition(1) == 0) then
```

```
      s0 = leweight(1)*fun(c2)
      n1 = 2
   else
      s0 = 0
      n1 = 1
   endif
   do k = n1, narray
      x1 =  c1*leposition(k)+c2
      x2 = -c1*leposition(k)+c2
      s0 = s0 + leweight(k)*(fun(x1)+fun(x2))
   enddo
   s = s0*c1
end subroutine Legendre_Gauss
```

Legendre_Gaussは，実数値を返す関数副プログラム名fun，および定積分の下限値aと上限値bを与えると，ルジャンドル・ガウス積分公式を使って定積分の近似値を計算し，変数sに代入するサブルーチンである。ここでは，関数副プログラムfuncに被積分関数を記述して与えている。

ルジャンドル・ガウス積分公式の係数（分点値と重み）の計算には多項式の解の計算が必要なので時間がかかる。そこで，ここでは係数を別のプログラムで生成する方式にした。生成した係数値は配列宣言の形式にして，legendre.incという名のファイルに保存しておき，Legendre_Gauss内のinclude文でコンパイル時に読み込むようにしている。以下に，係数を保存したファイルlegendre.incを生成するプログラムを示す。

```
program Legendre_Coefficients
   implicit none
   integer, parameter :: n = 7, itmax = 30
   real, parameter :: pi = 3.141592653589793, eps = 1e-25
   real leposition((n+1)/2),leweight((n+1)/2)
   real(16) x,x1,p,dp,w
   integer k,it,n2
   n2 = (n+1)/2
   do k = 1, n2
      x = sin((n+1-2*k)*pi/(2*n+1))
      do it = 1, itmax
         call legendre(n,x,p,dp)
         x1 = x - p/dp
         if (abs(x1-x) < eps .and. abs(p) < eps) exit
         x = x1
      enddo
      if (it > itmax) then
         print *,'No convergence at k = ',k
         stop
```

```
      endif
      call legendre(n-1,x,w,dp)
      w = 2*(1-x*x)/(n*w)**2
      leposition(n2+1-k) = x
      leweight(n2+1-k) = w
   enddo
   open(10,file='legendre.inc')
   write(10,*) '   integer, parameter :: narray =',n2
   call output_array(10,leposition,n2,'leposition(narray)')
   call output_array(10,leweight,n2,'leweight(narray)')
end program Legendre_Coefficients

subroutine legendre(n,x,p,dp)
   implicit none
   real(16) x,p,dp,p0,p1,p2
   integer k,n
   p0 = 1
   p1 = x
   do k = 2, n
      p2 = ((2*k-1)*x*p1 - (k-1)*p0)/k
      p0 = p1
      p1 = p2
   enddo
   p  = p1
   dp = n*(p0 - x*p1)/(1-x*x)
end subroutine legendre

subroutine output_array(ndev,array,nd,chd)
   implicit none
   real array(*)
   integer ndev,nd,n4,n0,k
   character chd*(*)
   n4 = mod(nd+3,4) + 1
   n0 = nd - n4
   write(ndev,*) '   real :: ',trim(chd),' = (/ &'
   if (n0 > 0) write(ndev,600) (array(k), k=1,n0)
   if (n4 == 1) then
      write(ndev,610) array(n0+1)
   else if (n4 == 2) then
      write(ndev,620) array(n0+1),array(n0+2)
   else if (n4 == 3) then
      write(ndev,630) array(n0+1),array(n0+2),array(n0+3)
   else
```

```
      write(ndev,640) array(n0+1),array(n0+2),array(n0+3),array(n0+4)
   endif
600 format('     ',4(es22.15,', '),' &')
610 format('     ',es22.15,' /)')
620 format('     ',es22.15,', ',es22.15,' /)')
630 format('     ',2(es22.15,', '),es22.15,' /)')
640 format('     ',3(es22.15,', '),es22.15,' /)')
end subroutine output_array
```

Legendre_Coefficientsは，ルジャンドル・ガウス積分公式に用いる分点値とその点の重みを計算し，それをFortranの配列宣言の形式にしてlegendre.incという名のファイルに出力するプログラムである。parameter変数nが公式の次数を指定する整数で，ここでは7にしている。

サブルーチンlegendreは，整数nと実数xを与えると，ルジャンドル多項式$P_n(x)$の値をpに，その導関数値$P'_n(x)$をdpに代入して戻る。Legendre_Coefficientsはこのサブルーチンを使って，$P_n(x)$の0点をニュートン法を用いて計算している。ルジャンドル・ガウス積分公式の分点の位置と重みはxの正負で対称であるため，ここでは，0以上の分点とその重みだけを計算する。

計算した係数値は，サブルーチンoutput_arrayを使って，Fortran用に整形してファイルに出力する。output_arrayは，係数値を代入した1次元配列array(*)と要素数を指定する整数ndを与えると，それを宣言文の形に整形して整数ndevで指定した装置番号のファイルに出力する。chdは文字列で，宣言したい配列名をその要素数名の添字付きで与える。たとえば，要素数名が"number"で配列名が"gsarray"になるように出力する時は，文字列'gsarray(number)'をchdに与える。

サブルーチンoutput_arrayの使用前には，あらかじめopen文を使って装置番号ndevに対応するファイル名を指定しておく。加えて，文字列chdに含まれる配列要素数をparameter変数で宣言する形式の文字列の出力も必要である。

Legendre_Coefficientsでの要素数名はnarrayなので，narrayの宣言文を出力した後，分点の座標を代入した配列，'leposition(narray)'の出力と，各点での重みを代入した配列，'leweight(narray)'の出力を，それぞれoutput_arrayで行っている。なお，次数が奇数の時は，leposition(1)＝0である。

なお，Legendre_Coefficientsでは，0点を精度良く計算するために4倍精度実数を使っている。もし，4倍精度実数が使えない場合には，real(16)をrealに修正し，精度判定値epsを10^{-14}程度にすると良い。ただし，重みの精度が悪いので，近似積分値の精度は倍精度より少し悪くなる。

解説

ここまで説明したニュートン・コーツ型積分公式は，分点が等間隔でした。台形公式もシンプソンの公式も不等間隔の公式に拡張することはできますが，与えられた関数を積分するという目的の場合には等間隔の公式が最も単純なので，拡張して使用する必要はありません。

さて，数値積分は，区間内に配置した分点での関数値に適当な重みを掛けた合計で積分値を近似しているので，一般的には，

$$\int_a^b f(x)dx \fallingdotseq \sum_{k=1}^{n} W_k f(x_k) \tag{4-29}$$

と書けます。ここで，$x_1, x_2, \cdots, x_n$ は区間内の異なる分点で，W_k はそれぞれの分点での重みです。台形公式やシンプソンの公式は分点の選択にあまり自由度が無く，重み W_k を調節して精度が上がるようにしています。これに対し，分点の取り方にも自由度を与えると，より少ない分点で積分の精度を上げることができます。

ルジャンドル・ガウス (Legendre–Gauss) 積分公式は，n 次のルジャンドル多項式 $P_n(x)$ の n 個の0点 ($P_n(x) = 0$ の解) を分点 x_k として，区間 $[-1, 1]$ での積分値を次式で近似するものです。

$$S = \int_{-1}^{1} f(x)dx \fallingdotseq \sum_{k=1}^{n} W_k f(x_k) \tag{4-30}$$

分点 x_k での重み W_k は次式で与えられます。

$$W_k = \frac{2(1 - x_k^2)}{(nP_{n-1}(x_k))^2} \tag{4-31}$$

ルジャンドル・ガウス積分公式は，分点が n 個の n 次公式で，$2n-1$ 次までの多項式 $f(x)$ について正確な積分値を与えます[†2]。

ルジャンドル多項式 $P_n(x)$ は，以下の漸化式で与えられます。

$$\begin{aligned} &P_0(x) = 1, \qquad P_1(x) = x, \\ &nP_n(x) = (2n-1)xP_{n-1}(x) - (n-1)P_{n-2}(x) \qquad n \geqq 2 \end{aligned} \tag{4-32}$$

また，$P_n(x)$ の導関数は次式で与えられます。

$$(1 - x^2)P_n'(x) = n(P_{n-1}(x) - xP_n(x)) \tag{4-33}$$

参考文献[7]により，解答プログラム例では，ルジャンドル多項式 $P_n(x)$ の0点を，以下の初期値から出発してニュートン法で計算しています。

$$x_k = \sin\left(\frac{(n+1-2k)\pi}{2n+1}\right) \qquad k = 1, 2, \cdots, n \tag{4-34}$$

---

†2　詳細はKey Elements 4.2 (p.208) で説明します

$P_n(x)$の分点は$x=0$について対称なので，x_kが$P_n(x)$の0点なら，$-x_k$も0点で，同じ重みを持ちます。そこで，解の計算は，nが偶数の場合には$n/2$まで，奇数の場合には$n/2+1$まで行います。

なお，一般的な積分区間$[a,b]$での積分を計算する場合は，以下の式により積分区間が$[-1,1]$のtに関する積分に変換してからルジャンドル・ガウス積分公式を使います。サブルーチン`Legendre_Gauss`にはこの変換が含まれています。

$$x = \frac{b-a}{2}t + \frac{b+a}{2} \tag{4-35}$$

解答プログラム例の結果は，$S=92925882.7001307$で，誤差は5×10^{-10}程度です。分点数が7点しかないにもかかわらず，非常に精度が良いことがわかります。しかも，この誤差は，被積分関数に指数関数項が入っているために出たものであり，この項がなければ，数値精度の誤差内で値は一致します。

4.5 ラゲール・ガウス積分公式 —半無限区間の積分—

例題

次の積分値をラゲール・ガウス積分公式を使って近似計算せよ。

$$S = \int_0^\infty e^{-x}(x^{12} - 4x^5 + 2)dx \tag{4-36}$$

ラゲール・ガウス積分公式の計算プログラムはサブルーチンにし，分点と重みのデータは別のプログラムであらかじめ計算したものを利用するようにする。ここでは7次の公式を使え。

▼解答プログラム例

```
program laguerre_test
   implicit none
   external func
   real func,s
   integer k
   call Laguerre_Gauss(func,s)
   print *,'S = ',s
end program laguerre_test

function func(x)
   implicit none
```

```
   real func,x
   func = x**12 - 4*x**5 + 2
end function func

subroutine Laguerre_Gauss(fun,s)
   implicit none
   include 'laguerre.inc'        ! ファイルを挿入
   real fun,s,s0,x
   integer k
   s0 = 0
   do k = 1, narray
      x =  laposition(k)
      s0 = s0 + laweight(k)*fun(x)
   enddo
   s = s0
end subroutine Laguerre_Gauss
```

Laguerre_Gaussは，実数値を返す関数副プログラム名funを与えると，ラゲール・ガウス積分公式を使ってe^{-x}を重み関数とする半無限区間の定積分の近似値を計算し，変数sに代入するサブルーチンである。ここでは，関数副プログラムfuncに重み関数を取り除いた被積分関数を記述して与えている。

ラゲール・ガウス積分公式の係数（分点値と重み）の計算には多項式の解の計算が必要なので時間がかかる。そこで，ここでは係数を別のプログラムで生成する方式にした。生成した係数値は配列宣言の形式にして，laguerre.incという名のファイルに保存しておき，Laguerre_Gauss内のinclude文でコンパイル時に読み込むようにしている。以下に，係数を保存したファイルlaguerre.incを生成するプログラムを示す。

```
program Laguerre_Coefficients
   implicit none
   integer, parameter :: n = 7, itmax = 30
   real, parameter :: pi = 3.141592653589793, eps = 1e-25
   real laposition(n),laweight(n)
   real(16) x,xx,p,dp,w,x1,x2,x3
   integer k,it
   do k = 1, n
      if (k < 4) then
         x = (pi*(k-0.25))**2/(4*n)
      else
         x  = 3*(x3-x2)+x1
         x1 = x2
         x2 = x3
         x3 = x
```

```
      endif
      do it = 1, itmax
         call laguerre(n,x,p,dp)
         xx = x - p/dp
         if (abs(xx-x) < eps .and. abs(p) < eps) exit
         x = xx
      enddo
      if (it > itmax) then
         print *,'No convergence at k = ',k
         stop
      endif
      call laguerre(n-1,x,w,dp)
      w = x/(n*w)**2
      if (k == 1) then
         x1 = x
      else if (k == 2) then
         x2 = x
      else
         x3 = x
      endif
      laposition(k) = x
      laweight(k) = w
   enddo
   open(10,file='laguerre.inc')
   write(10,*) '   integer, parameter :: narray =',n
   call output_array(10,laposition,n,'laposition(narray)')
   call output_array(10,laweight,n,'laweight(narray)')
end program Laguerre_Coefficients

subroutine laguerre(n,x,p,dp)
   implicit none
   real(16) x,p,dp,p0,p1,p2
   integer k,n
   p0 = 1
   p1 = 1-x
   do k = 2, n
      p2 = ((2*k-1-x)*p1 - (k-1)*p0)/k
      p0 = p1
      p1 = p2
   enddo
   p  = p1
   dp = n*(p1 - p0)/x
end subroutine laguerre
```

Laguerre_Coefficientsは，ラゲール・ガウス積分公式に用いる分点値とその点の重みを計算し，それをFortranの配列宣言の形式にしてlaguerre.incという名のファイルに出力するプログラムである。parameter変数nが公式の次数を指定する整数で，ここでは7にしている。

サブルーチンlaguerreは，整数nと実数xを与えると，ラゲール多項式$L_n(x)$の値をpに，その導関数値$L'_n(x)$をdpに代入して戻る。Laguerre_Coefficientsはこのサブルーチンを使って，$L_n(x)$の0点をニュートン法を用いて計算している。

計算した係数値は，サブルーチンoutput_arrayを使って，Fortran用に整形してファイルに出力する。output_arrayは，4.4節(p.194)の解答プログラム例に含まれているものと同じなので省略している。

Laguerre_Coefficientsでの要素数名はnarrayなので，narrayの宣言文を出力した後，分点の座標を代入した配列，'laposition(narray)'の出力と，各点での重みを代入した配列，'laweight(narray)'の出力を，それぞれoutput_arrayで行っている。

なお，Laguerre_Coefficientsでは，0点を精度良く計算するために4倍精度実数を使っている。もし，4倍精度実数が使えない場合には，real(16)をrealに修正し，精度判定値epsを10^{-14}程度にすると良い。ただし，重みの精度が悪いので，近似積分値の精度は倍精度より少し悪くなる。

解説

ルジャンドル・ガウス積分公式は有界区間の積分用でしたが，無限大区間の近似積分公式を作ることもできます。たとえば，n次のラゲール多項式$L_n(x)$のn個の0点を分点x_kとして，半無限区間$[0, \infty)$での重み関数付き積分値を次式で近似する公式を，ラゲール・ガウス(Laguerre–Gauss)積分公式といいます。

$$\int_0^\infty e^{-x} f(x)dx \fallingdotseq \sum_{k=1}^{n} W_k f(x_k) \tag{4-37}$$

ここで，分点x_kでの重みW_kは次式で与えられます。

$$W_k = \frac{x_k}{(nL_{n-1}(x_k))^2} \tag{4-38}$$

ラゲール・ガウス積分公式は，分点がn個のn次公式で，$2n-1$次までの多項式$f(x)$について正確な積分値を与えます[†3]。

ラゲール多項式$L_n(x)$は，以下の漸化式で与えられます。

$$\begin{aligned} L_0(x) &= 1, \qquad L_1(x) = 1 - x, \\ nL_n(x) &= (2n-1-x)L_{n-1}(x) - (n-1)L_{n-2}(x) \qquad n \geqq 2 \end{aligned} \tag{4-39}$$

†3　詳細はKey Elements 4.2 (p.187) で説明します。

また，$L_n(x)$ の導関数は次式で与えられます。

$$xL'_n(x) = n(L_n(x) - L_{n-1}(x)) \tag{4-40}$$

参考文献[7]により，解答プログラム例では，ラゲール多項式 $L_n(x)$ の0点を計算するため，最初の3点は以下の公式を使い，残りは補外計算で求めています。

$$x_k = \frac{\pi^2(k-0.25)^2}{4n} \qquad k = 1, 2, 3 \tag{4-41}$$

補外計算は以下の式を使います。

$$x_k = 3x_{k-1} - 3x_{k-2} + x_{k-3} \qquad k = 4, 5, \cdots, n \tag{4-42}$$

解答プログラム例の結果は，$S = 479001121.999999$ で，数値精度の誤差内で真の値と一致しています。

4.6 エルミート・ガウス積分公式 ―全無限区間の積分―

例題

次の積分値をエルミート・ガウス積分公式を使って近似計算せよ。

$$S = \int_{-\infty}^{\infty} e^{-x^2}(x^{12} - 4x^4 + 2)dx \tag{4-43}$$

エルミート・ガウス積分公式の計算プログラムはサブルーチンにし，分点と重みのデータは別のプログラムであらかじめ計算したものを利用するようにする。ここでは7次の公式を使え。

▼解答プログラム例

```
program hermite_test
   implicit none
   external func
   real func,s
   integer k
   call Hermite_Gauss(func,s)
   print *,'S = ',s
end program hermite_test

function func(x)
   implicit none
   real func,x
```

```
    func = x**12 - 4*x**4 + 2
end function func

subroutine Hermite_Gauss(fun,s)
    implicit none
    include 'hermite.inc'        ! ファイルを挿入
    real fun,s,s0,x1,x2
    integer k,n1
    if (heposition(1) == 0) then
        x1 =  0
        s0 = s0 + heweight(1)*fun(x1)
        n1 = 2
    else
        s0 = 0
        n1 = 1
    endif
    do k = n1, narray
        x1 =  heposition(k)
        x2 = -heposition(k)
        s0 = s0 + heweight(k)*(fun(x1)+fun(x2))
    enddo
    s = s0
end subroutine Hermite_Gauss
```

Hermite_Gaussは，実数値を返す関数副プログラム名funを与えると，エルミート・ガウス積分公式を使ってe^{-x^2}を重み関数とする全無限区間の定積分の近似値を計算し，変数sに代入するサブルーチンである。ここでは，関数副プログラムfuncに重み関数を取り除いた被積分関数を記述して与えている。

エルミート・ガウス積分公式の係数(分点値と重み)の計算には多項式の解の計算が必要なので時間がかかる。そこで，ここでは係数を別のプログラムで生成する方式にした。生成した係数値は配列宣言の形式にして，hermite.incという名のファイルに保存しておき，Hermite_Gauss内のinclude文でコンパイル時に読み込むようにしている。以下に，係数を保存したファイルhermite.incを生成するプログラムを示す。

```
program Hermite_Coefficients
    implicit none
    integer, parameter :: n = 7, itmax = 30
    real heposition(n),heweight(n)
    real, parameter :: pi = 3.141592653589793, eps = 1e-25
    real(16) x,xx,p,dp,w,x1,x2,x3,fac
    integer k,it,n2,nodd
    n2 = (n+1)/2;     nodd = mod(n,2)
    fac = 0.5
```

```
    do k = 1, n
       fac = 2*fac*k
    enddo
    do k = 1, n2
       if (k < 4) then
          if (nodd == 0) then
             x = (2*k-1)*pi/(2*sqrt(2*n+1.0))
          else
             x = (k-1)*pi/sqrt(2*n+1.0)
          endif
       else
          x  = 3*(x3-x2)+x1
          x1 = x2
          x2 = x3
          x3 = x
       endif
       do it = 1, itmax
          call hermite(n,x,p,dp)
          xx = x - p/dp
          if (abs(xx-x) < eps .or. abs(p) < eps) exit
          x = xx
       enddo
       if (it > itmax) then
          print *,'No convergence at k = ',k
          stop
       endif
       call hermite(n-1,x,w,dp)
       w = fac/(n*w)**2
       if (k == 1) then
          x1 = x
       else if (k == 2) then
          x2 = x
       else
          x3 = x
       endif
       heposition(k) = x
       heweight(k) = w*sqrt(pi)
    enddo
    open(10,file='hermite.inc')
    write(10,*) '   integer, parameter :: narray =',n2
    call output_array(10,heposition,n2,'heposition(narray)')
    call output_array(10,heweight,n2,'heweight(narray)')
end program Hermite_Coefficients
```

```
subroutine hermite(n,x,p,dp)
    implicit none
    real(16) x,p,dp,p0,p1,p2
    integer k,n
    p0 = 1
    p1 = 2*x
    do k = 2, n
        p2 = 2*(x*p1 - (k-1)*p0)
        p0 = p1
        p1 = p2
    enddo
    p  = p1
    dp = 2*n*p0
end subroutine hermite
```

Hermite_Coefficientsは，エルミート・ガウス積分公式に用いる分点値とその点の重みを計算し，それをFortranの配列宣言の形式にしてhermite.incという名のファイルに出力するプログラムである。parameter変数nが公式の次数を指定する整数で，ここでは7にしている。

サブルーチンhermiteは，整数nと実数xを与えると，エルミート多項式$H_n(x)$の値をpに，その導関数値$H_n'(x)$をdpに代入して戻る。Hermite_Coefficientsはこのサブルーチンを使って，$H_n(x)$の0点をニュートン法を用いて計算している。エルミート・ガウス積分公式の分点の位置と重みはxの正負で対称であるため，ここでは，0以上の分点とその重みだけを計算する。

計算した係数値は，サブルーチンoutput_arrayを使って，Fortran用に整形してファイルに出力する。output_arrayのプログラムは，4.4節(p.194)の解答プログラム例に含まれているものと同じなので省略している。

Hermite_Coefficientsでの要素数名はnarrayなので，narrayの宣言文を出力した後，分点の座標を代入した配列，'heposition(narray)'の出力と，各点での重みを代入した配列，'heweight(narray)'の出力を，それぞれoutput_arrayで行っている。なお，次数が奇数の時は，heposition(1)＝0である。

なお，Hermite_Coefficientsでは，0点を精度良く計算するために4倍精度実数を使っている。もし，4倍精度実数が使えない場合には，real(16)をrealに修正し，精度判定値epsを10^{-14}程度にすると良い。ただし，重みの精度が悪いので，近似積分値の精度は倍精度より少し悪くなる。

解説

ラゲール・ガウス積分公式は積分区間の片側が無限大でしたが，次式のような全無限区間$(-\infty, \infty)$での重み関数付き積分公式もあります。

$$\int_{-\infty}^{\infty} e^{-x^2} f(x)dx \fallingdotseq \sum_{k=1}^{n} W_k f(x_k) \tag{4-44}$$

これをエルミート・ガウス (Hermite–Gauss) 積分公式といいます。この公式では，分点 x_k として n 次のエルミート多項式 $H_n(x)$ の n 個の0点を使用し，その点の重みは以下の式で与えられます。

$$W(x_k) = \frac{2^{n+1} n! \sqrt{\pi}}{(nH_{n-1}(x_k))^2} \tag{4-45}$$

エルミート・ガウス積分公式は，分点が n 個の n 次公式で，$2n-1$ 次までの多項式 $f(x)$ について正確な積分値を与えます[†4]。

エルミート多項式 $H_n(x)$ は，以下の漸化式で与えられます[†5]。

$$\begin{aligned} &H_0(x) = 1, \qquad H_1(x) = 2x, \\ &H_n(x) = 2xH_{n-1}(x) - 2(n-1)H_{n-2}(x) \qquad n \geqq 2 \end{aligned} \tag{4-46}$$

また，$H_n(x)$ の導関数は次式で与えられます。

$$H_n'(x) = 2xH_n(x) - H_{n+1}(x) = 2nH_{n-1}(x) \tag{4-47}$$

参考文献[7]により，解答プログラム例では，エルミート多項式 $H_n(x)$ の0点を計算するため，最初の3点は以下の公式を使い，残りは補外計算で求めています。

$$x_k = \frac{(2k-1)\pi}{2\sqrt{2n+1}}, \quad n\text{が偶数の時}, \quad k = 1, 2, 3 \tag{4-48}$$

$$x_k = \frac{(k-1)\pi}{\sqrt{2n+1}}, \quad n\text{が奇数の時}, \quad k = 1, 2, 3 \tag{4-49}$$

補外計算はどちらも以下の式を使います。

$$x_k = 3x_{k-1} - 3x_{k-2} + x_{k-3} \qquad k = 4, 5, \cdots, n \tag{4-50}$$

分点は対称なので，x_k が $H_n(x)$ の0点なら，$-x_k$ も0点で，同じ重みを持ちます。そこで，解の計算は，n が偶数の場合には $n/2$ まで，奇数の場合には $n/2+1$ まで行います。

解答プログラム例の結果は，$S = 286.112823964138$ で，数値精度の誤差内で真の値と一致しています。

---

†4　詳細はKey Elements 4.2 (p.208) で説明します。

†5　エルミート多項式の定義は文献によって異なるので注意が必要です。これは，重みを $e^{-x^2/2}$ にとる流儀があるからです。

●Key Elements 4.2　ガウス型積分公式の一般論

n次のガウス型積分が，なぜ$2n-1$次の多項式まで正確な値を計算するのか説明しましょう。今，関数$f(x)$が$n-1$次多項式であるとします。

$$f(x) = a_0 + a_1 x + a_2 x^2 + \cdots + a_{n-1} x^{n-1} \qquad (4\text{-}51)$$

異なるn個の点$x_1, x_2, \cdots, x_n$での多項式の値$f(x_k)$が与えられれば，

$$a_0 + a_1 x_k + a_2 x_k^2 + \cdots + a_{n-1} x_k^{n-1} = f(x_k) \quad k = 1, 2, \cdots, n \qquad (4\text{-}52)$$

というn個の連立1次方程式を解くことで，係数$a_0, a_1, \cdots, a_{n-1}$を$f(x_k)$の1次関数で表すことができます。この係数を使えば，重み関数$w(x)$を加えた$f(x)$の積分値は，

$$\int_a^b w(x) f(x) dx = \sum_{i=0}^{n-1} a_i \int_a^b w(x) x^i dx \qquad (4\text{-}53)$$

のように計算することができ，これに$f(x_k)$で表したa_iを代入すれば，積分値を次式の形式に書き換えることができます。

$$\int_a^b w(x) f(x) dx = \sum_{k=1}^{n} W_k f(x_k) \qquad (4\text{-}54)$$

さて，n個の点をn次多項式$G_n(x)$を使った代数方程式$G_n(x)=0$の解に取ります。関数$f(x)$が$2n-1$次多項式であれば，2個の$n-1$次の多項式，$r(x)$，$q(x)$と，この$G_n(x)$を使って次式のように表すことができます。

$$f(x) = r(x) + G_n(x) q(x) \qquad (4\text{-}55)$$

そこで，n次の多項式として，次の関係を持つ直交多項式を選びます。

$$\int_a^b w(x) G_n(x) G_m(x) dx = \begin{cases} 0, & n \neq m \\ c_n, & n = m \end{cases} \qquad (4\text{-}56)$$

この直交多項式を使うと，$G_n(x)$の多項式と$n-1$次の多項式の積を重み関数付きで積分した場合，0になります。よって，式(4-55)より，

$$\int_a^b w(x) f(x) dx = \int_a^b w(x) r(x) dx \qquad (4\text{-}57)$$

になります。また，x_kが$G_n(x)=0$の解ですから，

$$\int_a^b w(x)f(x)dx = \sum_{k=1}^{n} W_k r(x_k) = \sum_{k=1}^{n} W_k f(x_k) \tag{4-58}$$

も成り立ちます。すなわち，$2n-1$次の多項式まで，式(4-54)を使って正確な積分値を計算することができます。表4.1に，ガウス型積分公式で使われる直交多項式とその重み関数を示します。

▼表4.1 ガウス型積分公式で使われる直交多項式

積分区間	重み関数 $w(x)$	直交多項式
$[-1,1]$	1	ルジャンドル多項式
$[0,\infty)$	e^{-x}	ラゲール多項式
$(-\infty,\infty)$	e^{-x^2}	エルミート多項式

各分点における係数W_kは，連立方程式を解かなくても，以下のように決定することができます。x_kが$G_n(x)=0$の解であることから，$G_n(x)/(x-x_k)$は$n-1$次の多項式です。$G_n(x)=0$には重解がないとすると，

$$\frac{G_n(x_l)}{x_l - x_k} = \begin{cases} 0, & l \neq k \\ G'_n(x_k), & l = k \end{cases} \tag{4-59}$$

です。よって，$G_n(x)/(x-x_k)$を式(4-54)の$f(x)$に代入すれば，x_kの項だけが残ります。すなわち，

$$W_k = \int_a^b \frac{w(x)G_n(x)}{(x-x_k)G'_n(x_k)}dx \tag{4-60}$$

となります。この式から3種類のガウス型積分公式における係数を計算する証明は省略しますが，それぞれの多項式の漸化式を使って，次の積分値を計算すると比較的簡単に計算することができます。

$$Q_n = \int_a^b \frac{w(x)(G_n(x)G_{n-1}(t) - G_n(t)G_{n-1}(x))}{x-t}dx \tag{4-61}$$

Q_nはtに依存せず，nだけの関数になります。このQ_nを使えば，

$$W_k = \int_a^b \frac{w(x)G_n(x)}{(x-x_k)G'_n(x_k)}dx = \frac{Q_n}{G'_n(x_k)G_{n-1}(x_k)} \tag{4-62}$$

となります。$G'_n(x_k)$を適当に置き換えれば，式(4-31)，式(4-38)，式(4-45)になります。

4.7 2重指数関数型積分公式

例題

次の積分値を2重指数関数型積分公式を使って近似計算せよ。

$$S = \int_{-5}^{3} (x^{12} - 5x^8 - 4e^{2x} - 4x^2 + 2)dx \tag{4-63}$$

ここで，2重指数関数型積分公式の計算プログラムはサブルーチンにし，分点数は与えられた精度に応じて自動的に決定するようなプログラムにせよ。

▼解答プログラム例

```
program DE_test
   implicit none
   real func,a,b,s
   integer ind
   external func
   a = -5
   b = 3
   call DEintegral(func,a,b,s,1e-12,ind)
   print *,'S = ',s,ind
end program DE_test

function func(x)
   implicit none
   real func,x
   func = x**12 - 5*x**8 - 4*exp(2*x) - 4*x**2 + 2
end function func

subroutine DEintegral(fun,a,b,s,eps,ind)
   implicit none
   real, parameter :: pi = 3.141592653589793, pid4 = pi/4
   real fun,a,b,s,eps,s0,s1,h,x,w,x1,c1,c2,a1,tmax
   real ex,exd,ex1,ex1d,ff,ep
   integer ind,k,n1,n2,it,n0,ne
   ind = 0
   if (a == b) then
      s = 0
      return
   endif
```

```
c1 = (b-a)/2
c2 = (b+a)/2
tmax = 6
h  = 0.5
ep = 0.2*sqrt(eps)
n1 = -tmax/h
n2 = tmax/h
s0 = 0
ne = 0
do k = 0, n2
   x =  h*k
   ex = exp(x);     exd = 1/ex
   x1 = pid4*(ex-exd)
   ex1 = exp(x1);   ex1d = 1/ex1
   a1 = (ex1-ex1d)/(ex1+ex1d)
   w = pi*(ex+exd)/(ex1+ex1d)**2
   a1 = c1*a1+c2
   ff = fun(a1)*w
   s0 = s0 + ff
   if (abs(ff) < eps) then
      ne = ne + 1
      if (ne >= 2) exit
   else
      ne = 0
   endif
enddo
if (k < n2) n2 = k
ne = 0
do k = -1, n1, -1
   x =  h*k
   ex = exp(x);     exd = 1/ex
   x1 = pid4*(ex-exd)
   ex1 = exp(x1);   ex1d = 1/ex1
   a1 = (ex1-ex1d)/(ex1+ex1d)
   w = pi*(ex+exd)/(ex1+ex1d)**2
   a1 = c1*a1+c2
   ff = fun(a1)*w
   s0 = s0 + ff
   if (abs(ff) < eps) then
      ne = ne + 1
      if (ne >= 2) exit
   else
      ne = 0
```

```
        endif
    enddo
    if (k > n1) n1 = k
    n0 = n2-n1+1
    s0 = s0*h
    do it = 1, 20
        n1 = n1*2
        n2 = n2*2
        h  = h/2
        s1 = 0
        do k = n1+1, n2-1, 2
            x =  h*k
            ex = exp(x);     exd = 1/ex
            x1 = pid4*(ex-exd)
            ex1 = exp(x1);   ex1d = 1/ex1
            a1 = (ex1-ex1d)/(ex1+ex1d)
            w = pi*(ex+exd)/(ex1+ex1d)**2
            a1 = c1*a1+c2
            s1 = s1 + fun(a1)*w
        enddo
        s1 = s0/2 + s1*h
        n0 = n0 + (n2-n1)/2 - 1
        if (abs(s1-s0) < ep) exit
        s0 = s1
    enddo
    s = s1*c1
    ind = n0
    if (it > 20) ind = -ind
end subroutine DEintegral
```

DEintegralは，実数値を返す関数副プログラム名fun，および定積分の下限値aと上限値bを与えると，2重指数関数型積分公式を使って定積分の近似値を計算し，変数sに代入するサブルーチンである。また，区間分割を自動で行うため，誤差評価値をepsに与える。ここでは，関数副プログラムfuncに被積分関数を記述して与えている。

整数引数indには積分計算に要した関数の計算回数が代入される。ind＜0の時は，所定の反復回数では与えた誤差評価値より誤差が小さくならなかったことを示す。

解説

ここまで紹介した，台形公式，シンプソンの公式，ガウス型積分公式は分点数の指定が必要でした。ガウス型積分公式などは，関数が多項式であれば少ない分点数でも厳密な計算結果が保証されていますが，一般の関数の場合にはどの程度真の積分値に近いのかわかりません。そこで，最初は少ない分点での数値積分から出発して，徐々に分点を増やしていき，適当な誤差範囲に収まったところで計算を終了する，自動積分があれば便利です。

この徐々に分点を増やすという手順で使うにはガウスの公式は不便です。なぜなら，次数を変えると分点の位置や重みが全く違うので，全ての分点での関数値を計算し直す必要があるからです。これに対し，台形公式は分点数を倍にしても，倍にする前に計算した関数値を再利用できるので,効率良く分点数を増やすことができます。しかし，台形公式は分点数を倍にしても誤差は1/4にしかならないので，十分な精度を得るには細分化を多数くり返す必要があります。

さて，台形公式では両端の関数値の寄与が半分である他は，全ての関数値の合計でした。シンプソンの公式は，偶数項と奇数項で重みが異なりますが，Key Elements 4.1で証明したように，両端をつなぐことができれば，全ての関数の重みを等しくした台形公式と同じになります。同様に，無限大区間に置いて，両端で急速に0に漸近する関数の積分は台形公式で十分精度が得られることがわかっています。

たとえば,

$$\int_{-\infty}^{\infty} e^{-x^2} dx \fallingdotseq h \sum_{k=-N}^{N} e^{-(hk)^2} \tag{4-64}$$

という近似では，$h=0.5$，$N=10$を用いて計算しても，真の値$\sqrt{\pi}$との誤差は，4×10^{-14}程度です。

このように無限遠への収束が速く，積分値が有限な関数の積分に対して台形公式が有効であることを利用して，有限区間の積分を無限区間への積分に置換し，無限区間での積分を台形公式で近似する手法があります。

まず，考える有限区間での積分を

$$S = \int_{-1}^{1} f(x) dx \tag{4-65}$$

とします。より一般的な区間$[a,b]$での積分にするには，ルジャンドル・ガウス積分公式と同様に，式(4-35)を使って変換しておきます。

次に，区間$[-1,1]$の積分を次の関数を用いて，$(-\infty,\infty)$への積分に変換します。

$$x = \varphi(t) = \tanh\left(\frac{\pi}{2}\sinh t\right) \tag{4-66}$$

$\sinh x = (e^x - e^{-x})/2$，$\tanh x = (e^x - e^{-x})/(e^x + e^{-x})$なので，この関数は$t$が大きくなると，指数関数の指数関数のような形になります。そこで，この変換を使用した積分公式を2重指数関数型の積分公式と呼んでいます。

この変換関数を使うと，積分値(4-65)は,

$$S = \int_{-1}^{1} f(x)dx = \int_{-\infty}^{\infty} f(\varphi(t))\varphi'(t)dt \tag{4-67}$$

となります。そこで，この変換した積分を台形公式を使って計算すれば，精度の良い近似積分値が得られます。ここで，変換に必要な導関数は，

$$\varphi'(t) = \frac{\frac{\pi}{2}\cosh t}{\cosh^2\left(\frac{\pi}{2}\sinh t\right)} \tag{4-68}$$

です。この関数は，$|t| \to \infty$に対して，$\exp(|t| - \pi e^{|t|})$のような2重指数関数型で減衰するので，急激に0に収束します。

さらに，誤差評価をしながら積分を計算するために，解答プログラム例では，参考文献[4]に従って以下のようなアルゴリズムを使っています。

まず，hの初期値を0.5とし，初期積分近似値を計算します。この時，

$$S_h = h \sum_{k=N_m}^{N_p} f(\varphi(kh))\varphi'(kh) \tag{4-69}$$

とすると，上限値$N_p(>0)$と下限値$N_m(<0)$の決定が必要ですが，これらは，

$$|f(\varphi(kh))\varphi'(kh)| < \varepsilon \tag{4-70}$$

を満足するkにします。ここで，εは誤差評価値です。具体的には，式(4-69)の合計計算をする時に，まず$k=0$から順にkの正方向に関数値を加えながら，関数値が式(4-70)の条件を満足するkを探します。この時，たまたま関数値が小さくなってしまう場合もあり得るので，2回続けてこの条件を満足したkをN_pにします。次に$k=-1$からkの負の方向に関数値を加えながら，関数値が式(4-70)の条件を満足するkを探し，2回続けて満足したkをN_mとします。これでN_pとN_mが決定され，同時に初期の近似積分値S_hが得られます。なお，N_pとN_mの絶対値は6.0/h以下になるように決めています。これは，式(4-68)の分母の計算でオーバーフローしないようにするためです。

次に，区間幅を半分の$h/2$にした計算を行いますが，この場合には，$2N_m \sim 2N_p$についての総和になります。しかし，偶数項の合計はすでに計算したS_hを利用できるので，奇数項の合計だけ計算して，

$$S_{h/2} = \frac{1}{2}\left(S_h + h\sum_{k=N_m}^{N_p-1} f\left(\varphi\left((2k+1)\frac{h}{2}\right)\right)\varphi'\left((2k+1)\frac{h}{2}\right)\right) \tag{4-71}$$

のようにS_hに追加します。

後は，$|S_{h/2} - S_h|$がどの程度小さくなった段階で計算を終了するかです。2重指数

型積分公式では，近似値と真値Sの差の2乗，$|S_h - S|^2$は，hを半分にした$|S_{h/2} - S|$と比例することがわかっています。そこで，

$$|S_{h/2} - S_h| < \alpha\sqrt{\varepsilon} \tag{4-72}$$

となるところで，計算を終了します。ここで，αは安全係数です。解答プログラム例では，参考文献に従って$\alpha = 0.2$にしています。

以上の原理に基づいて作成したのが解答プログラム例の`DEintegral`です。プログラムを実行すると，真の値からの誤差は6×10^{-16}程度でした。関数の計算回数は253回です。シンプソンの公式では10000分割でもこの誤差範囲に入らないので，かなり効率の良い計算であることがわかります。

4.8 長方形領域の重積分の計算

例題

次の重積分値をルジャンドル・ガウス積分公式を使って近似計算せよ。

$$S = \int_{-2}^{5}\int_{-2}^{3}(x^{12} - 15x^2y^8 - 4x^2y^3 + 2x + 5y^2)dxdy \tag{4-73}$$

ルジャンドル・ガウス積分公式による重積分の計算はサブルーチンにし，分点と重みのデータは4.4節(p.194)で紹介したプログラムで生成したものを利用するようにする。ここでは，x方向，y方向のどちらも7次の公式を使え。

▼解答プログラム例

```
program legendre2d_test
   implicit none
   external func
   real func,ax,bx,ay,by,s
   ax = -2
   bx = 3
   ay = -2
   by = 5
   call Legendre_Gauss_2d(func,ax,bx,ay,by,s)
   print *,'S = ',s
end program legendre2d_test

function func(x,y)
   implicit none
   real func,x,y
```

```
   func = x**12 - 15*x**2*y**8 - 4*x**2*y**3 + 2*x + 5*y**2
end function func

subroutine Legendre_Gauss_2d(fun,ax,bx,ay,by,s)
   implicit none
   include 'legendre.inc'          ! ファイルを挿入
   real fun,ax,bx,ay,by,s,s0,sx,x1,x2,cx1,cx2,y1,y2,cy1,cy2
   integer kx,ky,n1
   if (ax == bx .or. ay == by) then
      s = 0
      return
   endif
   cx1 = (bx-ax)/2
   cx2 = (bx+ax)/2
   cy1 = (by-ay)/2
   cy2 = (by+ay)/2
   if (leposition(1) == 0) then
      sx = 0
      do kx = 2, narray
         x1 =  cx1*leposition(kx)+cx2
         x2 = -cx1*leposition(kx)+cx2
         sx = sx + leweight(kx)*(fun(x1,cy2)+fun(x2,cy2))
      enddo
      s0 = leweight(1)*(sx + leweight(1)*fun(cx2,cy2))
      sx = 0
      do ky = 2, narray
         y1 =  cy1*leposition(ky)+cy2
         y2 = -cy1*leposition(ky)+cy2
         sx = sx + leweight(ky)*(fun(cx2,y1)+fun(cx2,y2))
      enddo
      s0 = s0 + leweight(1)*sx
      n1 = 2
   else
      s0 = 0
      n1 = 1
   endif
   do ky = n1, narray
      y1 =  cy1*leposition(ky)+cy2
      y2 = -cy1*leposition(ky)+cy2
      sx = 0
      do kx = n1, narray
         x1 =  cx1*leposition(kx)+cx2
         x2 = -cx1*leposition(kx)+cx2
```

```
            sx = sx + leweight(kx)*(fun(x1,y1)+fun(x2,y1) &
                                       + fun(x1,y2)+fun(x2,y2))
        enddo
        s0 = s0 + leweight(ky)*sx
    enddo
    s = s0*cx1*cy1
end subroutine Legendre_Gauss_2d
```

Legendre_Gauss_2dは，実数値を返す2変数の関数副プログラム名fun，およびx方向の定積分の下限値axと上限値bx，y方向の定積分の下限値ayと上限値byを与えると，ルジャンドル・ガウス積分公式を使って長方形領域の重積分の近似値を計算し，変数sに代入するサブルーチンである。ここでは，関数副プログラムfuncに被積分関数を記述して与えている。

Legendre_Gauss_2dでは，ルジャンドル・ガウス積分公式の次数はx方向もy方向も同じにしている。このため，4.4節（p.194）で紹介した分点と重みを計算するプログラムLegendre_Coefficientsを使って生成したファイル，legendre.incをそのままinclude文で用いている。

解説

関数が多変数になり，積分が重積分になると，積分領域の形状が問題になります。このため，数値積分においても積分領域の形状に合わせた分点とその重みを選択する必要があります。これを一般的に取り扱うのは難しいので，本節では最も簡単な長方形領域での計算に特化したサブルーチンを作成しました。この場合には，y方向の積分に必要な分点ごとにx方向の積分を計算し，次にそれらの積分値を使ってy方向の積分計算をすれば重積分値が得られます。

たとえば，$-1 \leqq x \leqq 1$，$-1 \leqq y \leqq 1$の正方形領域における関数$f(x,y)$の重積分を，n次のルジャンドル・ガウス積分公式を使って計算する場合は，

$$\int_{-1}^{1}\int_{-1}^{1} f(x,y)dxdy \fallingdotseq \sum_{l=1}^{n} W_l \sum_{k=1}^{n} W_k f(x_k, y_l) \tag{4-74}$$

となります。ここで，x方向とy方向の次数が同じなので，合計の上限値はk，lともにnです。$a_x \leqq x \leqq b_x$，$a_y \leqq y \leqq b_y$という長方形領域で重積分を計算する場合は，式（4-35）の変換を使って，xとyそれぞれを$[-1,1]$の区間に変換してから式（4-74）を使います。サブルーチンLegendre_Gauss_2dにはこの変換が含まれています。

解答プログラム例の計算結果は，$S = -37130455.0854701$で，数値精度の範囲内で真の値と一致します。

長方形領域の重積分は台形公式やシンプソンの公式を使っても可能ですが，分点数がn^2個必要なので，一次元方向の分点数が少ないルジャンドル・ガウス積分公式を使うのがお勧めです。

4.9 モンテカルロ法による立体の体積計算

例題

次の球座標表示で表される閉曲面で囲まれた立体の体積をモンテカルロ法で計算せよ。ここで，$0 \leqq \theta \leqq \pi$，$0 \leqq \phi < 2\pi$ である。

$$r_s(\theta, \phi) = 1 + 0.1\cos(10\theta)\cos(6\phi) \tag{4-75}$$

ここで，モンテカルロ法で使う乱数は，$-1.1 \leqq x \leqq 1.1$，$-1.1 \leqq y \leqq 1.1$，$-1.1 \leqq z \leqq 1.1$ の立方体中の一様乱数とし，試行回数は10000回とする。

▼解答プログラム例

```
program Monte_Carlo
   implicit none
   real, parameter :: pi = 3.141592653589793, pi4 = pi*4
   integer, parameter :: nmax = 10000
   real V,ran(3),x,y,z,r,th,ph,r1,rmax
   integer n
   rmax = 1.1
   V  = 0
   do n = 1, nmax
      call random_number(ran(1:3))
      x = rmax*(ran(1)*2-1)
      y = rmax*(ran(2)*2-1)
      z = rmax*(ran(3)*2-1)
      r = sqrt(x*x+y*y+z*z)
      ph = atan2(y,x)
      th = acos(z/r)
      r1 = 1+0.1*cos(10*th)*cos(6*ph)
      if (r < r1) V = V + 1
      xx(n) = x
      yy(n) = y
      zz(n) = z
   enddo
   print *,'V = ',8*rmax**3*V/nmax
end program Monte_Carlo
```

Monte_Carloは，モンテカルロ法を使って立体の体積を計算するプログラムである。まず，組み込み関数random_numberを使って3個の一様乱数を発生させ，これをx，y，z方向の-rmax ～ rmaxの区間に変換することで，所定の立方体内に一様かつランダムに座標点を発生させる。後は，この座標を球座標に変換し，与えられた立体よりも半径が小さい点をカウントすることで，立体の体積Vの近似値を計算している。

解説

4.8節 (p.215) の説明にあるように，一般的な重積分の計算では，積分領域の形状を考えなければなりません。4.8節 (p.215) の例題のような長方形領域であれば，1方向ずつ同じ公式を使って数値積分することが可能ですが，そうでない場合には，形状を関数で表して，

$$\int_{a_y}^{b_y}\left[\int_{a_x(y)}^{b_x(y)} f(x,y)dx\right]dy \tag{4-76}$$

のように，2個の関数で囲まれた領域，$a_x(y) \leqq x \leqq b_x(y)$での積分を1次元の積分公式で計算し，それを残った次元の方向で積分するという形になります。このため，3次元以上の複雑な形状になると，境界を表す式の計算にも時間がかかるし，形状が入り組んでくると，単純な関数形で表せるかどうかもわかりません。

このような高次元の重積分の近似値を計算する手法にモンテカルロ法 (Monte Carlo 法) があります。モンテカルロ法では，積分領域v内で一様，かつランダムに発生させたN個の座標，$\boldsymbol{r}_1,\boldsymbol{r}_2,\cdots,\boldsymbol{r}_N$を使って，

$$I = \int_v f(\boldsymbol{r})d\boldsymbol{r} \fallingdotseq \frac{V}{N}\sum_{k=1}^{N} f(\boldsymbol{r}_k) \tag{4-77}$$

のように近似積分値を計算します。ここで，Vは積分領域の体積です。

ただし，積分領域vの形状が複雑な場合には，その領域内で一様に座標点を発生させるのは困難です。体積の計算も容易ではありません。そこで，積分領域を内部に含む単純な形状の外部領域中で一様に座標点を発生させ，積分領域v内に入った座標点のみで式 (4-77) の合計を計算します。

$$I \fallingdotseq \frac{V_0}{N}\sum_{k=1}^{N_v} f(r_k) \tag{4-78}$$

ここで，Nは発生した座標の総数，N_vはその中で積分領域vの内部に入った点の数，V_0は外部領域の体積です。

例題では，球座標で与えられる立体内部の体積を計算してみました。直交座標(x,y,z)と球座標(r,θ,ϕ)の関係は以下の通りです。

$$x = r\sin\theta\cos\phi, \qquad y = r\sin\theta\sin\phi, \qquad z = r\cos\theta \tag{4-79}$$

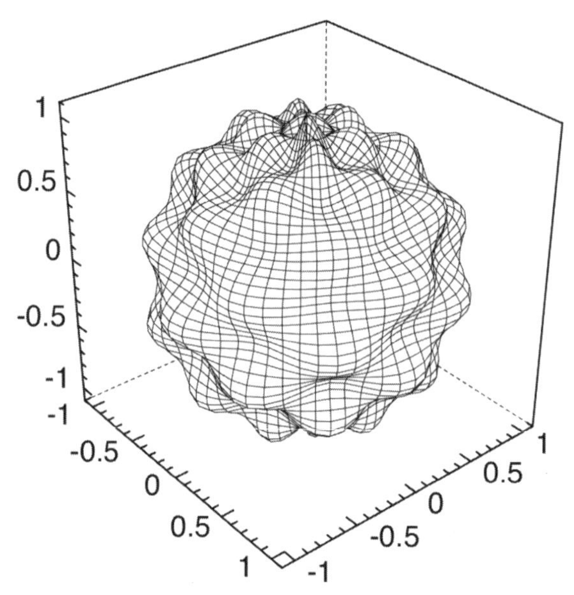

●図4.2　体積計算用の立体形状

例題の立体の外形を図4.2に示します。見てわかるように金平糖のような形をしています。体積計算の場合は$f(\boldsymbol{r}) = 1$なので，立方体中に一様に座標点を発生させ，その中でこの立体内部に入った座標点数N_vをカウントすれば，Vの近似値は次式で与えられます。

$$V \fallingdotseq V_0 \frac{N_v}{N} \tag{4-80}$$

ここで，V_0は立方体の体積です。この例題では，球座標での式(4-75)で表面形状が与えられているので，立方体中に発生した直交座標点(x, y, z)を球座標(r, θ, ϕ)に変換し，$r \leqq r_s(\theta, \phi)$となる条件で，立体内部の点を判定します。

解答プログラム例を実行すると，$V = 4.09948$になりました†6。真の値は，

$$V = \frac{8933\pi}{6650} \fallingdotseq 4.2201 \tag{4-81}$$

ですから，3%近い誤差があります。しかし，図4.2のような形状を各方向の関数に分解するのは簡単ではないので，およその推定値が必要な場合には価値があります。計算精度を上げるには，乱数発生数を増やせばいいのですが，これについてはKey Elements 4.3で議論します。

†6　この結果は乱数に依存するので，コンパイラの環境によって異なります。

●Key Elements 4.3 モンテカルロ法の精度

モンテカルロ法は，確率的にしか予測がつかない事象の積み重ねによって起こる現象をコンピュータで調べる手法として，様々な応用があります。たとえば，微粒子が空気分子と衝突しながら進む場合，衝突前と衝突後の方向の変化を確率的に決めれば，衝突をくり返した後の粒子の到達距離の平均値を予測することができます。

このモンテカルロ法を積分計算に応用したのが多次元重積分の計算です。積分領域が複雑な形状をしていて，1次元の数値積分アルゴリズムを応用するのが難しい重積分でも，乱数を発生して大小関係を調べるだけなら簡単です。確率論によれば，サンプル数Nに対して，ゆらぎの大きさは$\sqrt{N}$に反比例します。すなわち，乱数の数を100倍にして，ようやく誤差が1/10になるという，かなり効率の悪い計算なのですが，高次元の重積分の場合には有効な手段です。

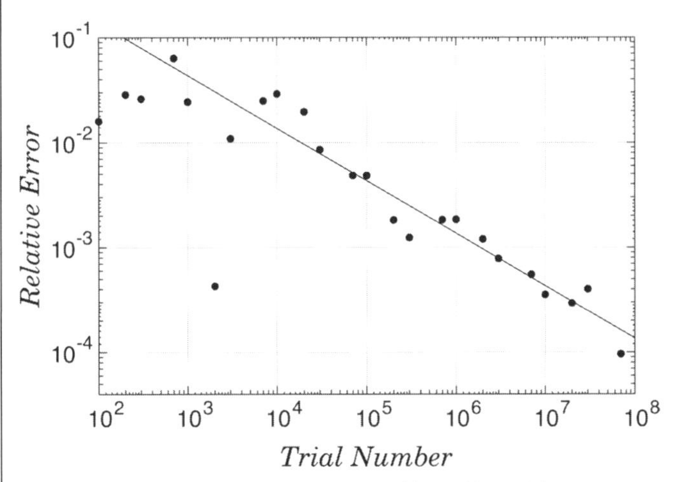

●図4.3　モンテカルロ法における試行回数と誤差の関係

解答プログラム例を使って試行回数Nを色々変えて計算した結果と，実際の体積との相対誤差の関係を図4.3に示します。この図で，直線は$\sqrt{N}$に反比例した線で，相対誤差がこの関数形に従って小さくなっていることがわかります。同時に，十分な精度で体積を計算するには，かなり大量のサンプルが必要であることもわかります。

第5章 補間と最小2乗法

電卓がまだなかった時代，三角関数や対数関数の値が必要な時には数表を利用しました。たとえば，対数関数表は一定間隔ごとのxに対する対数関数$\log x$が表になっていて，表のxの欄をたどって要求する値があれば，その対数値を得ることができました。しかしxが0.1ごとに用意された表を使うと$x=3.14$の対数値は載っていません。そこで，$x=3.1$の対数値と$x=3.2$の対数値を使って，比例関係で$x=3.14$の近似対数値を計算しました。たとえば，

$$\log 3.14 \fallingdotseq \log 3.1 + \frac{\log 3.2 - \log 3.1}{0.1} \times 0.04 \tag{5-1}$$

と計算するわけです。これが補間です。この計算は2個の関数値を使って補間をする線形補間（5.1節）ですが，より多くの関数値情報があれば，より精度のよい近似値を計算することができます。数値計算においても，あるパラメータxによって値が変化する複雑な計算をする時，代表的なxでの数値をあらかじめ計算しておいて，それ以外のxについての値は補間で近似する手法がよく用いられます。また，グリッドを導入して偏微分方程式を解いた結果を図示する時に補間を使えば，なめらかな曲線にして描くことができます。

さて，補間とは代表点における関数値が正しいという仮定で近似値を計算する手法です。しかし，観測や実験で得られたデータは誤差を伴っているため，そのデータをつないだ関数形に意味があるとは限りません。特に，ランダムな雑音が加わったデータの場合には，補間をするのではなく，データから雑音成分を除去して，背後に隠された信号成分を抽出する必要があります。この手法で最もよく使われるのが最小2乗法です。

本章では，補間法と最小2乗法のプログラムを作成します。

5.1 線形補間

例題

$n+1$個の点x_0，x_1，…，x_nでの関数値，y_0，y_1，…，y_nが与えられている時，線形補間を使って$x_0 \leqq x \leqq x_n$における任意のxに対する近似関数値を計算するサブルーチンを作成せよ。ただし，$x_0 < x_1 < \cdots < x_n$とする。また，次の関数に対して$x=0\sim 6$の間を等間隔に配置した21点の関数値を計算し，作成したサブルーチンを使って線形補間の動作を確認せよ。

$$f(x) = (x+1)\cos 2x \tag{5-2}$$

▼解答プログラム例

```
program linear_interporation_test
   implicit none
   integer, parameter :: n0 = 20
   real xp(0:n0),yp(0:n0)
   real x,y,z,h
   integer i,n
   h = 6.0/n0
   do i = 0, n0
      xp(i) = i*h
      yp(i) = (xp(i)+1)*cos(2*xp(i))
   enddo
   n = 100
   h = (xp(n0)-xp(0))/n
   call linear_interporation(x,y,xp,yp,n0,1)
   do i = 0, n
      x = h*i + xp(0)
      call linear_interporation(x,y,xp,yp,n0,0)
      z = (x+1)*cos(2*x)
      print *,x,y,z
   enddo
end program linear_interporation_test

subroutine linear_interporation(x,y,xp,yp,n,mode)
   implicit none
   real x,y,xp(0:n),yp(0:n)
   real, allocatable, save :: x0(:),y0(:),a(:)
   integer n,mode,i1,i2,i
   integer, save :: nmax
   if (mode == 1) then
      if (allocated (a)) deallocate ( x0, y0, a )
      allocate ( x0(0:n), y0(0:n-1), a(0:n-1) )
      do i = 0, n-1
         x0(i) = xp(i)
         y0(i) = yp(i)
         a(i)  = (yp(i+1)-yp(i))/(xp(i+1)-xp(i))
      enddo
      x0(n) = xp(n)
      nmax  = n
      return
   endif
   if (x < x0(1)) then
```

```
      i1 = 0
      if (x < x0(0)) print *,'Out of bounds -- linear_interporation',x
   else if (x >= x0(nmax-1)) then
      i1 = nmax-1
      if (x > x0(nmax)) print *,'Out of bounds -- linear_interporation',x
   else
      i1 = 1;  i2 = nmax-1
      do while (i2-i1 > 1)
         i = (i1+i2)/2
         if (x < x0(i)) then
            i2 = i
         else
            i1 = i
            if (x == x0(i)) exit
         endif
      enddo
   endif
   y = a(i1)*(x - x0(i1)) + y0(i1)
end subroutine linear_interporation
```

linear_interporationは，整数引数nで指定した1次元配列xp(0:n)に$n+1$点の座標値を代入し，各座標に対する関数値を1次元配列yp(0:n)に代入して引数に与えると，xp(0)とxp(n)の間の座標値xからその関数の線形補間値yを計算するサブルーチンである。modeはサブルーチンの動作を制御する整数である。mode＝1の時は，xp(0:n)とyp(0:n)から線形補間用の係数を計算し，save属性を持つ配列に保存して戻る。このため，xにおける補間はしない。これに対し，mode＝0の時は，保存した係数を使ってxから補間値yを計算する。このため，mode＝1の場合には，xとyは使用しない。逆に，mode＝0の場合には，xp，yp，nは使用しない。

なお，x＜xp(0)またはx＞xp(n)となる座標値をxに与えると，エラーメッセージを出力するが，端の係数を使った補間値はyに代入される。

解説

隣り合う点x_iとx_{i+1}における関数値を$y_i = f(x_i)$，$y_{i+1} = f(x_{i+1})$とする時，$x_i \leqq x \leqq x_{i+1}$となる$x$における関数値$f(x)$を以下の1次関数で近似するのが線形補間です。1次補間ともいいます。

$$f(x) \fallingdotseq \frac{y_{i+1} - y_i}{x_{i+1} - x_i}(x - x_i) + y_i \tag{5-3}$$

要するに，隣り合った2点を直線で結んで近似する手法です。

関数値がx_0，x_1，…，x_nのように3点以上与えられている時には，xを内部に含む区間$x_i \leqq x < x_{i+1}$を探し，両側のx_iとx_{i+1}の関数値を使って線形補間します。このため，最初にxがどの区間に属するかを調べる必要があります。解答プログラム例では2分法を使ってx_iを探索しています。

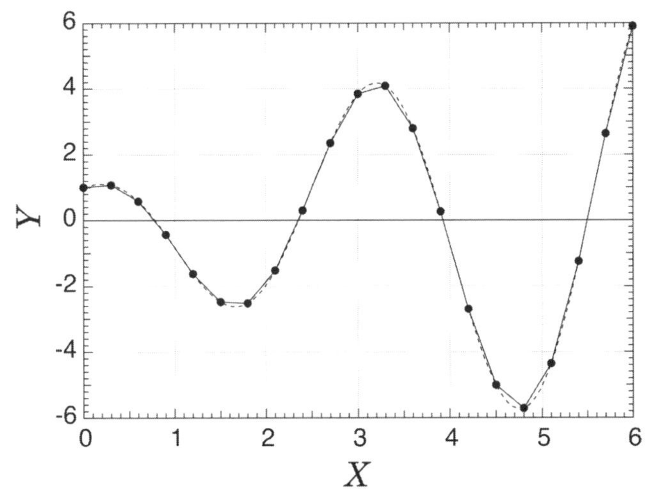

●図5.1　線形補間で計算した関数の様子

まず，$x \leqq x_1$ならば，$i=0$，$x \geqq x_{n-1}$ならば，$i=n-1$になるので，場合分けで除外します。これ以外の時は，$i_L=1$，$i_R=n-1$として，$i=(i_L+i_R)/2$を計算し，$x>x_i$なら，iをi_Lに，$x<x_i$なら，iをi_Rに代入して，再び中点を計算します。この手順をくり返し，i_R-i_Lが1以下になった段階で終了すれば，i_Lがxを内部に含む区間の左端番号になります。

なお，例題のようにx_iが等間隔で並んでいる場合には，2分法で探索する必要はありません。隣り合う2点間の幅$h=x_{i+1}-x_i$で$x-x_0$を割った値の整数部がiになります。最初から等間隔に配置していることがわかっている時は，iの決定方法を修正した方が良いでしょう。

解答プログラム例から得られた補間値をグラフにすると，図5.1のようになります。図5.1で，●が与えられた関数値，実線が線形補間値です。破線は実際の関数形です。図よりわかるように，極大・極小値の付近では実際の値から少し外れています。線形補間は簡単ですが，十分な精度を得るには座標点を多く取らなければなりません。

5.2 3次補間

例題

$n+1$個の点x_0, x_1, …, x_nでの関数値, y_0, y_1, …, y_nが与えられている時，3次補間を使って$x_0 \leqq x \leqq x_n$における任意のxに対する近似関数値を計算するサブルーチンを作成せよ。ただし，$x_0 < x_1 < \cdots < x_n$とする。また，次の関数に対して$x=0 \sim 6$の間を等間隔に配置した13点の関数値を計算し，作成したサブルーチンを使って3次補間の動作を確認せよ。

$$f(x) = (x+1)\cos 2x \tag{5-4}$$

▼解答プログラム例

```
program cubic_interporation_test
   implicit none
   integer, parameter :: n0 = 12
   real xp(0:n0),yp(0:n0)
   real x,y,z,h
   integer i,n
   h = 6.0/n0
   do i = 0, n0
      xp(i) = i*h
      yp(i) = (xp(i)+1)*cos(2*xp(i))
   enddo
   n = 100
   h = (xp(n0)-xp(0))/n
   call cubic_interporation(x,y,xp,yp,n0,1)
   do i = 0, n
      x = h*i + xp(0)
      call cubic_interporation(x,y,xp,yp,n0,0)
      z = (x+1)*cos(2*x)
      print *,x,y,z
   enddo
end program cubic_interporation_test

subroutine cubic_interporation(x,y,xp,yp,n,mode)
   implicit none
   real x,y,xp(0:n),yp(0:n),d0,d2,d3,s2,s3
   real, allocatable, save :: x1(:),y1(:),a(:),b(:),c(:)
   integer n,mode,i1,i2,i
   integer, save :: nmax
```

```
    if (mode == 1) then
       if (allocated (a)) deallocate ( x1, y1, a, b, c )
       allocate ( x1(0:n), y1(0:n-2), a(0:n-2), b(0:n-2), c(0:n-2) )
       do i = 1, n-2
          x1(i) = xp(i)
          y1(i) = yp(i)
          d0 = (yp(i-1)-y1(i))/(xp(i-1)-x1(i))
          d2 = (yp(i+1)-y1(i))/(xp(i+1)-x1(i))
          d3 = (yp(i+2)-y1(i))/(xp(i+2)-x1(i))
          s2 = (d2-d0)/(xp(i+1)-xp(i-1))
          s3 = (d3-d2)/(xp(i+2)-xp(i+1))
          a(i)  = (s3-s2)/(xp(i+2)-xp(i-1))
          b(i)  = s2 - a(i)*(xp(i+1)+xp(i-1)-2*x1(i))
          c(i)  = d2 - (a(i)*(xp(i+1)-x1(i))+b(i))*(xp(i+1)-x1(i))
       enddo
       x1(n-1) = xp(n-1);     x1(n) = xp(n)
       nmax  = n
       return
    endif
    if (x < x1(2)) then
       i1 = 1
       if (x < x1(0)) print *,'Out of bounds -- cubic_interporation',x
    else if (x >= x1(nmax-2)) then
       i1 = nmax-2
       if (x > x1(nmax)) print *,'Out of bounds -- cubic_interporation',x
    else
       i1 = 2;  i2 = nmax-2
       do while (i2-i1 > 1)
          i = (i1+i2)/2
          if (x < x1(i)) then
             i2 = i
          else
             i1 = i
             if (x == x1(i)) exit
          endif
       enddo
    endif
    d0 = x - x1(i1)
    y = ((a(i1)*d0 + b(i1))*d0 + c(i1))*d0 + y1(i1)
end subroutine cubic_interporation
```

cubic_interporationは，整数引数nで指定した1次元配列xp(0:n)に$n+1$点の座標値を代入し，各座標に対する関数値を1次元配列yp(0:n)に代入して引数に与えると，xp(0)とxp(n)の間の座標値xからその関数の3次補間値yを計算するサブルーチンである。modeはサブルーチンの動作を制御する整数である。mode＝1の時は，xp(0:n)とyp(0:n)から3次補間用の係数を計算し，save属性を持つ配列に保存して戻る。このため，xにおける補間はしない。これに対し，mode＝0の時は，保存した係数を使ってxから補間値yを計算する。このため，mode＝1の場合には，xとyは使用しない。逆に，mode＝0の場合には，xp，yp，nは使用しない。

なお，x＜xp(0)またはx＞xp(n)の座標値をxに与えると，エラーメッセージを出力するが，端の係数を使った補間値はyに代入される。

解説

4個の座標が小さい方から順にx_{i-1}，x_i，x_{i+1}，x_{i+2}で与えられ，それらに対する関数値を$y_i=f(x_i)$などとする時，$x_{i-1}\leqq x\leqq x_{i+2}$となる$x$における関数値$f(x)$を以下の3次関数で近似するのが3次補間です。

$$f(x) \fallingdotseq a_i(x-x_i)^3+b_i(x-x_i)^2+c_i(x-x_i)+y_i \tag{5-5}$$

4点で関数値を満足する条件から，係数a_i，b_i，c_iは次式で与えられます。

$$a_i = \frac{t_i-s_i}{x_{i+2}-x_{i-1}} \tag{5-6}$$

$$b_i = s_i-a_i(x_{i+1}-2x_i+x_{i-1}) \tag{5-7}$$

$$c_i = \frac{y_{i+1}-y_i}{x_{i+1}-x_i}-a_i(x_{i+1}-x_i)^2-b_i(x_{i+1}-x_i) \tag{5-8}$$

ここで，s_iとt_iは以下で与えられます。

$$s_i = \frac{1}{x_{i+1}-x_{i-1}}\left(\frac{y_{i+1}-y_i}{x_{i+1}-x_i}-\frac{y_{i-1}-y_i}{x_{i-1}-x_i}\right) \tag{5-9}$$

$$t_i = \frac{1}{x_{i+2}-x_{i+1}}\left(\frac{y_{i+2}-y_i}{x_{i+2}-x_i}-\frac{y_{i+1}-y_i}{x_{i+1}-x_i}\right) \tag{5-10}$$

多数の座標点が与えられている時は，3次多項式(5-5)を$x_i\leqq x<x_{i+1}$の補間にのみ使用します。ただし，端の区間は一つ内側の区間の3次多項式を使います。区間の探索には5.1節(p.222)の線形補間と同じ2分法を使いました。ただし，両端区間における多項式の係数は計算しないので，$x\leqq x_2$ならば，$i=1$，$x\geqq x_{n-2}$ならば，$i=n-2$とし，それ以外の場合に2分法で探索しています。

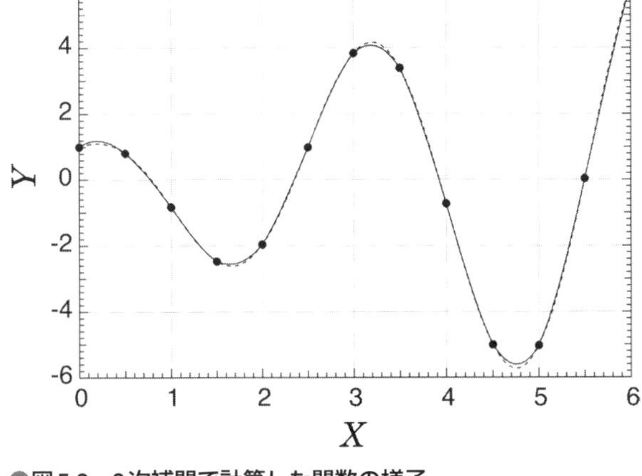

●図5.2　3次補間で計算した関数の様子

解答プログラム例から得られた補間値をグラフにすると，図5.2のようになります。●が与えられた関数値，実線が3次補間値です。破線は実際の関数形です。図よりわかるように，線形補間より与えられた座標点が少ないにもかかわらず，実際の関数値にかなり近いことがわかります。

第I部
第II部
5
補間と最小2乗法

5.3　3次スプライン補間

例題

$n+1$個の点x_0，x_1，$\cdots$，x_nでの関数値，y_0，y_1，$\cdots$，y_nが与えられている時，3次スプライン補間を使って$x_0 \leqq x \leqq x_n$における任意のxに対する近似関数値を計算するサブルーチンを作成せよ。ただし，$x_0 < x_1 < \cdots < x_n$とする。また，次の関数に対して$x=0 \sim 6$の間を等間隔に配置した13点の関数値を計算し，作成したサブルーチンを使って3次スプライン補間の動作を確認せよ。

$$f(x) = (x+1)\cos 2x \tag{5-11}$$

▼解答プログラム例

```
program spline_test
   implicit none
   integer, parameter :: n0 = 12
   real xp(0:n0),yp(0:n0)
   real x,y,z,h
   integer i,n
   h = 6.0/n0
```

```
   do i = 0, n0
      xp(i) = i*h
      yp(i) = (xp(i)+1)*cos(2*xp(i))
   enddo
   n = 100
   h = (xp(n0)-xp(0))/n
   call cubic_spline(x,y,xp,yp,n0,1)
   do i = 0, n
      x = h*i + xp(0)
      call cubic_spline(x,y,xp,yp,n0,0)
      z = (x+1)*cos(2*x)
      print *,x,y,z
   enddo
end program spline_test

subroutine cubic_spline(x,y,xp,yp,n,mode)
   implicit none
   real x,y,xp(0:n),yp(0:n)
   real, allocatable, save :: x1(:),y1(:),a(:),b(:),c(:)
   real, allocatable :: ah(:),bh(:),ch(:),dh(:)
   real h1,h2,x0
   integer n,mode,i,i1,i2
   integer, save :: nmax
   if (mode == 1) then
      if (allocated(x1)) deallocate ( x1,y1,a,b,c )
      allocate ( x1(0:n), y1(0:n-1), a(0:n-1), b(0:n-1), c(0:n) )
      allocate ( ah(0:n), bh(0:n), ch(0:n), dh(0:n) )
      h1 = xp(1)-xp(0)
      bh(0) = 2*h1
      ch(0) = h1
      dh(0) = 3*(yp(1)-yp(0))
      do i = 1, n-1
         h1 = xp(i)-xp(i-1)
         h2 = xp(i+1)-xp(i)
         ah(i) = h2
         bh(i) = 2*(xp(i+1)-xp(i-1))
         ch(i) = h1
         dh(i) = 3*((yp(i)-yp(i-1))*h2/h1+(yp(i+1)-yp(i))*h1/h2)
      enddo
      h1 = xp(n)-xp(n-1)
      ah(n) = h1
      bh(n) = 2*h1
      dh(n) = 3*(yp(n)-yp(n-1))
```

```
      call tridiagonal_matrix(ah,bh,ch,dh,n+1,c)
      do i = 0, n-1
         h1 = xp(i+1)-xp(i);     h2 = h1*h1
         x1(i) = xp(i)
         y1(i) = yp(i)
         b(i) = (3*(yp(i+1)-yp(i))-(c(i+1)+2*c(i))*h1)/h2
         a(i) = (c(i+1)-c(i)-2*b(i)*h1)/(3*h2)
      enddo
      x1(n) = xp(n)
      nmax  = n
      deallocate ( ah, bh, ch, dh )
      return
   endif
   if (x <= x1(1)) then
      i1 = 0
      if (x < x1(0)) print *,'Out of bounds -- cubic_spline',x
   else if (x >= x1(nmax-1)) then
      i1 = nmax-1
      if (x > x1(nmax)) print *,'Out of bounds -- cubic_spline',x
   else
      i1 = 1;  i2 = nmax-1
      do while (i2-i1 > 1)
         i = (i1+i2)/2
         if (x < x1(i)) then
            i2 = i
         else
            i1 = i
         endif
      enddo
   endif
   x0 = x - x1(i1)
   y = ((a(i1)*x0 + b(i1))*x0 + c(i1))*x0 + y1(i1)
end subroutine cubic_spline
```

cubic_splineは，整数引数nで指定した1次元配列xp(0:n)に$n+1$点の座標値を代入し，各座標に対する関数値を1次元配列yp(0:n)に代入して引数に与えると，xp(0)とxp(n)の間の座標値xからその関数の3次スプライン補間値yを計算するサブルーチンである。modeはサブルーチンの動作を制御する整数である。mode＝1の時は，xp(0:n)とyp(0:n)から3次スプライン補間用の係数を計算し，save属性を持つ配列に保存して戻る。このため，xにおける補間はしない。これに対し，mode＝0の時は，保存した係数を使ってxから補間値yを計算する。このため，mode＝1の場合には，xとyは使用しない。逆に，mode＝0の場合には，xp，yp，nは使用しない。本プログラムの実行には1.7節 (p.109) のサブルーチンtridiagonal_matrixが必要である。

なお，x＜xp(0)またはx＞xp(n)の座標値をxに与えると，エラーメッセージを出力するが，端の係数を使った補間値はyに代入される。

解説

5.2節(p.226)で説明した3次補間は，隣り合う4点での関数値が一致するという条件で3次関数の係数を決めました。このため，線形補間よりなめらかな曲線が得られていますが，各点での微係数が連続であるという保証はありません。そこで，関数値だけでなく微係数も一致するという条件で補間関数の係数を決定するのがスプライン補間です。スプライン(spline)とは，自在定規のことです。ここでは，3次関数による3次スプライン補間を使いました[10]。

まず，区間$x_i \leqq x < x_{i+1}$における近似関数を以下の3次関数とします。

$$g_i(x) = a_i(x - x_i)^3 + b_i(x - x_i)^2 + c_i(x - x_i) + y_i \tag{5-12}$$

3次スプライン補間では，係数a_i，b_i，c_iを決定する条件として，$x = x_i$における近似関数の関数値，1階微分値，2階微分値の3個の連続性を使います。すなわち，

$$g_{i-1}(x_i) = g_i(x_i), \qquad g'_{i-1}(x_i) = g'_i(x_i), \qquad g''_{i-1}(x_i) = g''_i(x_i) \tag{5-13}$$

です。これらに式(5-12)を代入すれば，以下の3式が得られます。

$$a_{i-1}(x_i - x_{i-1})^3 + b_{i-1}(x_i - x_{i-1})^2 + c_{i-1}(x_i - x_{i-1}) + y_{i-1} = y_i \tag{5-14}$$

$$3a_{i-1}(x_i - x_{i-1})^2 + 2b_{i-1}(x_i - x_{i-1}) + c_{i-1} = c_i \tag{5-15}$$

$$6a_{i-1}(x_i - x_{i-1}) + 2b_{i-1} = 2b_i \tag{5-16}$$

式(5-15)の右辺にc_iが含まれているので，未知数は4個あり，この3式だけで係数を決定することはできません。そこで，全ての区間での方程式からa_iとb_iを全て消去して次のc_iに関する連立1次方程式にします。

$$h_i c_{i-1} + 2(h_{i-1} + h_i)c_i + h_{i-1}c_{i+1} = \frac{3h_i}{h_{i-1}}(y_i - y_{i-1}) + \frac{3h_{i-1}}{h_i}(y_{i+1} - y_i) \tag{5-17}$$

ここで，$h_i = x_{i+1} - x_i$です。この式は，3重対角連立1次方程式になっているので，1.7節(p.109)の手法を使って簡単に解くことができます。

ただし，式(5-17)は$i = 1 \sim n-1$で満足する方程式なので，端点x_0とx_nの方程式は別に決めなければなりません。たとえば，次のような方法があります。

(1) 固定境界条件　：$c_0 = f'(x_0)$と$c_N = f'(x_n)$を与える
(2) 自由境界条件　：$b_0 = 0$，$b_n = 0$とする
(3) 周期的境界条件：$y_0 = y_n$の時，$c_0 = c_n$，$b_0 = b_n$とする
(1)と(2)はx_0とx_Nで異なる条件にすることも可能です。

本節の例題では，(2)の自由境界条件を使用しました。$b_0 = 0$と$b_n = 0$の条件で，$i = 1$

と$i=n$の式(5-14)と式(5-15)からa_0とa_{n-1}を消去すれば，c_0とc_nの方程式として次の2式が得られます。

$$h_0(2c_0+c_1) = 3(y_1-y_0) \tag{5-18}$$

$$h_{n-1}(c_{n-1}+2c_n) = 3(y_n-y_{n-1}) \tag{5-19}$$

式(5-17)にこの2式を加えた$n+1$元連立1次方程式を解いてc_iを計算すれば，a_iとb_iは次式で計算することができます。

$$b_i = \frac{3(y_{i+1}-y_i)-h_i(c_{i+1}+2c_i)}{h_i^2}, \qquad a_i = \frac{c_{i+1}-c_i-2b_ih_i}{3h_i^2} \tag{5-20}$$

後は，与えられたxに対して，$x_i \leqq x < x_{i+1}$となる区間を探し，その区間の係数を使って補間値yを計算します。区間の探索法は，5.1節(p.222)の線形補間と同じです。

解答プログラム例から得られた補間値をグラフにすると，図5.3のようになります。

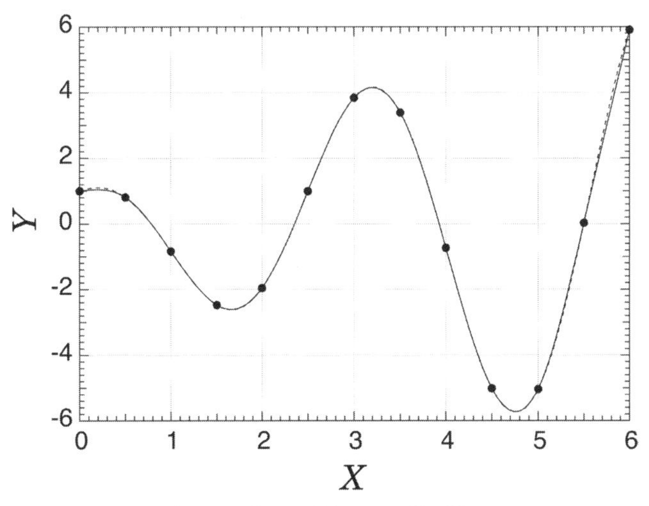

●図5.3　3次スプライン補間で計算した関数の様子

●が与えられた関数値，実線が3次スプライン補間値です。破線は実際の関数形です。図5.2と比較してわかるように，3次補間と同じ数の関数値しか与えていないのにもかかわらず，極大・極小付近でも実際の関数に近い近似値が得られています。

なお，端点付近で実際の値から少しずれているのは，自由境界条件によるものです。この例題では，元の関数形がわかっているので，端点での微係数を与える固定境界条件にすると，端点付近でも，より実際の関数値に近くなります。

●Key Elements 5.1　ラグランジュの補間公式とニュートンの補間公式

隣り合う2点の関数値を使って補間する線形補間 (5.1節 (p.222)) や，4点から計算する3次補間 (5.2節 (p.226)) の公式は，近接する $n+1$ 点から得られた係数を使った n 次多項式，

$$g(x) = a_0 + a_1 x + a_2 x^2 + \cdots + a_n x^n \tag{5-21}$$

による補間に拡張することができます。与えられた座標値と関数値を全て使って多項式を構成すれば，補間値を一つの式で計算することができるので，x が入った区間の探索は不要になります。また，計算に時間がかかる関数を広い領域で一致する多項式で近似することができれば，その関数の性質を調べることも容易になります。

さて，多項式 (5-21) は，理論的に以下の多項式と一致します。

$$\begin{aligned} g^{(n)}(x) = &\frac{(x-x_1)(x-x_2)\cdots(x-x_n)}{(x_0-x_1)(x_0-x_2)\cdots(x_0-x_n)} y_0 + \frac{(x-x_0)(x-x_2)\cdots(x-x_n)}{(x_1-x_0)(x_1-x_2)\cdots(x_1-x_n)} y_1 \\ &+ \cdots + \frac{(x-x_0)(x-x_1)\cdots(x-x_{n-1})}{(x_n-x_0)(x_n-x_1)\cdots(x_n-x_{n-1})} y_n \end{aligned} \tag{5-22}$$

これをラグランジュの補間公式といいます。ここで，右辺各項における分数部分の分子は，

$$\omega_n(x) = \prod_{i=0}^{n} (x - x_i) = (x-x_0)(x-x_1)(x-x_2)\cdots(x-x_n) \tag{5-23}$$

という多項式から単項 $(x-x_i)$ を一つだけ取り除いた多項式になっています。また，分母はその取り除いた多項式にその単項の解 x_i を代入した数値になっています。このため，$g^{(n)}(x_i)$ を計算すると，$x-x_i$ を取り除いた項以外の項は0になり，$x-x_i$ を取り除いた項は y_i に一致します。

ラグランジュの補間公式 (5-22) は，差分商を使う形に変形することで効率的に計算することができます [8]。まず，$n=1$ の線形補間を変形してみます。

$$\begin{aligned} g^{(1)}(x) &= \frac{x-x_1}{x_0-x_1} y_0 + \frac{x-x_0}{x_1-x_0} y_1 \\ &= \frac{x-x_0+x_0-x_1}{x_0-x_1} y_0 + \frac{\omega_0(x)}{x_1-x_0} y_1 \\ &= y_0 + \omega_0(x) \frac{y_0-y_1}{x_0-x_1} \end{aligned} \tag{5-24}$$

この式は，式 (5-3) と同等です。

次に，2次補間は，

$$g^{(2)}(x) = \frac{(x-x_1)(x-x_2)}{(x_0-x_1)(x_0-x_2)}y_0 + \frac{(x-x_0)(x-x_2)}{(x_1-x_0)(x_1-x_2)}y_1 + \frac{(x-x_0)(x-x_1)}{(x_2-x_0)(x_2-x_1)}y_2 \tag{5-25}$$

ですが，右辺第1項と第2項にある$x-x_2$をそれぞれ，$x-x_0+x_0-x_2$，$x-x_1+x_1-x_2$と変形すれば，以下が得られます。

$$\begin{aligned} g^{(2)}(x) &= g^{(1)}(x) + \omega_1(x)\left(\frac{y_0}{(x_0-x_1)(x_0-x_2)} + \frac{y_1}{(x_1-x_0)(x_1-x_2)} + \frac{y_2}{(x_2-x_0)(x_2-x_1)}\right) \\ &= g^{(1)}(x) + \frac{\omega_1(x)}{x_0-x_2}\left(\frac{y_0}{x_0-x_1} + \frac{y_1(x_0-x_2)}{(x_1-x_0)(x_1-x_2)} + \frac{y_2}{x_1-x_2}\right) \\ &= g^{(1)}(x) + \frac{\omega_1(x)}{x_0-x_2}\left(\frac{y_0-y_1}{x_0-x_1} - \frac{y_1-y_2}{x_1-x_2}\right) \end{aligned} \tag{5-26}$$

この変形をくり返すと，ラグランジュの補間公式を以下のような形にすることができます。

$$\begin{aligned} g^{(n)}(x) = y_0 + \omega_0(x)g^{(1)}[x_0,x_1] + \omega_1(x)g^{(2)}[x_0,x_1,x_2] \\ + \cdots + \omega_{n-1}(x)g^{(n)}[x_0,x_1,\cdots,x_n] \end{aligned} \tag{5-27}$$

式(5-27)をニュートンの補間公式といい，係数は以下の漸化式で表されます。

$$\begin{aligned} g^{(1)}[x_0,x_1] &= \frac{y_0-y_1}{x_0-x_1} \\ g^{(2)}[x_0,x_1,x_2] &= \frac{g^{(1)}[x_0,x_1]-g^{(1)}[x_1,x_2]}{x_0-x_2} \\ &\vdots \\ g^{(n)}[x_0,x_1,\cdots,x_n] &= \frac{g^{(n-1)}[x_0,x_1,\cdots,x_{n-1}]-g^{(n-1)}[x_1,x_2,\cdots,x_n]}{x_0-x_n} \end{aligned} \tag{5-28}$$

これらを差分商といいます。ニュートンの補間公式(5-27)は，第2項以降から$x-x_0$をくくり出し，その係数の第2項以降から$x-x_1$でくくり出す，というようにまとめれば，nに比例する計算量で計算することができます。さらに，x_nとy_nが必要なのは最後の差分商だけなので，n次のニュートンの補間公式の係数が与えられている時に，補間点を追加して次数を上げるのも簡単です。

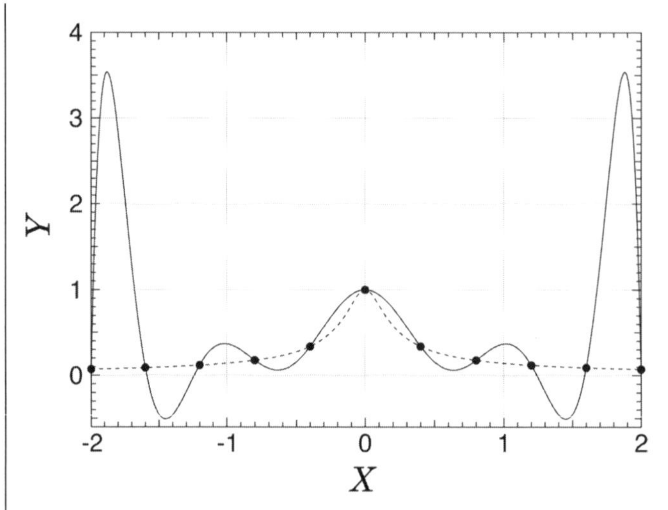

●図5.4　ニュートン補間におけるルンゲの現象

さて，ニュートンの補間公式を使えば，関数の次数が上がって精度の良い補間計算ができるような気がしますが，実際は問題が生じます。図5.4は，

$$f(x) = \frac{1}{\sqrt{49x^2+1}} \tag{5-29}$$

という関数について，$x=-2 \sim 2$の間を等間隔に並べた11点でニュートン補間をした結果です。●が与えられた関数値，実線がニュートン補間値です。破線は実際の関数形です。図を見てわかるように，関数が振動し，両端に近づくにつれて振幅が増大しています。この問題はルンゲの現象と呼ばれています。ルンゲの現象を避けるため，全ての点を通るニュートン補間より，区間的な線形補間や3次スプライン補間の方がよく使われています。

5.4 有理関数近似

例題

$m+n+1$個の点$x_0, x_1, \cdots, x_{m+n}$での関数値，$y_0, y_1, \cdots, y_{m+n}$が与えられている時，分子が$m$次，分母が$n$次の有理関数近似を使って$x_0 \leqq x \leqq x_{m+n}$における任意の$x$に対する関数値を計算するサブルーチンを作成せよ。ただし，$x_0 < x_1 < \cdots < x_{m+n}$とする。また，次の関数に対して$x=-2 \sim 2$の間を等間隔に配置した11点の関数値を計算し，作成したサブルーチンを使って，分子が4次，分母が6次の有理関数近似を確認せよ。

$$f(x) = \frac{1}{\sqrt{49x^2+1}} \tag{5-30}$$

▼解答プログラム例

```
program rational_approximation_test
   implicit none
   integer, parameter :: n0 = 10
   real xp(0:n0),yp(0:n0)
   real x,y,z,h
   integer i,n,num,den
   num = 4
   den = n0 - num
   xp(0) = -2
   xp(n0) = 2
   h = (xp(n0)-xp(0))/n0
   do i = 0, n0
      xp(i) = h*i + xp(0)
      yp(i) = 1/sqrt(49*xp(i)**2 + 1)
   enddo
   call rational_approximation(x,y,xp,yp,num,den,1)
   n = 200
   h = (xp(n0)-xp(0))/n
   do i = 0, n
      x = h*i + xp(0)
      call rational_approximation(x,y,xp,yp,num,den,0)
      z = 1/sqrt(49*x*x + 1)
      print *,x,y,z
   enddo
end program rational_approximation_test
```

```
subroutine rational_approximation(x,y,xp,yp,nm,nd,mode)
   implicit none
   real x,y,xp(0:nm+nd),yp(0:nm+nd),num,den,xx
   integer nm,nd,mode,n,i,na
   real, allocatable, save :: bp(:),rp(:)
   real, allocatable :: cf(:),cg(:),ap(:)
   real, save :: x0,xmin,xmax
   integer, save:: nb,nr
   if (mode == 1) then
      n = nm + nd
      if (allocated(bp)) deallocate ( bp, rp )
      allocate ( cf(0:n), cg(0:n+1), ap(0:n) )
      allocate ( bp(0:n), rp(0:n) )
      call make_dd_polynomials(xp,yp,n,cf,cg)
      call polynom_eucledean(cg,n+1,cf,n,nm,ap,na,bp,nb,rp,nr)
      deallocate ( cf, cg, ap )
      x0   = (xp(0)+xp(n))/2
      xmin = xp(0)
      xmax = xp(n)
      return
   endif
   if (x < xmin) then
      print *,'Out of bounds -- rational_approximation',x
   else if (x > xmax) then
      print *,'Out of bounds -- rational_approximation',x
   endif
   num = 0
   xx  = x - x0
   do i = nr, 0, -1
      num = num*xx + rp(i)
   enddo
   den = 0
   do i = nb, 0, -1
      den = den*xx + bp(i)
   enddo
   y = num/den
end subroutine rational_approximation

subroutine make_dd_polynomials(xp,yp,n,gp,om)
   implicit none
   real xp(0:n),yp(0:n),gp(0:n),om(0:n+1),dd1(n),dd2(n),dd(0:n),x0
   integer n,np,i,j
   do i = 1, n
```

```
      dd1(i) = (yp(i-1)-yp(i))/(xp(i-1)-xp(i))
   enddo
   dd(0) = yp(0)
   dd(1) = dd1(1)
   do j = 1, n-1
      do i = 1, n-j
         dd2(i) = (dd1(i)-dd1(i+1))/(xp(i-1)-xp(i+j))
      enddo
      dd1(1:n-j) = dd2(1:n-j)
      dd(j+1) = dd1(1)
   enddo
   x0 = (xp(0)+xp(n))/2
   gp(0) = dd(n)
   do i = n-1, 0, -1
      np = n-i-1
      gp(1:np+1) = gp(0:np)
      gp(0) = dd(i)
      gp(0:np) = gp(0:np) - (xp(i)-x0)*gp(1:np+1)
   enddo
   om(0) = 1
   do i = 0, n
      om(1:i+1) = om(0:i)
      om(0) = 0
      om(0:i) = om(0:i) - (xp(i)-x0)*om(1:i+1)
   enddo
end subroutine make_dd_polynomials

subroutine polynom_eucledean(p10,n10,p20,n20,m0,ap,na,bp,nb,rp,nr)
   implicit none
   real p10(0:n10),p20(0:n20),ap(0:*),bp(0:*),rp(0:*)
   integer n10,n20,m0,na,nb,nr
   real p1(0:max(n10,n20)),p2(0:max(n10,n20))
   real ps(0:max(n10,n20)),pq(0:max(n10,n20))
   real pm21(0:max(n10,n20)),pm22(0:max(n10,n20))
   integer n1,n2,ns,nq,m11,m12,m21,m22
   p1(:) = p10(:);   n1 = n10
   p2(:) = p20(:);   n2 = n20
   ap(0)   = 1;      m11 = 0
   bp(0)   = 0;      m12 = 0
   pm21(0) = 0;      m21 = 0
   pm22(0) = 1;      m22 = 0
   do while (n1 > m0)
      call poly_div(p1,n1,p2,n2,ps,ns,pq,nq)
```

```
      p1(0:n2) = p2(0:n2);       n1 = n2
      p2(0:nq) = pq(0:nq);       n2 = nq
      pq(0:m11) = ap(0:m11);       nq  = m11
      ap(0:m21) = pm21(0:m21);     m11 = m21
      call poly_diff_mult(pq,nq,ps,ns,ap,m11,pm21,m21)
      pq(0:m12) = bp(0:m12);       nq  = m12
      bp(0:m22) = pm22(0:m22);     m12 = m22
      call poly_diff_mult(pq,nq,ps,ns,bp,m12,pm22,m22)
   enddo
   rp(0:n1) = p1(0:n1);        nr = n1
   na = m11;         nb = m12
end subroutine polynom_eucledean

subroutine poly_diff_mult(p1,n1,p2,n2,p3,n3,ps,ns)
   implicit none
   real p1(0:n1),p2(0:n2),p3(0:n3),ps(0:*)
   integer n1,n2,n3,ns,n0,i,j
   if (n2 == 0 .and. p2(0) == 0) then
      ps(0:n1) = p1(0:n1);       ns = n1
   else if (n3 == 0 .and. p3(0) == 0) then
      ps(0:n1) = p1(0:n1);       ns = n1
   else
      ns = n2 + n3
      ps(0:ns) = 0
      do j = 0, n3
         do i = 0, n2
            ps(i+j) = ps(i+j) + p2(i)*p3(j)
         enddo
      enddo
      n0 = min(n1,ns)
      ps(0:n0) = p1(0:n0) - ps(0:n0)
      if (n1 > n0) then
         ns = n1
         ps(n0+1:n1) = p1(n0+1:n1)
      else if (ns > n0) then
         ps(n0+1:ns) = -ps(n0+1:ns)
      endif
   endif
end subroutine poly_diff_mult

subroutine poly_div(p1,n1,p2,n2,pq,nq,pr,nr)
   implicit none
   real p1(0:n1),p2(0:n1),pq(0:*),pr(0:*),a,x,pp
```

```
   integer n1,n2,nq,nr,i,j
   if (n1 < n2) then
      pq(0) = 0;      nq = 0
      pr(0:n1) = p1(0:n1)
      nr = n1
   else if (n2 == 0) then
      if (p2(0) == 0) then
         print *,'Zero Division -- poly_div'
         pr(0) = 1d100;         nr = 0
       else
         a = 1/p2(0)
         pq(0:n1) = a*p1(0:n1)
         pr(0) = 0;          nr = 0
      endif
   else if (n2 == 1) then
      a = 1/p2(1)
      x = -a*p2(0)
      pp = p1(n1)
      do i = n1-1, 0, -1
         pq(i) = a*pp
         pp = pp*x + p1(i)
      enddo
      nq = n1-1
      pr(0) = pp;      nr = 0
   else
      nq = n1 - n2
      pr(0:n1) = p1(0:n1)
      do j = nq, 0, -1
         a = pr(n2+j)/p2(n2)
         do i = 0, n2-1
            pr(i+j) = pr(i+j) - a*p2(i)
         enddo
         pq(j) = a
      enddo
      nr = n2 - 1
   endif
end subroutine poly_div
```

rational_approximationは，整数引数nmとndで指定した1次元配列xp(0:nm+nd)にnm＋nd＋1点の座標値を代入し，各座標に対する関数値を1次元配列yp(0:nm+nd)に代入して引数に与えると，xp(0)とxp(nm+nd)の間の座標値xから，分子がnm次で分母がnd次の有理関数近似値yを計算するサブルーチンである。modeはサブルーチンの動作を制御する整数である。mode＝1の時には，xpとypから有理関数近似用の係数を計算し，save属性を持つ配列に保存して戻る。このため，xからyへの近似関数計算はしない。これに対し，mode＝0の時は，保存した係数を使ってxから近似値yを計算する。このため，mode＝1の場合には，xとyは使用しない。逆に，mode＝0の場合には，xp，yp，nm，ndは使用しない。

make_dd_polynomialsは，整数引数nで指定した1次元配列xp(0:n)とyp(0:n)に$n+1$個の座標値とその点の関数値を代入して引数に与えると，有理関数近似係数を計算するのに必要な2個の補助多項式の係数を計算するサブルーチンである。一つは座標値xp(0:n)に対する関数値yp(0:n)を全て満足するn次多項式で，この係数を配列gp(0:n)に代入する。もう一つはxp(0:n)全ての点で0になる$n+1$次多項式で，この係数を配列om(0:n+1)に代入する。

polynom_eucledeanは，整数引数n10とn20で指定した1次元配列p10(0:n10)とp20(0:n20)にn10次とn20次の多項式の係数をそれぞれ代入して引数に与えると，整数m0で指定した次数まで拡張ユークリッドの互除法を実行するサブルーチンである。この結果，ap×p10＋bp×p20＝rpを満足する多項式ap，bp，rpの係数を1次元配列ap(0:na)，bp(0:nb)，rp(0:nr)に代入する。この時，整数変数na，nb，nrにそれぞれの多項式の次数が代入される。ただし，nr＝m0である。

poly_diff_multは，整数引数n1，n2，n3で指定した1次元配列p1(0:n1)，p2(0:n2)，p3(0:n3)にn1次，n2次，n3次の多項式の係数をそれぞれ代入して引数に与えると，p1－p2×p3の多項式の係数を計算して1次元配列ps(0:ns)に代入するサブルーチンである。この時，整数変数nsにはpsの次数が代入される。また，poly_divは，整数引数n1とn2で指定した1次元配列p1(0:n1)とp2(0:n2)にn1次とn2次の多項式の係数を代入して引数に与えると，p1/p2の商の多項式の係数を1次元配列pq(0:nq)に，剰余の多項式の係数を1次元配列pr(0:nr)に代入するサブルーチンである。この時，整数変数nqとnrには，それぞれpqとprの次数が代入される。

解説

Key Elements 5.1 (p.234) で説明したように，座標点を増やして多項式の次数を高くしても，必ずしも広い範囲で有効な近似公式が得られるとは限らず，それどころかルンゲの現象によって元の関数から大きく外れる可能性もあります。この問題は，図5.4のような一定値に漸近する関数でよく起こります。そこで，多項式を分母と分子に持つ有理関数を使うことで，漸近する性質を含んだ関数の近似をするのが有理関数近似です [8]。全区間を一つの関数で近似するため，“補間”ではなく“関数近似”という用語を使っています。

有理関数近似として，次式のようなm次の多項式$p(x)$を分子に，n次の多項式$q(x)$を分母に持つ有理式を考えます[†1]。

---

†1　解答プログラム例では，誤差を少なくするために，xの多項式ではなく，$x-x_c$のように原点をシフトした多項式の係数を計算しています。ここで$x_c=(x_0+x_{m+n})/2$です。

$$f(x) \fallingdotseq \frac{p(x)}{q(x)} = \frac{p_0 + p_1x + p_2x^2 + \cdots + p_mx^m}{q_0 + q_1x + q_2x^2 + \cdots + q_nx^n} \tag{5-31}$$

式(5-31)で使用している係数は，$p_0 \sim p_m$の$m+1$個と$q_0 \sim q_n$の$n+1$個の合計$m+n+2$個ですが，分母と分子を同じ数値で割っても結果は変わらないので，自由度は$m+n+1$です。このため，$x_0 \sim x_{m+n}$での関数値$y_0 \sim y_{m+n}$を与えれば係数を決定することができます。

式(5-31)に$q(x)$を掛ければ，

$$q(x)f(x) = p(x) \tag{5-32}$$

となるので，$i=0 \sim m+n$について，$q(x_i)y_i = p(x_i)$が成り立つような$p(x)$と$q(x)$を選ぶ必要があります。一つの候補は次式を満足する多項式，$p(x)$，$q(x)$です。

$$r(x)\omega_{m+n}(x) + q(x)g^{(m+n)}(x) = p(x) \tag{5-33}$$

ここで$\omega_{m+n}(x)$は，式(5-23)で与えられる$x_0 \sim x_{m+n}$全ての点で0になる多項式であり，$g^{(m+n)}(x)$は，式(5-27)で与えられる，$i=0 \sim m+n$で$y_i = g^{(m+n)}(x_i)$となるニュートンの補間公式です。このため，式(5-33)は$i=0 \sim m+n$で$q(x_i)y_i = p(x_i)$になります。なお，$\omega_{m+n}(x)$は$m+n+1$次の多項式，$g^{(m+n)}(x)$は$m+n$次の多項式，$p(x)$はm次の多項式，$q(x)$はn次の多項式なので，$r(x)$は，$n-1$次の多項式でなければなりません。

式(5-33)を満足する$p(x)$，$q(x)$，および$r(x)$の計算には，拡張ユークリッドの互除法を使います。これは，$f_{m+n+1}(x) = \omega_{m+n}(x)$，$f_{m+n}(x) = g^{(m+n)}(x)$として，以下のように多項式の剰余列を計算していく手法です。

$$\begin{aligned} f_{m+n+1}(x) &= s_{m+n}(x)f_{m+n}(x) + f_{m+n-1}(x) \\ f_{m+n}(x) &= s_{m+n-1}(x)f_{m+n-1}(x) + f_{m+n-2}(x) \\ &\vdots \\ f_{m+2}(x) &= s_{m+1}(x)f_{m+1}(x) + f_m(x) \end{aligned} \tag{5-34}$$

ここで，$s_k(x)$は$f_{k+1}(x)$を$f_k(x)$で割った時の商の多項式であり，$f_{k-1}(x)$は剰余の多項式です。このため，$f_{k-1}(x)$の次数は，$f_k(x)$の次数より低くなります。この問題では，$f_{m+n+1}(x)$が$m+n+1$次，$f_{m+n}(x)$が$m+n$次なので，$f_{m+n-1}(x)$は$m+n-1$次で，次数が1減っています。それ以降も同様なので，$f_k(x)$はk次の多項式であり，$s_k(x)$は1次式です。

漸化式(5-34)の最初の式を行列で表現すると，

$$\begin{pmatrix} 0 & 1 \\ 1 & -s_{m+n}(x) \end{pmatrix} \begin{pmatrix} f_{m+n+1}(x) \\ f_{m+n}(x) \end{pmatrix} = \begin{pmatrix} f_{m+n}(x) \\ f_{m+n-1}(x) \end{pmatrix} \tag{5-35}$$

です。これを最後の式まで繰り返せば，

$$\begin{pmatrix} 0 & 1 \\ 1 & -s_{m+1}(x) \end{pmatrix} \cdots \begin{pmatrix} 0 & 1 \\ 1 & -s_{m+n}(x) \end{pmatrix} \begin{pmatrix} \omega_{m+n}(x) \\ g^{(m+n)}(x) \end{pmatrix} = \begin{pmatrix} f_{m+1}(x) \\ f_m(x) \end{pmatrix} \tag{5-36}$$

となります。式(5-36)の2行目は次式のような形です。

$$A(x)\omega_{m+n}(x) + B(x)g^{(m+n)}(x) = f_m(x) \tag{5-37}$$

ここで，式(5-36)において，左辺の行列計算には$n-1$回の掛け算があるので，$B(x)$はn次の多項式であり，右辺はm次の多項式です。そこで，式(5-37)と式(5-33)を比較すれば，$q(x)=B(x)$，$p(x)=f_m(x)$となります。

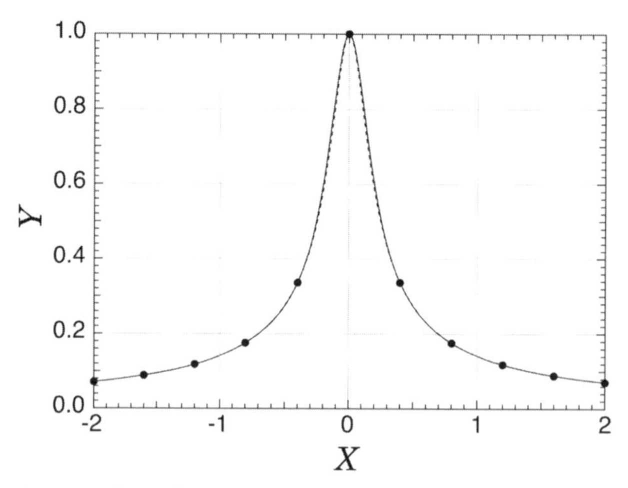

●図5.5　有理関数近似で計算した関数の様子

解答プログラム例から得られた近似関数値をグラフにすると，図5.5のようになります。●が与えられた関数値，実線が分子が4次，分母が6次の有理関数で近似計算した関数値です。破線は実際の関数形です。図よりわかるように，0に漸近する様子も精度良く近似していることがわかります。

なお，このアルゴリズムには，多項式の割り算が必要なので注意が必要です。この例のように，順調に1ずつ減次されれば問題ないのですが，途中で剰余が0になる可能性があります。剰余が途中で0になるのは，$\omega_{m+n}(x)$と$g^{(m+n)}(x)$が共通の解を持つ時です。ω_{m+n}の解は$x_0 \sim x_{m+n}$ですから，$g^{(m+n)}$がこれらの点で0にならないようにしなければなりません。すなわち，$y_0 \sim y_{m+n}$の中に0が含まれている時は，関数全体を$f(x)+c$のように少し持ち上げて，0が解でない関数形にするなどの改良が必要です。

5.5 チェビシェフ近似

例題

関数$f(x)$と端点a，bが与えられた時，n次のチェビシェフ近似を使って$a \leqq x \leqq b$における任意のxに対する関数値を計算するサブルーチンを作成せよ。また，作成したサブルーチンを使って，次の関数に対し，$x = -2 \sim 2$における31次のチェビシェフ近似を確認せよ。

$$f(x) = \frac{1}{\sqrt{49x^2 + 1}} \tag{5-38}$$

▼解答プログラム例

```
program Chebyshev_test
   implicit none
   integer, parameter :: n0 = 31
   real, parameter :: pi  = 3.141592653589793
   real x1,x2
   real x,y,z,h,func
   external func
   integer i,n
   x1 = -2
   x2 = 2
   n = 500
   h = (x2-x1)/n
   call chebyshev_approx(x,y,func,x1,x2,n0,1)
   do i = 0, n
      x = h*i + x1
      z = 1/sqrt(49*x*x + 1)
      call chebyshev_approx(x,y,func,x1,x2,n0,0)
      print *,x,y,z
   enddo
end program Chebyshev_test

function func(x)
   implicit none
   real func,x
   func = 1/sqrt(49*x*x + 1)
end function func

subroutine chebyshev_approx(x,y,func,a,b,n,mode)
```

```
implicit none
real, parameter :: pi  = 3.141592653589793
real x,y,func,a,b,c1,c2,w,z
real tx0,tx1,tx2
real, allocatable, save :: cs(:),f(:)
real, save :: xmin,xmax
integer, save :: nmax
integer n,mode,k,i
if (mode /= 0) then
   c1 = (b-a)/2
   c2 = (b+a)/2
   if (allocated(cs)) deallocate (cs)
   allocate ( cs(0:n-1) )
   allocate ( f(n) )
   do k = 1, n
      z = cos(pi*(k-0.5)/n)
      w = c1*z + c2
      f(k) = func(w)
   enddo
   cs(0) = 0
   do k = 1, n
      cs(0) = cs(0) + f(k)
   enddo
   cs(0) = cs(0)/n
   do i = 1, n-1
      cs(i) = 0
      do k = 1, n
         cs(i) = cs(i) + f(k)*cos(pi*i*(k-0.5)/n)
      enddo
      cs(i) = 2*cs(i)/n
   enddo
   deallocate ( f )
   xmin = a
   xmax = b
   nmax = n
   return
endif
if (x < xmin) then
   print *,'Out of bounds -- Chebyshev_approx',x
else if (x > xmax) then
   print *,'Out of bounds -- Chebyshev_approx',x
endif
```

```
    c1 = 2/(xmax-xmin)
    c2 = (xmax+xmin)/2
    z  = (x-c2)*c1
    tx0 = 0;    tx1 = 0
    do i = nmax-1, 1, -1
       tx2 = 2*z*tx1 - tx0 + cs(i)
       tx0 = tx1;  tx1 = tx2
    enddo
    y = z*tx1 - tx0 + cs(0)
end subroutine chebyshev_approx
```

chebyshev_approxは，関数副プログラム名func，端点aとb，および整数nを引数に与えると，座標値xからn次のチェビシェフ近似を使って関数値を計算し，その値をyに代入して戻るサブルーチンである。ここで，a＜bでなければならない。modeはサブルーチンの動作を制御する整数である。mode＝1の時には，func，a，b，nからチェビシェフ近似係数を計算し，save属性を持つ配列に保存して戻る。このため，xからyへの近似計算はしない。これに対し，mode＝0の時は，保存した係数を使ってxから近似値yを計算する。このため，mode＝1の場合には，xとyは使用しない。逆に，mode＝0の場合には，func，a，b，nは使用しない。

なお，x＜aまたはx＞bの座標値をxに与えると，エラーメッセージを出力するが，近似関数値はyに代入される。ただし近似の精度は保証されない。

解説

チェビシェフ (Chebyshev) 近似とは，次式のようなチェビシェフ多項式級数を使って関数を近似する手法です [2]。

$$f(x) \fallingdotseq \sum_{i=0}^{n-1} c_i T_i(x) \tag{5-39}$$

チェビシェフ多項式は，整数nに対して以下のように定義されています。

$$T_n(x) = \cos(n \cos^{-1} x) \tag{5-40}$$

ここで，$-1 \leqq x \leqq 1$でなければなりません。

チェビシェフ多項式は，次の漸化式を満足します。

$$T_{n+1}(x) = 2xT_n(x) - T_{n-1}(x) \tag{5-41}$$

この漸化式の初期値は$T_0(x) = 1$，$T_1(x) = x$です。

式(5-40)からわかるように，n次のチェビシェフ多項式$T_n(x)$は次の点で0になります。

$$x_k^{(n)} = \cos\frac{\pi(2k-1)}{2n} \qquad k = 1, \cdots, n \tag{5-42}$$

$i<n$, $j<n$となるi次とj次のチェビシェフ多項式は，この零点における直交性があり，次式を満足します。

$$\sum_{k=1}^{n} T_i(x_k^{(n)})T_j(x_k^{(n)}) = \begin{cases} 0 & i \neq j \\ n/2 & i = j > 0 \\ n & i = j = 0 \end{cases} \tag{5-43}$$

この直交性を利用すれば，式(5-39)における係数c_iは次式で表されます。

$$c_0 = \frac{1}{n}\sum_{k=1}^{n} f(x_k^{(n)}), \qquad c_i = \frac{2}{n}\sum_{k=1}^{n} f(x_k^{(n)})T_i(x_k^{(n)}) \qquad i = 1, \cdots, n-1 \tag{5-44}$$

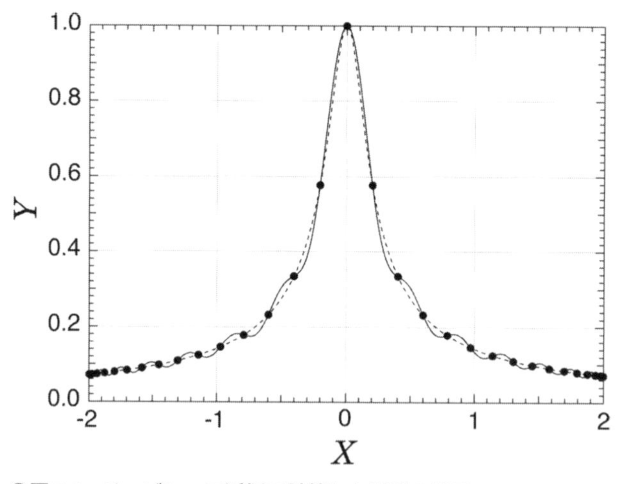

●図5.6　チェビシェフ近似で計算した関数の様子

ただし，チェビシェフ近似は$-1 \leqq x \leqq 1$でのみ有効です。そこで，任意の区間$[a,b]$におけるxに対しては，次式のような変数変換をして$[-1,1]$での変数tにおけるチェビシェフ近似係数を計算します。

$$t = \frac{2}{b-a}\left(x - \frac{b+a}{2}\right) \tag{5-45}$$

解答プログラム例はこの原理に基づいてチェビシェフ近似を計算するように作成しました。近似した結果を図5.6に示します。

ここで，●が31次のチェビシェフ多項式の零点における関数値，実線がチェビシェフ多項式で近似した関数値です。破線は実際の関数形です。図を見てわかるように，小さな振動が見られますが，等間隔に配置した点でのニュートン補間で生じた大きな振動は見られません。チェビシェフ多項式は，定義式(5-40)からわかるように，$-1 \leqq T_n(x) \leqq 1$であり，ルンゲの現象のような大きな振幅の振動は現れません。ただし，任意の座標点における関数値を使用して近似することはできません。

なお，与えられたxにおけるチェビシェフ多項式$T_i(x)$の値は漸化式(5-41)に基づいて計算しますが，解答プログラム例では漸化式の計算とチェビシェフ多項式級数(5-39)の計算を同時に行うクレンショーの漸化公式を使っています。クレンショーの漸化公式は，Key Elements 5.2で説明します。

●Key Elements 5.2　クレンショーの漸化公式

5.5節(p.245)のチェビシェフ近似で使用しているクレンショー(Clenshaw)の漸化公式について説明します[2]。一般的に，関数$f(x)$が関数列$F_k(x)$の級数によって以下のように表されているとします。

$$f(x) = \sum_{k=0}^{n} c_k F_k(x) \tag{5-46}$$

また，関数列は以下の漸化式で計算できるとします。

$$F_{k+1}(x) = \alpha_k(x) F_k(x) + \beta_k(x) F_{k-1}(x) \tag{5-47}$$

この時，クレンショーの漸化公式を使えば級数(5-46)と漸化式(5-47)を一度に計算することができます。

まず$y_{n+2} = y_{n+1} = 0$から出発し，次の漸化式を使ってy_kを$k=1$まで計算します。

$$y_k = \alpha_k(x) y_{k+1} + \beta_{k+1}(x) y_{k+2} + c_k \tag{5-48}$$

この結果得られるy_1とy_2を使えば，$f(x)$は次式を使って計算することができます。

$$f(x) = c_0 F_0(x) + \beta_1(x) y_2 F_0(x) + y_1 F_1(x) \tag{5-49}$$

式(5-48)と式(5-49)がクレンショーの漸化公式です。

証明は以下の通りです。式(5-48)をc_kについて解き，式(5-46)に代入すると，

$$f(x) = c_0 F_0(x) + \sum_{k=1}^{n} (y_k - (\alpha_k(x) y_{k+1} + \beta_{k+1}(x) y_{k+2})) F_k(x) \tag{5-50}$$

となりますが，合計計算の連続した3項を取り出すと，

$$
\begin{aligned}
&(y_{k-1} - (\alpha_{k-1}(x)y_k + \beta_k(x)y_{k+1}))F_{k-1}(x) \\
&\qquad + (y_k - (\alpha_k(x)y_{k+1} + \beta_{k+1}(x)y_{k+2}))F_k(x) \\
&\qquad\qquad + (y_{k+1} - (\alpha_{k+1}(x)y_{k+2} + \beta_{k+2}(x)y_{k+3}))F_{k+1}(x)
\end{aligned}
\tag{5-51}
$$

です。ここで漸化式(5-47)を使えば，y_{k+1}の項が0になることがわかります。よって，式(5-50)の合計計算において，$k>2$に対するy_kの項は全て0になり，最後に残るのはy_1とy_2に関する以下だけになります。

$$
f(x) = c_0F_0(x) + (y_1 - \alpha_1(x)y_2)F_1(x) + y_2F_2(x) \tag{5-52}
$$

式(5-52)に，式(5-47)で$k=1$とおいて得られる$F_2(x)$を代入すれば，式(5-49)になります。

5.6 多項式適合法による平滑化

例題

等間隔にサンプリングされたn個のデータy_1，y_2，…，y_nが与えられている時，2次・3次多項式適合法を使ってこれらのデータを平滑化した値とその微係数を計算し，それぞれをn個の配列に代入するサブルーチンを作成せよ。また，次の関数に対して$x=0$～7まで等間隔に101点配置した点での関数値を計算し，それらに±10の一様乱数を加えた値をサンプリングデータとして，作成したサブルーチンを使って平滑化した値とその微係数を計算せよ。なお，11点平滑化を利用せよ。

$$
f(x) = -6 + 25x - 10x^2 + x^3 \tag{5-53}
$$

▼解答プログラム例

```
program smoothing_test
   implicit none
   integer, parameter :: n0 = 100
   real xp(0:n0),yp(0:n0),ran(0:n0),h
   real yy(0:n0),dy(0:n0)
   integer i
   xp(0) = 0
   xp(n0) = 7
   call random_number(ran(0:n0))
   h = (xp(n0)-xp(0))/n0
   do i = 0, n0
      xp(i) = h*i + xp(0)
      yp(i) = -6 + xp(i)*(25 - xp(i)*(10 - xp(i))) + 20*(ran(i)-0.5)
```

```
   enddo
   call smoothing23(yp,yy,dy,n0+1,5)
   dy = dy/h
   do i = 0, n0
      print *,xp(i),yp(i),yy(i),dy(i)
   enddo
end program smoothing_test

subroutine smoothing23(y,ys,yd,n,m)
   implicit none
   real y(n),ys(n),yd(n),sw23,dsw23
   integer n,m,i,j,mc
   real, allocatable, save :: w23(:),dw23(:)
   integer, save :: m0 = -1
   if (m0 /= m) then
      m0 = m
      if (allocated(w23)) deallocate (w23,dw23)
      allocate ( w23(0:m0), dw23(0:m0) )
      mc   = 3*m0*(m0+1)-1
      sw23 = 3.0/((4*m0*m0-1)*(2*m0+3))
      dsw23 = 3.0/(m0*(m0+1)*(2*m0+1))
      do i = 0, m0
         w23(i)  = (mc-5*i*i)*sw23
         dw23(i) = i*dsw23
      enddo
   endif
   do i = 1, m0
      ys(i) = y(i)
      yd(i) = 0
   enddo
   do i = m0+1, n-m0
      ys(i) = w23(0)*y(i)
      yd(i) = 0
      do j = 1, m0
         ys(i) = ys(i) + w23(j)*(y(i+j)+y(i-j))
         yd(i) = yd(i) + dw23(j)*(y(i+j)-y(i-j))
      enddo
   enddo
   do i = n-m0+1, n
      ys(i) = y(i)
      yd(i) = 0
   enddo
end subroutine smoothing23
```

smoothing23は，整数引数nで指定した1次元配列y(n)に，等間隔にサンプリングされたn個のデータを代入して引数に与えると，そのデータを2次・3次多項式適合法によって平滑化して1次元配列ys(n)に返すサブルーチンである。同時に平滑化したデータの微係数を1次元配列yd(n)に与える。ただし，サンプリング間隔hが1でない場合には，ydをhで割った値が実際の微係数になる。mは平滑化の次数を指定する整数で，平滑化の際に各点の両側2m＋1個のデータを使う。このため，平滑化されたデータはys(m+1:n-m)とyd(m+1:n-m)に限られる。これ以外のysの要素にはyの値がそのまま代入され，ydの要素には0が代入される。

解説

実験や観測で得られるデータには，測定器の特性や外部からの影響による様々な雑音（ノイズ）成分が含まれています。測定したい現象を示す信号に対して雑音成分が大きい場合には，雑音成分をできるだけ取り除いてデータを抽出する必要があります。雑音というのは前後の相関がなく，ランダムに発生するものですから，観測点付近のデータを適当に平均化すればその成分を低減することができます。これを平滑化といいます。ここでは，多項式適合法を使って平滑化を行いました[11]。

多項式適合法とは，ある観測点付近の数個の観測データを最小2乗多項式で近似することで平滑化値を得る方法です[†2]。例題では，2次式で近似する多項式適合法を使いました。観測や実験では一定間隔ごとにサンプリングすることが多いのですが，この場合の多項式適合法は，データに適当な重みを掛けて加えるだけで平滑化することができます。

等間隔にサンプリングされたデータをy_iとします。ある観測点iの両側$k=i-m$〜$i+m$の$2m+1$個のデータy_kに対し，次式のような2次関数とデータとの差の2乗和S_iを定義します。

$$S_i = \sum_{k=i-m}^{i+m} (a_i(k-i)^2 + b_i(k-i) + c_i - y_k)^2 \tag{5-54}$$

このS_iが最小になるように係数a_i，b_i，c_iを決めれば，観測点での平滑化値$\bar{y}_i$は次式のように計算することができます。

$$\bar{y}_i = c_i = \sum_{j=-m}^{m} w_{23}(j) y_{i+j} \tag{5-55}$$

ここで，係数$w_{23}(j)$は次式で与えられます。

$$w_{23}(j) = \frac{3m(m+1)-1-5j^2}{W_{23}} \tag{5-56}$$

†2　最小2乗法については5.7節（p.254）で詳しく説明します。

分母のW_{23}は規格化定数で，次式で与えられます。

$$W_{23} = \frac{1}{3}(4m^2 - 1)(2m + 3) \tag{5-57}$$

平滑化 (5-55) は，観測点iの両側で対称に分布しているデータを利用するため，多項式が3次でも同じ公式になります。このため，この手法を2次・3次多項式適合法といいます。添字が23になっているのはこのためです。

また，2次関数で近似しているので，平滑化された微係数$\bar{y}_i'$も同時に計算することができます。微係数は次式で与えられます。

$$\bar{y}_i' = b_i = \frac{1}{W_{23}'}\sum_{j=-m}^{m} j y_{i+j} \tag{5-58}$$

分母の規格化定数W_{23}'は次式で与えられます。

$$W_{23}' = \frac{1}{3}m(m+1)(2m+1) \tag{5-59}$$

ただし，式 (5-58) から得られる平滑化微係数は，データ点列の間隔を1として計算したものです。このため，実際の微係数にするには，サンプリングの間隔 (時間や観測場所の間隔) で割る必要があります。

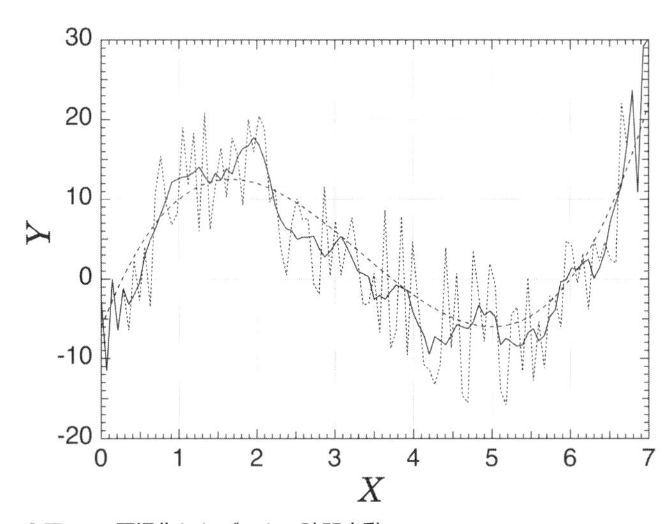

●図 5.7　平滑化したデータの時間変動

解答プログラム例の結果を図5.7に示します。ここで，点線がランダムに変動しているデータ，実線がそれを11点の2次・3次多項式適合法で平滑化した値です。破線はランダム変動成分を加えない元の関数値です。図を見てわかるように，平滑化されたデータは雑音成分が低減され，本来のゆっくり変化する関数値に近い変動が得られています。

なお，平滑化に用いる点を増やせば，さらに変動をなめらかにすることができますが，観測点から離れたデータを利用するのですから，信号成分の変動まで抑制する可能性があります。このあたりは，実際のデータの性質から見極めなければなりません。

5.7 最小2乗法

例題

n個の観測点x_1，x_2，…，x_nに対するデータy_1，y_2，…，y_nを与えると，全データをm次の最小2乗多項式で近似した時の係数を出力するサブルーチンを作成せよ。また，$x=0\sim5$の間を等間隔に500点配置した点において下記の関数値を計算し，それらに±0.25の一様乱数を加えた値をデータとして，作成したサブルーチンを使って最小2乗3次多項式の係数を計算せよ。

$$f(x) = x - \frac{1}{2}x^2 + \frac{1}{14}x^3 \tag{5-60}$$

▼解答プログラム例

```
program least_square_test
   implicit none
   integer, parameter :: n0 = 500
   real xp(n0),yp(n0),ran(n0),ck(0:3)
   real x,y,z,h
   integer i,n
   xp(1) = 0
   xp(n0) = 5
   call random_number(ran(1:n0))
   h = (xp(n0)-xp(1))/(n0-1)
   do i = 2, n0
      xp(i) = h*(i-1) + xp(1)
      yp(i) = xp(i)*(1 - xp(i)*(0.5 - xp(i)/14)) + 0.5*(ran(i)-0.5)
   enddo
   call least_square(xp,yp,n0,ck,3)
   print *,ck
   n = 100
   h = (xp(n0)-xp(1))/n
   do i = 0, n
      x = h*i + xp(1)
```

```
      y = ck(0) + x*(ck(1) + x*(ck(2) + x*ck(3)))
      z = x-x*x/2+x*x*x/14
      print *,x,y,z
   enddo
end program least_square_test

subroutine least_square(xp,yp,n,ck,m)
   implicit none
   real xp(n),yp(n),ck(m+1)
   integer n,m,m1,i,j
   real, allocatable, save :: a(:,:),b(:)
   m1 = m + 1
   allocate ( a(n,m1), b(n) )
   do i = 1, n
      a(i,1) = 1
      do j = 2, m1
         a(i,j) = xp(i)**(j-1)
      enddo
      b(i) = yp(i)
   enddo
   call qr_householder(a,b,n,m1)
   ck(m1) = b(m1)/a(m1,m1)
   do i = m1-1, 1, -1
      ck(i) = 0
      do j = i+1, m1
         ck(i) = ck(i) + a(i,j)*ck(j)
      enddo
      ck(i) = (b(i) - ck(i))/a(i,i)
   enddo
   deallocate ( a, b )
end subroutine least_square

subroutine qr_householder(a,b,n,m)
   implicit none
   real a(n,m),b(n)
   real s,c,d
   integer n,m,i,j,k
   real, allocatable :: u(:),p(:)
   allocate ( u(n), p(n) )
   do k = 1, m
      s = 0
      do i = k, n
```

```
            u(i) = a(i,k)
            s = s + u(i)*u(i)
         enddo
         s = sqrt(s)
         if (s == 0) cycle
         if (u(k) < 0) s = -s
         u(k) = u(k) + s
         c = 1/sqrt(u(k)*s)
         u(k:n) = u(k:n)*c
         do j = k+1, m
            p(j) = 0
            do i = k, n
               p(j) = p(j) + a(i,j)*u(i)
            enddo
         enddo
         a(k,k) = -s
         do j = k+1, m
            do i = k, n
               a(i,j) = a(i,j) - u(i)*p(j)
            enddo
         enddo
         d = 0
         do i = k, n
            d = d + b(i)*u(i)
         enddo
         do i = k, n
            b(i) = b(i) - d*u(i)
         enddo
      enddo
      deallocate ( u, p )
end subroutine qr_householder
```

least_squareは，整数引数nで指定した1次元配列xp(n)にn個の観測点の座標値を代入し，それぞれの観測点での観測データを1次元配列yp(n)に代入して引数に与えると，これらのデータを使って，整数引数mで指定した最小2乗m次多項式の係数を計算して1次元配列ck(0:m)に代入するサブルーチンである。

qr_householderは最小2乗法の係数を計算するためのQR分解を行うサブルーチンである。整数引数nとmで指定した2次元配列a(n,m)にn行m列の行列要素を代入し，1次元配列b(n)に定数ベクトル成分を代入して引数に与えると，行列aをQR分解した行列の要素をa(n,m)に，それに伴って変形された定数ベクトル成分をb(n)に代入する。このため，aとbはサブルーチン終了後に破壊される。

解説

n個の2次元データ(x_1,y_1)，(x_2,y_2)，…，(x_n,y_n)を数個の係数で表される関数$F(x)$で近似する時，

$$S=\sum_{k=1}^{n}(F(x_k)-y_k)^2 \tag{5-61}$$

が最小になるように$F(x)$の係数を決定する方法を最小2乗法といいます。ここでは，$F(x)$が次式のようにm個の関数$\varphi_l(x)$の線形結合と定数項の合計で表されているとします。

$$F(x)=c_0+c_1\varphi_1(x)+\cdots+c_m\varphi_m(x) \tag{5-62}$$

式(5-61)を最小にするには，式(5-61)をそれぞれの係数で微分した値が全て0になることが必要です。すなわち，$l=0\sim m$に対して，

$$\frac{\partial S}{\partial c_l}=2\sum_{k=1}^{n}(c_0+c_1\varphi_1(x_k)+\cdots+c_m\varphi_m(x_k)-y_k)\varphi_l(x_k)=0 \tag{5-63}$$

となります。ただし，$\varphi_0(x)=1$です。この方程式は，係数ベクトルを$\boldsymbol{x}=(c_0,c_1,\cdots,c_m)^T$，データのベクトルを$\boldsymbol{b}=(y_1,y_2,\cdots,y_n)^T$と置いて変形すると，

$$A^TA\boldsymbol{x}=A^T\boldsymbol{b} \tag{5-64}$$

と表すことができます。ここで，Aは$n\times(m+1)$の行列で，次式で表されます。

$$A=\begin{pmatrix} 1 & \varphi_1(x_1) & \varphi_2(x_1) & \cdots & \varphi_m(x_1) \\ 1 & \varphi_1(x_2) & \varphi_2(x_2) & \cdots & \varphi_m(x_2) \\ \vdots & \vdots & \vdots & \vdots & \vdots \\ 1 & \varphi_1(x_n) & \varphi_2(x_n) & \cdots & \varphi_m(x_n) \end{pmatrix} \tag{5-65}$$

行列方程式(5-64)は連立1次方程式ですから，適当な解法を使えば，係数c_kを得ることができます。

ただし，データ点が多いと行列A^TAの要素にかなりの大小差が出て，連立1次方程式としては，たちの悪いものになることが知られています。そこで，ここではAをQR分解する手法を用いました[4]。QR分解とは，行列Aを$n\times(m+1)$の直交行列Qと，$(m+1)\times(m+1)$で対角要素より下の要素が0の行列，上三角正方行列Rの積に分解することです。$A=QR$を式(5-64)に代入すれば，行列方程式(5-64)は，

$$R^TQ^TQR\boldsymbol{x}=R^TQ^T\boldsymbol{b} \tag{5-66}$$

です。Rが正方行列なので，両辺にR^Tの逆行列を掛け，直交行列の条件$Q^TQ=I$を使えば次式を得ます。

$$Rx = Q^T b \tag{5-67}$$

この方程式はRが上三角行列なので，ガウスの消去法(1.3節(p.95))における後退代入だけで連立1次方程式を解くことができます。

問題はQR分解ですが，これには次のハウスホルダー行列(3.6節(p.170))を使います。

$$Q = I - \boldsymbol{w}\boldsymbol{w}^T \tag{5-68}$$

ここで，$\boldsymbol{w}$は長さが$\sqrt{2}$のn次元ベクトルです。このハウスホルダー行列は対称な直交行列です。

ハウスホルダー行列を使ってQR分解を行うには，まず行列Aの第1列の列ベクトル，

$$\boldsymbol{a}_0 = \begin{pmatrix} a_{10} \\ a_{20} \\ \vdots \\ a_{n0} \end{pmatrix} \tag{5-69}$$

に対し，次のベクトルを作ります。

$$\boldsymbol{u}_0 = \begin{pmatrix} a_{10} + s_0 \\ a_{20} \\ \vdots \\ a_{n0} \end{pmatrix} \tag{5-70}$$

ここで，

$$s_0^2 = a_{10}^2 + a_{20}^2 + \cdots + a_{n0}^2 \tag{5-71}$$

です。ただし，s_0は$a_{10} + s_0$が桁落ちしないようにa_{10}と同符号に取ります。

この$\boldsymbol{u}_0$から，

$$\boldsymbol{w}_0 = \frac{\boldsymbol{u}_0}{\sqrt{s_0(a_{10} + s_0)}} \tag{5-72}$$

とすれば，$|\boldsymbol{w}_0| = \sqrt{2}$になるので，これを使ってハウスホルダー行列$Q_0 = I - \boldsymbol{w}_0\boldsymbol{w}_0^T$を作り，$A$の左から掛けます。その結果得られる行列は，以下の形をしています。

$$A^{(1)} = \begin{pmatrix} -s_0 & a_{11}^{(1)} & a_{12}^{(1)} & \cdots & a_{1m}^{(1)} \\ 0 & a_{21}^{(1)} & a_{22}^{(1)} & \cdots & a_{2m}^{(1)} \\ \vdots & \vdots & \vdots & \vdots & \vdots \\ 0 & a_{n1}^{(1)} & a_{n2}^{(1)} & \cdots & a_{nm}^{(1)} \end{pmatrix} \tag{5-73}$$

そこで次に，

$$\boldsymbol{u}_1 = \begin{pmatrix} 0 \\ a_{21}^{(1)} + s_1 \\ \vdots \\ a_{n1}^{(1)} \end{pmatrix} \tag{5-74}$$

というベクトルを使ってハウスホルダー行列Q_1を作れば，2列目の3行目以降の要素を0にすることができます。同様に，Q_2，…，Q_mと順に作って掛けていけば，$A^{(m+1)}$は対角要素より下の要素が全て0の行列になります。この行列$A^{(m+1)}$の$m+1$行目までの正方部分がRになります。また，

$$Q_H = Q_0 Q_1 Q_2 \cdots Q_m \tag{5-75}$$

は正方行列ですが，この$m+1$列目まで取った成分がQになります。ただし，式(5-67)からわかるように，行列Qを計算する必要はありません。データベクトル$\boldsymbol{b}$に左から順にQ_0，Q_1，…,Q_mを掛けていけば，$Q_H^T\boldsymbol{b}$が得られるので，その第1成分から第$m+1$成分までを取り出したベクトルが$Q^T\boldsymbol{b}$です。

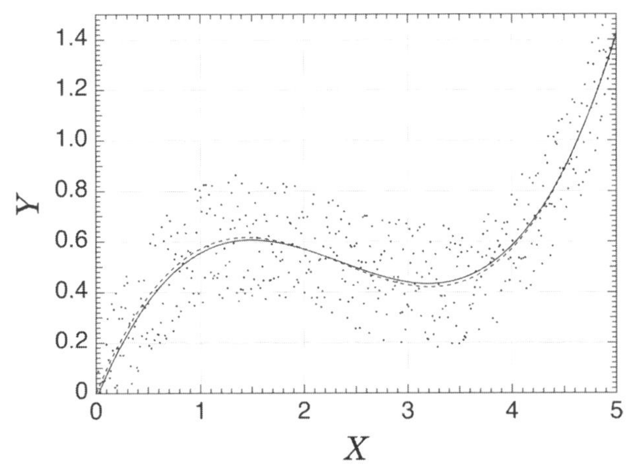

●図5.8 最小2乗法による関数形の抽出

本節のサブルーチン`least_square`は，最小2乗多項式の係数を計算するプログラムなので，$\varphi_k(x) = x^k$です。図5.8に解答プログラム例の結果を示します。ここで，点がデータ点，実線が最小2乗法で計算した3次関数形です。破線はランダムな変動成分を加えない元の関数です。図のように，最小2乗法で作成した3次関数はランダムな成分を除去したものに近い結果が得られています。

なお，QR分解をする途中で，対角要素が小さいと誤差が増える可能性があります。よって，慎重に計算したい時にはピボット選択を導入した方が良いでしょう。

第6章　特殊関数

Fortranには，三角関数，指数関数，対数関数といった基本的数学関数（初等関数）があらかじめ用意されています。しかし数学や物理学には，“特殊関数”と呼ばれる，初等関数を使って表されないけれど，性質が詳しく調べられている関数も多数出てきます。特殊関数は数値計算的にもよく調べられていて，精度に応じた近似計算法がいろいろ提案されています。特殊関数を計算するプログラムを用意しておけば，それで表される微分方程式の解などを精度良く計算することができます。本章では，物理学の問題に出てくる代表的な特殊関数のプログラムを作成します。

特殊関数の計算には様々なテクニックがあり，精度を追求するか，計算速度を追求するかで手法が異なります。また，ブラックボックスとして使うため，広域性が求められます。たとえば，関数$F(x)$を計算する場合，xに関する級数展開

$$F(x) = a_0 + a_1 x + a_2 x^2 + \cdots + a_n x^n + \cdots \tag{6-1}$$

を使う方法が考えられますが，数値計算なので有限のnで計算を終了しなければなりません。$|x|$が十分小さい時は小さいnで終了しても精度を保てますが，$|x|$が大きくなるとnを大きく取らねばならないし，場合によっては収束しない可能性もあります。このため，変数xの範囲に応じて近似手法を切り換えるのが一般的です。

本章においては，比較的アルゴリズムが単純で，場合分けができるだけ少ない（あっても2回程度まで），かつそれなりに精度の良い特殊関数の計算手法を選んでいます。

6.1 誤差関数

例題

近似公式を用いて誤差関数を計算する関数副プログラムを作成し，$x=0 \sim 6$の誤差関数値を0.001ごとに計算して出力せよ。

▼解答プログラム例

```
program error_test
   implicit none
   real errfunc,x,h
   integer i
   h = 0.001
   do i = 0, 6000
      x = h*i
      print *,x,errfunc(x)
```

```
   enddo
end program error_test

function errfunc(x)
   implicit none
   real x,y,xa,t,errfunc
   real :: c(5) = (/ 0.254829592, -0.284496736, &
                 1.421413741, -1.453152027, 1.061405429 /)
   real :: p = 0.3275911
   if (x == 0) then
      errfunc = 0
      return
   endif
   xa = abs(x)
   t = 1/(1+p*xa)
   y = t*(c(1) + t*(c(2) + t*(c(3) + t*(c(4) + t*c(5)))))
   errfunc = 1 - y*exp(-xa*xa)
   if (x < 0) errfunc = -errfunc
end function errfunc
```


errfuncは，引数xに実数値を与えると，近似公式を用いて誤差関数erf xを計算し，その結果を関数値とする関数副プログラムである。

解説

誤差関数とは，次の定積分で表される関数です[†1]。

$$\mathrm{erf}\, x = \frac{2}{\sqrt{\pi}} \int_0^x e^{-t^2} dt \tag{6-2}$$

誤差関数には，正規分布を計算したり偏差値を計算するなどの用途があります。ここでは，精度はあまり良くありませんが，次の近似式[22]で計算する手法を採用しました。

$$\mathrm{erf}\, x \fallingdotseq 1 - (c_1 t + c_2 t^2 + c_3 t^3 + c_4 t^4 + c_5 t^5) e^{-x^2} \tag{6-3}$$

ここで，$t = 1/(1 + px)$であり，係数$c_1 \sim c_5$とpは関数副プログラムerrfunc中の変数，c(1)～c(5)およびpに代入した数値です。erf xは奇関数なので，$x < 0$の時は，$-x$に対して計算して，最後に関数値の符号を変えています。

この関数副プログラムで計算した値を，他の高精度プログラムで計算した値と比較したところ，この問題の範囲で誤差の最大値は1.4×10^{-7}程度でした。よって，倍精度ではありませんが，精密な計算が必要でなければ，これで十分です。

---

†1 別の定義もあるので注意して下さい。

6.2 正規分布関数の逆関数

例題

近似公式を用いて正規分布関数の逆関数を計算する関数副プログラムを作成し，$x = 0.0001 \sim 0.9999$ の正規分布関数の逆関数値を0.0001ごとに計算して出力せよ。

▼解答プログラム例

```
program inverse_normal_distrib
   implicit none
   integer i
   real invdnormal,x,h
   h = 1e-4
   do i = 1, 9999
      x = h*i
      print *,x,invdnormal(x)
   enddo
end program inverse_normal_distrib

function invdnormal(x)
   implicit none
   real x,invdnormal,xa,y,z
   integer i
   real :: c(11) = (/ &
         0.1570796288e+1,  0.3706987906e-1, -0.8364353589e-3, &
         -0.2250947176e-3,  0.6841218299e-5,  0.5824238515e-5, &
         -0.1045274970e-5,  0.8360937017e-7, -0.3231081277e-8, &
         0.3657763036e-10, 0.6936233982e-12 /)
   if (x == 0.5) then
      invdnormal = 0
      return
   endif
   if (x <= 0 .or. x >= 1) then
      invdnormal = 1d100
      write(*,*) 'Error in function invdnormal: Out of bounds x = ',x
      return
   endif
   if (x > 0.5) then
      xa = 1 - x
   else
      xa = x
```

```
   endif
   if (xa > 3.8e-7) then
      y = -log(4*xa*(1-xa))
      z = c(11)
      do i = 10, 1, -1
         z = z*y + c(i)
      enddo
      y = sqrt(y*z)
   else
      y = sqrt(-2*log(xa))
      y = y - (2.30753+0.27061*y)/(1 + y*(0.99229+0.04481*y))
   endif
   if (x > 0.5) then
      invdnormal = -y
   else
      invdnormal = y
   endif
end function invdnormal
```

invdnormalは，引数xに実数値を与えると，近似公式を用いて正規分布関数の逆関数$Q^{-1}(x)$を計算し，その結果を関数値とする関数副プログラムである。ここで，$0<x<1$でなければならない。この範囲外のxを引数に与えるとエラーメッセージを出力して終了する。

解説

正規分布関数とは，次の積分で表される関数です。

$$Q(x) = \frac{1}{\sqrt{2\pi}} \int_x^{\infty} e^{-t^2/2} dt \tag{6-4}$$

この関数は，6.1節(p.260)の誤差関数と以下の関係にあります。

$$Q(x) = \frac{1}{2}\left(1 - \mathrm{erf}\ \frac{x}{\sqrt{2}}\right) \tag{6-5}$$

関数$Q(x)$の逆関数$Q^{-1}(x)$とは，与えられたxに対して，$x=Q(y)$となるyのことです。ここで，$Q(\infty)=0$，$Q(-\infty)=1$なので，$Q^{-1}(x)$においては$0<x<1$でなければなりません。正規分布関数の逆関数は，数値の出現頻度が正規分布になるような乱数，正規乱数を生成する時に使います†2。

ここでは，あまり精度は良くありませんが，次の近似式[7]で計算する手法を使いました。

†2　正規乱数の発生法はKey Elements 10.1 (p.399) で説明しています。なお，$\Phi(x)=1-Q(x)$を正規分布関数と定義することもあります。

$$Q^{-1}(x) \fallingdotseq \left[c_1y + c_2y^2 + c_3y^3 + c_4y^4 + c_5y^5 + c_6y^6 + c_7y^7 + c_8y^8 + c_9y^9 + c_{10}y^{10} + c_{11}y^{11})\right]^{1/2} \tag{6-6}$$

ここで，$y = -\log 4x(1-x)$であり，係数$c_1 \sim c_{11}$は関数副プログラム`invdnormal`中の配列`c(1)`～`c(11)`に代入した数値です。この近似式は$1.1 \times 10^{-5} \leqq x \leqq 0.5$の範囲で$2 \times 10^{-8}$程度の誤差で関数値を計算することができます。

しかし，この近似公式はxが0に近づくにつれて急激に誤差が増加するため，0に非常に近いxでは使えません。用途にもよりますが，0の付近ではあまり精度が必要ないと仮定し，ここでは，精度は悪いがxが0に近くても誤差がそれほど大きくならない次の近似式[12]に切り換えました。

$$Q^{-1}(x) \fallingdotseq y - \frac{2.30753 + 0.27061y}{1 + 0.99229y + 0.04481y^2} \tag{6-7}$$

ここで，$y = \sqrt{-2\log x}$です。式(6-7)は最大誤差が3×10^{-3}程度とかなり大きいので，切り換えるのは$x \leqq 3.8 \times 10^{-7}$にしています。このため，ほとんどの領域で式(6-6)を使うことになります。

なお，以上の公式は$x \leqq 0.5$でなければ使えません。$x > 0.5$の時は，$Q^{-1}(x) = -Q^{-1}(1-x)$という関係を使って，$1-x < 0.5$での関数値から計算します。

6.3 ガンマ関数

例題

ランチョスの近似公式を用いてガンマ関数を計算する関数副プログラムを作成し，$x = 0.005 \sim 50$のガンマ関数値を0.005ごとに計算して出力せよ。

▼解答プログラム例

```
program gamma_test
   implicit none
   integer i
   real Gamma,x,h
   h = 0.005
   do i = 1, 10000
      x = h*i
      print *,x,Gamma(x)
   enddo
end program gamma_test
```

```
function Gamma(x)
   implicit none
   real, parameter :: pi = 3.141592653589793
   real, parameter :: pi2sq = 2.5066282746310005
   real x,Gamma,xa,y,s,z
   real :: c(0:8) = (/ &
      0.99999999999980993, 676.5203681218851, -1259.1392167224028, &
    771.32342877765313, -176.61502916214059, 12.507343278686905, &
     -0.13857109526572012, 9.9843695780195716e-6, &
      1.5056327351493116e-7 /)
   xa = x
   if (x < -1) xa = 1 - x
   s = xa + 7.5
   y = c(0) + c(1)/(xa+1) + c(2)/(xa+2) + c(3)/(xa+3) + c(4)/(xa+4) &
             + c(5)/(xa+5) + c(6)/(xa+6) + c(7)/(xa+7) + c(8)/(xa+8)
   z = (xa+0.5)*log(s) - s
   Gamma = exp(z)*pi2sq*y/xa
   if (x < -1) Gamma = pi/(Gamma*sin(pi*x))
end function Gamma
```

Gammaは，引数xに実数値を与えると，ランチョスの近似公式を用いてガンマ関数$\Gamma(x)$を計算し，その結果を関数値とする関数副プログラムである。

解説

ガンマ関数は次式の積分で定義されています。

$$\Gamma(x) = \int_0^\infty t^{x-1} e^{-t} dt \tag{6-8}$$

$\Gamma(1) = 1$であり，$\Gamma(x+1) = x\,\Gamma(x)$という等式が成り立つので，整数$n$に対して$\Gamma(n+1) = n!$という関係があります。すなわち，ガンマ関数は整数で定義されている階乗を実数域に拡張した関数です。また，

$$\Gamma(x) = \frac{\pi}{\Gamma(1-x)\sin \pi x} \tag{6-9}$$

という等式が成り立つので，$x < 0$でも定義されています。ただし，$\sin \pi x$が分母にあるため，xが負の整数の時は発散します。

ガンマ関数の計算方法として，ここでは次式のランチョス（Lanczos）の近似公式を使いました[2]。

$$\Gamma(x+1) \fallingdotseq \left(x + \gamma + \frac{1}{2}\right)^{x+1/2} e^{-(x+\gamma+1/2)} L(x) \tag{6-10}$$

ここで，$L(x)$は次式で与えられる関数です。

$$L(x) = \sqrt{2\pi}\left(c_0 + \frac{c_1}{x+1} + \frac{c_2}{x+2} + \frac{c_3}{x+3} + \cdots + \frac{c_N}{x+N}\right) \qquad (6\text{-}11)$$

定数γと係数c_kは近似の精度に応じて決めます。解答プログラム例では，$\gamma=7$，$N=8$の公式を使いました。c_0～c_8は関数副プログラムGamma中の配列c(0)～c(8)に代入されている値です[†3]。

ランチョスの近似公式では$\Gamma(x+1)$が計算されるので，最後にxで割って，$\Gamma(x)$を計算します。また，式(6-10)は，$x>-1$で使用できますが，$x<-1$については，$\Gamma(1-x)$を計算してから式(6-9)を使って$\Gamma(x)$を計算しています。

解答プログラム例で出力した結果を，他の高精度プログラムでの計算結果と比較したところ，最大相対誤差は7×10^{-14}程度になりました。

6.4 フレネル積分

例題

級数展開と連分数展開を組み合わせてフレネル余弦積分とフレネル正弦積分を計算するサブルーチンを作成し，$x=-10$～10のフレネル余弦積分値とフレネル正弦積分値を0.01ごとに計算して出力せよ。

▼解答プログラム例

```
program Fresnel_test
   implicit none
   real x,cx,sx,h
   integer i,n
   n = 1000
   h = 0.01
   do i = -n, n
      x = h*i
      call fresnel(x,cx,sx)
      print *,x,cx,sx
   enddo
end program Fresnel_test

subroutine fresnel(x,cx,sx)
   implicit none
```

†3　参考文献[2]の係数でも十分だと思いますが，ここではもう少し精度の良い係数を利用しました。この係数は，「http://en.wikipedia.org/wiki/Lanczos_approximation」に書かれていたものです。

```
    real, parameter :: pi = 3.141592653589793, pi2 = (pi/2)**2
    real, parameter :: eps = 1e-15
    real x,cx,sx,xa,x2,x4,f,g,xp
    integer k,kmax,k2,k4
    complex z,zcs,zcs1,zc0,zd0,zc1,zd1,zc2,zd2,zbi
    if (x == 0) then
       cx = 0;     sx = 0
       return
    endif
    xa = abs(x)
    if (xa < 2) then
       kmax = 100
       x2 = xa*xa
       f  = xa
       g  = pi*xa*x2/2
       x4 = x2*x2
       cx = f
       sx = g/3
       do k = 1, kmax
          k2 = k+k
          k4 = k2+k2
          f = -f*pi2*x4/(k2*(k2-1))
          cx = cx + f/(k4+1)
          g = -g*pi2*x4/((k2+1)*k2)
          sx = sx + g/(k4+3)
          if (abs(f) < eps .and. abs(g) < eps) exit
       enddo
     else
       x2 = xa*xa
       xp = pi*x2
       z = cmplx(0.0,1/(pi*x2))
       zcs = 1
       zc0 = 1;     zd0 = 0
       zc1 = 1;     zd1 = 1
       zcs1 = zcs
       kmax = 100
       do k = 1, kmax
          zbi = k*z
          zc2 = zc1 + zbi*zc0
          zd2 = zd1 + zbi*zd0
          zcs = zc2/zd2
          if (abs(zcs-zcs1) < eps) exit
          zc0 = zc1;     zd0 = zd1
```

第I部 第II部 6 特殊関数

```
         zc1 = zc2;       zd1 = zd2
         zcs1 = zcs
      enddo
      k2 = xa
      k2 = k2/2
      f = xa - 2*k2
      g = f*k2
      g = g - int(g)
      f = f*f + 4*g
      zcs = zd2*cmplx(-sin(pi/2*f),cos(pi/2*f))/(zc2*pi*xa)
      cx = 0.5 - real(zcs)
      sx = 0.5 - imag(zcs)
   endif
   if (x < 0) then
      cx = -cx;       sx = -sx
   endif
end subroutine fresnel
```

fresnelは，引数xに実数を与えると，そのフレネル余弦積分$C(x)$とフレネル正弦積分$S(x)$を計算し，それぞれを変数cxとsxに代入して戻るサブルーチンである。

解説

フレネル積分 (Fresnel integral) とは，以下の積分です。

$$C(x) = \int_0^x \cos\left(\frac{\pi}{2}t^2\right)dt, \qquad S(x) = \int_0^x \sin\left(\frac{\pi}{2}t^2\right)dt \tag{6-12}$$

$C(x)$をフレネル余弦積分，$S(x)$をフレネル正弦積分といいます。フレネル積分は，光の回折の効果を調べる時に出てくるので，光学の分野で重要な関数です。

この2個の関数を実部と虚部に持つ関数を作ると，

$$C(x) + iS(x) = \int_0^x e^{i\pi t^2/2}dt \tag{6-13}$$

となるので，誤差関数を複素数領域に拡張した関数で表すことができます。ここでは参考文献[5]に基づいて，精度の良い関数値を計算するサブルーチンにしました。

まず，$0 \leqq x < 2$の時は，次の級数展開を使います。

$$C(x) \fallingdotseq \sum_{k=0}^{N} \frac{(-1)^k}{(2k)!(4k+1)}\left(\frac{\pi}{2}\right)^{2k} x^{4k+1} \tag{6-14}$$

$$S(x) \fallingdotseq \sum_{k=0}^{N} \frac{(-1)^k}{(2k+1)!(4k+3)}\left(\frac{\pi}{2}\right)^{2k+1} x^{4k+3} \tag{6-15}$$

ここで，級数の上限Nはxによって値が違うので，このプログラムでは，各項が十分小さい値(10^{-15})より小さくなる時まで計算して終了します。なお，このプログラムは余弦積分と正弦積分を一度に計算しているので，両方とも項が十分小さくなったNで終了します。

次に，$x \geqq 2$の時は連分数で計算します。複素関数(6-13)は，

$$\int_0^x e^{i\pi t^2/2} dt = \frac{1+i}{2} - \frac{i}{\pi x} e^{i\pi x^2/2} H(z) \tag{6-16}$$

という式で表されます。ここで，$z = i/\pi x^2$で，関数$H(z)$は連分数を用いて次式のように表されます。

$$H(z) = \cfrac{1}{1 + \cfrac{z}{1 + \cfrac{2z}{1 + \cfrac{3z}{1 + \cdots}}}} \tag{6-17}$$

そこで，計算は複素数で行い，最後に得られた複素数関数値の実部と虚部を使ってフレネル余弦積分と正弦積分を計算します。連分数の計算方法は，Key Elements 6.1 (p.270)で説明します。

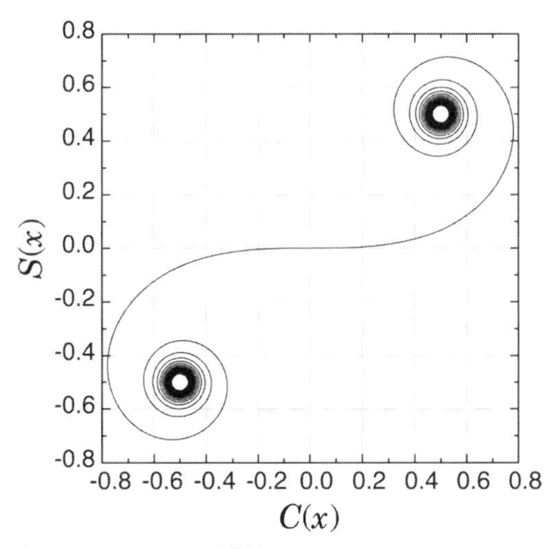

●**図6.1　クロソイド曲線**

なお，式(6-16)の計算を実行する時には注意があります[5]。$e^{i\pi x^2/2}$を計算するには，$\cos(\pi x^2/2)$と$\sin(\pi x^2/2)$が必要ですが，xが大きくなると，この計算で誤差が生じます。そこで，解答プログラム例では，xを整数部と小数部に分けることで，$x^2/4$の小数部を計算し，これでcosとsinを評価しています。

第Ⅰ部
第Ⅱ部
6
特殊関数

以上の手順により計算したところ，最大誤差は4×10^{-15}程度になりました。解答プログラム例の計算結果から得られる$C(x)$と$S(x)$を使って2次元曲線$(C(x), S(x))$を描いたのが図6.1です。この曲線はクロソイド曲線と呼ばれています。車の運転でハンドルを徐々に回転させながら曲がる時に描く曲線なので，高速道路のカーブの設計に使われています。

●Key Elements 6.1　連分数の計算方法

連分数とは，次式のように分数の分母に分数が入っていて，その分数の分母にさらに分数が入っている，という無限の入れ子構造になった分数のことです。

$$f(x) = b_0 + \cfrac{a_1}{b_1 + \cfrac{a_2}{b_2 + \cfrac{a_3}{b_3 + \cfrac{a_4}{b_4 + \cdots}}}} \tag{6-18}$$

連分数は，級数展開よりも収束が速かったり収束域が広い場合が多いので，数値計算でもよく用いられています。

連分数の数値計算をするには，上限のNを決めて$a_{N+1} = 0$とし，そこまでの分数計算を行います。このため，添字の大きな方から分数を計算するのが基本です。しかし，その場合にはNを決める方法を別途用意する必要があり，連分数の収束状況を判断して終了することはできません。しかし，次の漸化式を使えば添字の小さい方から計算することができます[2]。

$$A_k = b_k A_{k-1} + a_k A_{k-2}, \qquad B_k = b_k B_{k-1} + a_k B_{k-2} \tag{6-19}$$

ここで，初期値は$A_{-1} = 1$，$B_{-1} = 0$，$A_0 = b_0$，$B_0 = 1$です。この漸化式計算を適当なNで終了すれば$f_N = A_N / B_N$が連分数の近似値になります。たとえば，f_{N-1}とf_Nの差が十分小さくなったところで計算を終了すれば，近似的な連分数値が得られます。6.4節 (p.266) のサブルーチン fresnel は，このアルゴリズムで連分数を計算しています。

ただし，漸化式 (6-19) を用いた連分数の計算方法には欠点があります。a_kやb_kの絶対値が大きい時，A_kやB_kが大きくなりすぎてオーバーフローする可能性があることです。フレネル積分の場合はa_kがkに比例するので，収束が遅い$x = 2$付近でA_kやB_kがかなり大きくなりますが，幸いオーバーフローはしません。

オーバーフローを防ぐ一つの解決策として，$C_k = A_k / A_{k-1}$，$D_k = B_{k-1} / B_k$という比の漸化式で計算する方法があります[21]。これを使えば，

$$C_k = b_k + \frac{a_k}{C_{k-1}}, \qquad D_k = \frac{1}{b_k + a_k D_{k-1}} \tag{6-20}$$

で，$f_k = f_{k-1}C_kD_k$となります。初期値は$f_0 = b_0$，$C_0 = f_0$，$D_0 = 0$です。この漸化式を使えば安定に計算することができます[†4]。

漸化式(6-20)の欠点は，割り算が常に必要なので計算時間が増えることです。また，計算途中で分母のC_{k-1}や$b_k + a_kD_{k-1}$が0になる可能性もありますが，0になった時には非常に小さな値(10^{-30}など)に置き換えて計算を継続すれば回避することができます[21]。

第I部
第II部
6
特殊関数

6.5 整数次第1種ベッセル関数

例題

級数展開とミラーの方法を組み合わせて第1種ベッセル関数を計算する関数副プログラムを作成し，$x = 0 \sim 100$の第1種ベッセル関数，$J_0(x)$，$J_1(x)$，$J_2(x)$，$J_3(x)$を0.01ごとに計算して出力せよ。

▼解答プログラム例

```
program BesselJ_test
   implicit none
   real x,h,besselJ
   integer i,n
   n = 10000
   h = 0.01
   do i = 0, n
      x = h*i
      print 600,x,besselJ(0,x),besselJ(1,x),besselJ(2,x),besselJ(3,x)
   enddo
   600 format(f10.5,4es20.10)
end program BesselJ_test

function besselJ(n,x)
   implicit none
   real x,besselJ,xa,x2,f,g,bj0,bj1,bj2,ja,bj
   real, parameter :: ep = 1d-75
   integer n,na,k,m
   na = abs(n)
   xa = abs(x)
   if (xa < 2e-5) then
      x2 = x/2
```

†4　$b_0 = 0$の時は，f_0に非常に小さい値(10^{-30}など)を代入して計算を開始します。あるいは，b_1以降の連分数の計算をした後，最後にその値でa_1を割っても良いでしょう。

```
      if (na == 0) then
         besselJ = 1 - x2*x2
       else
         f = 1;   g = x2
         do k = 2, na
            f = f*k;    g = g*x2
         enddo
         besselJ = g*(1 - x2*x2/(na+1))/f
      endif
   else
      if (xa <= 1) then
         m = 14
       else if (xa < 10) then
         m = 1.4*xa + 14
       else if (xa < 100) then
         m = 0.27*xa + 27
       else
         m = 0.073*xa + 47
      endif
      m = max(na,int(xa)) + m
      bj0 = 0;    bj1 = ep
      x2 = 2/x
      ja  = 0
      do k = m, na, -1
         bj2 = x2*(k+1)*bj1 - bj0
         bj0 = bj1;     bj1 = bj2
         if (mod(k,2) == 0) ja = ja + bj2
      enddo
      bj = bj2
      if (na > 0) then
         do k = na-1, 0, -1
            bj2 = x2*(k+1)*bj1 - bj0
            bj0 = bj1;     bj1 = bj2
            if (mod(k,2) == 0) ja = ja + bj2
         enddo
      endif
      ja = 2*ja - bj2
      besselJ = bj/ja
   endif
   if (n < 0) then
      if (mod(n,2) /= 0) besselJ = -besselJ
   endif
end function besselJ
```

besselJは，引数nに整数，引数xに実数を与えると，整数次の第1種ベッセル関数 $J_n(x)$ を計算し，その結果を関数値とする関数副プログラムである。

解説

第1種ベッセル関数 $J_n(x)$ は，以下の級数で与えられる関数です。

$$J_n(x) = \left(\frac{x}{2}\right)^n \sum_{k=0}^{\infty} \frac{(-1)^k \left(\frac{x}{2}\right)^{2k}}{k!(n+k)!} \tag{6-21}$$

この関数は，以下の微分方程式の解です。

$$\frac{d^2y}{dx^2} + \frac{1}{x}\frac{dy}{dx} + \left(1 - \frac{n^2}{x^2}\right)y = 0 \tag{6-22}$$

微分方程式(6-22)は，物理法則を円筒座標で記述した時に現れるので，ベッセル関数のことを円筒関数ともいいます。nは実数でも定義できますが，ここでは参考文献[5]に基づいて，整数に限定した精度の良い関数副プログラムにしました。

まず，$|x| < 2 \times 10^{-5}$の時は，級数展開の2項目までの計算で近似します。

$$J_n(x) \fallingdotseq \left(\frac{x}{2}\right)^n \left(\frac{1}{n!} - \frac{1}{(n+1)!}\left(\frac{x}{2}\right)^2\right) \tag{6-23}$$

それ以外のxについては，ミラーの方法で計算します[†5]。これは，ベッセル関数が，次の漸化式を満足することを利用するものです。

$$Z_{n-1}(x) = \frac{2n}{x} Z_n(x) - Z_{n+1}(x) \tag{6-24}$$

適当に大きな整数をMとして，$Z_{M+1}(x) = 0$，$Z_M(x) = \varepsilon$から出発し，式(6-24)を使って逆にたどって$Z_0(x)$まで計算します。ここで，$\varepsilon = 10^{-75}$としました。

$J_n(x)$には，

$$J_0(x) + 2\sum_{k=1}^{\infty} J_{2k}(x) = 1 \tag{6-25}$$

という等式が成り立つので，式(6-24)の漸化式計算の際に偶数項の合計を計算しておいて，最後に，

$$J_n(x) = \frac{Z_n(x)}{Z_0(x) + 2(Z_2(x) + Z_4(x) + \cdots + Z_{M'}(x))} \tag{6-26}$$

†5　ミラーの方法の意味はKey Elements 6.2 (p.279) で説明します。

とすれば$J_n(x)$の近似値が求まります。これを規格化といいます。ここで，M'はM以下で最も大きい偶数です。問題は，出発値Mの決定ですが，参考文献[5]に従って，

$$M = \max(|n|, |x|) + l \tag{6-27}$$

としました。lは$|x|$の大きさに応じて，次式で与えます。

$$l = \begin{cases} 14, & |x| \leqq 1 \\ 1.4|x| + 14, & 1 < |x| < 10 \\ 0.27|x| + 27, & 10 \leqq |x| < 100 \\ 0.073|x| + 47, & |x| \geqq 100 \end{cases} \tag{6-28}$$

ここで，小数点以下は切り捨てます。

なお，nが負の時には，

$$J_{-n}(x) = (-1)^n J_n(x) \tag{6-29}$$

の関係を使って，$-n$に関する第1種ベッセル関数の値から計算します。

以上の手順により計算したところ，$J_0(x)$の最大誤差は10^{-15}程度になりました。解答プログラム例で得られた関数値の一部をグラフにしたのが図6.2です。

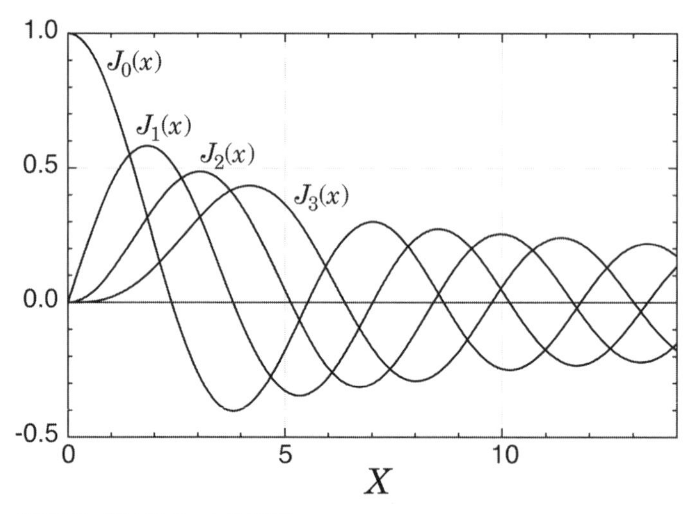

●図6.2 第1種ベッセル関数

図よりわかるようにベッセル関数は振動する関数です。円筒座標系の三角関数といえます。

6.6 整数次第2種ベッセル関数

例題

級数展開と漸化式を組み合わせて第2種ベッセル関数を計算する関数副プログラムを作成し，$x = 0.01 \sim 100$の第2種ベッセル関数，$Y_0(x)$，$Y_1(x)$，$Y_2(x)$，$Y_3(x)$を0.01ごとに計算して出力せよ。

▼解答プログラム例

```
program BesselY_test
   implicit none
   real x,h,besselY
   integer i,n,k
   n = 10000
   h = 0.01
   do i = 1, n
      x = h*i
      print 600,x,besselY(0,x),besselY(1,x),besselY(2,x),besselY(3,x)
   enddo
   600 format(f10.5,4es20.10)
end program BesselY_test

function besselY(n,x)
   implicit none
   real x,besselY,xa,x2,bj0,bj1,bj2,bj3,ya,by0,by1,by2,f
   real, parameter :: pi=3.141592653589793, gam = 0.57721566490153286
   real, parameter :: ep = 1d-75
   integer n,na,k,m,ns
   na = abs(n)
   if (x <= 0) then
      besselY = 1d100
      write(*,*) 'Error in function besselY: Negative x = ',x
      return
   endif
   xa = x
   if (xa < 2e-5) then
      x2  = xa/2
      bj0 = 1 - x2*x2
      f   = log(x2) + gam
      by0 = 2/pi*(f*bj0)
      by1 = by0
```

第I部
第II部
6
特殊関数

```
    if (na >= 1) then
      bj1 = x2
      by1 = 2/pi*((f-1)*bj1 - bj0/xa)
    endif
    x2 = 1/x2
  else
    if (xa < 0.1) then
      m = 10
     else if (xa < 1) then
      m = 17
     else if (xa < 10) then
      m = 2.4*xa + 15
     else if (xa < 100) then
      m = 1.27*xa + 28
     else
      m = 1.073*xa + 47
    endif
    bj0 = 0;       bj1 = ep
    ya  = 0;       by0 = 0;       by1 = 0
    x2 = 2/xa;     ns = 1
    if (mod(m,2) /= 0) m = m + 1
    do k = m, 2, -2
      bj2 = x2*(k+1)*bj1 - bj0
      bj3 = x2* k   *bj2 - bj1
      ns  = -ns
      by0 = by0 + ns*bj2/k
      by1 = by1 + ns*(k+1)*bj1/(k*(k+2))
      ya  = ya + bj2
      bj0 = bj2;      bj1 = bj3
    enddo
    if (ns < 0) then
      by0 = -by0;    by1 = -by1
    endif
    bj2 = x2*bj1 - bj0
    ya  = 2/(pi*(2*ya + bj2))
    f   = log(xa/2) + gam
    by0 = ya*(f*bj2 + 4*by0)
    if (na == 0) then
      by1 = by0
     else
      by1 = ya*((f-1)*bj1 - bj2/xa + 4*by1)
    endif
  endif
```

```
    do k = 2, na
       by2 = x2*(k-1)*by1 - by0
       by0 = by1;      by1 = by2
    enddo
    besselY = by1
    if (n < 0) then
       if (mod(n,2) /= 0) besselY = -besselY
    endif
end function besselY
```

besselYは，引数nに整数，引数xに実数を与えると，整数次の第2種ベッセル関数$Y_n(x)$を計算し，その結果を関数値とする関数副プログラムである。ここで，$x>0$でなければならず，そうでない実数を引数xに与えると，エラーメッセージを出力して終了する。

解説

第2種ベッセル関数$Y_n(x)$は，微分方程式(6-22)における$J_n(x)$とは線形独立な解です。$Y_n(x)$の級数表示は少し複雑なので，ここでは省略します[12]。実数次の第1種ベッセル関数とは以下の関係にあります。

$$Y_n(x) = \lim_{\nu \to n} \frac{J_\nu(x) \cos \nu\pi - J_{-\nu}(x)}{\sin \nu\pi} \tag{6-30}$$

ここで，極限を取っているのはnが整数の時に分母・分子が0になるからです。

漸化式(6-24)も満足しますが，こちらは$n \to \infty$で発散するので，直接ミラーの方法を応用して計算することはできません。そこで，$Y_0(x)$と$Y_1(x)$は以下のような第1種ベッセル関数の級数で与えられることを利用して計算します。

$$Y_0(x) = \frac{2}{\pi}\left[\left(\gamma + \log\frac{x}{2}\right)J_0(x) + 2\sum_{k=1}^{\infty}\frac{(-1)^{k-1}J_{2k}(x)}{k}\right] \tag{6-31}$$

$$Y_1(x) = \frac{2}{\pi}\left[\left(\gamma + \log\frac{x}{2} - 1\right)J_1(x) - \frac{J_0(x)}{x} + \sum_{k=1}^{\infty}\frac{(-1)^{k-1}(2k+1)J_{2k+1}(x)}{k(k+1)}\right] \tag{6-32}$$

ここで，γはオイラーの定数です†6。式の中に$\log(x/2)$が入っているので，$Y_n(x)$は$x \to 0$で発散します。また，$x<0$では定義されていないので，サブルーチンbesselYでは，$x \leqq 0$の時にエラーメッセージを出して終了するようにしています。$n \geqq 2$の$Y_n(x)$については，$Y_0(x)$と$Y_1(x)$を計算した後，それらを初期値として，漸化式(6-24)を小さい方から所定のnまで計算します。

†6　オイラーの定数は以下で定義されています。

$$\gamma = \lim_{n \to \infty}\left(\sum_{k=1}^{n}\frac{1}{k} - \log n\right) = 0.57721566490153286\ldots$$

$Y_0(x)$ と $Y_1(x)$ の計算は，参考文献[5]に基づいた精度の良いプログラムにしました。まず，第1種ベッセル関数の計算と同様に，x が小さい時（$x<2\times10^{-5}$）は級数展開の2項目までの計算で近似します。この領域では，発散項が支配的なので，$n\geqq2$ の $J_n(x)$ は無視できます。また，$J_0(x)$ と $J_1(x)$ は以下の近似で十分です。

$$J_0(x) \fallingdotseq 1-\left(\frac{x}{2}\right)^2, \qquad J_1(x) \fallingdotseq \frac{x}{2} \tag{6-33}$$

$x\geqq2\times10^{-5}$ の時は，ミラーの方法で $J_n(x)$ を計算し，これを使って，$Y_0(x)$ と $Y_1(x)$ を計算します。この時の出発値 M の決め方は，参考文献[5]に従って

$$M=\begin{cases}10, & x<0.1\\ 17, & 0.1\leqq x<1\\ 2.4x+15, & 1\leqq x<10\\ 1.27x+28, & 10\leqq x<100\\ 1.073x+47, & x\geqq100\end{cases} \tag{6-34}$$

としました。小数点以下は切り捨てます。

なお，n が負の時には，

$$Y_{-n}(x)=(-1)^nY_n(x) \tag{6-35}$$

の関係を使って，$-n$ に関する第2種ベッセル関数の値から計算します。

以上の手順により計算したところ，$Y_0(x)$ の相対誤差は 4×10^{-12} 程度になりました。少し悪いように見えますが，これは相対誤差なので，0点（$Y_n(x)=0$ の点）付近で関数値が小さくなるためです。0点から外れた点では 10^{-14} 以下になります。第2種ベッセル関数も第1種ベッセル関数と同様に振動する関数ですが，$x\to0$ で発散するのが特長です。解答プログラム例で得られたデータから図を描いて確かめてみて下さい。

●Key Elements 6.2 ミラーの方法

ミラーの方法について説明しましょう。ポイントは線形の漸化式

$$Z_{n+1}(x) = \frac{2n}{x} Z_n(x) - Z_{n-1}(x) \tag{6-36}$$

が，線形独立な2個の解 $J_n(x)$ と $Y_n(x)$ を持っていて，$n \to \infty$ に対し，$J_n(x)$ は0に収束し，$Y_n(x)$ は発散することです。漸化式は線形なので，これらの線形結合である，

$$Z_n(x) = c_1 J_n(x) + c_2 Y_n(x) \tag{6-37}$$

も漸化式の解になります。よって，初期値として $J_0(x)$ と $J_1(x)$ から出発し，漸化式を使って大きな n に対する $J_n(x)$ を計算する場合，数値誤差のために c_2 が完全に0でなければ，$Y_n(x)$ が増幅して正しい $J_n(x)$ は得られません。これが，$J_n(x)$ を小さい方から計算しない理由です。

ミラーの方法はこれを逆に利用します。十分大きな整数 M に対し，$Z_{M+1}=0$ とすると，

$$Z_{M+1}(x) = c_1 J_{M+1}(x) + c_2 Y_{M+1}(x) = 0 \tag{6-38}$$

ですから，

$$c_2 = -\frac{c_1 J_{M+1}(x)}{Y_{M+1}(x)} \tag{6-39}$$

です。M が十分大きいと，$|J_{M+1}(x)/Y_{M+1}(x)|$ は十分小さいので，c_2 は c_1 に比べて絶対値が十分小さくなります。そこで，M から小さい次数の方にたどれば，$|Y_n(x)/J_n(x)|$ が小さくなるので，式(6-37)の第2項はさらに小さくなり，

$$Z_n(x) \fallingdotseq c_1 J_n(x) \tag{6-40}$$

と考えられます。後は，c_1 を計算すればいいのですが，これは式(6-25)を満足するように決めます。これが規格化です。なお，漸化式の開始のため，$Z_M(x)$ が必要ですが，漸化式は線形なので，原理的にはどんな値から開始しても同じ結果が得られます。$Z_M(x)$ を小さい値にするのは，逆にたどった時に $Z_n(x)$ が増大してオーバーフローするのを防ぐためです。

ミラーの方法で計算すると，0から十分大きな n までの $Z_n(x)$ が得られているので，途中の $Z_n(x)$ を全て保存しておき，後で規格化すれば，一度に全ての要素を計算することができます。ベッセル関数の級数展開を使って関数計算をする時に便利です。

6.7 整数次第1種変形ベッセル関数

例題

級数展開とミラーの方法を組み合わせて第1種変形ベッセル関数を計算する関数副プログラムを作成し，$x=0\sim10$の第1種変形ベッセル関数，$I_0(x)$，$I_1(x)$，$I_2(x)$，$I_3(x)$を0.001ごとに計算して出力せよ。

▼解答プログラム例

```
program BesselI_test
   implicit none
   real x,h,besselI
   integer i,n
   n = 10000
   h = 0.001
   do i = 1, n
      x = h*i
      print 600,x,besselI(0,x),besselI(1,x),besselI(2,x),besselI(3,x)
   enddo
   600 format(f10.5,4es20.10)
end program BesselI_test

function besselI(n,x)
   implicit none
   real x,besselI,xa,x2,f,g,bi0,bi1,bi2,bi,ia
   real, parameter :: ep = 1d-75
   integer n,na,k,m
   na = abs(n)
   xa = abs(x)
   if (xa < 2e-8) then
      if (na == 0) then
         besselI = 1
       else if (xa <= 1d-77) then
         besselI = 0
       else
         x2 = xa/2
         f = 1;   g = x2
         do k = 2, na
            f = f*k;    g = g*x2
         enddo
         besselI = g/f
```

```
      endif
   else
      if (xa < 0.1) then
         m = 10
      else if (xa < 10) then
         m = 25
      else
         m = 40
      endif
      m = max(na,int(xa)) + m
      bi0 = 0;    bi1 = ep
      x2 = 2/xa
      ia  = 0
      if (na == 0) then
         do k = m, 1, -1
            bi2 = x2*(k+1)*bi1 + bi0
            bi0 = bi1;     bi1 = bi2
            ia = ia + bi2
         enddo
         bi2 = x2*bi1 + bi0
         ia = 2*ia + bi2
         besselI = bi2/ia*exp(xa)
      else
         do k = m, na, -1
            bi2 = x2*(k+1)*bi1 + bi0
            bi0 = bi1;     bi1 = bi2
            ia = ia + bi2
         enddo
         bi = bi2
         do k = na-1, 1, -1
            bi2 = x2*(k+1)*bi1 + bi0
            bi0 = bi1;     bi1 = bi2
            ia = ia + bi2
         enddo
         bi2 = x2*bi1 + bi0
         ia = 2*ia + bi2
         besselI = bi/ia*exp(xa)
      endif
   endif
   if (x < 0) then
      if (mod(n,2) /= 0) besselI = -besselI
   endif
end function besselI
```

besselIは，引数nに整数，引数xに実数を与えると，整数次の第1種変形ベッセル関数$I_n(x)$を計算し，その結果を関数値とする関数副プログラムである。

解説

第1種変形ベッセル関数$I_n(x)$は，以下の級数で与えられる関数です。

$$I_n(x) = \left(\frac{x}{2}\right)^n \sum_{k=0}^{\infty} \frac{\left(\frac{x}{2}\right)^{2k}}{k!(n+k)!} \tag{6-41}$$

この関数は，以下の微分方程式の解です。

$$\frac{d^2y}{dx^2} + \frac{1}{x}\frac{dy}{dx} - \left(1 + \frac{n^2}{x^2}\right)y = 0 \tag{6-42}$$

微分方程式(6-42)も，円筒座標で記述した時に現れます。ベッセル関数は振動するので，円筒座標系の三角関数と表現しましたが，変形ベッセル関数はxの増加に対して単調増加するので，円筒座標系の指数関数といえます†7。nは実数でも定義できますが，ここでは参考文献[5]に基づいて，整数に限定した精度の良い関数副プログラムにしました。

$I_n(x)$には，以下の関係があります。

$$I_{-n}(x) = I_n(x), \qquad I_n(-x) = (-1)^n I_n(x) \tag{6-43}$$

そこで，nとxの絶対値に対して$I_n(x)$を計算し，後で必要に応じて符号を変えます。以下では，$n \geqq 0$，$x \geqq 0$とします。

まず，$x < 2\times10^{-8}$の時は，級数展開の1項目までの計算で近似します。

$$I_n(x) \fallingdotseq \frac{1}{n!}\left(\frac{x}{2}\right)^n \tag{6-44}$$

それ以外のxについては，ミラーの方法で計算します。ミラーの方法は，第1種ベッセル関数と同じなので詳細は省略します。漸化式は，

$$I_{n-1}(x) = \frac{2n}{x} I_n(x) + I_{n+1}(x) \tag{6-45}$$

です。第1種ベッセル関数の漸化式(6-24)とは，右辺の第2項の符号が異なります。$I_n(x)$の規格化には以下の等式を使います。

$$I_0(x) + 2\sum_{k=1}^{\infty} I_k(x) = e^x \tag{6-46}$$

---

†7　実際，第1種ベッセル関数$J_n(x)$と$I_n(x) = i^{-n}J_n(ix)$の関係があります。

漸化式の出発値Mの決定は，参考文献[5]に従って，

$$M = \max(n, x) + l \tag{6-47}$$

としました。lはxの大きさに応じて，次式で与えられます。

$$l = \begin{cases} 10, & x < 0.1 \\ 25, & 0.1 \leqq x < 10 \\ 40, & x \geqq 10 \end{cases} \tag{6-48}$$

ここで，小数点以下は切り捨てます。

以上の手順により計算したところ，$I_0(x)$の最大相対誤差は10^{-15}程度になりました。なお，式(6-46)からわかるように，第1種変形ベッセル関数は，e^xに比例して無限大に発散します。応用分野によっては，$I_n(x)$ではなく，$I_n(x)e^{-x}$が必要なことがありますが，この場合には，式(6-46)の右辺が1になるように規格化すれば，$I_n(x)e^{-x}$を計算することができます。

6.8 整数次第2種変形ベッセル関数

例題

級数展開と漸化式，および近似公式を組み合わせて第2種変形ベッセル関数を計算する関数副プログラムを作成し，$x = 0.001 \sim 10$の第2種変形ベッセル関数，$K_0(x)$，$K_1(x)$，$K_2(x)$，$K_3(x)$を0.001ごとに計算して出力せよ。

▼解答プログラム例

```
program BesselK_test
   implicit none
   real x,h,besselK
   integer i,n
   n = 10000
   h = 0.001
   do i = 1, n
      x = h*i
      print 600,x,besselK(0,x),besselK(1,x),besselK(2,x),besselK(3,x)
   enddo
   600 format(f10.5,4es20.10)
end program BesselK_test

function besselK(n,x)
```

```
implicit none
real x,besselK,xa,f,g,bi0,bi1,bi2,ia,ia2,bk0,bk1,bk2,x2,x2i
real, parameter :: gam = 0.57721566490153286
real, parameter :: ep = 1d-75
integer n,na,k,m
real :: c0(20) =(/1.0                    , 9.05424879193518607e02,  &
                 8.26595780388865165e04, 2.11461570482790715e06,  &
                 2.21138097639685782e07, 1.15304418497927946e08,  &
                 3.38414423189949094e08, 6.05821612246759435e08,  &
                 6.99367414203444102e08, 5.41557476393325808e08,  &
                 2.89222683934275594e08, 1.08549647107259574e08,  &
                 2.89509995664119662e07, 5.50806234911773473e06,  &
                 7.44480973200955287e05, 7.04899117228808499e04,  &
                 4.54352350930749062e03, 1.88908277388261226e02,  &
                 4.54594011818692272e00, 4.78835035490393440e-02 /)
real :: d0(20) =(/6.30712524957247507e00, 2.13040675096670269e03,  &
                 1.28847000298466179e05, 2.62251853668714834e06,  &
                 2.38293042345893973e07, 1.13435365612590850e08,  &
                 3.13233751198475720e08, 5.37767659200430696e08,  &
                 6.02895230383873860e08, 4.57228023288970511e08,  &
                 2.40537191390116006e08, 8.92868763365957334e07,  &
                 2.36193550202407913e07, 4.46616906154600592e06,  &
                 6.00850330685312840e05, 5.66879257531755437e04,  &
                 3.64385197678814330e03, 1.51178300501558502e02,  &
                 3.63191112316056462e00, 3.82055081989277015e-02 /)
real :: c1(20) =(/1.0                    , 1.69554971144461453e02,  &
                 6.50752679054324770e03, 9.57058094638479476e04,  &
                 6.85752724138577843e05, 2.74341311754439489e06,  &
                 6.67500833592968437e06, 1.04574308668198609e07,  &
                 1.09758863605723719e07, 7.93865147138095634e06,  &
                 4.03646324097597703e06, 1.46206097639341452e06,  &
                 3.80005306422589643e05, 7.09500134853749928e04,  &
                 9.45885391340128715e03, 8.86653188811316031e02,  &
                 5.67345435238516206e01, 2.34646178190303923e00,  &
                 5.62536580556620644e-02, 5.90977366310304025e-04 /)
real :: d1(20) =(/2.72781164650679092e-02, 1.65850948107612888e01, &
                 1.19412682637481279e03, 2.64653886260254806e04, &
                 2.52967870503308490e05, 1.24538028555474949e06, &
                 3.52228767631646320e06, 6.15660366952793567e06, &
                 6.99908627693702161e06, 5.36749100104974206e06, &
                 2.84956043991656787e06, 1.06580961908567733e06, &
                 2.83758223868221126e05, 5.39516962516554119e04, &
```

```
                7.29300963156017856e03, 6.90943441234541473e02, &
                4.45769962086800950e01, 1.85549572309580393e00, &
                4.47071008576603958e-02, 4.71531716362931004e-04/)
   na = abs(n)
   if (x <= 0) then
      besselK = 1d100
      write(*,*) 'Error in function besselK: Negative x = ',x
      return
   endif
   xa = x
   if (xa < 0.0001) then
      x2  = xa/2;       x2i = x2*x2
      bk0 = -(1+x2i)*log(x2) - gam + (1-gam)*x2i
      bk1 = bk0
      if (na >= 1) then
         bk1 = (1/xa - x2*bk0)/(1+x2i)
      endif
   else if (xa <= 2) then
      if (xa < 0.1) then
         m = 9
      else if (xa < 1) then
         m = 14
      else
         m = 18
      endif
      bi0 = 0;       bi1 = ep
      ia  = 0;       ia2 = 0
      x2  = xa/2;    x2i = 1/x2
      do k = m, 1, -1
         bi2 = x2i*(k+1)*bi1 + bi0
         bi0 = bi1;  bi1 = bi2
         ia = ia + bi2
         if (mod(k,2) == 0) ia2 = ia2 + bi2/k
      enddo
      bi2 = x2i*bi1 + bi0
      ia  = 2*ia + bi2
      f   = exp(xa)/ia
      bk0 = (-(log(x2)+gam)*bi2 + 4*ia2)*f
      bk1 = bk0
      if (na >= 1) then
         bk1 = (1/(f*xa) - bi1*bk0)/bi2
      endif
```

第I部

第II部

6 特殊関数

```
   else
      f = 1.0/xa
      g = exp(-xa)*sqrt(f)
      if (na /= 1) then
         bk0 = c0(1);      bk1 = d0(1)
         do k = 2, 20
            bk0 = bk0*f + c0(k)
            bk1 = bk1*f + d0(k)
         enddo
         bk0 = g*bk0/bk1
         bk1 = bk0
      endif
      if (na >= 1) then
         bk1 = c1(1);      bk2 = d1(1)
         do k = 2, 20
            bk1 = bk1*f + c1(k)
            bk2 = bk2*f + d1(k)
         enddo
         bk1 = g*bk1/bk2
      endif
   endif
   do k = 2, na
      bk2 = 2*(k-1)/xa*bk1 + bk0
      bk0 = bk1;     bk1 = bk2
   enddo
   besselK = bk1
end function besselK
```

besselKは，引数nに整数，引数xに実数を与えると，整数次の第2種変形ベッセル関数$K_n(x)$を計算し，その結果を関数値とする関数副プログラムである。ここで，$x>0$でなければならず，そうでない実数を引数に与えると，エラーメッセージを出力して終了する。

解説

第2種変形ベッセル関数$K_n(x)$は，微分方程式(6-42)における$I_n(x)$とは線形独立な解です。$K_n(x)$の級数表示は少し複雑なので，ここでは省略します[12]。実数次の第1種変形ベッセル関係とは以下の関係にあります。

$$K_n(x) = \frac{\pi}{2} \lim_{\nu \to n} \frac{I_{-\nu}(x) - I_\nu(x)}{\sin \nu\pi} \tag{6-49}$$

ここで，極限を取っているのはnが整数の時に分母・分子が0になるからです。

$K_n(x)$には，次式の関係があります。

$$K_{-n}(x) = K_n(x) \tag{6-50}$$

そこで，nの絶対値に対して$K_n(x)$を計算します。また，$x \to 0$で発散し，$x < 0$の時は複素数に拡大しなければならないので，サブルーチン`besselK`では，$x \leqq 0$の時にエラーメッセージを出して終了するようにしています。

漸化式(6-45)も満足しますが，こちらは，$n \to \infty$で発散するので，直接ミラーの方法を応用して計算することはできません。そこで，$K_0(x)$と$K_1(x)$を計算し，$n \geqq 2$の$K_n(x)$については，漸化式(6-45)を使って小さい方から所定のnまで計算します。ただし，計算効率の問題から，$x \leqq 2$の時と$x > 2$の時で$K_0(x)$と$K_1(x)$の計算手法を変えています。

$x \leqq 2$の時は，参考文献[5]に基づいてプログラムを作成しました。まず，$K_0(x)$は以下の第1種変形ベッセル関数で表された級数を利用します。

$$K_0(x) = -\left(\gamma + \log\frac{x}{2}\right) I_0(x) + 2\sum_{k=1}^{\infty}\frac{I_{2k}(x)}{k} \tag{6-51}$$

これで$K_0(x)$が求まったら，$K_1(x)$は以下の関係式から計算します。

$$I_1(x)K_0(x) + I_0(x)K_1(x) = \frac{1}{x} \tag{6-52}$$

ただし，xが小さい時($x < 0.0001$)は発散項が支配的なので，以下の近似で十分です。

$$K_0(x) = -\left(1 + \frac{x^2}{4}\right)\left(\gamma + \log\frac{x}{2}\right) + \frac{x^2}{4} \tag{6-53}$$

$$K_1(x) = \frac{1/x - xK_0(x)/2}{1 + x^2/4} \tag{6-54}$$

これに対し，$0.0001 \leqq x \leqq 2$の時の式(6-51)における$I_n(x)$はミラーの方法で計算します。この時の出発値Mの決め方は，参考文献[5]に従って，

$$M = \begin{cases} 9, & 0.0001 \leq x < 0.1 \\ 14, & 0.1 \leq x < 1 \\ 18, & 1 \leq x \leq 2 \end{cases} \tag{6-55}$$

としました。小数点以下は切り捨てます。式(6-52)を使って$K_1(x)$を計算するのに必要な$I_0(x)$と$I_1(x)$は，$K_0(x)$の計算中に得られます。

ここまでの手法は，より大きなMの項から計算すれば$x > 2$でも使えますが，収束が悪くてあまり効率は良くありません[5]。そこで，ここでは参考文献[13]に従って，以下の近似式を使いました。

$$K_n(x) \fallingdotseq \left(\frac{1}{x}\right)^{1/2} e^{-x} \frac{\dfrac{c_1}{x^{m-1}} + \dfrac{c_2}{x^{m-2}} + \cdots + c_m}{\dfrac{d_1}{x^{m-1}} + \dfrac{d_2}{x^{m-2}} + \cdots + d_m} \tag{6-56}$$

係数c_kとd_kは参考文献に書かれていた$m=20$の係数をそのまま使いました。サブルーチン中の配列`c0(20)`と`d0(20)`に代入されている数値が$K_0(x)$用の係数，`c1(20)`と`d1(20)`に代入されている数値が$K_1(x)$用の係数です。

以上の手順により計算したところ，$K_0(x)$の最大相対誤差は4×10^{-15}程度になりました。第2種変形ベッセル関数は$x\rightarrow0$で発散し，$x\rightarrow\infty$で0に収束します。

6.9 第1種完全楕円積分

例題

ノームを使う手法で第1種完全楕円積分を計算する関数副プログラムを作成し，$k=0.001\sim0.999$の第1種完全楕円積分，$K(k)$と$K(\sqrt{1-k^2})$を0.001ごとに計算して出力せよ。

▼解答プログラム例

```
program test_elliptic_integral
   implicit none
   real ellipticK,k,h
   integer i,n
   n = 1000
   h = 0.001
   do i = 1, n-1
      k = h*i
      print *,k,ellipticK(k,0),ellipticK(k,1)
   enddo
end program test_elliptic_integral

function ellipticK(k,mode)
   implicit none
   real, parameter :: pi = 3.141592653589793
   real q,nome_q,k,ellipticK,k2,k20,kd,q2,q3
   integer mode
   k2 = k*k;      k20 = k2
   if (mode /= 0) k2 = 1 - k2
   if (k2 >= 1) then
```

```
      ellipticK = 1d100
      write(*,*) 'Error in function ellipticK: k = ',k
      return
   endif
   if (k2 > 0.5) then
      if (mode == 0) k20 = 1 - k2
      q = nome_q(k20)
      q2 = q*q;       q3 = q2*q
      kd = 0.5*(1 + 2*q*(1 + q3*(1 + q3*q2)))**2
      ellipticK = -kd*log(q)
   else
      q = nome_q(k2)
      q2 = q*q;       q3 = q2*q
      ellipticK = 0.5*pi*(1 + 2*q*(1 + q3*(1 + q3*q2)))**2
   endif
end function ellipticK

function nome_q(k2)
   implicit none
   real nome_q,k2,kd,ep,ep4
   if (k2 == 0) then
      nome_q = 0
   else
      kd = sqrt(1 - k2)
      ep = 0.5*k2/((1+2*sqrt(kd)+kd)*(1+kd))
      ep4 = ep*ep
      ep4 = ep4*ep4
      nome_q = ep*(1 + ep4*(2+ep4*(15+ep4*150)))
   endif
end function nome_q
```

ellipticK(k,mode)は，引数kに実数を与え，整数引数modeに0を与えると第1種完全楕円積分$K(k)$を計算し，その結果を関数値とする関数副プログラムである。ここで，$|k|<1$でなければならない。この領域外のkを与えた場合にはエラーメッセージを出して終了する。modeを1にすると，$K(\sqrt{1-k^2})$を関数値とする。この場合は$0<|k|\leqq 1$でなければならない。

nome_qは引数k2にk^2を与えると，ノーム$q(k)$を計算し，その結果を関数値とする関数副プログラムである。ただし，ellipticKで使用するのが目的であるため，$k^2\leqq 1/2$を仮定している。

解説

第1種完全楕円積分とは，以下の定積分です。

$$K(k)=\int_0^1 \frac{dx}{\sqrt{(1-x^2)(1-k^2x^2)}}=\int_0^{\pi/2}\frac{d\varphi}{\sqrt{1-k^2\sin^2\varphi}} \tag{6-57}$$

kを楕円関数の母数といいます。この定積分はヤコビの楕円関数（6.10節（p.291））の周期に現れます。ここでは参考文献[7]に基づいて，比較的簡単で精度の良いノーム（nome）を利用する計算法を使いました。ここで，ノームとは，

$$q(k)=e^{-\pi K'/K} \tag{6-58}$$

で定義されるkの関数です。ここで，$K=K(k)$，$K'=K(\sqrt{1-k^2})$です。$k'=\sqrt{1-k^2}$を補母数といい，kとは双対的な関係にあります。

ノーム$q(k)$は，以下の手順で計算します。まず，$k'=\sqrt{1-k^2}$からεを計算します。

$$\varepsilon=\frac{1-\sqrt{k'}}{2(1+\sqrt{k'})} \tag{6-59}$$

ただし，k'が1に近くなる，すなわちkが0に近い場合に分子が桁落ちする可能性があるので，次のように分子を有理化した公式を使います。

$$\varepsilon=\frac{(1-\sqrt{k'})(1+\sqrt{k'})(1+k')}{2(1+\sqrt{k'})^2(1+k')}=\frac{k^2}{2(1+2\sqrt{k'}+k')(1+k')} \tag{6-60}$$

このεを使うと，ノーム$q(k)$は以下の級数で与えられます。

$$q(k)=\varepsilon+2\varepsilon^5+15\varepsilon^9+150\varepsilon^{13}+\cdots \tag{6-61}$$

この式は，公比がε^4に比例しているので，εが1に比べて十分小さいと急速に収束し，少ない項数で十分な精度が得られます。$k^2 \leqq 1/2$の時は，$\varepsilon < 0.044$なので，$k^2 \leqq 1/2$で倍精度を保つには，式（6-61）の13乗の項までで十分です。

ノーム$q(k)$が計算できたら，第1種完全楕円積分$K(k)$は次式で計算できます。

$$K(k)=\frac{\pi}{2}(1+2q+2q^4+2q^9+\cdots)^2 \tag{6-62}$$

式（6-62）の各項はq^{k^2}に比例するので急速に収束します。$k^2 \leqq 1/2$の場合，$q \leqq e^{-\pi}=0.04321\cdots$なので，9乗の項までで十分です。

これに対し，$k^2 > 1/2$の時は，k'が0に近くなるのでεやqが大きくなり，式（6-61）や式（6-62）の項数が増えて効率が悪くなります。そこで，$k'^2 < 1/2$であることを利用して，まず$K'=K(k')$を上記の手順で計算します。KとK'には$K/K'=-\log q'/\pi$という関係があるので，これを使えばKを計算することができます。ここで，$q'=q(k')$

なので，K'の計算中に得られます。

以上の手順により計算したところ，例題の範囲で最大誤差は5×10^{-15}程度になりました。ただし，kが非常に1に近い場合，たとえば，$k=0.999999$のような場合には，計算途中に入っている$1-k^2$の計算で桁落ちが生じて精度が落ちてしまいます。これは有理化などで回避することができないため，解答プログラム例では補母数k'に関する第1種完全楕円積分$K(k')$も計算できるようにしています。kが1に近い時は，精度の良い$k'=\sqrt{1-k^2}$を使って$K(\sqrt{1-k'^2})$を計算することで，精度の良い$K(k)$を得ることができます。

6.10 ヤコビの楕円関数

例題

ノームを使う手法でヤコビの楕円関数を計算するサブルーチンを作成し，$u=0\sim20$までのヤコビの楕円関数，sn u，cn u，dn uを0.002ごとに計算して出力せよ。ここで，母数kは0.4とする。

▼解答プログラム例

```
program test_sncndn
   implicit none
      real u,h,k,sn,cn,dn
      integer i,n
      n = 10000
      h = 20.0/n
      k = 0.4
      do i = 0, n
         u = h*i
         call sncndn(u,k,sn,cn,dn)
         print 600,u,k,sn,cn,dn
      enddo
   600 format(2f10.5,3es20.10)
end program test_sncndn

subroutine sncndn(u,k,sn,cn,dn)
   implicit none
   real, parameter :: pi = 3.141592653589793, pi2 = pi*2
   real u,v,k,sn,cn,dn,k2,kd,nome_q,th1,th2,th3,th4
   real z,z2,z4,z6,zi2,zi4,zi6,zi8,cc,cc2,ss,ss2
   real, save :: k2c = 0,q,qd,q2,q3,q4,kk,kkd,kcs,kcc,kcd
   integer ind,nd
```

```
   k2 = k*k
   if (k2 == 0) then
      sn = sin(u);    cn = cos(u);       dn = 1
      return
   else if (k2 == 1) then
      sn = tanh(u);   cn = 1/cosh(u);    dn = cn
      return
   else if (k2 > 0.5) then
      if (k2c /= k2) then
         q = nome_q(1-k2)
         qd = 2*sqrt(sqrt(q))
         q2 = q*q;      q3 = q2*q;   q4 = q2*q2
         kk  = 0.5*(1 + 2*q*(1 + q3*(1 + q3*q2)))**2
         kkd = pi*kk
         kk  = -log(q)*kk
         kd  = sqrt(1-k2)
         kcs = 1/sqrt(k);     kcd = sqrt(kd)
         kcc = kcs*kcd
         k2c = k2
      endif
      ind = 0
      nd  = u/(4*kk)
      z   = u - 4*kk*nd
      if (z > 2*kk) then
         z = z - 4*kk
      else if (z < -2*kk) then
         z = z + 4*kk
      endif
      if (z < -kk) then
         ind = 1
         z = z + 2*kk
      else if (z > kk) then
         ind = 1
         z = z - 2*kk
      endif
      v = z/(2*kkd)
      z = exp(pi*v)
      z2 = z*z;   z4 = z2*z2;   z6 = z2*z4
      zi2 = 1/z2;  zi4 = zi2*zi2;  zi6 = zi2*zi4;   zi8 = zi4*zi4
!     th1 = qd*(sinh(pi*v) - q2*(sinh(3*pi*v) - q4*sinh(5*pi*v)))
      th1 = qd*z*((1-zi2)-q2*((z2-zi4)-q4*((z4-zi6)-q4*q2*(z6-zi8))))/2
!     th4 = qd*(cosh(pi*v) + q2*(cosh(3*pi*v) + q4*cosh(5*pi*v)))
```

```
      th4 = qd*z*((1+zi2)+q2*((z2+zi4)+q4*((z4+zi6)+q4*q2*(z6+zi8))))/2
      z4 = 1 + q4*(z4+zi4)
      z2 = q*((z2+zi2)+q4*q4*(z6+zi6))
!     th3 = 1 + 2*(q*cosh(2*pi*v)+q**4*cosh(4*pi*v)+q**9*cosh(6*pi*v))
      th3 = z4 + z2
!     th4 = 1 - 2*(q*cosh(2*pi*v)-q**4*cosh(4*pi*v)+q**9*cosh(6*pi*v))
      th2 = z4 - z2
      if (ind > 0) then
         th1 = -th1;    th2 = -th2
      endif
   else
      if (k2c /= k2) then
         q  = nome_q(k2)
         qd = 2*sqrt(sqrt(q))
         q2 = q*q;      q3 = q2*q;      q4 = q2*q2
         kk = 0.5*pi*(1 + 2*q*(1 + q3*(1 + q3*q2)))**2
         kd = sqrt(1 - k2)
         kcs = 1/sqrt(k);     kcd = sqrt(kd)
         kcc = kcs*kcd
         k2c = k2
      endif
      v = u/(2*kk)
      cc = cos(pi*v);      cc2 = cc*cc
      ss = sin(pi*v);      ss2 = ss*ss
!     th1 = qd*(sin(pi*v) - q2*(sin(3*pi*v) - q4*sin(5*pi*v)))
      th1 = qd*(ss - q2*ss*((3-4*ss2) - q4*(5-ss2*(20-16*ss2))))
!     th2 = qd*(cos(pi*v) + q2*(cos(3*pi*v) + q4*cos(5*pi*v)))
      th2 = qd*(cc + q2*cc*((4*cc2-3) + q4*(5-cc2*(20-16*cc2))))
      z4 = 1 + 2*q4*(1-8*cc2*(1-cc2))
      z2 = 2*q*(cc2-ss2 - q4*q4*(1 - cc2*(18-cc2*(48-32*cc2))))
!     th3 = 1 + 2*(q*cos(2*pi*v)+q**4*cos(4*pi*v)+q**9*cos(6*pi*v))
      th3 = z4 + z2
!     th4 = 1 - 2*(q*cos(2*pi*v)-q**4*cos(4*pi*v)+q**9*cos(6*pi*v))
      th4 = z4 - z2
   endif
   sn = kcs*th1/th4
   cn = kcc*th2/th4
   dn = kcd*th3/th4
end subroutine sncndn
```

sncndnは，引数uとkに実数を与えると，ヤコビの楕円関数，$\mathrm{sn}\,u$，$\mathrm{cn}\,u$，$\mathrm{dn}\,u$の値を計算して，それぞれを引数sn，cn，dnに代入して戻るサブルーチンである。ここで，$|k| \leqq 1$でなければならない。この領域外のkを与えた場合にはエラーメッセージを出して終了する。本プログラムの実行には，6.9節（p.288）の解答プログラム例に含まれる関数副プログラムnome_qが必要である。

解説

ヤコビ（Jacobi）の楕円関数$\mathrm{sn}\,u$は，以下の積分（第1種不完全楕円積分）で定義されています。

$$u = \int_0^{\mathrm{sn}\,u} \frac{dx}{\sqrt{(1-x^2)(1-k^2x^2)}} \tag{6-63}$$

すなわち，第1種不完全楕円積分の逆関数です。この関数は，パラメータk（母数）にも依存するので，$\mathrm{sn}(u,k)$と書くべきですが，通常はkを省略して$\mathrm{sn}\,u$と書きます。$\mathrm{sn}\,u$は，非線形振動方程式,

$$\frac{d^2\theta}{dt^2} = -\sin\theta \tag{6-64}$$

の周期解を表す関数です。第1種完全楕円積分(6-57)と式(6-63)を比較してわかるように，$\mathrm{sn}\,K(k) = 1$であり，これで1周期の1/4です。すなわち，$\mathrm{sn}\,u$の周期は$4K(k)$です。

三角関数に$\sin x$や$\cos x$があるように，ヤコビの楕円関数には$\mathrm{sn}\,u$，$\mathrm{cn}\,u$，$\mathrm{dn}\,u$の3種類があり，以下の関係があります†8。

$$\mathrm{sn}^2 u + \mathrm{cn}^2 u = 1, \qquad k^2\mathrm{sn}^2 u + \mathrm{dn}^2 u = 1 \tag{6-65}$$

この3種類の楕円関数値を一度に計算するのがサブルーチンsncndnです。3種類を一度に計算する必要はないかもしれませんが，途中の計算に共通する部分が多いので同時に計算する方が効率が良いからです。

まず，$k=0$と$|k|=1$の時は，表6.1のように初等関数で表すことができるので，場合分けをして別途計算します。

▼表6.1　楕円関数と初等関数の関係

楕円関数	$k=0$	$\|k\|=1$
$\mathrm{sn}\,u$	$\sin u$	$\tanh u$
$\mathrm{cn}\,u$	$\cos u$	$\mathrm{sech}\,u$
$\mathrm{dn}\,u$	1	$\mathrm{sech}\,u$

†8　$\mathrm{sn}^2 u$，$\mathrm{cn}^2 u$，$\mathrm{dn}^2 u$はそれぞれ$(\mathrm{sn}\,u)^2$，$(\mathrm{cn}\,u)^2$，$(\mathrm{dn}\,u)^2$の意味です。

それ以外のkにおけるヤコビの楕円関数は，参考文献[7]に基づいて，6.9節(p.288)で説明したノーム$q(k)$を利用する手法で計算します。ノームを利用するには，ヤコビの楕円関数をテータ関数で表します。テータ関数には次の4種類があります。

$$\vartheta_1(v,q)=2q^{1/4}\left(\sin\pi v-q^2\sin 3\pi v+\cdots+(-1)^k q^{k(k+1)}\sin(2k+1)\pi v+\cdots\right) \quad (6\text{-}66)$$

$$\vartheta_2(v,q)=2q^{1/4}\left(\cos\pi v+q^2\cos 3\pi v+\cdots+q^{k(k+1)}\cos(2k+1)\pi v+\cdots\right) \quad (6\text{-}67)$$

$$\vartheta_3(v,q)=1+2q\cos 2\pi v+2q^4\cos 4\pi v+\cdots+2q^{k^2}\cos 2k\pi v+\cdots \quad (6\text{-}68)$$

$$\vartheta_4(v,q)=1-2q\cos 2\pi v+2q^4\cos 4\pi v-\cdots+(-1)^k 2q^{k^2}\cos 2k\pi v+\cdots \quad (6\text{-}69)$$

これらの式を見てわかるように，テータ関数はq^{k^2}や$q^{k(k+1)}$の級数になっているので，qが1より小さければ，少ない項数で十分な精度が得られます。

このテータ関数を用いると，$v=u/2K(k)$として，ヤコビの楕円関数は以下で表されます。

$$\mathrm{sn}\ u=\frac{1}{\sqrt{k}}\frac{\vartheta_1(v,q)}{\vartheta_4(v,q)},\quad \mathrm{cn}\ u=\sqrt{\frac{k'}{k}}\frac{\vartheta_2(v,q)}{\vartheta_4(v,q)},\quad \mathrm{dn}\ u=\sqrt{k'}\frac{\vartheta_3(v,q)}{\vartheta_4(v,q)} \quad (6\text{-}70)$$

ここで，$k'=\sqrt{1-k^2}$です。

サブルーチンsncndnでは，まずノーム$q(k)$を計算し，それを用いて第1種完全楕円積分$K(k)$を計算した後，上式を用いて4種類のテータ関数を計算し，それらを用いてヤコビの楕円関数を計算する，という手順になっています。

ただし，6.9節(p.288)の楕円積分の説明にも出てきたように，kが1に近くなると，qが大きくなって級数の収束が悪くなります。そこで，$k^2>1/2$の時には，虚数変換を用いてテータ関数をk'に関するノーム$q'=q(k')$と第1種完全楕円積分$K'=K(k')$を用いた$v'=u/2K'$の関数に変換して計算します。

$$\vartheta_1(v,q)=i\sqrt{c}e^{-c\pi v^2}\vartheta_1(-iv',q'),\qquad \vartheta_2(v,q)=\sqrt{c}e^{-c\pi v^2}\vartheta_4(-iv',q'), \quad (6\text{-}71)$$

$$\vartheta_3(v,q)=\sqrt{c}e^{-c\pi v^2}\vartheta_3(-iv',q'),\qquad \vartheta_4(v,q)=\sqrt{c}e^{-c\pi v^2}\vartheta_2(-iv',q') \quad (6\text{-}72)$$

ここで，$c=-\pi/\log q$です。添字の対応に注意して下さい。虚数変換ではvに$-iv'$を代入するため，級数展開の公式（式(6-66) - (6-69)）で，$i\sin x$は$\sinh x$に，$\cos x$は$\cosh x$になります。$\mathrm{sn}\,u$などの計算にはテータ関数の比が必要なだけなので，$\sqrt{c}e^{-c\pi v^2}$を計算する必要はありません。ただし，三角関数の代わりに指数関数を使って計算するので，$|u|$が大きいと周期性が悪くなります。そこで，サブルーチンsncndnではuを周期$4K$で割った時の余りu_1を計算して$-2K\leqq u_1\leqq 2K$の範囲に収めます。さらに$\mathrm{sn}(u+2K)=-\mathrm{sn}\ u$，$\mathrm{cn}(u+2K)=-\mathrm{cn}\ u$という関係があるので，$|u_1|>K$の時には$u_1+2K$または$u_1-2K$にして，$-K\leqq u_1\leqq K$の範囲に収めて上記の計算を行い，$\mathrm{sn}\ u_1$と$\mathrm{cn}\ u_1$の符号を変えます。$\mathrm{dn}\ u$は周期が$2K$なので，$\mathrm{dn}\ u_1$の符号を変える必要はありません。

倍精度の計算値を保証するには，$k^2 \leqq 1/2$ではq^9まで，$k^2 > 1/2$では，q'^{12}まで取る必要があります。また，サブルーチンsncndnでは，全ての$\sin n\pi v$や$\sinh n\pi v'$などを計算するのではなく，$z = \sin\pi v$だけ計算して，$\sin 3\pi v$をzの多項式$(3z - 4z^3)$で計算したり，$z' = e^{\pi v'}$を計算して，$\sinh 3\pi v'$を$z'(z'^2 - z'^{-4})/2$のように変形して計算しています。これは計算速度を上げるための工夫ですが，プログラムがわかりにくくなるので，自作する時にはsinやsinhのままでプログラムすればいいでしょう。対応する関数形はプログラム中にコメント文で示しています。

実際の応用では，例題のように母数kを固定して色々なuに対する楕円関数を計算することが多いと思います。そこで，サブルーチンsncndnでは，kのみに関する計算，ノームqや第1種完全楕円積分$K(k)$などの結果を代入した変数はsave属性を付けておいて，サブルーチン終了後も保存し，次に同じkでコールされた時は，保存されていた計算値を使うようにしています。

以上の手順により計算したところ，例題の範囲で最大誤差は5×10^{-15}程度になりました[†9]。

解答プログラム例から得られた数値と$k = 0.99$で計算した数値を使って関数をグラフ化したのが図6.3です。

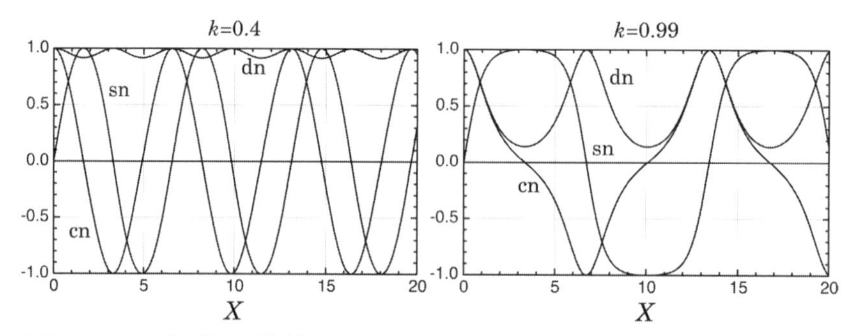

●図6.3　ヤコビの楕円関数（左図は$k = 0.4$，右図は$k = 0.99$）

図のように，cn uやdn uも周期関数であり，cn uの周期はsn uと同じ$4K(k)$で，dn uの周期は$2K(k)$です。kがあまり大きくなければ，三角関数とそれほど大きな違いはありませんが，kが1に近づくと間欠的に急激な変化を見せる関数になります。

†9　ただし，6.9節(p.288)でも注意したように，kが1に近いところでは精度が悪くなります。

第7章 常微分方程式の解法

科学の法則には様々な微分方程式が出てきます。これは，法則が瞬時の時間変化率で表されたり，各点での空間変化率で表されたりしていることが多いからです。微分方程式には大別して2種類あります。独立変数が1個の常微分方程式と2個以上の偏微分方程式です。本章では，常微分方程式の解を数値的に計算するプログラムを作成します。

基本的な常微分方程式は，次のようにxの関数$y(x)$の1階微分がxとyの関数$f(x,y)$で与えられています。

$$\frac{dy}{dx} = f(x,y) \tag{7-1}$$

xを独立変数，$y(x)$を未知関数といいます。

より一般的には，独立変数xに関するm個の未知関数を$y_1(x), y_2(x), \cdots, y_m(x)$として，それらの1階微分が，次式のように$x$と$y_1$，$y_2$，…，$y_m$の関数で与えられています。

$$\begin{aligned}
\frac{dy_1}{dx} &= f_1(x, y_1, y_2, \cdots, y_m) \\
\frac{dy_2}{dx} &= f_2(x, y_1, y_2, \cdots, y_m) \\
&\vdots \\
\frac{dy_m}{dx} &= f_m(x, y_1, y_2, \cdots, y_m)
\end{aligned} \tag{7-2}$$

また，関数$y(x)$のm階微分がそれより低い階の微係数で表されているm階の常微分方程式，

$$\frac{d^m y}{dx^m} = f\left(x, y, \frac{dy}{dx}, \cdots, \frac{d^{m-1}y}{dx^{m-1}}\right) \tag{7-3}$$

に対しては，次のような1階の連立常微分方程式に変形することができるので，式(7-2)と同じ解法が使えます。

$$\begin{aligned}
&\frac{dy}{dx} = y_1, \quad \frac{dy_1}{dx} = y_2, \quad \cdots \quad , \quad \frac{dy_{m-2}}{dx} = y_{m-1}, \\
&\frac{dy_{m-1}}{dx} = f(x, y, y_1, \cdots, y_{m-1})
\end{aligned} \tag{7-4}$$

常微分方程式(7-2)を数値的に解くには，方程式を表す関数f_1，f_2，…，f_mに加えて未知関数と同数の条件を与える必要があります。たとえば，あるx_0における，$y_1(x_0)$，$y_2(x_0), \cdots, y_m(x_0)$を与えて，$x > x_0$の関数値を計算します。これを初期値問題といいます。

これに対し，2個以上の異なる点における未知関数値を満足する微分方程式の解を計算する問題もあります。これを境界値問題といいます。たとえば，2階の常微分方程式において，2点x_0とx_1での値，$y(x_0)$，$y(x_1)$を与える問題を2点境界値問題といいます。本章では，主として初期値問題のプログラムを作成し，2点境界値問題については代表的な解法のプログラムを作成します。

7.1 初期値問題の解法 ―オイラー法―

例題

オイラー法を使って，次の常微分方程式を満足する数値解を計算せよ。ただし，初期条件を$y(0)=1$とし，刻み幅$h=0.02$ごとの数値，$y(h)$，$y(2h)$，$\cdots, y(nh)$を計算する。

$$\frac{dy}{dx}=x-3y \tag{7-5}$$

たとえば，$n=200$，すなわち$x=4$まで計算しながら結果を出力するプログラムを作成せよ。

▼解答プログラム例

```
program euler_1
   implicit none
   real x0,y0,h
   integer n,nmax
   x0 = 0
   y0 = 1! 初期値
   h  = 0.02
   nmax = 200
   print *,'x, y = ',x0,y0
   do n = 1, nmax
      y0 = y0 + (x0 - 3*y0)*h ! yに関する微係数
      x0 = x0 + h
      print *,'x, y = ',x0,y0
   enddo
end program euler_1
```

このプログラムは，オイラー法を使って微分方程式(7-5)の解を計算している。まず，開始点x0とその点での初期値y0，および刻み幅hを与え，オイラー法の手順でx0＋hでの関数値y(x0＋h)を計算する。得られた関数値はそのまま変数y0に代入する。x0には，その時点のxの値を代入する。こうすれば，くり返しのパターンが共通になるのでdoループを使うことができるとともに，メモリの節約になる。

解説

1階の微分方程式(7-1)は，x–y座標における各点(x, y)での未知関数$y(x)$の勾配を関数$f(x,y)$で定めています。このため，微分方程式を解くことは，座標(x^0, y^0)から開始して，この勾配の情報に従って関数が描く曲線をたどることだといえます[†1]。

この最初の値$y^0 = y(x^0)$を初期値といいます。しかし，数値計算では連続的に座標を計算することができないので，小さい有限区間離れたxについての近似値を計算するという動作をくり返しながら関数値を計算していくのが基本です。この有限区間の幅のことを"刻み幅"といいます。

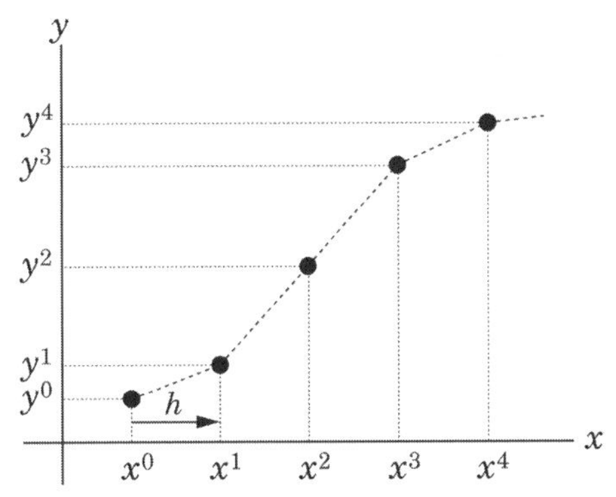

●図7.1　オイラー法の手順

刻み幅h後の関数値を予測する最も簡単な方法は，オイラー法(Euler法)です。オイラー法とは，微分方程式(7-1)の左辺の微分を1次差分に置き換える手法です。1次差分とは，xにおける関数値$y(x)$と刻み幅h進んだ$x+h$での関数値$y(x+h)$を使って微係数を，

$$\frac{dy}{dx} \fallingdotseq \frac{y(x+h) - y(x)}{h} \tag{7-6}$$

と近似することです。$y^n = y(x^n)$，$y^{n+1} = y(x^n + h)$とすれば，式(7-1)から以下の近似式が得られます。

$$\frac{y^{n+1} - y^n}{h} = f(x^n, y^n) \tag{7-7}$$

これをy^{n+1}について解けば，

$$y^{n+1} = y^n + f(x^n, y^n)h \tag{7-8}$$

となるので，x^n，y^nが既知であれば，これらを微分方程式の関数$f(x,y)$に代入するこ

†1　本章では，x^nやy^nは，n乗ではなく，n回更新後の値という意味で使用しているので注意して下さい。

とで予測値y^{n+1}を計算することができます。

そこで，初期値(x^0, y^0)から出発して，$x^1 = x^0 + h$における予測値y^1を計算し，次にx^1とその予測値y^1を使って，再度式(7-8)の右辺を計算すれば，$x^2 = x^1 + h$における予測値y^2を計算することができます。これをくり返して，所定のxに到達するまで，予測を続ければ，必要な関数の近似値$y(x)$を求めることができます。この手順を図示すると図7.1のようになります。

なお，微分方程式の数値計算はくり返し数が多いので，全ての途中計算結果を保存するには大量のメモリが必要です。このため，計算の最後まで必要な数値以外の変数は再利用するようなプログラムにします。解答プログラム例ではhごとの関数値を計算していますが，xもyも更新値をそのまま初期値の変数に代入しています。

7.2 連立常微分方程式の初期値問題の解法 —オイラー法—

例題

オイラー法を使って，次の連立常微分方程式を満足する数値解を計算せよ。ただし，初期条件を$y(0) = 1, z(0) = 0$とし，刻み幅$h = 0.1$ごとの数値，$y(nh), z(nh)$を計算する。

$$\frac{dy}{dx} = -y - 5z$$
$$\frac{dz}{dx} = 4y - 3z \tag{7-9}$$

たとえば，$n = 30$，すなわち$x = 3$まで計算しながら結果を出力するプログラムを作成せよ。

▼解答プログラム例

```
program euzler_2
   implicit none
   real x0,y0,z0,y1,h
   integer n,nmax
   x0 = 0
   y0 = 1
   z0 = 0
   h  = 0.1
   nmax = 30
   print *,'x, y, z = ',x0,y0,z0
   do n = 1, nmax
      y1 = y0 + (- y0 - 5*z0)*h  ! yに関する微係数
      z0 = z0 + (4*y0 - 3*z0)*h  ! zに関する微係数
```

```
        x0 = x0 + h
        y0 = y1
        print *,'x, y, z = ',x0,y0,z0
     enddo
end program euler_2
```


　このプログラムは，オイラー法を使ってyとzに関する連立常微分方程式 (7-9) の解を計算している。まず，開始点x0とその点での初期値y0，z0，および刻み幅hを与え，オイラー法の手順でx0＋hでの関数値y(x0＋h) とz(x0＋h) を計算する。得られた関数値はそのまま変数y0とz0に代入する。x0には，その時点のxの値を代入する。ただし，y0の計算値を一時的に別の変数y1に代入している。これは，すぐにy0に代入すると，z0の計算の時にその更新した値が使われるため，独立変数xの位置がずれるからである。

解説

　オイラー法は，解くべき未知関数がm個ある連立1階常微分方程式 (7-2) に対しても適用することができます。すなわち，関数$y_1(x)$，$y_2(x)$，…，$y_m(x)$の微分を全て1次差分で置きかえて変形することで次式を得ます。

$$
\begin{aligned}
y_1^{n+1} &= y_1^n + f_1(x^n, y_1^n, y_2^n, \cdots, y_m^n)h \\
y_2^{n+1} &= y_2^n + f_2(x^n, y_1^n, y_2^n, \cdots, y_m^n)h \\
&\vdots \\
y_m^{n+1} &= y_m^n + f_m(x^n, y_1^n, y_2^n, \cdots, y_m^n)h
\end{aligned}
\tag{7-10}
$$

この式を使えば，既知の値$x^n, y_1^n, y_2^n, \cdots, y_m^n$から，次ステップの値，$y_1^{n+1}, y_2^{n+1}$，$\cdots, y_m^{n+1}$を予測することができます。後は，未知関数が1個の場合と同じです。

　なお，解答プログラム例は未知関数が2個なので，変数y0とz0を使ってプログラムを書きましたが，未知関数が多い場合や，より汎用性のあるサブルーチンにする時は，未知関数値を配列に代入するなどの改良が必要です。

●Key Elements 7.1　数値微分と近似精度

　ここで，オイラー法の基礎となる微分の近似とその精度についてまとめておきます。単一変数xの関数$y(x)$の微分$y'(x)$は，次の極限値で定義されています。

$$
y'(x) = \frac{dy}{dx} = \lim_{h \to 0} \frac{y(x+h) - y(x)}{h} \tag{7-11}
$$

　有効数字の有限な数値を扱うコンピュータでは，無限小のような極限操作はできないので，微分の定義においてhを充分小さい値に取り，近似的に

$$y'(x) \fallingdotseq \frac{y(x+h)-y(x)}{h} \tag{7-12}$$

と計算するのが基本です。これを数値微分，または差分近似といいます。数値微分はhの大きさによって近似の精度が異なります。関数$y(x)$をテイラー展開すれば，

$$y(x+h) = y(x) + y'(x)h + \frac{y''(x)}{2}h^2 + \frac{y'''(x)}{6}h^3 + \frac{y^{(4)}(x)}{24}h^4 + \cdots \tag{7-13}$$

ですから，近似式(7-12)は

$$\frac{y(x+h)-y(x)}{h} = y'(x) + \frac{y''(x)}{2}h + \cdots \tag{7-14}$$

となって，hに比例する誤差を伴います。このため，近似式(7-12)を1次精度の差分といいます。

関数$y(x)$の微係数が微分方程式(7-1)で与えられている場合には，$y(x^n+h)$をhについてテイラー展開すると，

$$y(x^n+h) = y(x^n) + f(x^n, y^n)h + \frac{y''(x^n)}{2}h^2 + \cdots \tag{7-15}$$

です。よって，オイラー法(7-8)により得られる近似解y^{n+1}との差は

$$y(x^n+h) - y^{n+1} = \frac{y''(x)}{2}h^2 + \cdots \tag{7-16}$$

となります。すなわち，オイラー法の誤差はh^2に比例します。このため，hを1/2にすれば1回あたりの誤差は1/4になります。

常微分方程式の数値解法では，独立変数xを増加させた時の関数値$y(x)$の増加分を計算し，加算していくのが基本です。このため，xから$x+h$に進める1ステップあたりの計算誤差が大きいと，集積するにつれて真の解からのずれが増大します。精度を上げるには刻み幅hを小さくすればいいのですが，解の挙動を調べるには目標となるxの値が決まっているため，計算回数が増大します。

7.3節のルンゲ・クッタ法では，オイラー法で進めた関数値を使って微係数の評価値を改良しています。これにより，1ステップあたりの近似精度を上げることができます。

7.3 精度の高い初期値問題の解法 —ルンゲ・クッタ法—

例題

次の連立常微分方程式(7-17)を満足する数値解を4次のルンゲ・クッタ法を用いて計算せよ。ただし，初期条件を$y(0)=1$，$z(0)=0$とし，刻み幅$h=0.1$ごとの数値，$y(nh), z(nh)$を計算する。

$$\frac{dy}{dx} = -y - 5z \qquad \frac{dz}{dx} = 4y - 3z \tag{7-17}$$

たとえば，$n=30$，すなわち$x=3$まで計算しながら結果を出力するプログラムを作成せよ。なお，ルンゲ・クッタ法の手順は汎用性のあるサブルーチンにせよ。

▼**解答プログラム例**

```
program runge_kutta_test
   implicit none
   real x0,p(2),h,y0,z0
   integer n,nmax
   external funcyz
   x0 = 0
   y0 = 1
   z0 = 0
   p(1) = y0
   p(2) = z0
   h  = 0.1
   nmax = 30
   print *,'x, y, z = ',x0,y0,z0
   do n = 1, nmax
      call runge_kutta(funcyz,2,x0,h,p)
      y0 = p(1)
      z0 = p(2)
      print *,'x, y, z = ',x0,y0,z0
   enddo
end program runge_kutta_test

subroutine funcyz(m,x,y,f)
   implicit none
   real x,y(m),f(m)
   integer m
```

```
    f(1) = - y(1) - 5*y(2)
    f(2) = 4*y(1) - 3*y(2)
end subroutine funcyz

subroutine runge_kutta(func,m,xn,h,yn)
    implicit none
    real xn,h,yn(m),k1(m),ys(m),dy(m)
    integer m,i
    call func(m,xn,yn,k1)
    do i = 1, m
        ys(i) = yn(i) + (h/2)*k1(i)
        dy(i) = k1(i)
    enddo
    call func(m,xn+h/2,ys,k1)
    do i = 1, m
        ys(i) = yn(i) + (h/2)*k1(i)
        dy(i) = dy(i) + 2*k1(i)
    enddo
    call func(m,xn+h/2,ys,k1)
    do i = 1, m
        ys(i) = yn(i) + h*k1(i)
        dy(i) = dy(i) + 2*k1(i)
    enddo
    call func(m,xn+h,ys,k1)
    do i = 1, m
        yn(i) = yn(i) + (h/6)*(dy(i) + k1(i))
    enddo
    xn = xn + h
end subroutine runge_kutta
```

runge_kuttaは，整数引数mで指定したm個の未知関数に関する連立1階常微分方程式の微係数の計算をサブルーチンfuncに記述して引数に与え，独立変数値xnにおけるm個の関数値を1次元配列yn(m)に代入して引数に与えると，4次のルンゲ・クッタ法を用いてfuncに記述された微分方程式を解き，引数で与えた刻み幅h後，xn＋hでの関数値を計算して同じ配列yn(m)に代入するサブルーチンである。同時にxnもxn＋hに更新する。このため，引数xnには変数を指定しなければならない。

サブルーチンrunge_kuttaに与える各未知関数の微係数を計算するサブルーチンfuncは，以下のように未知関数の数を与える整数m，独立変数値xn，xnでの関数値を代入した1次元配列yn(m)を与えると，各yn(m)の微係数を計算して1次元配列fn(m)に代入するように用意する。

```
subroutine func(m,xn,yn,fn)
    implicit none
    real xn,yn(m),fn(m)
    integer m
    fn(1) = ...
    ....
end subroutine func
```

解答プログラム例では，未知関数が2個なので，1次元配列p(2)を用意し，$y(x)$と$z(x)$の初期値をその第1要素と第2要素に代入してからサブルーチンrunge_kuttaを利用している。funcyzは，上記の書式に従って例題の関数計算を記述したサブルーチンである。

後は，runge_kuttaをくり返し用いてhごとの関数値を計算し，結果を出力している。出力時にp(1)とp(2)を変数y0とz0に代入しているのは，変数と関数値の対応を明示するためであり，p(1)とp(2)を直接出力しても問題はない。

解説

オイラー法は，微分が1次精度なので，刻み幅hの2乗に比例した誤差が生じます。これに対し，オイラー法を数回行って微係数の評価を修正することで，1ステップあたりの誤差をhの3乗以上に比例させることができます。たとえば，オイラー法で1回進めた関数の予測値を使って$x+h$での微係数を計算し，元の微係数との平均を使ってもう一度進め直すと，正しい解との差がh^2の項まで一致する2次近似になります。式で書くと，次のような手順です。

$$
\begin{aligned}
k_1 &= f(x^n, y^n) \\
k_2 &= f(x^n + h, y^n + hk_1) \\
y^{n+1} &= y^n + \frac{h}{2}(k_1 + k_2)
\end{aligned}
\tag{7-18}
$$

これを2次のルンゲ・クッタ法(Runge–Kutta法)といいます。2次のルンゲ・クッタ法は，微係数$f(x,y)$の計算が1ステップにつき2回必要ですが，hの3乗に比例して誤差が小さくなるので，ステップを半分にすると誤差は1/8になります。

この手法を拡張して，さらに精度を上げることも可能です。最もよく使われているのは4次のルンゲ・クッタ法で，次のような手順です。

$$
\begin{aligned}
k_1 &= f(x^n, y^n) \\
k_2 &= f(x^n + \frac{h}{2}, y^n + \frac{h}{2}k_1) \\
k_3 &= f(x^n + \frac{h}{2}, y^n + \frac{h}{2}k_2) \\
k_4 &= f(x^n + h, y^n + hk_3) \\
y^{n+1} &= y^n + \frac{h}{6}(k_1 + 2(k_2 + k_3) + k_4)
\end{aligned}
\tag{7-19}
$$

この4次のルンゲ・クッタ法は，h^4の項まで一致する4次近似です。

手順(7-19)は，y^nや$k_1 \sim k_4$をm個用意すれば，m個の未知関数を持つ連立1階常微分方程式の計算に拡張することができます。このため，m個の関数値$y_1, y_2, \cdots, y_m$を保存する1次元配列を利用する形にしておけば，汎用性のあるサブルーチンになります。その際，手順(7-19)をそのままプログラムにするとk_1からk_4の4種類の補助配列が必要ですが，解答プログラム例のrunge_kuttaでは，微係数を保存するための配列k1(m)と，それを加えた増分を保存する配列dy(m)の2個に減らしています。

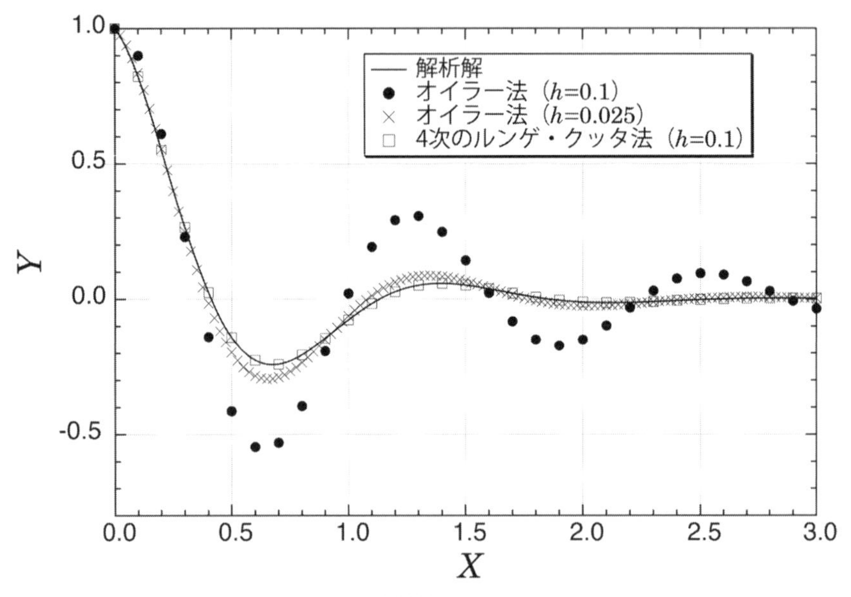

●図7.2　常微分方程式の数値解法の精度比較

図7.2に，解答プログラム例を使って得られるオイラー法と4次のルンゲ・クッタ法の計算結果を示します。実線は解析解です。図7.2からわかるように，刻み幅$h=0.1$のオイラー法の結果は，解析解から大きく外れています。これに対し4次のルンゲ・クッタ法は$h=0.1$でも解析解にほぼ一致した解が得られています。一般に微分方程式の数値解法で最も時間がかかるのは微係数$f(x, y)$の計算です。オイラー法は1ステップあたり関数計算が1回で，2次のルンゲ・クッタ法は2回，4次のルンゲ・クッタ法は4回です。このため，$h=0.1$として計算した4次のルンゲ・クッタ法の結果は，$h=0.025$としてオイラー法で計算した結果と比較する必要があります。そこで，図7.2には$h=0.025$で計算したオイラー法の結果も示しています。図のように，$h=0.025$で計算したオイラー法の結果は，解析解にかなり近くなっていますが，まだ少し外れていて，4次のルンゲ・クッタ法を使った方が精度の良い解が得られていることがわかります。

7.4 自動刻み幅調節計算 —ルンゲ・クッタ・フェールベルグ法—

例題

次の2階常微分方程式を満足する数値解を，自動刻み幅調節機能を持つルンゲ・クッタ・フェールベルグ法を用いて計算せよ。ただし，初期条件を $y(0)=1$, $y'(0)=0.36514$ とし，刻み幅 $h=0.1$ ごとの数値，$y(nh)$ を計算せよ。

$$\frac{d^2y}{dx^2} = -\sin(30y) \tag{7-20}$$

たとえば，$n=150$, すなわち $x=15$ まで計算しながら結果を出力するプログラムを作成せよ。なお，ルンゲ・クッタ・フェールベルグ法の手順は汎用性のあるサブルーチンにせよ。

▼**解答プログラム例**

```
program rk_fehlberg_test
   implicit none
   real x0,y(2),h,eps
   integer n,nmax,ndiv,nstep
   external func2d
   x0 = 0
   y(1) = 0
   y(2) = 0.36514
   h    = 0.1
   eps  = 5.e-8
   nmax = 150
   nstep = 0
   print *,'x, y, ndiv = ',x0,y(1),ndiv
   do n = 1, nmax
      call rk_fehlberg(func2d,2,x0,h,y,eps,ndiv)
      nstep = nstep + ndiv
      print *,'x, y, ndiv = ',x0,y(1),ndiv
   enddo
end program rk_fehlberg_test

subroutine func2d(m,x,y,f)
   implicit none
   real x,y(m),f(m)
   integer m
   f(1) = y(2)
```

```
   f(2) = -sin(30*y(1))
end subroutine func2d

subroutine rk_fehlberg(func,m,xn,h,yn,eps,ndiv)
   implicit none
   real xn,h,eps,yn(m),yn1(m),dyn(m)
   real absmax,beta,xn0
   integer m,ndiv,i,nd
   external func
   xn0 = xn
   call rkf_single_step(func,m,xn,h,yn,yn1,dyn)
   absmax = 0
   do i = 1, m
      absmax = max(absmax, abs(dyn(i)))
   enddo
   beta = 0.9*(eps/absmax)**0.2
   if (beta > 1.0) then
      ndiv = 1
      do i = 1, m
         yn(i) = yn1(i)
      enddo
   else
      ndiv = 10-1.0/beta
      if (ndiv <= 0) then
         ndiv = 10
      else
         ndiv = 10-ndiv
      endif
      do nd = 1, ndiv
         call rkf_single_step(func,m,xn,h/ndiv,yn,yn1,dyn)
         xn = xn + h/ndiv
         do i = 1, m
            yn(i) = yn1(i)
         enddo
      enddo
   endif
   xn = xn0 + h
end subroutine rk_fehlberg

subroutine rkf_single_step(func,m,xn,h,yn,yn1,dyn)
   implicit none
   real xn,h,yn(m),k1(m),k2(m),k3(m),k4(m),k5(m)
```

```
   real yn1(m),dyn(m)
   integer m,i
   call func(m,xn,yn,k1)
   do i = 1, m
      dyn(i) = yn(i) + (h/4)*k1(i)
   enddo
   call func(m,xn+h/4,dyn,k2)
   do i = 1, m
      dyn(i) = yn(i) + (h/32)*(3*k1(i)+9*k2(i))
   enddo
   call func(m,xn+3*h/8,dyn,k3)
   do i = 1, m
      dyn(i) = yn(i) + (h/2197)*(1932*k1(i)-7200*k2(i)+7296*k3(i))
   enddo
   call func(m,xn+12*h/13,dyn,k4)
   do i = 1, m
      dyn(i) = yn(i) + h*(439*k1(i)/216-8*k2(i)+3680*k3(i)/513 &
                         -845*k4(i)/4104)
   enddo
   call func(m,xn+h,dyn,k5)
   do i = 1, m
      dyn(i) = yn(i) + h*(-8*k1(i)/27+2*k2(i)-3544*k3(i)/2565 &
                         +1859*k4(i)/4104-11*k5(i)/40)
   enddo
   call func(m,xn+h/2,dyn,k2)
   do i = 1, m
      yn1(i) = yn(i) + h*(16*k1(i)/135+6656*k3(i)/12825 &
                         +28561*k4(i)/56430-9*k5(i)/50+2*k2(i)/55)
      dyn(i) = h*(k1(i)/360-128*k3(i)/4275-2197*k4(i)/75240 &
                         +k5(i)/50+2*k2(i)/55)
   enddo
end subroutine rkf_single_step
```

rk_fehlbergは，整数引数mで指定したm個の未知関数に関する連立1階常微分方程式の微係数の計算をサブルーチンfuncに記述して引数に与え，独立変数値xnにおけるm個の関数値を1次元配列yn(m)に代入して引数に与えると，ルンゲ・クッタ・フェールベルグ法を用いてfuncに記述された微分方程式を解き，引数で与えた刻み幅h後，xn＋hでの関数値を計算して同じ配列yn(m)に代入するサブルーチンである。同時にxnもxn＋hに更新する。このため，引数xnには変数を指定しなければならない。サブルーチンfuncは，7.3節(p.303)の解答プログラム例と同じ形式で用意する。ここでは，サブルーチンfunc2dに2階の微分方程式を1階の連立微分方程式に変換して記述している。

epsは刻み幅h進ませた時の許容誤差を指定するための値である。まず，刻み幅をhとして，1ステップ進ませた時の関数値の誤差を評価し，誤差が指定した許容値を越えた時には，許容値に収まるようにhをN_D等分し，刻み幅h/N_DでN_D回計算して1ステップ終了する。この時の分割数N_Dは整数変数ndivに代入される。

rkf_single_stepは，ルンゲ・クッタ・フェールベルグ法の1ステップを実行するサブルーチンである。整数引数mで指定したm個の未知関数に関する連立1階常微分方程式の微係数の計算をサブルーチンfuncに記述して引数に与え，独立変数値xnにおけるm個の関数値を1次元配列yn(m)に代入して引数に与えると，ルンゲ・クッタ・フェールベルグ法を1回用いてfuncに記述された微分方程式を解き，引数で与えた刻み幅h後，xn＋hでの関数値を計算して1次元配列yn1(m)に代入する。同時に各要素yn(m)の誤差評価値を1次元配列dyn(m)に代入する。xnは更新しない。この計算手順には分数の計算が多数出てくるが，プログラムをわかりやすくするためにそのまま書いている。実際に利用する時は，分数をあらかじめ計算して，変数やパラメータ変数に設定する方が良い。

この例題は，2階の常微分方程式を解く問題なので，式(7-4)のようにyとy'の連立方程式に変形し，yとy'の値を1次元配列y(2)の第1要素と第2要素に代入して計算している。なお，サブルーチンrk_fehlbergを1回実行した後に，分割数ndivを合計して変数nstepに代入している。これは最終的に何度計算したかを確認するためである。

解説

オイラー法やルンゲ・クッタ法を用いて微分方程式を数値的に解く時，適切な刻み幅の選択には経験が必要です。できるだけ小さい値にすれば，誤差は小さくなりますが，計算回数が増加します。また，微分方程式の誤差が大きくなるのは，微分値が大きい，すなわち変化が急な時ですが，変化は常に急とは限らず，一般には変化が緩い領域と急な領域が混在しています。この時，変化が急な領域に合わせて刻み幅を決めると，変化が緩やかな領域では無駄に多くの計算をすることになります。

そこで便利なのが，変化が激しい時に自動的に刻み幅hを小さくするような“自動刻み幅調節機能”付きの計算です。自動刻み幅調節をするには，変化が急激かどうかの判定が必要です。このため，精度の異なるアルゴリズムで2個の予測値を計算し，その差で誤差の判定をします。この2個の予測値をできる限り共通の微係数を使って計算する方法の一つがルンゲ・クッタ・フェールベルグ法(Runge–Kutta–Fehlberg法)です。まず，次のような6個の微係数を計算します[5]。

$$
\begin{aligned}
k_1 &= f(x^n, y^n) \\
k_2 &= f\left(x^n + \frac{h}{4}, y^n + \frac{h}{4}k_1\right) \\
k_3 &= f\left(x^n + \frac{3h}{8}, y^n + \frac{h}{32}(3k_1 + 9k_2)\right) \\
k_4 &= f\left(x^n + \frac{12h}{13}, y^n + \frac{h}{2197}(1932k_1 - 7200k_2 + 7296k_3)\right) \\
k_5 &= f\left(x^n + h, y^n + h\left(\frac{439}{216}k_1 - 8k_2 + \frac{3680}{513}k_3 - \frac{845}{4104}k_4\right)\right) \\
k_6 &= f\left(x^n + \frac{h}{2}, y^n + h\left(-\frac{8}{27}k_1 + 2k_2 - \frac{3544}{2565}k_3 + \frac{1859}{4104}k_4 - \frac{11}{40}k_5\right)\right)
\end{aligned}
\tag{7-21}
$$

次に，これらを使って，次の2個の予測値を計算します。

$$
\begin{aligned}
y^{n+1} &= y^n + h\left(\frac{16}{135}k_1 + \frac{6656}{12825}k_3 + \frac{28561}{56430}k_4 - \frac{9}{50}k_5 + \frac{2}{55}k_6\right) \\
y_*^{n+1} &= y^n + h\left(\frac{25}{216}k_1 + \frac{1408}{2565}k_3 + \frac{2197}{4104}k_4 - \frac{1}{5}k_5\right)
\end{aligned}
\tag{7-22}
$$

この結果得られる，y^{n+1}はh^5の項まで正しい5次近似であり，y_*^{n+1}はh^4の項まで正しい4次近似です。このため，$\Delta y^{n+1} = y^{n+1} - y_*^{n+1}$は$h^5$に比例する誤差を持つので，これを利用して刻み幅を修正することができます。Δy^{n+1}は次式で与えられます。

$$
\Delta y^{n+1} = h\left(\frac{1}{360}k_1 - \frac{128}{4275}k_3 - \frac{2197}{75240}k_4 + \frac{1}{50}k_5 + \frac{2}{55}k_6\right) \tag{7-23}
$$

解答プログラム例の`rkf_single_step`は，このルンゲ・クッタ・フェールベルグ法の基本計算部で，`yn(i)`に代入されたm個の関数値y_i^nの刻み幅h後の5次精度の予測値y_i^{n+1}を`yn1(i)`に代入し，誤差Δy_i^{n+1}の値を`dyn(i)`に代入します。なお，微係数を保存する配列として，k_6は用意せずk_2で代用しました。最後の計算ではk_2が不要だからです。

解答プログラム例のサブルーチン`rk_fehlberg`では，まず`rkf_single_step`を使って引数で指定した刻み幅h後の予測値と誤差を計算します。次に，誤差Δy_i^{n+1}の最大絶対値と引数`eps`で指定した許容誤差評価値εを使って，

$$
\beta = \alpha \left(\frac{\varepsilon}{\max_i |\Delta y_i^{n+1}|} \right)^{1/5} \tag{7-24}
$$

を計算します。ここで，αは安全係数で，参考文献[5]によれば0.8 〜 0.9を与えればよいようです。`rk_fehlberg`では0.9に固定しています。

βは，計算誤差を許容誤差範囲内に収めることのできる最大の刻み幅h_sと引数で指定した刻み幅hとの比です。よって，βが1以上ならば，予測値を元の関数配列`yn(i)`に代入してサブルーチンを終了し，次のステップに進みます。

もし，$\beta<1$ならば，$1/\beta$を切り上げた整数N_Dを計算し，刻み幅h/N_DでN_Dステップ計算して終了します。N_Dは戻り値の引数`ndiv`に代入されるので，`rk_fehlberg`の終了後にどの程度分割されたかを調べることも可能です。なお，N_Dは10以下にしています。これは分割数が急激に変更されないようにするためです[5]。

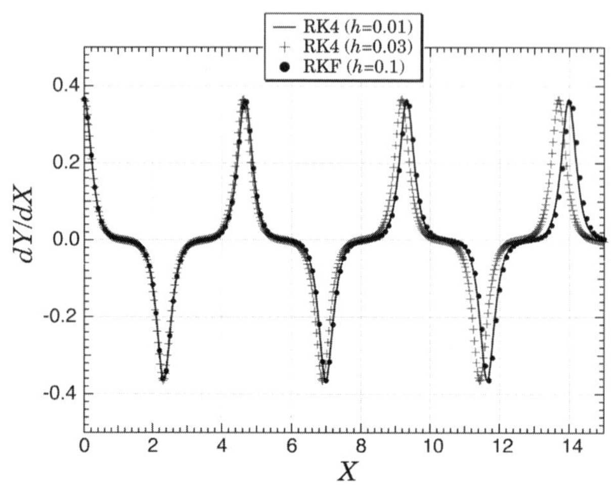

●図7.3　自動刻み幅調整の有効性

図7.3に上記のプログラムの計算結果と7.3節(p.303)の4次のルンゲ・クッタ法で計算した結果の比較を示します。図7.3で，実線は$h=0.01$を使って4次のルンゲ・クッタ法で計算したものであり，ほぼ解析解に等しいと考えられます。また，＋は$h=0.03$にして計算したものですが，徐々に解析解から外れています。これに対し，●は初期幅$h=0.1$の解答プログラム例の結果ですが，ずれが少ないまま解析解に近い値が得られていることがわかります。この時，分割数の合計は427回なので，$h=0.03$の4次のルンゲ・クッタ法の計算回数500回よりも少ない回数で計算しています[†2]。

ルンゲ・クッタ・フェールベルグ法は，精度さえ指定しておけば，後は自動で刻み幅を調節してくれるのですから，突発的に大きな変化を示す現象を計算する場合に有効な手段です。

なお，サブルーチン`rk_fehlberg`における自動刻み幅調節のしくみは，簡単ですが改良すべき点が色々あります。たとえば，分割数を10までに限定しているので，それ以上の急激な変化が起こった時には対応できません。より柔軟に刻み幅を変化させるには，分割した1ステップごとでも誤差評価をしなければなりません。また，誤差の評価にはΔy_i^{n+1}の最大値を使いましたが，問題によっては連立微分方程式の各関数のスケールが異なっていて，同じ誤差評価ができるとは限りません。その場合には各関数ごとに誤差の許容量を決めることも必要です。

---

†2　ただし，ルンゲ・クッタ・フェールベルグ法では微係数の評価が6回必要で，かつ計算量も多いので，計算回数だけで実行速度を比較することはできません。

7.5 硬い方程式の解法 ―陰解法―

例題

次の連立微分方程式を後退オイラー法を用いて計算せよ[†3]。ただし，初期条件を $y(0)=1$，$z(0)=0$ とし，刻み幅 $h=0.02$ ごとの数値，$y(nh)$，$z(nh)$ を計算する。

$$\begin{aligned} \frac{dy}{dx} &= 998y + 1998z \\ \frac{dz}{dx} &= -999y - 1999z \end{aligned} \tag{7-25}$$

たとえば，$n=100$，すなわち $x=2$ まで計算しながら結果を出力するプログラムを作成せよ。

▼解答プログラム例

```
program backward_euler
   implicit none
   real x0,y0,z0,h
   real a11,a12,a21,a22,b1,b2,det
   integer n,nmax
   x0 = 0
   y0 = 1
   z0 = 0
   h  = 0.02
   nmax =100
   print *,'x, y, z = ',x0,y0,z0
   a11 = 1 - 998*h
   a12 = -1998*h
   a21 = 999*h
   a22 = 1 + 1999*h
   det = a11*a22 - a12*a21
   do n = 1, nmax
      b1 = y0
      b2 = z0
      y0 = (b1*a22 - a12*b2)/det
      z0 = (a11*b2 - a21*b1)/det
      x0 = x0 + h
      print *,'x, y, z = ',x0,y0,z0
```

†3　この例題は参考文献[2]より選びました。

```
    enddo
end program backward_euler
```

このプログラムは，後退オイラー法を用いて微分方程式の解を計算している。計算した$y(nh)$と$z(nh)$の値を変数y0とz0に代入し，その時のxの値をx0に代入している。解の計算には連立1次方程式の解法が必要だが，2元連立方程式なので，1.1節(p.92)の行列式を使った公式を使用した。

解説

これまで説明した常微分方程式の解法は，現時点で与えられている値だけを用いて微係数$f(x,y)$を計算しています。これを陽解法(explicit法)といいます。たとえば，オイラー法では，式(7-8)のように，現時点x^nでの関数値y^nを使って，刻み幅h後の値y^{n+1}を計算しています。ルンゲ・クッタ法も，何段階かのステップはありますが，現時点での関数値を出発点としているので陽解法です。

これに対し，式(7-8)の右辺の微係数関数$f(x,y)$を，更新後の値で評価する手法を後退オイラー法といいます[†4]。すなわち，

$$y^{n+1} = y^n + f(x^{n+1}, y^{n+1})h \tag{7-26}$$

とする方法です。この方法は，y^{n+1}を未知数とする方程式の形になっていて，陰解法(implicit法)と呼ばれています。

例題の方程式(7-25)は，微係数が未知関数に関する1次関数なので，後退オイラー法を適用すると，

$$\begin{aligned} y^{n+1} &= y^n + (998y^{n+1} + 1998z^{n+1})h \\ z^{n+1} &= z^n + (-999y^{n+1} - 1999z^{n+1})h \end{aligned} \tag{7-27}$$

となり，次のようなy^{n+1}とz^{n+1}の連立1次方程式を解くことで，次ステップの近似解を計算することができます。

$$\begin{pmatrix} 1-998h & -1998h \\ 999h & 1+1999h \end{pmatrix} \begin{pmatrix} y^{n+1} \\ z^{n+1} \end{pmatrix} = \begin{pmatrix} y^n \\ z^n \end{pmatrix} \tag{7-28}$$

解答プログラム例の結果を図7.4に示します。

†4　これに対し，式(7-8)のオイラー法を前進オイラー法といいます。

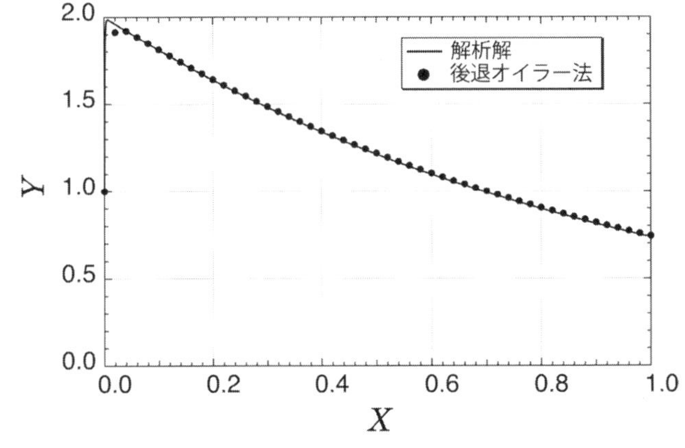

●図7.4 後退オイラー法の結果と解析解の比較

図7.4には，比較のため，この問題の解析解，

$$\begin{aligned} y(x) &= 2e^{-x} - e^{-1000x} \\ z(x) &= -e^{-x} + e^{-1000x} \end{aligned} \tag{7-29}$$

を実線で示しています。xが小さい時の計算結果は解析解からずれていますが，xが大きくなると良く一致していることがわかります。

例題の方程式(7-25)は“硬い方程式”と呼ばれている部類に属する方程式で，陽解法で解くのが難しいものです。陰解法は，方程式を解く手間が必要ですが，Key Elements 7.2で示すように硬い方程式でも安定に計算できるという利点があります。

●Key Elements 7.2 常微分方程式における数値計算の安定性

7.5節で紹介した後退オイラー法は，連立1次方程式を解く手間が必要なので，前進オイラー法より1ステップの計算に時間がかかります。しかし，この例題を$h=0.02$として前進オイラー法で計算してみると，計算値が加速度的に増大し，最終的にはオーバーフローになります。hを1桁小さくすれば計算できますが，計算時間が10倍必要です。なぜこのような現象が起こるのか，逆になぜ後退オイラー法では起こらないのかを，より簡単な問題を使って説明しましょう。

微分方程式を，

$$\frac{dy}{dx} = -ay \tag{7-30}$$

とし，$a>0$とします。たとえば，$y(0)=1$を初期条件としてこの方程式を解けば，解は$y(x)=e^{-ax}$です。

この問題にオイラー法を適用すれば，y^{n+1}は以下の式で与えられます。

$$y^{n+1} = y^n - ay^n h = (1 - ah)y^n \tag{7-31}$$

これは，初期値1から出発して，1ステップごとに$1 - ah$を掛けていくのですから，数値解は$y^n = (1 - ah)^n$のような等比数列です。等比数列は指数関数で表すことができるので，精度の問題はあっても解の挙動は似ています。ただし，式(7-31)を見てわかるように$ah < 1$でなければなりません。もし，$ah \geqq 1$になれば，解がおかしな挙動をします。たとえば，$ah = 1$なら$y^{n+1} = 0$ですから，全ての予測値は0です。また，$1 < ah \leqq 2$の場合には，y^{n+1}が負数になる場合があり，0より大きいという解析解の性質が失われています。

さらに始末が悪いのは$ah > 2$の時です。この時，公比$1 - ah$の絶対値が1を越えるので，y^nの絶対値は指数関数的に増大し，計算結果がオーバーフローしてしまいます。本来は0に収束しなければならない常微分方程式に対して，数値計算が無限大を予測してしまうというこの現象は“数値的不安定性”と呼ばれています。この問題では，$ah < 1$の時のみ，厳密解と同じ挙動の解が得られるのですから，hを十分小さく取れば不安定性は出てきません。しかし，計算時間が増大します。

さて，7.5節の例題の解析解は，式(7-29)のようにe^{-x}とe^{-1000x}の組み合わせです。このため，陽解法で計算する場合，刻み幅はe^{-1000x}の変化に合わせる必要があり，hをかなり小さくしなければ数値的不安定性が起こります。しかし，e^{-1000x}は短時間に0に収束するのですから，初期の急激な変化には寄与するものの，大域的にはあまり重要ではありません。にもかかわらず，この係数に合わせた小さい刻み幅を使うのは時間の浪費です。このように，異なるスケールの変化率が混在した微分方程式を“硬い方程式”といいます。数値的不安定性はオイラー法だけの問題ではなく，次数の高いルンゲ・クッタ法でも起こります†5。

さて，微分方程式(7-30)に後退オイラー法を適用すると以下のようになります。

$$y^{n+1} = y^n - ay^{n+1}h \tag{7-32}$$

式(7-32)の，右辺第2項を左辺に移せばy^{n+1}について解くことができます。

$$y^{n+1} = \frac{y^n}{1 + ah} \tag{7-33}$$

この式は，式(7-31)と同様に等比数列を与えますが，公比$1/(1 + ah)$が常に1より小さいため，どんなに大きなhを使っても必ず0に収束します。すなわち数値的不安定性は起こりません。一般的に，大きな刻み幅で硬い方程式を解く場合には，後退オイラー法のような陰解法が有効です。

---

†5　ただし，アルゴリズムによって，hの上限，すなわち安定に動作する条件は異なります。

なお，後退オイラー法の精度は1次です。これに対して，2次精度の陰解法は微係数の関数を現在と過去で平均すればよいことが知られています。

$$y^{n+1} = y^n + \frac{h}{2}\big(f(x^n, y^n) + f(x^{n+1}, y^{n+1})\big) \tag{7-34}$$

この手順を方程式(7-30)に適用すれば，

$$y^{n+1} = y^n - \frac{ah}{2}(y^n + y^{n+1}) \tag{7-35}$$

です。よって，

$$y^{n+1} = \frac{1 - ah/2}{1 + ah/2} y^n \tag{7-36}$$

となります。この式は，誤差がh^3に比例しているという意味で2次の方法であり，hが大きくなっても係数$(1 - ah/2)/(1 + ah/2)$の絶対値が1を越えないという意味で安定です。しかし，$ah > 2$で係数が負になるので，解が正であるという性質は保たれません。微分方程式の近似精度を上げることと解の性質を保つことは必ずしも両立しないことがわかります。

7.6 保存性を保証する運動方程式の解法 —シンプレクティック法—

例題

質量1の物体の2次元座標(x, y)に関する次の連立運動方程式を2次のシンプレクティック法で計算せよ。

$$\frac{d^2x}{dt^2} = -x - 2xy, \qquad \frac{d^2y}{dt^2} = -y - x^2 + y^2 \tag{7-37}$$

ここで，$p_x = dx/dt$，$p_y = dy/dt$とし，初期条件を$x(0) = 0$，$y(0) = 0$，$p_x(0) = 0.2$，$p_y(0) = 0$として，刻み幅$h = 0.2$ごとの数値，$x(nh), y(nh), p_x(nh), p_y(nh)$を計算する。たとえば，$n = 200000$まで，すなわち$t = 4000$まで計算するプログラムを作成し，その計算結果を使って，方程式(7-37)の解曲線が$x = 0$の平面を$x < 0$の領域から$x > 0$の領域へと突き抜ける時点のyとp_yを線形補間を使って計算し，出力せよ。

▼解答プログラム例

```
program henon_heires_map
   implicit none
   real t0,x0,y0,px0,py0,q(2),p(2),h,yp,pyp
   integer nt,ntmax,nm
   t0  = 0
   x0  = 0
   px0 = 0.2
   y0  = 0
   py0 = 0
   q(1) = x0
   q(2) = y0
   p(1) = px0
   p(2) = py0
   h  = 0.2
   ntmax = 200000
   nm = 0
   do nt = 1, ntmax
      call symplectic2nd(t0,h,q,p)
      if (x0 <= 0 .and. q(1) > 0) then
         nm  = nm + 1
         yp  = y0  - (q(2)-y0)/(q(1)-x0)*x0
         pyp = py0 - (p(2)-py0)/(q(1)-x0)*x0
         print *,nm,yp,pyp
      endif
      x0  = q(1)
      y0  = q(2)
      px0 = p(1)
      py0 = p(2)
   enddo
end program henon_heires_map

subroutine symplectic_2nd(tn,h,q,p)
   implicit none
   real tn,h,h2,q(*),p(*)
   h2   = h/2
   q(1) = q(1) + p(1)*h2
   q(2) = q(2) + p(2)*h2
   p(1) = p(1) + (-q(1)-2*q(1)*q(2))*h
   p(2) = p(2) + (-q(2)-q(1)*q(1)+q(2)*q(2))*h
   q(1) = q(1) + p(1)*h2
   q(2) = q(2) + p(2)*h2
```

```
    tn = tn + h
end subroutine symplectic_2nd
```

サブルーチンsymplectic_2ndは，時刻tnでの(x,y)の値を1次元配列q(2)に代入し，(p_x,p_y)の値を1次元配列p(2)に代入して，刻み幅hと共に与えると，2次のシンプレクティック法を用いて，時刻tn＋hでの(x,y)と(p_x,p_y)を計算し，それぞれをq(2)とp(2)に代入するサブルーチンである。この時，tnもtn＋hに更新する。このため，tnは変数を指定しなければならない。

メインプログラムは，サブルーチンsymplectic_2ndを使ってhごとの(x,y)と(p_x,p_y)を計算していき，更新前のxが0以下で，更新後のxが正の場合には，線形補間（5.1節（p.222））を使って，$x=0$になる時のyとp_yを計算して出力している。

解説

式(7-37)は，以下のポテンシャルエネルギーから導かれる運動方程式です。

$$V(x,y)=\frac{x^2}{2}+\frac{y^2}{2}+x^2y-\frac{y^3}{3} \tag{7-38}$$

このため，式(7-37)の解は，このポテンシャルエネルギーに運動エネルギーを加えた全エネルギーEが一定にならなければなりません。

$$E=\frac{p_x^2}{2}+\frac{p_y^2}{2}+\frac{x^2}{2}+\frac{y^2}{2}+x^2y-\frac{y^3}{3}=一定 \tag{7-39}$$

ここで，質量が1なので$p_x=dx/dt$，$p_y=dy/dt$です。

このような保存量を持つ方程式を数値計算する場合，保存量が長時間にわたって保たれるか否かは，解の性質を調べる上での重要なポイントです。シンプレクティック法は，位相空間の占有体積が保存することを保証しながら時間発展を計算する手法です。このため，長時間計算しても厳密解から大きく外れることがないという特性を持ちます。

例題における2次のシンプレクティック法の計算手順は以下の通りです。

$$\begin{aligned} x' &= x^n + p_x^n h/2 \\ y' &= y^n + p_y^n h/2 \end{aligned} \tag{7-40}$$

$$\begin{aligned} p_x^{n+1} &= p_x^n + (-x' - 2x'y')h \\ p_y^{n+1} &= p_y^n + (-y' - x'^2 + y'^2)h \end{aligned} \tag{7-41}$$

$$\begin{aligned} x^{n+1} &= x' + p_x^{n+1} h/2 \\ y^{n+1} &= y' + p_y^{n+1} h/2 \end{aligned} \tag{7-42}$$

すなわち，まず式(7-40)のようにxとyをオイラー法で$h/2$進め，次にその更新値を使って式(7-41)のようにp_xとp_yをオイラー法でh進め，最後にその更新値を使って式(7-42)のようにxとyの更新値をオイラー法で$h/2$進める，という3段階で1ステップが完了します。2次のシンプレクティック法のアルゴリズムや保存量についての詳細は，Key Elements 7.3で説明します。

解答プログラム例では，各ステップでの座標ではなく，$x=0$の平面を通過する時点でのy座標とp_y座標を出力しています。この座標点(y, p_y)の集合をポアンカレ写像(Poincaré Map)といいます。ポアンカレ写像は，非線形微分方程式の解の周期性を調べるのに便利な図形です。

解答プログラム例では，計算の結果得られたx^nに対し，$x^n \leqq 0$かつ$x^{n+1}>0$の時に，線形補間(5-3)(p.224)を使って$x=0$となる写像点の座標を計算しています。たとえば，yの写像点座標y_pは次式のようになります。

$$y_p = y^n - \frac{y^{n+1} - y^n}{x^{n+1} - x^n} x^n \tag{7-43}$$

p_yの写像点座標p_{yp}も同様に計算します。

解答プログラム例の出力結果を使ってポアンカレ写像を描いたのが図7.5(a)です。

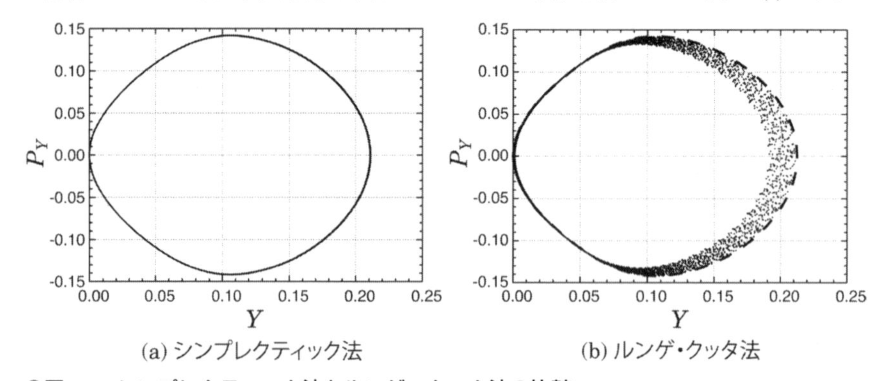

●図7.5　シンプレクティック法とルンゲ・クッタ法の比較

図のように，全ての点がほぼ一つの曲線上に現れています。これに対し，同じ微分方程式を4次のルンゲ・クッタ法を使って，同じ初期条件，同じ刻み幅で計算した結果を図7.5(b)に示します。この場合には，yが大きい領域で点の分布が拡がっていることがわかります。詳細に調べてみると，最初は図7.5(a)とほぼ同じ曲線上に点が現れますが，徐々に内側にずれてきて，結果的に拡がったように見えています。図7.5(b)において，破線で示した曲線は，$h=0.02$にして$t=4000$までルンゲ・クッタ法で計算した結果から得られるポアンカレ写像の概形を示したものです。すなわち，例題の解は，図7.5(a)のような閉曲線上に現れるのが正しく，刻み幅の大きいルンゲ・クッタ法は，この周期性を保っていないことがわかります。

ここで紹介した2次のシンプレクティック法は2次精度です。これに対し，ルンゲ・クッタ法は4次精度の手順を使っているので，hを小さくした時の精度の向上はルンゲ・クッタ法の方が優れています。よって，$h=0.02$にした時，$t=4000$までであれば閉曲線上に現れるポアンカレ写像が得られますが，より長時間の計算をすれば，徐々に閉曲線は小さくなります。すなわち保存性が悪いという性質が消えるわけではありません。

ここで取り上げた微分方程式は，エノン・ハイレス方程式（Hénon-Heiles方程式）と呼ばれている非線形方程式で，Eの値が小さい時には周期性を持ちますが，Eが増加するに従って非周期的な構造が現れることがわかっています[15]。このような問題では，解が周期的なのか，非周期的なのかの判定が重要なポイントなので，シンプレクティック法の利用が有効です。

Eを固定して計算したエノン・ハイレス方程式のポアンカレ写像は，初期条件によって様々なパターンが現れます。解答プログラム例を利用して，ポアンカレ写像の全体像を描いて見て下さい。

●Key Elements 7.3 シンプレクティック法の保存量

シンプレクティック法[14]は，ハミルトン力学系と呼ばれる力学問題に適用できる方法で，“シンプレクティック形式”という保存量を厳密に保存させながら時間発展を計算します[†6]。シンプレクティック形式とは，位置と運動量を座標とする空間（位相空間）での占有体積を示す量で，これが保存すると，周期的な解の軌道が囲む領域の面積が一定になります。このため，ルンゲ・クッタ法で生じる閉曲線の縮小は起こりません。

一般的に，ハミルトニアン$H(\boldsymbol{q},\boldsymbol{p})$で記述される力学系，

$$\frac{d\boldsymbol{q}}{dt}=\frac{\partial H}{\partial \boldsymbol{p}},\qquad \frac{d\boldsymbol{p}}{dt}=-\frac{\partial H}{\partial \boldsymbol{q}} \tag{7-44}$$

に対して，シンプレクティック形式が保存します。ここで，N次元の運動を考えて，$\boldsymbol{q}=(q_1,q_2,\cdots,q_N)$は正準座標，$\boldsymbol{p}=(p_1,p_2,\cdots,p_N)$は正準運動量です。詳細は解析力学の知識が必要ですが，正準座標とはxやyのような位置座標で，正準運動量とは運動量$\boldsymbol{p}=m\boldsymbol{v}$と考えても問題ありません。ハミルトニアンとは，$\boldsymbol{q}$と$\boldsymbol{p}$で表された全エネルギーの関数です。

シンプレクティック法の数値計算が簡単なのは，ハミルトニアンが$H(\boldsymbol{q},\boldsymbol{p})=T(\boldsymbol{p})+V(\boldsymbol{q})$のように，正準運動量$\boldsymbol{p}$のみの運動エネルギー関数$T(\boldsymbol{p})$と正準座標$\boldsymbol{q}$のみのポテンシャルエネルギー関数$V(\boldsymbol{q})$に分離できる場合です。

最も簡単な，誤差がh^2に比例する1次のシンプレクティック法のアルゴリズムは以下のようになります。

$$\begin{aligned}\boldsymbol{q}^{n+1}&=\boldsymbol{q}^{n}+\frac{\partial T}{\partial \boldsymbol{p}}(\boldsymbol{p}^{n})h\\ \boldsymbol{p}^{n+1}&=\boldsymbol{p}^{n}-\frac{\partial V}{\partial \boldsymbol{q}}(\boldsymbol{q}^{n+1})h\end{aligned} \tag{7-45}$$

†6 ただし，コンピュータの数値は有効数字が有限なので，その程度の誤差は生じます。

これに対し，誤差がh^3に比例する2次のアルゴリズムは，以下のようになります。

$$\begin{aligned} \boldsymbol{q}' &= \boldsymbol{q}^n + \frac{\partial T}{\partial \boldsymbol{p}}(\boldsymbol{p}^n)\frac{h}{2} \\ \boldsymbol{p}^{n+1} &= \boldsymbol{p}^n - \frac{\partial V}{\partial \boldsymbol{q}}(\boldsymbol{q}')h \\ \boldsymbol{q}^{n+1} &= \boldsymbol{q}' + \frac{\partial T}{\partial \boldsymbol{p}}(\boldsymbol{p}^{n+1})\frac{h}{2} \end{aligned} \tag{7-46}$$

これを7.6節の例題に適用したのが，式(7-40)，(7-41)，(7-42)です。この2次の方法では，位置座標$\boldsymbol{q}$の更新を2回行っていますが，最後の$\boldsymbol{q}^{n+1}$の増分と次ステップの最初の$\boldsymbol{q}'$の増分が等しいので，$h/2$ではなく，hで$\boldsymbol{q}'$を更新し，更新前後の$\boldsymbol{q}'$の平均で$\boldsymbol{q}^{n+1}$を計算することもできます。

2次のシンプレクティックアルゴリズムは，力の計算$(-\partial V/\partial \boldsymbol{q})$が1ステップあたり1回で良いので1次の方法と計算量は変わりません。より高次の方法も作られていて，一般的には，

$$\begin{aligned} \boldsymbol{q}^{(k)} &= \boldsymbol{q}^{(k-1)} + c_k\frac{\partial T}{\partial \boldsymbol{p}}(\boldsymbol{p}^{(k-1)})h \\ \boldsymbol{p}^{(k)} &= \boldsymbol{p}^{(k-1)} - d_k\frac{\partial V}{\partial \boldsymbol{q}}(\boldsymbol{q}^{(k)})h \end{aligned} \tag{7-47}$$

という組み合わせを$(\boldsymbol{q}^{(0)},\boldsymbol{p}^{(0)}) = (\boldsymbol{q}^n,\boldsymbol{p}^n)$から開始して，$K$ステップで完了します。たとえば，4次のシンプレクティック法は，

$$\begin{aligned} &c_1 = c_4 = \frac{1}{2(2-2^{1/3})},\quad c_2 = c_3 = \frac{1-2^{1/3}}{2(2-2^{1/3})} \\ &d_1 = d_3 = \frac{1}{2-2^{1/3}},\quad d_2 = \frac{-2^{1/3}}{2-2^{1/3}},\quad d_4 = 0 \end{aligned} \tag{7-48}$$

という係数を使い，$(\boldsymbol{q}^{n+1},\boldsymbol{p}^{n+1}) = (\boldsymbol{q}^{(4)},\boldsymbol{p}^{(4)})$です[14]。

なお，シンプレクティック法では全エネルギーの保存は保証されていません。しかし，増加し続けるとか減少し続けるということはなく，初期値からのずれは刻み幅で決まる誤差範囲に収まるので，精度の良い方法を用いたり，十分小さな刻み幅を使用すれば問題ありません。

シンプレクティック法は，惑星の軌道のように，お互いの重力で相互作用しながら運動している多数の星の運動において，長時間の挙動を調べるのに利用されています。

7.7 2点境界値問題の解法 —差分化による解法—

例題

次の2階の常微分方程式を満足する数値解を差分化を用いて計算せよ。ただし，$0 \leqq x \leqq 10$とし，両端での関数値を$V(0) = 1$，$V(10) = 5$とする。

$$\frac{d^2V}{dx^2} = \sin\left(\frac{3\pi x}{10}\right) \tag{7-49}$$

計算は間隔$h = 0.1$の等間隔グリッドを使用し，各グリッドでの関数値$V(h), V(2h)$，$\cdots$，$V(99h)$を計算せよ。

▼解答プログラム例

```
program boundary_value
   implicit none
   integer, parameter :: nm = 100
   real x,v(0:100),fh(nm-1),h,xmax
   real, parameter :: pi = 3.141592653589793
   integer i
   xmax  = 10
   h     = xmax/nm
   v(0)  = 1
   v(nm) = 5
   do i = 1, nm-1
      x = h*i
      fh(i) = sin(3*pi*x/xmax)*h*h
   enddo
   call tridiagonal121(fh,nm,v)
   do i = 0, nm
      x = h*i
      print *,' x, V(x) = ',x,v(i)
   enddo
end program boundary_value

subroutine tridiagonal121(f,n,v)
   implicit none
   real f(*),v(0:n)
   real G(0:n),H(0:n)
   integer i,n
   G(0) = 0
```

```
    H(0) = v(0)
    do i = 1, n-1
       G(i) = -1/(-2 + G(i-1))
       H(i) = -(f(i) - H(i-1))*G(i)
    enddo
    do i = n-1, 1, -1
       v(i) = G(i)*v(i+1) + H(i)
    enddo
end subroutine tridiagonal121
```

このプログラムは，式(7-49)で与えられる2点境界値問題の解を等間隔グリッドでの差分化を用いて計算している。

tridiagonal121は，整数引数nで指定した1次元配列f(n)に，式(7-49)の右辺から得られる定数項の値を代入して引数に与えれば，1次元ポアソン方程式を差分化して得られる3重対角連立1次方程式を1.7節(p.109)で説明したガウスの消去法を用いて解き，v(1)〜v(n-1)に代入するサブルーチンである。ただし，v(0)とv(n)にはあらかじめ境界値を代入しておかなければならない。

解説

前節までに説明した常微分方程式は，初期値を与えてその後の変化を計算する初期値問題でした。連立1階常微分方程式を解くには，その未知関数の数だけ初期値が必要です。m階の微分方程式の場合には，未知関数の関数値からその$m-1$階の微係数までのm個の初期値が必要です。

これに対し，ある2点での値を与えて，その間の関数変化を計算するのが2点境界値問題です。例題は，1次元ポアソン方程式(Poisson方程式)と呼ばれる，

$$\frac{d^2V}{dx^2} = f(x) \tag{7-50}$$

という形の2階の微分方程式ですが，$x=0$と$x=L$での関数値$V(0)$と$V(L)$を与えて，その2点間$(0<x<L)$の関数値$V(x)$を計算する問題になっています[†7]。$x=0$での値が$V(0)$しか与えられていないので，初期値問題として未知関数を計算することはできません。

1次元ポアソン方程式を解くには，まず空間を粗視化します。すなわち，1次元領域$0 \leqq x \leqq L$を，幅hで等分割した点$x_i=hi$で代表します。これをグリッド(格子)といいます。コンピュータは有限個の数値しか扱えないので，連続した空間を有限個の点で代表させる粗視化は，空間変化を表す微分方程式を数値的に解く時の基本です。

†7　ポアソン方程式は，電荷分布と電位の関係や質量分布と重力ポテンシャルの関係を表す方程式です。2次元ポアソン方程式の解法については第8章で説明します。

次に，2階微分を差分化します。テイラー展開(7-13)を使えば，

$$V(x-h)-2V(x)+V(x+h)=V''(x)h^2+\frac{V^{(4)}(x)}{12}h^4+\cdots \tag{7-51}$$

なので，

$$V''(x)\fallingdotseq\frac{V(x-h)-2V(x)+V(x+h)}{h^2} \tag{7-52}$$

は2次の精度で2階微分を近似していることがわかります。そこで，各グリッド上の関数値を$V_i=V(x_i)$，右辺の関数値を$f_i=f(x_i)$と表せば，1次元ポアソン方程式は，

$$\frac{V_{i-1}-2V_i+V_{i+1}}{h^2}=f_i \tag{7-53}$$

のように近似することができます。ここで，最大グリッド番号をNとすれば，$L=Nh$です。境界値，$V_0=V(0)$と$V_N=V(L)$が与えられているので，この方程式は，$V_1, V_2, \cdots, V_{N-1}$に対する3重対角連立1次方程式になります。よって，1.7節(p.109)の算法を使えば簡単に解を計算することができます。ただし，V_iの係数がiに依存しないので，解答プログラム例ではこの問題専用のサブルーチン`tridiagonal121`を用意しました。`tridiagonal121`では，境界条件を入れるために1.7節(p.109)のサブルーチンと出発値が異なるので注意して下さい。前進消去は$G_0=0$，$H_0=V_0$から出発し，後退代入はV_Nから出発しています。

差分化による解の計算は，線形の微分方程式ならば連立1次方程式を解く問題に帰着するので比較的簡単に解が得られますが，非線形微分方程式には必ずしも適用できないのが欠点です。

7.8 2点境界値問題の解法 —シューティング法—

例題

次の2階の常微分方程式を満足し，$y'(0)=0$かつ$y(5)=0$となる数値解をシューティング法を用いて計算せよ。

$$\frac{1}{r^2}\frac{d}{dr}\left(r^2\frac{dy}{dr}\right)+y^3=0 \tag{7-54}$$

計算は間隔$h=0.025$の等間隔グリッドを使用し，各グリッドでの関数値$y(h)$，$y(2h)$，…，$y(199h)$を計算せよ。

▼解答プログラム例

```
program lane_emden_equation
   implicit none
   real r0,y(4),h,rmax,y0,y1,eps
   integer n,nmax,it,itmax
   external lane_emden
   itmax = 30
   eps  = 1e-10
   rmax = 5
   y0   = 1
   nmax = 200
   h  = rmax/nmax
   do it = 1, itmax
      r0   = 0
      y(1) = y0
      y(2) = 0
      y(3) = 1
      y(4) = 0
      do n = 1, nmax
         call runge_kutta(lane_emden,4,r0,h,y)
      enddo
      y1 = y0 - y(1)/y(3)
      if (abs(y1-y0) < eps) exit
      y0 = y1
   enddo
   r0   = 0
   y(1) = y0
   y(2) = 0
```

```
   print *,r0,y(1),y(2)
   do n = 1, nmax
      call runge_kutta(lane_emden,2,r0,h,y)
      print *,r0,y(1),y(2)
   enddo
end program lane_emden_equation

subroutine lane_emden(m,r,y,f)
   implicit none
   real r,y(m),f(m),r2
   integer m
   r2 = r*r
   f(1) = 0
   if (r > 0) f(1) = y(2)/r2
   f(2) = -r2*y(1)**3
   if (m == 2) return
   f(3) = 0
   if (r > 0) f(3) = y(4)/r2
   f(4) = -3*y(1)**2*r2*y(3)
end subroutine lane_emden
```


このプログラムは,シューティング法を用いて微分方程式(7-54)の解を計算している。シューティング法に必要な常微分方程式の初期値問題の解法には4次のルンゲ・クッタ法を使っている。また,$r=5$での関数値$y(5)$が0になるような初期値y_0の決定には,非線形方程式の解法であるニュートン法を利用している。ニュートン法の収束判定値は10^{-10}である。ニュートン法が収束すれば反復計算を終了し,その時の初期条件を使って再度微分方程式の解を計算しながら結果を出力する。

lane_emdenはシューティング法に必要な1階の連立微分方程式を記述したサブルーチンで，runge_kuttaの引数に与える。なお，シューティング法に必要な未知関数は4個だが，最後の関数値を出力する再計算の時には未知関数の初期値の導関数に関する計算が不要なので，サブルーチンlane_emdenでは，未知関数の数を与える引数mが2の時に不要な関数計算をしないようにしている。

本プログラムの実行には，7.3節 (p.303) の4次のルンゲ・クッタ法のサブルーチンrunge_kuttaが必要である。

解説

7.7節 (p.323) で説明した差分化による2点境界値問題の解法は非線形微分方程式に適用するのが難しいという欠点がありました。そこで，2点境界値問題を計算するもう一つの手法としてシューティング法があります。そもそも，2階の微分方程式は初期関数値と初期微分値が与えられれば，初期値問題の解法を使って解を計算することができます。そこで，片方の境界点で不足している初期値を適当に与えて，初期値問題の解法を使って微分方程式をもう片方の境界点まで計算し，その点の境界値と比較します。境界値と一致していれば，初期値の設定が正しいということになりますが，一致しない時には，そのずれを利用して元の初期設定値を修正し，適切な初期値を探索します。これがシューティング法です。

式(7-54)はレーン・エムデン方程式(Lane–Emden方程式)と呼ばれているもので，球対称な恒星の内部構造の記述に使われます。rは星の中心からの距離です。この問題では，中心($r=0$)での微係数$y'(0)$は0に固定されていますが，関数値$y_0=y(0)$は未知です。よって，一般解は，半径rと初期値y_0に依存する関数$y(r,y_0)$になります。例題は，この解が与えられた半径R ($=5$)で0になることを要求しているのですから，シューティング法は$y(R,y_0)=0$というy_0についての非線形方程式を解く問題に帰着します。

解答プログラム例では，この非線形方程式をニュートン法(2.6節(p.133))を使って計算しています。ニュートン法を使うためにはy_0に関する微係数が必要です。この例題では，方程式が比較的簡単なので，式(7-54)をy_0で偏微分して得られる微分方程式，

$$\frac{1}{r^2}\frac{d}{dr}\left(r^2\frac{d}{dr}\left(\frac{\partial y}{\partial y_0}\right)\right)+3y^2\left(\frac{\partial y}{\partial y_0}\right)=0 \tag{7-55}$$

を同時に計算して，微係数$\partial y(R,y_0)/\partial y_0$を計算します。解答プログラム例では，

$$y_1(r)=y(r),\quad y_2(r)=r^2\frac{dy}{dr},\quad y_3(r)=\frac{\partial y}{\partial y_0},\quad y_4(r)=r^2\frac{d}{dr}\left(\frac{\partial y}{\partial y_0}\right) \tag{7-56}$$

という4個の未知関数に関する連立1階常微分方程式をルンゲ・クッタ法を使って計算しています。ここで，$r=0$での初期値は，$y_1(0)=y_0$，$y_2(0)=0$，$y_3(0)=1$，$y_4(0)=0$です。ただし，この微分方程式には$y_1(r)$と$y_3(r)$の微係数の計算に$1/r^2$が入っているので$r=0$での計算には注意が必要です。この問題では，$dy_1(0)/dr=dy_3(0)/dr=0$です。

シューティング法は，非線形方程式を解く必要があるとはいえ，初期値問題の解法を使うことができるので，差分化よりも多くの問題に応用することができます。また，変化の激しい領域がある場合にはルンゲ・クッタ・フェールベルグ法のような自動刻み幅調節機能を持った解法を利用することもできます。なお，微分方程式が複雑で，微係数に関する微分方程式を構成するのが難しい時には割線法(2.5節(p.130))など他の非線形方程式の解法を使えばいいでしょう。

また，常微分方程式の境界値問題には，境界値だけでなく，方程式に含まれるパラメータに依存して解の存在が決定される場合があります。たとえば，電磁波動方程式や量子力学におけるシュレーディンガー方程式などでは，特定のパラメータのみ解が存在します。これは固有値問題であり，パラメータが固有値です。この時，固有値を解とする非線形方程式の解法に帰着させれば，シューティング法を使って固有値問題を解くことができます。

第8章 偏微分方程式の解法

第7章で説明した常微分方程式は1個の独立変数を持つ1変数関数が解でした。これに対し，独立変数を2個以上持つ多変数関数を解とするのが偏微分方程式です。偏微分方程式も様々な物理法則の中に現れます。

常微分方程式には，ルンゲ・クッタ法のような汎用性のある数値解法があり，安定性や保存性などの細かい問題はあるにせよ，初期値問題ならば高階の微分方程式や連立微分方程式を含めて同じ手法で計算することができます。しかし，偏微分方程式にはどんな問題にも適用可能な汎用性のある数値解法はありません。問題の性質に応じて最適なアルゴリズムを選択する必要があります。

本章では，物理学に出てくる以下の代表的な偏微分方程式について，その特徴に応じて解を計算するプログラムを作成します。

(1) 1次元熱伝導方程式
$$\frac{\partial T}{\partial t} = \kappa \frac{\partial^2 T}{\partial x^2} \tag{8-1}$$

(2) 1次元移流方程式
$$\frac{\partial F}{\partial t} + u \frac{\partial F}{\partial x} = 0 \tag{8-2}$$

(3) 2次元ポアソン方程式
$$\frac{\partial^2 V}{\partial x^2} + \frac{\partial^2 V}{\partial y^2} = f(x,y) \tag{8-3}$$

ここで, t は時間, x および y は空間座標です。また, 式 (8-3) の $f(x,y)$ は既知の関数です。

(1) の1次元熱伝導方程式は，温度 $T(x,t)$ が高い領域から低い領域に熱が移動して，時間とともに温度分布が広がっていく様子を表す方程式です。κ は熱伝導係数です。式 (8-1) は κ が定数の線形方程式ですが，本章では，熱伝導係数が温度に依存する非線形な問題の解法プログラムも作成します。

(2) の1次元移流方程式は，u が一定の時，$F(x,t) = F_0(x-ut)$ が解です。ここで，$F_0(x)$ は初期の関数形状です。すなわち，関数 $F(x,t)$ が形を変えずに x 方向に速度 u で進む様子を表す方程式で，電磁波や音波などが伝わる様子を表す波動方程式や流体力学などで出てきます。

(3) の2次元ポアソン方程式は，7.7節 (p.323) で例題にした1次元ポアソン方程式の2次元版です。この方程式は，関数 $f(x,y)$ に電荷密度や質量密度を与えて，電位や重力ポテンシャルなどの空間状態を表すのに使います。

偏微分方程式を数値計算する場合も，常微分方程式と同様に微分を差分で置き換えるのが基本です。偏微分方程式には空間座標が必ず含まれているので，連続した空間を有限個の点で代表する粗視化が必要です。粗視化にも色々ありますが，本章では最も単純な等間隔に並んだグリッド（格子）を使ったプログラムを作成します。

熱伝導方程式や移流方程式は時間微分が入った発展方程式なので，基本的には各グリッドの関数値に対する連立常微分方程式の初期値問題に帰着されます。これに対して，ポアソン方程式は，同時刻における各グリッドの関数値が満足する連立1次方程式に帰着され，その数値解を計算します。

空間座標を有限のグリッド数で表現するには全領域も有限にならねばなりません。空間差分を計算するには，必ず隣のグリッドの数値が必要なので，領域の端点の関数値を別途決める必要があります。これを境界条件といいます。境界条件には，定まった値を与える固定境界条件（ディリクレ条件），境界での微分値を与える微分境界条件（ノイマン条件），両端をつないで周期的にする周期的境界条件，などがあります。本章では，最も簡単な固定境界条件を使用します。

8.1 1次元熱伝導方程式の解法1 —陽解法—

例題

$0 \leqq x \leqq 10$の空間領域において，次の初期条件を満足する1次元熱伝導方程式 (8-1) の解を，陽解法を用いて解け。

$$T(x,0) = \begin{cases} x, & (0 \leq x < 5) \\ 10 - x, & (5 \leq x \leq 10) \end{cases} \tag{8-4}$$

ただし，$\kappa = 1$とする。また，$T(0,t) = 0$と$T(10,t) = 0$は固定する。空間グリッドは100分割し，$\Delta t = 0.004$ごとに関数値を進めて，$t = 10$まで計算せよ。なお，出力は，初期関数値を装置番号10のファイルに，$t = 10$での関数値を装置番号11のファイルに書き込むように作成せよ。

▼解答プログラム例

```
program thermal_explicit
   implicit none
   integer, parameter :: imax = 100
   real T(0:imax),T2(0:imax),xmax,x,dx,dt,kp,kdt
   integer i,nt,ntmax
   kp    = 1
   xmax = 10
   dx    = xmax/imax
   dt    = 0.004
   kdt   = kp*dt/(dx*dx)
   ntmax = 2500
   do i = 0, imax
      x = dx*i
      if (i < imax/2) then
```

```
        T(i) = x
      else
        T(i) = xmax - x
      endif
      write(10,*) i,x,T(i)
    enddo
    do nt = 1, ntmax
      do i = 1, imax-1
        T2(i) = T(i) + kdt*(T(i-1) - 2*T(i) + T(i+1))
      enddo
      do i = 1, imax-1
        T(i) = T2(i)
      enddo
    enddo
    do i = 0, imax
      x = dx*i
      write(11,*) i,x,T(i)
    enddo
end program thermal_explicit
```


このプログラムでは，ある時刻$t_n = n\Delta t$における，グリッド$x_i = i\Delta x$での温度，$T(x_i, t_n)$を1次元配列`T(i)`に代入している。陽解法でΔt進めた値を，一時的に他の1次元配列`T2(i)`に代入した後，その値を配列`T(i)`に戻して1ステップの計算が完了する。なお，陽解法のループにおいて，`i`の最小値0と最大値`imax` = 100 ($x = 10$) は計算せず，初期値のままである。これは境界点での温度を0に固定しているためである。

本プログラムでは，初期値と終了値の関数形を確認するため，それぞれのデータを，装置番号10と11のファイルに出力している。このあたりは，データ解析ソフトなどに応じた出力方法にすればいいだろう。

解説

ある時刻$t_n = n\Delta t$におけるグリッド$x_i = i\Delta x$での温度$T(x_i, t_n)$について，熱伝導方程式 (8-1) を時間に関して1次，空間に関して2次の差分式 (7-52) で近似すると次式になります。

$$\frac{T(x_i, t_n + \Delta t) - T(x_i, t_n)}{\Delta t} \fallingdotseq \kappa \frac{T(x_i - \Delta x, t_n) - 2T(x_i, t_n) + T(x_i + \Delta x, t_n)}{\Delta x^2} \tag{8-5}$$

これを$T_i^n = T(x_i, t_n)$として，新しい時刻での値T_i^{n+1}に関して解けば[†1]，

$$T_i^{n+1} = T_i^n + \frac{\kappa \Delta t}{\Delta x^2}(T_{i-1}^n - 2T_i^n + T_{i+1}^n) \tag{8-6}$$

†1　第7章と同様に，T_i^nはn乗ではなく，n回更新後の値という意味で使用しているので注意して下さい。

となります。この式は，現在の値T_i^nだけで次ステップの値T_i^{n+1}を予測しているので，陽解法です。これを境界点を除いた全てのグリッドについて計算すれば，1ステップ後の関数値が得られます。

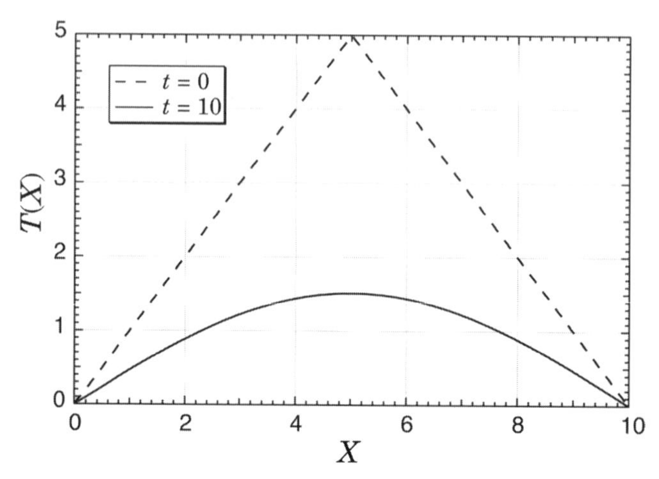

●図8.1　陽解法で計算した熱伝導方程式の解

偏微分方程式は同時刻のデータが多いので，ここでは`write`文を使って装置番号10のファイルに初期関数値を保存し，装置番号11のファイルに計算終了時の関数値を保存しています。図8.1はこの出力データを図示したものです。この例題の条件では，境界の温度を0度に固定しているので，$t=0$のとがった温度分布（破線）が熱伝導により外側に広がり，同時にピーク温度が低くなっているのがわかります。

なお，この陽解法における安定条件は以下で与えられます。

$$\frac{\kappa \Delta t}{\Delta x^2} < \frac{1}{2} \tag{8-7}$$

この例題では，$\kappa=1$，$\Delta x=0.1$なので，Δtは0.005より小さくなければなりません。試しに少し大きめの値，たとえば0.006で計算してみて下さい。

8.2 1次元熱伝導方程式の解法2 —陰解法—

例題

$0 \leqq x \leqq 10$の空間領域において，次の初期条件を満足する1次元熱伝導方程式(8-1)の解を，陰解法を用いて解け。

$$T(x,0) = \begin{cases} x, & (0 \leq x < 5) \\ 10 - x, & (5 \leq x \leq 10) \end{cases} \tag{8-8}$$

ただし，$\kappa = 1$とする。また，$T(0,t) = 0$と$T(10,t) = 0$は固定する。空間グリッドは100分割し，$\Delta t = 0.1$ごとに関数値を進めて，$t = 10$まで計算せよ。なお，出力は，初期関数値を装置番号10のファイルに，$t = 10$での関数値を装置番号11のファイルに書き込むように作成せよ。

▼解答プログラム例

```
program thermal_implicit
   implicit none
   integer, parameter :: imax = 100
   real T(0:imax),Td(0:imax),xmax,x,dx,dt,kp,kdt
   real at,bt
   integer i,nt,ntmax
   kp   = 1
   xmax = 10
   dx   = xmax/imax
   dt   = 0.1
   kdt  = kp*dt/(dx*dx)
   ntmax = 100
   at    = -0.5*kdt
   bt    = 1 + kdt
   do i = 0, imax
      x = dx*i
      if (i < imax/2) then
         T(i) = x
      else
         T(i) = xmax - x
      endif
      write(10,*) i,x,T(i)
   enddo
   do nt = 1, ntmax
      do i = 1, imax-1
```

```
         Td(i) = T(i) + 0.5*kdt*(T(i-1) - 2*T(i) + T(i+1))
      enddo
      call tridiagonal_abc(at,bt,at,Td,imax,T)
   enddo
   do i = 0, imax
      x = dx*i
      write(11,*) i,x,T(i)
   enddo
end program thermal_implicit

subroutine tridiagonal_abc(a,b,c,d,n,x)
   implicit none
   real a,b,c,d(0:n),x(0:n)
   real G(n),H(n),den
   integer i,n
   G(1) = -c/b
   H(1) = d(1)/b
   do i = 2, n-1
      den  = 1/(b + a*G(i-1))
      G(i) = -c*den
      H(i) = (d(i) - a*H(i-1))*den
   enddo
   x(n-1) = H(n-1)
   do i = n-2, 1, -1
      x(i) = G(i)*x(i+1) + H(i)
   enddo
end subroutine tridiagonal_abc
```

このプログラムでは，ある時刻$t_n = n\Delta t$における，グリッド$x_i = i\Delta x$での温度，$T(x_i, t_n)$を1次元配列`T(i)`に代入している。陰解法で1ステップ進ませる計算に必要な係数と定数項成分を計算し，これらを使った3重対角連立1次方程式を解いてΔt後の温度を計算し，1次元配列`T(i)`に代入する。境界条件や出力に関しては8.1節 (p.330) と同じである。

`tridiagonal_abc`は，実数引数`a`，`b`，`c`に3重対角行列の係数を代入し，整数引数`n`で指定した1次元配列`d(0:n)`に定数項成分を代入して引数に与えると，3重対角連立1次方程式を解いて，1次元配列`x(0:n)`の`x(1)`～`x(n-1)`に代入するサブルーチンである。ただし，境界値`x(0)`と`x(n)`は0であると仮定している。

解説

8.1節 (p.330) で説明した陽解法は，時間ステップΔtを安定条件 (8-7) の範囲内に設定しなければなりません。例題では，できる限り大きい$\Delta t = 0.004$を使っていますが，

$t=10$まで計算するのに2500回必要です。

さて，熱伝導とは，温度が高いところから低いところへ熱が広がっていく現象なので，空間的に細かい変化は速く消滅し，長い時間が経過すると，緩やかに変化する成分だけ残る傾向があります。このため，$t=10$の時点で残っているのは最も緩やかな成分です。しかし，陽解法で安定に計算を進めるには，細かい変化の成分に合わせて時間ステップを決めなければなりません†2。

そこで，細かい空間変化に関する時間変化があまり重要でない時には陰解法で計算するのが有効です。たとえば，陽解法の差分式(8-6)の右辺を次式のように未来の値と過去の値の平均にします。こうすれば，時間差分も2次近似になります。

$$T_i^{n+1}=T_i^n+\beta(T_{i-1}^{n+1}-2T_i^{n+1}+T_{i+1}^{n+1})+\beta(T_{i-1}^n-2T_i^n+T_{i+1}^n) \tag{8-9}$$

ここで$\beta=\kappa\Delta t/2\Delta x^2$です。この式を変形すると，次のような$T_i^{n+1}$に関する連立1次方程式が得られます。

$$-\beta T_{i-1}^{n+1}+(1+2\beta)T_i^{n+1}-\beta T_{i+1}^{n+1}=T_i^n+\beta(T_{i-1}^n-2T_i^n+T_{i+1}^n) \tag{8-10}$$

この式は，3重対角連立1次方程式になっているので，1.7節(p.109)の解法を使って簡単に計算することができます。ただし，左辺の係数が定数なので，解答プログラム例では専用のサブルーチンを付加しています。

解答プログラム例の計算結果は，図8.1の陽解法の結果とほぼ一致します。$\Delta t=0.1$で計算回数は100回ですから，陽解法の1/25です。連立1次方程式の計算に時間はかかりますが，それを考慮してもかなり計算量が減ります。

8.3 陰解法による非線形熱伝導方程式の解法

例題

次の1次元非線形熱伝導方程式の解を，陰解法を用いて解け。

$$\frac{\partial T}{\partial t}=\kappa\frac{\partial}{\partial x}\left(T^3\frac{\partial}{\partial x}T\right) \tag{8-11}$$

ここで，空間領域は$0\leqq x\leqq 10$とし，初期条件は以下とする。

$$T(x,0)=\begin{cases}x, & (0\leq x<5)\\ 10-x, & (5\leq x\leq 10)\end{cases} \tag{8-12}$$

$T(0,t)=0$と$T(10,t)=0$は固定する。$\kappa=1$とし，空間グリッドは100分割して，$\Delta t=0.01$ごとに関数値を進め，$t=10$まで計算せよ。陰解法のアルゴリズムに出てく

†2　詳細は，Key Elements 8.1 (p.339)で説明します。

る非線形連立方程式は逐次代入法で解け。なお，出力は，初期関数値を装置番号10のファイルに，$t = 10$での関数値を装置番号11のファイルに書き込むように作成せよ。

▼解答プログラム例

```
program thermal_nonlinear
   implicit none
   integer, parameter :: imax = 100
   real T(0:imax),T2(imax),Td(imax),xmax,x,dx,dt,kp,kdt
   real pt(imax),at(imax),bt(imax),ct(imax),del
   real, parameter :: eps = 1e-8
   integer i,nt,ntmax,it,itmax
   kp   = 0.02
   xmax = 10
   dx   = xmax/imax
   dt   = 0.01
   kdt  = kp*dt/(dx*dx)
   ntmax = 1000
   itmax = 100
   do i = 0, imax
      x = dx*i
      if (i < imax/2) then
         T(i) = x
      else
         T(i) = xmax - x
      endif
      write(10,*) i,x,T(i)
   enddo
   do i = 1, imax
      pt(i) = 0.5*kdt*(T(i)**3 + T(i-1)**3)
   enddo
   do nt = 1, ntmax
      do i = 1, imax-1
         Td(i) = T(i) + 0.5*(pt(i)*T(i-1) &
                  - (pt(i)+pt(i+1))*T(i) + pt(i+1)*T(i+1))
      enddo
      do it = 1, itmax  ! 収束くり返しループ
         do i = 1, imax-1
            at(i) = -0.5*pt(i)
            bt(i) = 1 + 0.5*(pt(i) + pt(i+1))
            ct(i) = -0.5*pt(i+1)
         enddo
         call tridiagonal_matrix(at,bt,ct,Td,imax-1,T2)
```

```
          del = 0
          do i = 1, imax-1
             del = max(del, abs(T(i)-T2(i)))
             T(i) = T2(i)
          enddo
          do i = 1, imax
             pt(i) = 0.5*kdt*(T(i)**3 + T(i-1)**3)
          enddo
          if (del < eps) exit
       enddo
    enddo
    do i = 0, imax
       x = dx*i
       write(11,*) i,x,T(i)
    enddo
end program thermal_nonlinear
```

このプログラムでは，ある時刻$t_n = n\Delta t$における，グリッド$x_i = i\Delta x$での温度，$T(x_i, t_n)$を1次元配列`T(i)`に代入している。方程式が非線形であるため，まず現在の温度で非線形係数を計算し，それを使った連立1次方程式を解いてΔt後の第1予測値を計算する。次にその第1予測値で係数を再計算して，第2予測値を計算する。整数変数`it`の`do`ブロックは，この逐次代入法を実行するもので，くり返しにより予測値と次の予測値の差が十分小さくなった段階でループを終了し，次ステップに進む。このプログラムでは，差の最大値が収束判定値`eps`より小さくなった時に終了している。境界条件や出力に関しては8.1節(p.330)と同じである。

なお，このプログラムの実行には，1.7節(p.109)の3重対角連立1次方程式の解法用サブルーチン`tridiagonal_matrix`が必要である。

解説

1次元熱伝導方程式(8-1)では，熱伝導係数が一定でした。しかし，世の中には熱伝導係数が温度に大きく依存する現象も存在します。この例題で示したT^3に比例する係数を持つ非線形熱伝導方程式は，光の放出・吸収をくり返して熱エネルギーを伝える現象を記述するもので，恒星の構造を調べるのに利用されています。

さて，陽解法であれば熱伝導係数に温度依存性があっても計算手順に大きな変更は必要ありませんが，陰解法の場合には温度に関する連立方程式が非線形になるので簡単ではありません。解答プログラム例では，逐次代入法(2.3節(p.125))を使って非線形方程式を解く手法を用いました。

まず非線形熱伝導方程式(8-11)の右辺を以下のように差分化します。

$$\left[\kappa\frac{\partial}{\partial x}\left(T^3\frac{\partial}{\partial x}T\right)\right]_i^n = \frac{\kappa}{\Delta x}\left[(T^3)_{i+1/2}^n\left(\frac{T_{i+1}^n - T_i^n}{\Delta x}\right) - (T^3)_{i-1/2}^n\left(\frac{T_i^n - T_{i-1}^n}{\Delta x}\right)\right] \quad (8\text{-}13)$$

ここで，$(T^3)^n_{i+1/2}$は以下のように近似します。

$$(T^3)^n_{i+1/2} \fallingdotseq \frac{1}{2}\left((T^n_i)^3 + (T^n_{i+1})^3\right) \tag{8-14}$$

式(8-13)のnの時刻での値と$n+1$の時刻での値を半分ずつ加え，差分化した式(8-5)の右辺に用いて変形すれば，次の非線形連立方程式が得られます。

$$-p^{n+1}_i T^{n+1}_{i-1} + (1 + q^{n+1}_i)T^{n+1}_i - p^{n+1}_{i+1} T^{n+1}_{i+1} = T^n_i + (p^n_i T^n_{i-1} - q^n_i T^n_i + p^n_{i+1} T^n_{i+1}) \tag{8-15}$$

ここで，

$$p^n_i = \beta(T^3)^n_{i-1/2}, \qquad q^n_i = p^n_i + p^n_{i+1} \tag{8-16}$$

です。$\beta = \kappa\,\Delta t / 2\,\Delta x^2$です。

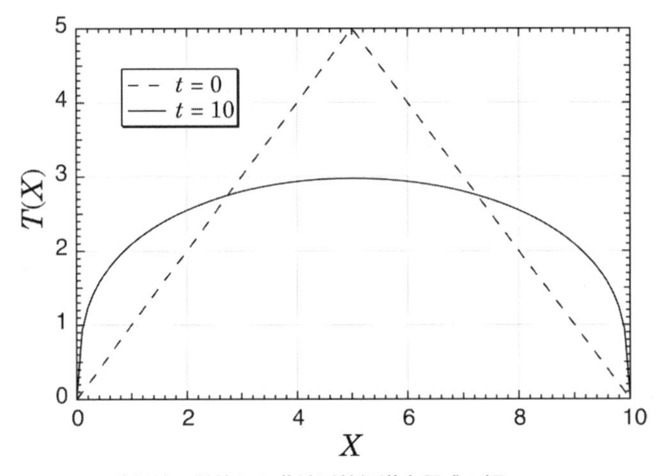

●図8.2　陰解法で計算した非線形熱伝導方程式の解

非線形連立方程式(8-15)は逐次代入法で解きます。最初は係数p_i^{n+1}の中のT_i^{n+1}にT_i^nを代入して3重対角連立1次方程式を解き，第1予測値$T_i^{(1)}$を計算します。次に，$T_i^{(1)}$を使って係数p_i^{n+1}を再計算し，第2予測値$T_i^{(2)}$を計算します。この手順をくり返して，$T_i^{(r-1)}$と$T_i^{(r)}$の差が，適当な収束判定値より小さくなった段階で反復を終了し，次ステップに進みます。

結果を図8.2に示します。線形の熱伝導と比べると温度分布がかなり違うことがわかります。陰解法は1ステップごとに逐次代入法を使った非線形方程式の計算が必要ですが，数回で反復が完了するので，それほど時間はかかりません。これは，逐次代入法を開始する際の初期予測値が1ステップ前の値を使うため，最終目標値と大きな差がないからです。

●Key Elements 8.1 熱伝導方程式における解の挙動

1次元線形熱伝導方程式(8-1)は，変数分離を使って解を計算することができます。これは，$T(x,t)=F(t)G(x)$という形の解を計算する手法です。この式を方程式(8-1)に代入すると，

$$\frac{\partial F}{\partial t}G=\kappa F\frac{\partial^2 G}{\partial x^2} \tag{8-17}$$

となります。これをFGで割ると，

$$\frac{1}{F}\frac{\partial F}{\partial t}=\kappa\frac{1}{G}\frac{\partial^2 G}{\partial x^2} \tag{8-18}$$

ですが，この式の左辺はtのみの関数で，右辺はxのみの関数です。このため，この等式が成り立つには，

$$\frac{1}{F}\frac{\partial F}{\partial t}=\kappa\frac{1}{G}\frac{\partial^2 G}{\partial x^2}=C \tag{8-19}$$

のように定数Cにならねばなりません。よって，Fに関する方程式の解は$F(t)=Ae^{Ct}$になります。熱伝導の結果，温度が無限に大きくなることはありませんから，$C<0$でなければなりません。そこで，$C=-\kappa q^2$とおくと，$F(t)=Ae^{-\kappa q^2 t}$となります。

次に，Gに関する方程式に，$C=-\kappa q^2$を代入して変形すると，

$$\frac{\partial^2 G}{\partial x^2}=-q^2 G \tag{8-20}$$

となります。この式は，$G(x)=D_s\sin qx+D_c\cos qx$が解ですが，境界点$x=0$と$x=L$で$G(x)=0$になる条件を課すと，$D_c=0$，$q=l\pi/L$でなければなりません。ここで，$l$は正の整数です。よって，

$$T(x,t)=T_l\exp\left(-\kappa\frac{l^2\pi^2}{L^2}t\right)\sin\frac{l\pi}{L}x \tag{8-21}$$

が熱伝導方程式の解になります。ここで$T_l=AD_s$です。ただし，これは一つの解であり，任意の初期関数から出発した解は，この形の解を合成した，

$$T(x,t)=\sum_l T_l\exp\left(-\kappa\frac{l^2\pi^2}{L^2}t\right)\sin\frac{l\pi}{L}x \tag{8-22}$$

になります。この式の重要なところは，整数lの2乗に比例して指数関数の係数の絶対値が大きくなることです。このため，lが大きい，すなわち，波長の短い成分が速く減衰します。しかし，陽解法の時間ステップΔtは変化の激しい最も波長の短い成分に合わせて決めなければなりません。これは，常微分方程式における硬い方程式(7.5節(p.313))になります。陰解法が有効な理由もここにあります。

8.4 1次元移流方程式の解法1 —1次風上差分—

例題

$0 \leqq x \leqq 200$の空間領域において，次の初期条件を満足する1次元移流方程式(8-2)の解を，1次風上差分を用いて解け。

$$F(x,0) = \begin{cases} 1,\ (20 \leqq x \leqq 50) \\ 0,\ (x < 20 \text{ または } x > 50) \end{cases} \tag{8-23}$$

ただし，$u=1$とする。また，$F(0,t)=0$と$F(200,t)=0$は固定する。空間グリッドは200分割し，$\Delta t=0.4$ごとに関数値を進めて，$t=100$まで計算せよ。なお，出力は，初期関数値を装置番号10のファイルに，$t=10$での関数値を装置番号11のファイルに書き込むように作成せよ。

▼解答プログラム例

```
program advection_upwind
   implicit none
   integer, parameter :: imax = 200
   real F(0:imax),F2(0:imax),xmax,x,dx,dt,u,cfl
   integer i,nt,ntmax
   u    = 1
   xmax = 200
   dx   = xmax/imax
   dt   = 0.4
   cfl  = u*dt/dx
   ntmax = 250
   do i = 0, imax
      x = dx*i
      if (i >= 20 .and. i <= 50) then
         F(i) = 1
      else
         F(i) = 0
      endif
      write(10,*) i,x,F(i)
   enddo
   do nt = 1, ntmax
      do i = 1, imax-1
         F2(i) = F(i) - cfl*(F(i) - F(i-1))
      enddo
```

```
      do i = 1, imax-1
         F(i) = F2(i)
      enddo
   enddo
   do i = 0, imax
      x = dx*i
      write(11,*) i,x,F(i)
   enddo
end program advection_upwind
```


このプログラムでは，ある時刻$t_n = n\Delta t$における，グリッド$x_i = i\Delta x$での関数値，$F(x_i, t_n)$を1次元配列`F(i)`に代入している。1次風上差分でΔt進めた値を，一時的に他の1次元配列`F2(i)`に代入した後，その値を配列`F(i)`に戻して1ステップの計算が完了する。この時，`i`の最小値0と最大値`imax`＝200での計算はしない。これは，境界点なので，初期値のまま値を固定しているからである。

なお，本プログラムでは，初期値と終了値の関数形を確認するため，それぞれのデータを，装置番号10と11のファイルに出力している。このあたりは，データ解析ソフトなどに応じた出力方法にすればいいだろう。

解説

最も単純に1次元移流方程式(8-2)を，時間を1次，空間も1次の差分で置き換えると，次式を得ます。

$$\frac{F(x_i, t_n + \Delta t) - F(x_i, t_n)}{\Delta t} + u\frac{F(x_i, t_n) - F(x_i - \Delta x, t_n)}{\Delta x} \fallingdotseq 0 \qquad (8\text{-}24)$$

ここで，空間差分の取り方に注意して下さい。

$F_i^n = F(x_i, t_n)$として，式(8-24)を新しい時刻での値F_i^{n+1}に関して解けば，

$$F_i^{n+1} = F_i^n - \alpha(F_i^n - F_{i-1}^n) \qquad (8\text{-}25)$$

となります。この手順を1次風上差分といいます。ここで，$\alpha = u\Delta t / \Delta x$で，これをクーラン数(Courant数)といいます。移流方程式の数値計算では，一般にクーラン数が1より小さくなければ安定に計算することができません。これは，変化の移動が1ステップでグリッドの間隔を越えてはいけないと言い換えることができます。この条件をクーラン条件といいます[†3]。

†3　正確には，Courant-Friedrichs-Lewy条件，略してCFL条件です。解答プログラム例の中で変数名を`cfl`にしているのはこのためです。

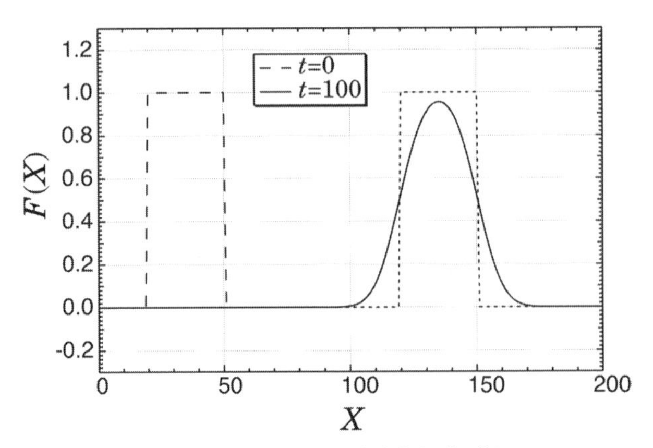

●図8.3　1次風上差分で計算した移流方程式の解

解答プログラム例で計算した結果を図示すると図8.3のようになります。1次元移流方程式は，形を変えずに移動するのが解ですから，図の点線のような関数にならなければなりません。しかし，1次風上差分を用いた計算結果を見ると，右側に移動してはいますが，移動するとともに形が広がっています。これは，1次風上差分に熱伝導方程式のような拡散効果が含まれているためです。拡散効果が入ると，空間的に大きな変化を持つ成分が徐々に消えていくので，方形波のような急峻な形状は保てません。1次風上差分は，初期形状にあまり大きな空間変化がない場合には使えますが，変化が激しい場合には精度が良くありません。

また，式 (8-25) において，空間差分項を

$$F_i^{n+1} = F_i^n - \alpha(F_{i+1}^n - F_i^n) \tag{8-26}$$

に置き換えると数値的不安定性が現れて計算できません。これは, $u > 0$の場合ですが, $u < 0$の時には式 (8-25) が不安定で，式 (8-26) が安定です。すなわち，uの符号に応じて差分を切り換える必要があります。風上差分と呼ぶのは，uの方向に流れがある時, その上流方向にずれた空間差分を使うためです。

8.5 1次元移流方程式の解法2 —2段階ラックス・ウェンドロフ法—

例題

$0 \leqq x \leqq 200$ の空間領域において，次の初期条件を満足する1次元移流方程式 (8-2) の解を，2段階ラックス・ウェンドロフ法を用いて解け。

$$F(x,0) = \begin{cases} 1, & (20 \leqq x \leqq 50) \\ 0, & (x < 20 \text{ または } x > 50) \end{cases} \tag{8-27}$$

ただし，$u = 1$ とする。また，$F(0,t) = 0$ と $F(200,t) = 0$ は固定する。空間グリッドは200分割し，$\Delta t = 0.4$ ごとに関数値を進めて，$t = 100$ まで計算せよ。なお，出力は，初期関数値を装置番号10のファイルに，$t = 10$ での関数値を装置番号11のファイルに書き込むように作成せよ。

▼解答プログラム例

```
program advection_Lax_Wendroff
   implicit none
   integer, parameter :: imax = 200
   real F(0:imax),F2(0:imax),xmax,x,dx,dt,u,cfl
   integer i,nt,ntmax
   u   = 1
   xmax = 200
   dx   = xmax/imax
   dt   = 0.4
   cfl  = u*dt/dx
   ntmax = 250
   do i = 0, imax
      x = dx*i
      if (i >= 20 .and. i <= 50) then
         F(i) = 1
      else
         F(i) = 0
      endif
      write(10,*) i,x,F(i)
   enddo
   do nt = 1, ntmax
      do i = 0, imax-1
         F2(i) = 0.5*(F(i)+F(i+1)) - (cfl/2)*(F(i+1) - F(i))
      enddo
```

```
      do i = 1, imax-1
         F(i) = F(i) - cfl*(F2(i) - F2(i-1))
      enddo
   enddo
   do i = 0, imax
      x = dx*i
      write(11,*) i,x,F(i)
   enddo
end program advection_Lax_Wendroff
```

このプログラムでは，ある時刻$t_n = n\Delta t$における，グリッド$x_i = i\Delta x$での関数値，$F(x_i, t_n)$を1次元配列F(i)に代入している。2段階ラックス・ウェンドロフ法の1段目の結果を1次元配列F2(i)に代入し，その値を使って計算した2段目の結果を元の配列F(i)に代入することで1ステップの計算が完了する。境界条件や出力に関しては8.4節 (p.340) と同じである。

解説

1次風上差分 (8-25) は，$u > 0$と$u < 0$を同じ差分公式では計算できない非対称な手法でした。そこで，式 (8-25) と式 (8-26) の平均を取った次式も考えられます。

$$F_i^{n+1} = F_i^n - \frac{\alpha}{2}(F_{i+1}^n - F_{i-1}^n) \tag{8-28}$$

これは，グリッドの両隣の値を使った中心差分ですが，実際に計算してみると，激しく振動する解が得られてやはり不安定です。

速度の方向によらない安定な手法に，2段階ラックス・ウェンドロフ法 (2-step Lax-Wendroff法) があります。この手法では，グリッドの中間にある半整数グリッドへ解を一度進めてから，その半整数グリッドの関数値を使って中心差分的に関数値を更新します。

まず1段目は，グリッドiと$i+1$の中間にある半整数グリッドへの計算を次の手順で行います。この時，時間差分を2次精度にするため，$\Delta t/2$進めます。

$$F_{i+1/2}^{n+1/2} = \frac{1}{2}(F_i^n + F_{i+1}^n) - \frac{1}{2}\alpha(F_{i+1}^n - F_i^n) \tag{8-29}$$

2段目は，この半整数グリッドの関数値と元の関数値を使って，次式で計算します。

$$F_i^{n+1} = F_i^n - \alpha(F_{i+1/2}^{n+1/2} - F_{i-1/2}^{n+1/2}) \tag{8-30}$$

これで1ステップ完了です。これが2段階ラックス・ウェンドロフ法です。

解答プログラム例の結果を図8.4に示します。図よりわかるように，1次風上差分のような広がりは抑えられていますが，振動が見られます。これは分散効果によるものです[†4]。

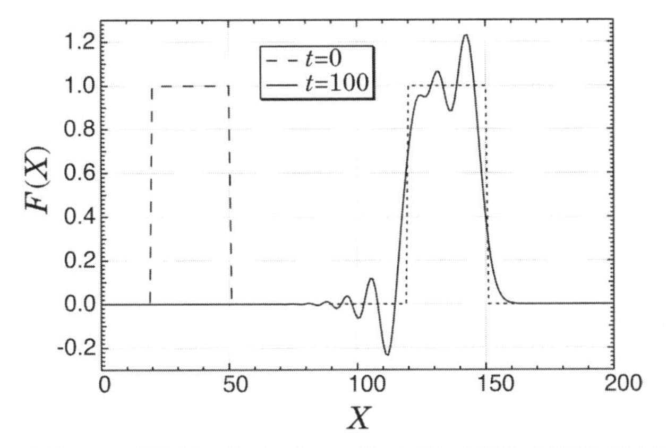

●図8.4　2段階ラックス・ウェンドロフ法で計算した移流方程式の解

移流方程式の解析解は，どんな形状でも形を変えずに移動するというものですが，これはどんな波長の波でも同じ速度uで進まなければならないことを意味します。しかし，微分を差分で置き換えるとこの性質は保てません。この結果，波長の長い成分と短い成分の分離が起こり，振動が現れます。振動が起こると，解の単調性が保てないという問題が出てきます。

8.6　1次元移流方程式の解法3 —TVD法—

例題

$0 \leqq x \leqq 200$の空間領域において，次の初期条件を満足する1次元移流方程式(8-2)の解を，TVD法を用いて解け。

$$F(x,0) = \begin{cases} 1, & (20 \leqq x \leqq 50) \\ 0, & (x < 20 \quad \text{または} \quad x > 50) \end{cases} \tag{8-31}$$

ただし，$u=1$とする。また，$F(0,t)=0$と$F(200,t)=0$は固定する。空間グリッドは200分割し，$\Delta t = 0.4$ごとに関数値を進めて，$t=100$まで計算せよ。なお，出力は，初期関数値を装置番号10のファイルに，$t=10$での関数値を装置番号11のファイルに書き込むように作成せよ。

†4　プリズムに光を通すと虹色に分かれますが，あれが分散効果です。分散効果はプリズム中の光の進行速度が波長によって異なることが原因です。

▼解答プログラム例

```
program advection_TVD
   implicit none
   integer, parameter :: imax = 200
   real F(0:imax),F2(0:imax),bi,xmax,x,dx,dt,u,cfl,ri
   integer i,nt,ntmax
   u    = 1
   xmax = 200
   dx   = xmax/imax
   dt   = 0.4
   cfl  = u*dt/dx
   ntmax = 300
   do i = 0, imax
      x = dx*i
      if (i >= 20 .and. i <= 50) then
         F(i) = 1
      else
         F(i) = 0
      endif
      write(10,*) i,x,F(i)
   enddo
   do nt = 1, ntmax
      do i = 1, imax
         if (F(i+1) == F(i)) then
            F2(i) = F(i)
         else
            ri = (F(i)-F(i-1))/(F(i+1)-F(i))
            bi = min(max(ri,0.0),1.0)
            F2(i) = F(i) + 0.5*(1-cfl)*bi*(F(i+1)-F(i))
         endif
      enddo
      do i = 1, imax-1
         F(i) = F(i) - cfl*(F2(i) - F2(i-1))
      enddo
   enddo
   do i = 0, imax
      x = dx*i
      write(11,*) i,x,F(i)
   enddo
end program advection_TVD
```

このプログラムでは，ある時刻$t_n = n\Delta t$における，グリッド$x_i = i\Delta x$での関数値，$F(x_i, t_n)$を1次元配列F(i)に代入している。F(i)から流束制限関数を用いて計算した中間値を1次元配列F2(i)に代入し，その中間値を使って計算した次ステップの関数値を元の配列F(i)に代入することで1ステップの計算が完了する。境界条件や出力に関しては8.4節 (p.340) と同じである。

解説

1次風上差分や2段階ラックス・ウェンドロフ法は，与えられた現在の関数値の線形結合で1ステップ後の関数値を計算しています。一般に，隣接した数グリッドの関数値の線形結合で構成された移流計算は，2次以上の精度を持たせると解の単調性が保てません。これをゴドノフ (Godunov) の定理といいます [16]。このため，2次精度以上の線形手順では移流とともに振動が必ず発生します。しかし，移動するにつれて不自然な振動が現れると，応用分野によっては問題が生じます。

ゴドノフの定理を回避して精度を上げるため，差分公式を解の空間変化に応じて切り換える手法があります。2段階ラックス・ウェンドロフ法で，1段目の中間値計算式 (8-29) を変形すると，

$$F_{i+1/2}^{n+1/2} = F_i^n + \frac{1}{2}(1-\alpha)(F_{i+1}^n - F_i^n) \tag{8-32}$$

となります。これに対し，2段目の計算式 (8-30) と式 (8-25) を比較すると，1次風上差分では中間値を

$$F_{i+1/2}^{n+1/2} = F_i^n \tag{8-33}$$

と計算しています。そこで，式 (8-32) と式 (8-33) を切り換えるため，

$$F_{i+1/2}^{n+1/2} = F_i^n + \frac{1}{2}(1-\alpha)B_{i+1/2}(r_i)(F_{i+1}^n - F_i^n) \tag{8-34}$$

と書き換えます。ここで，

$$r_i = \frac{F_i^n - F_{i-1}^n}{F_{i+1}^n - F_i^n} \tag{8-35}$$

です。$B_{i+1/2}(r_i)$ が0ならば1次風上差分であり，1ならば2段階ラックス・ウェンドロフ法です。

r_i で関数の変化の度合いを評価し，それに応じて $B_{i+1/2}(r_i)$ を切り換えるのがTVD法です。差分化を切り換えるので，非線形な手順であり，ゴドノフの定理は適用されません。$B_{i+1/2}(r)$ を流束制限関数といいます。

流束制限関数 $B_{i+1/2}(r)$ で最も簡単なのはminmod関数を使ったものです。

$$B_{i+1/2}(r) = \mathrm{minmod}(1, r) \tag{8-36}$$

ここで，minmod関数は次式で与えられます。

$$\mathrm{minmod}(x,y) = \begin{cases} x, & |x| \leqq |y| \ \text{and} \ xy \geqq 0 \\ y, & |x| > |y| \ \text{and} \ xy \geqq 0 \\ 0, & xy < 0 \end{cases} \tag{8-37}$$

図8.5に解答プログラム例の結果を示します。少し拡散が見られますが，1次風上差分ほどではありません。振動も見られません。

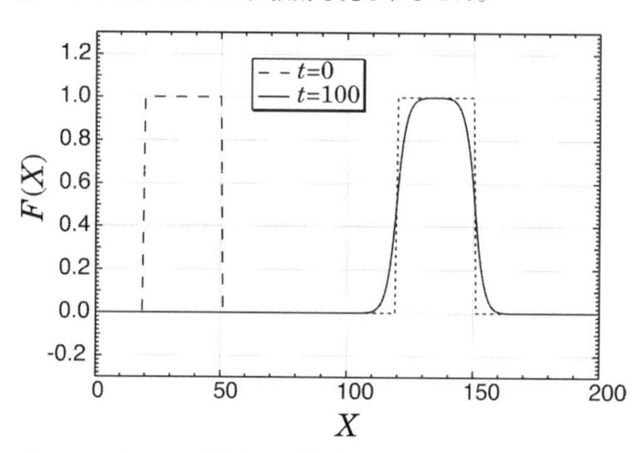

●図8.5　TVD法で計算した移流方程式の解

TVDという名称とその意義については，Key Elements 8.2で説明します。

●Key Elements 8.2　TVD条件

解の単調性を保つ指標の一つにTV（Total Variation）があります[16]。これは以下で定義される量です。

$$TV(F^n) = \sum_i |F_{i+1}^n - F_i^n| \tag{8-38}$$

この$TV(F^n)$が時間的に増加しないという条件,

$$TV(F^{n+1}) \leqq TV(F^n) \tag{8-39}$$

をTVD条件（Total Variation Diminishing条件）といいます。TVD法とは，TVD条件を満足する手法という意味です。

式 (8-30) に式 (8-34) を代入すると，

$$F_i^{n+1} - F_i^n = -\alpha\Big[F_i^n - F_{i-1}^n + \frac{1}{2}(1-\alpha)\Big(B_{i+1/2}(r_i)(F_{i+1}^n - F_i^n) - B_{i-1/2}(r_{i-1})(F_i^n - F_{i-1}^n)\Big)\Big] \tag{8-40}$$

となるので，両辺を $F_i^n - F_{i-1}^n$ で割れば，

$$\frac{F_i^{n+1} - F_i^n}{F_i^n - F_{i-1}^n} = -\alpha\left[1 + \frac{1}{2}(1-\alpha)\left(\frac{B_{i+1/2}(r_i)}{r_i} - B_{i-1/2}(r_{i-1})\right)\right] \tag{8-41}$$

となります。$u>0$ の場合，正の方向に解が移動するので，解の単調性を保つには，式 (8-41) の左辺が -1 と 0 の間になければなりません。よって，次の不等式を満足する必要があります。

$$-\frac{2}{1-\alpha} \leqq \frac{B_{i+1/2}(r_i)}{r_i} - B_{i-1/2}(r_{i-1}) \leqq \frac{2}{\alpha} \tag{8-42}$$

クーラン条件から $0 \leqq \alpha < 1$ なので，この不等式は

$$-2 \leqq \frac{B_{i+1/2}(r_i)}{r_i} - B_{i-1/2}(r_{i-1}) \leqq 2 \tag{8-43}$$

を満足すれば十分であり，さらに流束制限関数 $B_{i+1/2}(r_i)$ が以下の二つの不等式を満足すれば十分です。

$$0 \leqq \frac{B_{i+1/2}(r_i)}{r_i} \leqq 2, \quad 0 \leqq B_{i+1/2}(r_i) \leqq 2 \tag{8-44}$$

これを満足する簡単な例が，8.6節のminmod関数を使った流束制限関数です。ちなみに，2段階ラックス・ウェンドロフ法は $B_{i+1/2}(r_i)$ が1に固定されているので，r_i が小さい時に式 (8-44) の左の不等式を満足することができません。

8.7 2次元ポアソン方程式の反復解法1 —ヤコビ法—

例題

$0 \leqq x \leqq 1,\ 0 \leqq y \leqq 1$の空間領域において満足する2次元ポアソン方程式(8-3)の解を，ヤコビ法を用いて計算せよ。ただし，関数$f(x,y)$は以下で与える。

$$f(x,y) = \cos(\pi x)\cos(3\pi y) + \sin(2\pi x)\sin(4\pi y) \tag{8-45}$$

境界条件は$V(x,0) = V(x,1) = V(0,y) = V(1,y) = 0$とする。空間グリッドは$x$方向，$y$方向とも200分割せよ。なお，計算結果は装置番号10のファイルに出力せよ。

▼解答プログラム例

```
program Poisson_Jacobi
   implicit none
   integer, parameter :: nx = 200, ny = 200
   real V(0:nx,0:ny),f(0:nx,0:ny),x,y,h
   integer i,j,ind
   real, parameter :: pi = 3.141592653589793, eps = 1e-8
   h = 1.0/nx
   do j = 0, ny
      y = h*j
      do i = 0, nx
         x = h*i
         V(i,j) = 0
         f(i,j) = cos(pi*x)*cos(3*pi*y) + sin(2*pi*x)*sin(4*pi*y)
      enddo
   enddo
   call jacobi(V,f,h,nx,ny,eps,ind)
   print *,'ind = ',ind
   write(10,*) nx,ny,ind
   do j = 0, ny
      do i = 0, nx
         write(10,*) i,j,V(i,j)
      enddo
   enddo
end program Poisson_Jacobi

subroutine jacobi(V,f,h,nx,ny,eps,ind)
   implicit none
   real V(0:nx,0:ny),f(0:nx,0:ny),h,eps,del,h2
```

```
    real,allocatable :: V2(:,:)
    integer nx,ny,ind,i,j,it
    integer, parameter :: itmax = 100000
    allocate ( V2(nx-1,ny-1) )
    h2 = h*h
    do it = 1, itmax
       do j = 1, ny-1
          do i = 1, nx-1
             V2(i,j) = (V(i,j-1) + V(i-1,j) + V(i+1,j) &
                                          + V(i,j+1) - h2*f(i,j))/4
          enddo
       enddo
       V(1:nx-1,1:ny-1) = V2(:,:)
       del = 0
       do j = 1, ny-1
          do i = 1, nx-1
             del = max(del, abs(V(i-1,j)+V(i+1,j)+V(i,j-1)+V(i,j+1) &
                                          -4*V(i,j) - h2*f(i,j)))
          enddo
       enddo
       del = del/h2
       if (del < eps) exit
    enddo
    if (it > itmax) then
       ind = -itmax
    else
       ind = it
    endif
    deallocate (V2)
 end subroutine jacobi
```

このプログラムは，与えられた空間領域を間隔hごとの2次元グリッド$(x_i, y_j) = (ih, jh)$で代表し，ヤコビ法を用いて各グリッドでの2次元ポアソン方程式の解$V(x_i, y_j)$を計算して，2次元配列`V(i,j)`に代入している。

サブルーチン`jacobi`は，整数引数`nx`と`ny`で指定した2次元配列`V(0:nx,0:ny)`と右辺の定数項の値$f(x_i, y_j)$を代入した2次元配列`f(0:nx,0:ny)`，およびグリッド幅`h`と収束判定値`eps`を与えると，ヤコビ法を使って2次元ポアソン方程式の解を計算し，結果を配列`V`に代入する。整数変数`ind`には反復回数が返されるが，`ind`<0の時は収束しなかったことを示す。なお，未知数配列`V`には，あらかじめ境界値と反復の初期推定値を代入しておく必要がある。この例題では，境界条件が全て0なので，初期推定値には全て0を代入している。

解 説

x方向を間隔Δxごとに，y方向を間隔Δyごとに区切った2次元グリッドを導入し，$x_i = i\Delta x$，$y_j = j\Delta y$とします。2階微分を2次の差分式 (7-52) で近似すれば，

$$\frac{\partial^2 V}{\partial x^2} \fallingdotseq \frac{V(x_i - \Delta x, y_j) - 2V(x_i, y_j) + V(x_i + \Delta x, y_j)}{\Delta x^2} \tag{8-46}$$

$$\frac{\partial^2 V}{\partial y^2} \fallingdotseq \frac{V(x_i, y_j - \Delta y) - 2V(x_i, y_j) + V(x_i, y_j + \Delta y)}{\Delta y^2} \tag{8-47}$$

ですから，2次元ポアソン方程式 (8-3) は，

$$\frac{V_{i-1,j} - 2V_{i,j} + V_{i+1,j}}{\Delta x^2} + \frac{V_{i,j-1} - 2V_{i,j} + V_{i,j+1}}{\Delta y^2} = f_{i,j} \tag{8-48}$$

となります。ここで，$V_{i,j} = V(x_i, y_j)$，$f_{i,j} = f(x_i, y_j)$ です。簡単のため，本書では$\Delta x = \Delta y = h$の場合に限定します。この場合，

$$\frac{V_{i,j-1} + V_{i-1,j} - 4V_{i,j} + V_{i+1,j} + V_{i,j+1}}{h^2} = f_{i,j} \tag{8-49}$$

となります。式 (8-49) は，$V_{i,j}$に関する連立1次方程式です。しかし，未知数が多いのに，関連する未知数は高々5個ですから，行列要素がほとんど0の疎行列の方程式です。疎行列の直接解法には，1.8節 (p.112) のブロック巡回縮約法がありますが，本章では，より広く用いられている各種の反復解法について説明し，その収束性能の比較を行います。

ヤコビ法(Jacobi法)は最も単純な反復解法で，一種の逐次代入法(2.3節(p.125))です。まず，式 (8-49) の左辺における$V_{i,j}$の項だけを取り出して，方程式を次の漸化式に置き換えます。

$$V_{i,j}^{(r+1)} = \frac{1}{4}\left(V_{i,j-1}^{(r)} + V_{i-1,j}^{(r)} + V_{i+1,j}^{(r)} + V_{i,j+1}^{(r)} - f_{i,j}h^2\right) \tag{8-50}$$

これを適当な初期値から出発して反復計算するサブルーチンにしたのが解答プログラム例の`jacobi`です。反復をくり返して，式 (8-49) の左辺と右辺の差の最大値が収束判定値εより小さくなったら終了します。解答プログラム例では，$\varepsilon = 10^{-8}$です。

ヤコビ法は，簡単ですが収束はあまり速くありません。解答プログラム例を実行してみると35000回程度の反復回数を要しました。しかし，アルゴリズムが簡単なので，グリッド数が少ない場合に，とりあえず解を計算したい時には使えます。

8.8 2次元ポアソン方程式の反復解法2 —ガウス・ザイデル法+SOR—

例 題

$0 \leqq x \leqq 1$, $0 \leqq y \leqq 1$の空間領域において満足する2次元ポアソン方程式(8-3)の解を，赤黒ガウス・ザイデル法にSORを併用して計算せよ。ただし，関数$f(x,y)$は以下で与える。

$$f(x,y) = \cos(\pi x)\cos(3\pi y) + \sin(2\pi x)\sin(4\pi y) \tag{8-51}$$

境界条件は$V(x,0) = V(x,1) = V(0,y) = V(1,y) = 0$とする。空間グリッドは$x$方向，$y$方向とも200分割せよ。また，SORの加速係数は$\omega = 1.94$とする。なお，計算結果は装置番号10のファイルに出力せよ。

▼解答プログラム例

```
program Poisson_RB_Gauss_Seidel
   implicit none
   integer, parameter :: nx = 200, ny = 200
   real V(0:nx,0:ny),f(0:nx,0:ny),x,y,dx,dy
   integer i,j,ind
   real, parameter :: pi = 3.141592653589793, eps = 1e-8
   dx = 1.0/nx;       dy = dx
   do j = 0, ny
      y = dy*j
      do i = 0, nx
         x = dx*i
         V(i,j) = 0
         f(i,j) = cos(pi*x)*cos(3*pi*y) + sin(2*pi*x)*sin(4*pi*y)
      enddo
   enddo
   call rbgs_sor(V,f,dx,nx,ny,1.94,eps,ind)
   print *,'ind = ',ind
   write(10,*) nx,ny,ind
   do j = 0, ny
      do i = 0, nx
         write(10,*) i,j,V(i,j)
      enddo
   enddo
end program Poisson_RB_Gauss_Seidel

subroutine rbgs_sor(V,f,h,nx,ny,omega,eps,ind)
```

```
  implicit none
  real V(0:nx,0:ny),f(0:nx,0:ny),h,omega,eps,h2
  real del,ff
  integer nx,ny,ind,i,j,it,nrb,irb
  integer, parameter :: itmax = 100000
  h2 = h*h
  do it = 1, itmax
     do nrb = 1, 2
        do j = 1, ny-1
           irb = mod(j+nrb,2)+1
           do i = irb, nx-1, 2
              ff = V(i,j)
              V(i,j) = (V(i,j-1) + V(i-1,j) + V(i+1,j) &
                                    + V(i,j+1) - h2*f(i,j))/4
              V(i,j) = ff + omega*(V(i,j)-ff)
           enddo
        enddo
     enddo
     del = 0
     do j = 1, ny-1
        do i = 1, nx-1
           del = max(del, abs(V(i-1,j)+V(i+1,j)+V(i,j-1)+V(i,j+1) &
                                    -4*V(i,j) - h2*f(i,j)))
        enddo
     enddo
     del = del/h2
     if (del < eps) exit
  enddo
  if (it > itmax) then
     ind = -itmax
  else
     ind = it
  endif
end subroutine rbgs_sor
```

このプログラムは，与えられた空間領域を間隔hごとの2次元グリッド$(x_i, y_j) = (ih, jh)$で代表し，赤黒ガウス・ザイデル法にSORを併用して各グリッドでの2次元ポアソン方程式の解$V(x_i, y_j)$を計算して，2次元配列`V(i,j)`に代入している。

サブルーチン`rbgs_sor`は，整数引数`nx`と`ny`で指定した2次元配列`V(0:nx,0:ny)`と右辺の定数項の値$f(x_i, y_j)$を代入した2次元配列`f(0:nx,0:ny)`，およびグリッド幅`h`，SORの加速係数`omega`，収束判定値`eps`を与えると，赤黒ガウス・ザイデル法にSORを併用して2次元ポアソン方程式の解を計算し，結果を配列`V`に代入する。整数変数

indには反復回数が返されるが，ind＜0の時は収束しなかったことを示す。なお，未知数配列Vには，あらかじめ境界値と反復の初期推定値を代入しておく必要がある。この例題では，境界条件が全て0なので，初期推定値には全て0を代入している。

解説

8.7節(p.350)で説明したヤコビ法の漸化式(8-50)を次式のように少し変形します。

$$V_{i,j}^{(r+1)} = \frac{1}{4}\left(V_{i,j-1}^{(r+1)} + V_{i-1,j}^{(r+1)} + V_{i+1,j}^{(r)} + V_{i,j+1}^{(r)} - f_{i,j}h^2\right) \tag{8-52}$$

ヤコビ法との違いは，右辺の一部が(r)ではなく$(r+1)$になっていることです。これだけで収束が速くなります。これをガウス・ザイデル法(Gauss-Seidel法)といいます。doループによるくり返しの順序からいえば，$V_{i,j}$の計算の中にある$V_{i-1,j}$と$V_{i,j-1}$はすでに計算が終わっているので，それを使うのです。次ステップの値を使うので，補助配列が不要になり，メモリ使用量も減ります。

ただし，ヤコビ法はdoループ内部の計算が独立しているのに対し，ガウス・ザイデル法は前の計算が終了しないと次の計算ができません。このため並列化するのが困難だという欠点があります。そこで，ここでは赤黒(Red-Black)ガウス・ザイデル法を用いました[†5]。赤黒ガウス・ザイデル法というのは，まず，(i,j)が(奇数, 奇数)と(偶数, 偶数)の位置にある未知数のみ更新します。この場合，隣の数値は，(偶数, 奇数)か(奇数, 偶数)なので重複はなく，並列実行が可能です。これらの計算を全て終了してから，(奇数, 偶数)と(偶数, 奇数)を更新します。この場合，すでに更新が完了している(奇数, 奇数)と(偶数，偶数)の値を使うので，本来のガウス・ザイデル法同様に収束が速くなります。なお，収束条件は8.7節(p.350)と同じにしています。

もっとも，これだけで計算してみると，18000回程度の反復が必要で，ヤコビ法よりは速いのですが，せいぜい半分です。そこで，本プログラムでは，SOR (Successive Over Relaxation，逐次過緩和)を併用しています。これは，次式のようにガウス・ザイデル法で更新した値と更新前の値の差を少し多めに加えるというものです。

$$V_{i,j}^{(r+1)} = V_{i,j}^{(r)} + \omega(V_{i,j}^{(r')} - V_{i,j}^{(r)}) \tag{8-53}$$

ここで，$V_{i,j}^{(r')}$は，ガウス・ザイデル法を使って計算した値で，ωを加速係数といいます。式(8-53)は，$\omega=1$の時にガウス・ザイデル法と一致し，$\omega>1$の時がSORです。解答プログラム例では$\omega=1.94$にしていますが，この時の反復回数は383回で，ヤコビ法に比べて大幅に減少しました。なお，ωが2を越えると不安定になるので，2より小さい範囲で最も速く収束する値を選びます。最適な加速係数は配列要素数などの条件によって変化するので，問題に応じて探す必要があります。

---

†5　赤と黒の組み合わせは，チェッカー盤から来ています。偶奇法(Even–Odd法)ともいいます。

8.9 2次元ポアソン方程式の反復解法3 —ICCG法—

例題

$0 \leqq x \leqq 1$, $0 \leqq y \leqq 1$ の空間領域において満足する2次元ポアソン方程式(8-3)の解を，ICCG法を用いて計算せよ。ただし，関数 $f(x, y)$ は以下で与える。

$$f(x, y) = \cos(\pi x)\cos(3\pi y) + \sin(2\pi x)\sin(4\pi y) \qquad (8\text{-}54)$$

境界条件は $V(x, 0) = V(x, 1) = V(0, y) = V(1, y) = 0$ とする。空間グリッドは x 方向，y 方向とも200分割せよ。なお，計算結果は装置番号10のファイルに出力せよ。

▼解答プログラム例

```
program Poisson_ICCG
   implicit none
   integer, parameter :: nx = 200, ny = 200
   real V(0:nx,0:ny),f(0:nx,0:ny),x,y,dx,dy
   integer i,j,ind
   real, parameter :: pi = 3.141592653589793, eps = 1e-8
   dx = 1.0/nx;      dy = dx
   do j = 0, ny
      y = dy*j
      do i = 0, nx
         x = dx*i
         V(i,j) = 0
         f(i,j) = cos(pi*x)*cos(3*pi*y) + sin(2*pi*x)*sin(4*pi*y)
      enddo
   enddo
   call iccg(V,f,dx,nx,ny,eps,ind)
   print *,'ind = ',ind
   write(10,*) nx,ny,ind
   do j = 0, ny
      do i = 0, nx
         write(10,*) i,j,V(i,j)
      enddo
   enddo
end program Poisson_ICCG

subroutine iccg(xr,br,h,nx,ny,eps,ind)
   implicit none
   real xr(0:nx,0:ny),br(0:nx,0:ny),h,eps
   real, allocatable :: rr(:,:),pr(:,:),wr(:,:),dg(:,:)
```

```
real del,h2,fa1,fa2,alpha,beta
integer nx,ny,i,j,it,ind
integer, parameter :: itmax = 100000
allocate (rr(nx-1,ny-1),pr(0:nx,0:ny),wr(nx-1,ny-1),dg(nx-1,ny-1))
pr(:,:) = 0
h2 = h*h
do j = 1, ny-1
   do i = 1, nx-1
      rr(i,j) = h2*br(i,j) - (xr(i,j-1) + xr(i-1,j) + xr(i+1,j) &
                + xr(i,j+1) - 4*xr(i,j))
   enddo
enddo
call ic_solver(rr,wr,dg,nx-1,ny-1,1)
pr(1:nx-1,1:ny-1) = wr(:,:)
fa1 = sum(rr(:,:)*wr(:,:))
do it = 1, itmax
   do j = 1, ny-1
      do i = 1, nx-1
         wr(i,j) = pr(i,j-1) + pr(i-1,j) + pr(i+1,j) &
                + pr(i,j+1) - 4*pr(i,j)
      enddo
   enddo
   fa2 = sum(pr(1:nx-1,1:ny-1)*wr(:,:))
   alpha = fa1/fa2
   xr(1:nx-1,1:ny-1) = xr(1:nx-1,1:ny-1)+alpha*pr(1:nx-1,1:ny-1)
   del = 0
   do j = 1, ny-1
      do i = 1, nx-1
         del = max(del, abs(xr(i-1,j)+xr(i+1,j)+xr(i,j-1) &
                +xr(i,j+1)-4*xr(i,j) - h2*br(i,j)))
      enddo
   enddo
   del = del/h2
   print *,it,del
   if (del < eps) exit
   rr(:,:) = rr(:,:) - alpha*wr(:,:)
   call ic_solver(rr,wr,dg,nx-1,ny-1,0)
   fa2 = sum(rr(:,:)*wr(:,:))
   beta = fa2/fa1
   fa1  = fa2
   pr(1:nx-1,1:ny-1) = wr(:,:) + beta*pr(1:nx-1,1:ny-1)
enddo
if (it > itmax) then
```

```
      ind = -itmax
   else
      ind = it
   endif
   deallocate ( rr, pr, wr, dg )
end subroutine iccg

subroutine ic_solver(rr,wr,dg,nx,ny,mode)
   implicit none
   real rr(nx,ny),wr(nx,ny),dg(nx,ny)
   integer nx,ny,mode,i,j
   if (mode == 1) then
      dg(1,1) = -1/4.0
      do i = 2, nx
         dg(i,1) = -1/(4 + dg(i-1,1))
      enddo
      do j = 2, ny
         dg(1,j) = -1/(4 + dg(1,j-1))
         do i = 2, nx
            dg(i,j) = -1/(4 + dg(i-1,j) + dg(i,j-1))
         enddo
      enddo
   endif
   wr(1,1) = rr(1,1)
   do i = 2, nx
      wr(i,1) = rr(i,1) - wr(i-1,1)*dg(i-1,1)
   enddo
   do j = 2, ny
      wr(1,j) = rr(1,j) - wr(1,j-1)*dg(1,j-1)
      do i = 2, nx
         wr(i,j) = rr(i,j) - wr(i-1,j)*dg(i-1,j) - wr(i,j-1)*dg(i,j-1)
      enddo
   enddo
   wr(nx,ny) = wr(nx,ny)*dg(nx,ny)
   do i = nx-1, 1, -1
      wr(i,ny) = (wr(i,ny) - wr(i+1,ny))*dg(i,ny)
   enddo
   do j = ny-1, 1, -1
      wr(nx,j) = (wr(nx,j) - wr(nx,j+1))*dg(nx,j)
      do i = nx-1, 1, -1
         wr(i,j) = (wr(i,j) - wr(i+1,j) - wr(i,j+1))*dg(i,j)
      enddo
   enddo
end subroutine ic_solver
```

このプログラムは，与えられた空間領域を間隔hごとの2次元グリッド$(x_i, y_j) = (ih, jh)$で代表し，ICCG法を用いて各グリッドでの2次元ポアソン方程式の解$V(x_i, y_j)$を計算して，2次元配列`V(i,j)`に代入している。

サブルーチン`iccg`は，整数引数`nx`と`ny`で指定した2次元配列`xr(0:nx,0:ny)`と右辺の定数項の値$f(x_i, y_j)$を代入した2次元配列`br(0:nx,0:ny)`，およびグリッド幅`h`と収束判定値`eps`を与えると，ICCG法を用いて2次元ポアソン方程式の解を計算し，結果を配列`xr`に代入する。整数変数`ind`には反復回数が返されるが，`ind`＜0の時は収束しなかったことを示す。なお，未知数配列`xr`には，あらかじめ境界値と反復の初期推定値を代入しておく必要がある。この例題では，境界条件が全て0なので，初期推定値には全て0を代入している。

サブルーチン`ic_solver`は，2個の整数`nx`と`ny`で指定した2次元配列`rr(nx,ny)`に定数項の値を代入して引数に与えれば，2次元ポアソン方程式を表す行列の不完全コレスキー分解による解を計算し，2次元配列`wr(nx,ny)`に代入するサブルーチンである。整数`mode`は制御パラメータで，`mode`＝1の時は，不完全コレスキー分解した時の対角要素の逆数を引数に与えた2次元配列`dg(nx,ny)`に代入してから解の計算を行う。`mode`＝0の時は，対角要素の計算はせず，与えられた`dg(nx,ny)`の値を利用して解の計算を行う。

なお，`ic_solver`での計算は，境界値の値を0と仮定している。このため，`nx`と`ny`は境界を除いた領域を指定する。サブルーチン`iccg`からサブルーチン`ic_solver`を呼ぶ時に`nx-1`と`ny-1`を指定しているのはこのためである。

解説

SORより収束性能の良い反復法にICCG法（Incomplete Cholesky decomposition Conjugate Gradient法）があります[5]。これは，共役勾配法（Conjugate Gradient法）に不完全コレスキー分解（Incomplete Cholesky decomposition）を加えた方法です。ICCG法による連立1次方程式，$A\boldsymbol{x} = \boldsymbol{b}$の解$\boldsymbol{x}$の計算手順は以下の通りです。ただし，$A$は正定値対称行列とします[†6]。

まず，解$\boldsymbol{x}$の初期推定値を$\boldsymbol{x}^{(0)}$とし，次式で残差$\boldsymbol{r}^{(0)}$などの補助ベクトルの初期値を計算します。

$$\boldsymbol{r}^{(0)} = \boldsymbol{b} - A\boldsymbol{x}^{(0)}, \quad \boldsymbol{w}^{(0)} = A_I^{-1}\boldsymbol{r}^{(0)}, \quad \boldsymbol{p}^{(0)} = \boldsymbol{w}^{(0)} \tag{8-55}$$

ここで，A_Iは行列Aを不完全コレスキー分解した行列です。すなわち，$\boldsymbol{w}^{(0)}$は$A_I\boldsymbol{w}^{(0)} = \boldsymbol{r}^{(0)}$の解です。これらの初期値から開始し，$k \geqq 0$に対して次の手順で解$\boldsymbol{x}^{(k)}$および補助ベクトル$\boldsymbol{r}^{(k)}$，$\boldsymbol{w}^{(k)}$，$\boldsymbol{p}^{(k)}$を更新します。

まず，係数$\alpha^{(k)}$を計算します。

†6 正定値対称行列とは，行列の固有値が全て正である対称行列のことです。ただし，ICCG法は対称行列という条件は必要ですが，正定値でなくても解が得られることは多いようです。

$$\alpha^{(k)} = \frac{\boldsymbol{r}^{(k)} \cdot \boldsymbol{w}^{(k)}}{\boldsymbol{p}^{(k)} \cdot (A\boldsymbol{p}^{(k)})} \tag{8-56}$$

この$\alpha^{(k)}$を使って，次式で$\boldsymbol{x}^{(k)}$と$\boldsymbol{r}^{(k)}$を更新します。

$$\boldsymbol{x}^{(k+1)} = \boldsymbol{x}^{(k)} + \alpha^{(k)}\boldsymbol{p}^{(k)} \tag{8-57}$$

$$\boldsymbol{r}^{(k+1)} = \boldsymbol{r}^{(k)} - \alpha^{(k)}A\boldsymbol{p}^{(k)} \tag{8-58}$$

更新した$\boldsymbol{r}^{(k+1)}$から不完全コレスキー分解を使って$\boldsymbol{w}^{(k+1)} = A_I^{-1}\boldsymbol{r}^{(k+1)}$を計算します。

次に，係数$\beta^{(k)}$を計算します。

$$\beta^{(k)} = \frac{\boldsymbol{r}^{(k+1)} \cdot \boldsymbol{w}^{(k+1)}}{\boldsymbol{r}^{(k)} \cdot \boldsymbol{w}^{(k)}} \tag{8-59}$$

この$\beta^{(k)}$を使って，$\boldsymbol{p}^{(k)}$を更新します。

$$\boldsymbol{p}^{(k+1)} = \boldsymbol{w}^{(k+1)} + \beta^{(k)}\boldsymbol{p}^{(k)} \tag{8-60}$$

これで1ステップが完了し，式(8-56)の計算に戻ります。この過程を収束するまで続けます。収束判定は式(8-57)の計算後に行い，収束条件は8.7節(p.350)と同じにしています。

問題は，$\boldsymbol{r}^{(k)}$から$\boldsymbol{w}^{(k)}$を計算する時に使う，不完全コレスキー分解です。これは，1.6節(p.105)で説明した修正コレスキー分解，すなわち，対称行列Aを下三角行列Lと対角行列Dを使って，$A = LDL^T$と分解する手法を"不完全"に行うものです。1.6節(p.105)では帯行列の修正コレスキー分解を説明しましたが，ポアソン方程式の行列は帯行列よりはるかに疎な行列です。このため，帯行列の解法でもメモリ効率は良くありません。

不完全コレスキー分解では，修正コレスキー分解の計算(式(1-31))において，行列Aの要素a_{ij}が0の時，対応する下三角行列Lの要素l_{ij}を0にします。これにより，計算量とメモリを減らすことができますが，不完全ですから，行列$A_I = LDL^T$についての連立1次方程式を解いても正しい解は得られません。しかし，共役勾配法の計算中で使えば，収束を速めることができます。

ポアソン方程式の場合，0でないLの非対角要素は，$l_{ij} = a_{ij}/d_j$になります。ここで，d_jは対角行列Dの要素です。このため，必要なのは，式(1-30)を使ったd_jの計算だけになります。これは次式で与えられます。

$$d_j = a_{jj} - \sum_{k=1}^{j-1} d_k l_{jk}^2 = a_{jj} - \sum_{k=1}^{j-1} d_k^{-1} a_{jk}^2 \tag{8-61}$$

不完全コレスキー分解はポアソン方程式の計算開始時に1回実行すれば良いのですが，それを用いた連立1次方程式の解法は何度も行うので，解答プログラム例では，d_jではなく，$1/d_j$を保存して，解の計算の際に割り算をしないようにしています。

解答プログラム例を実行してみると174回の反復回数で終了しました。ICCG法は，ガウス・ザイデル法に比べて計算が複雑なので，反復回数だけで計算量を比較することはできませんが，加速係数のような調整パラメータはなく，一般に収束が速いので，大規模計算用としてよく使われています。また，不完全コレスキー分解の手順を改良して，さらに収束を速める方法や，並列化する手法も各種提案されています。

●Key Elements 8.3　共役勾配法

ICCG法の基本である共役勾配法について説明します[5]。正定値対称行列をAとして，$A\boldsymbol{x}=\boldsymbol{b}$の解を計算するとします。$\boldsymbol{x}$の関数として，

$$F(\boldsymbol{x}) = \boldsymbol{x}\bullet(A\boldsymbol{x}) - 2\boldsymbol{x}\bullet\boldsymbol{b} \tag{8-62}$$

を定義すると，

$$F(\boldsymbol{x}+\boldsymbol{h}) = F(\boldsymbol{x}) + 2\boldsymbol{h}\bullet(A\boldsymbol{x}-\boldsymbol{b}) + \boldsymbol{h}\bullet(A\boldsymbol{h}) \tag{8-63}$$

ですから，$\boldsymbol{x}$が$A\boldsymbol{x}=\boldsymbol{b}$の解であれば，任意の$\boldsymbol{h}$に対し，$F(\boldsymbol{x}+\boldsymbol{h}) \geqq F(\boldsymbol{x})$となります。なぜなら，$A$が正定値なので，$\boldsymbol{h}\bullet(A\boldsymbol{h}) \geqq 0$になるからです。そこで，解の推定値$\boldsymbol{x}^{(k)}$に対して，あるベクトル$\boldsymbol{p}^{(k)}$を決め，

$$\boldsymbol{x}^{(k+1)} = \boldsymbol{x}^{(k)} + \alpha^{(k)}\boldsymbol{p}^{(k)} \tag{8-64}$$

により計算される解の更新値$\boldsymbol{x}^{(k+1)}$に対して，$F(\boldsymbol{x}^{(k+1)})$が最小になるように$\alpha^{(k)}$を決めます。式(8-63)に式(8-64)を代入すると，

$$F(\boldsymbol{x}^{(k+1)}) = F(\boldsymbol{x}^{(k)}) - 2\alpha^{(k)}\boldsymbol{p}^{(k)}\bullet\boldsymbol{r}^{(k)} + (\alpha^{(k)})^2\boldsymbol{p}^{(k)}\bullet(A\boldsymbol{p}^{(k)}) \tag{8-65}$$

となります。ここで，$\boldsymbol{r}^{(k)}=\boldsymbol{b}-A\boldsymbol{x}^{(k)}$は解の残差です。式(8-65)は$\alpha^{(k)}$の2次式ですから，$F(\boldsymbol{x}^{(k+1)})$を最小にする$\alpha^{(k)}$は，

$$\alpha^{(k)} = \frac{\boldsymbol{r}^{(k)}\bullet\boldsymbol{p}^{(k)}}{\boldsymbol{p}^{(k)}\bullet(A\boldsymbol{p}^{(k)})} \tag{8-66}$$

です。次に，$\boldsymbol{p}^{(k)}$の更新ですが，こちらは，

$$\boldsymbol{r}^{(k+1)} = \boldsymbol{b} - A\boldsymbol{x}^{(k+1)} = \boldsymbol{r}^{(k)} - \alpha^{(k)}A\boldsymbol{p}^{(k)} \tag{8-67}$$

を使って$\boldsymbol{r}^{(k)}$を更新した後，

$$\boldsymbol{p}^{(k+1)} = \boldsymbol{r}^{(k+1)} + \beta^{(k)}\boldsymbol{p}^{(k)} \tag{8-68}$$

とします。ここで，$\boldsymbol{p}^{(k+1)}$が$\boldsymbol{p}^{(k)}$とA直交，すなわち，$\boldsymbol{p}^{(k+1)} \bullet (A\boldsymbol{p}^{(k)}) = 0$になるように決めれば，$\beta^{(k)}$は次式で与えられます。

$$\beta^{(k)} = -\frac{\boldsymbol{r}^{(k+1)} \bullet (A\boldsymbol{p}^{(k)})}{\boldsymbol{p}^{(k)} \bullet (A\boldsymbol{p}^{(k)})} \tag{8-69}$$

$\boldsymbol{p}^{(k)}$の初期値を$\boldsymbol{p}^{(0)} = \boldsymbol{r}^{(0)}$として，これらの漸化式を計算すれば，$i \neq j$となる全ての$\boldsymbol{p}^{(i)}$と$\boldsymbol{p}^{(j)}$が$A$直交，すなわち，$\boldsymbol{p}^{(i)} \bullet (A\boldsymbol{p}^{(j)}) = 0$になることが証明できます。同時に，$\boldsymbol{r}^{(i)} \bullet \boldsymbol{r}^{(j)} = 0$となる，すなわち，異なる$\boldsymbol{r}^{(i)}$は互いに直交していることも証明できます[†7]。また，これらの関係を利用すれば，$\alpha^{(k)}$と$\beta^{(k)}$は次式で計算できることがわかります。

$$\alpha^{(k)} = \frac{\boldsymbol{r}^{(k)} \bullet \boldsymbol{r}^{(k)}}{\boldsymbol{p}^{(k)} \bullet (A\boldsymbol{p}^{(k)})}, \quad \beta^{(k)} = \frac{\boldsymbol{r}^{(k+1)} \bullet \boldsymbol{r}^{(k+1)}}{\boldsymbol{r}^{(k)} \bullet \boldsymbol{r}^{(k)}} \tag{8-70}$$

iの異なる2個の$\boldsymbol{r}^{(i)}$が直交するということは，この共役勾配法の反復計算を進めれば，行列の次数に等しいn回の反復で計算が必ず終了することを意味しています。共役勾配法は有限回の計算で終了するので，どちらかといえば直接解法の一種です。しかし，実際にはnより小さい回数で誤差は十分小さくなります。

さて，Aが単位行列の定数倍，$A = aI$の場合には，$\boldsymbol{p}^{(0)} = \boldsymbol{r}^{(0)}$を使って，$\alpha^{(0)} = 1/a$となります。よって，$\boldsymbol{r}^{(1)} = \boldsymbol{r}^{(0)} - \alpha^{(0)} A\boldsymbol{r}^{(0)} = 0$になり，反復は1回で完了します。このことは，行列$A$の全ての固有値が接近していると収束が速いことを示しています。不完全コレスキー分解の役割は，行列Aを単位行列に近い行列に変換することです。

†7　不完全コレスキー分解を含む共役勾配法でも，$\boldsymbol{p}^{(i)} \bullet (A\boldsymbol{p}^{(j)}) = 0$ですが，$\boldsymbol{r}^{(i)} \bullet \boldsymbol{r}^{(j)} = 0$ではなく，$\boldsymbol{r}^{(i)} \bullet (A_I^{-1} \boldsymbol{r}^{(j)}) = 0$を満足します。

第9章 離散フーリエ変換とその応用

フーリエ変換 (Fourier transform) とは，次の積分を使って関数 $f(t)$ を変数 ω の関数 $F(\omega)$ に変換することです。

$$F(\omega) = \int_{-\infty}^{\infty} f(t)e^{-i\omega t}dt \tag{9-1}$$

この変換された関数，フーリエ成分 $F(\omega)$ を使えば，次の積分で元の関数 $f(t)$ に戻すことができます。

$$f(t) = \frac{1}{2\pi}\int_{-\infty}^{\infty} F(\omega)e^{i\omega t}d\omega \tag{9-2}$$

これを，フーリエ逆変換といいます。$e^{i\omega t} = \cos\omega t + i\sin\omega t$ ですから，フーリエ変換とは関数 $f(t)$ を $\cos\omega t$ や $\sin\omega t$ のような正弦波形の和に分解する手法だといえます。t を時間，ω を角周波数と考えれば，フーリエ変換は時間の関数を周波数成分に分解することになるので，スペクトル分解ともいいます。

さて，コンピュータで取り扱うデータは有限個ですから，フーリエ変換を数値計算で実行するには，有限個の項で変換値を近似する必要があります。このため，二つの要素が加わります。

一つは，データ点の存在領域が有限区間 $0 \leqq t \leqq T$ に限定されるため，正弦波形の周期がその区間幅 T で制限されて，式 (9-2) がフーリエ級数展開，

$$f(t) = \sum_{n=-\infty}^{\infty} F_n e^{2\pi int/T} \tag{9-3}$$

の近似になることです。これは，ω が連続ではなく，最小値 $\Delta\omega$ $(=2\pi/T)$ の倍数，$\omega_n = n\Delta\omega$ の周波数成分のみに限定されることを意味します。各フーリエ成分 F_n は次式で与えられます。

$$F_n = \frac{1}{T}\int_{0}^{T} f(t)e^{-2\pi int/T}dt \tag{9-4}$$

式 (9-1) の $F(\omega)$ との関係は，$F_n = F(\omega)/T$ です。

もう一つは，式 (9-4) の右式の積分を有限個の点で近似するために，フーリエ成分の個数も有限になることです。区間 $[0,T]$ を N 等分して $\Delta t = T/N$ とし，Δt ごとの関数値 $f_k = f(k\Delta t)$ で積分を近似すれば，

$$F_n = \frac{1}{T}\sum_{k=0}^{N-1} f_k e^{-2\pi ink\Delta t/T}\Delta t = \frac{1}{N}\sum_{k=0}^{N-1} f_k e^{-2\pi ink/N} \tag{9-5}$$

となります。これを離散フーリエ変換といいます。離散フーリエ変換は，N個のデータの線形変換です。このため，$n=0 \sim N-1$の成分F_nを全て計算しておけば，次の逆変換公式を使って元の関数値に戻すことができます。

$$f_k = \sum_{n=0}^{N-1} F_n e^{2\pi ikn/N} \qquad k=0,1,\cdots,N-1 \tag{9-6}$$

式(9-5)のフーリエ成分には$F_n = F_{n+N}$という周期性があるので，式(9-6)は，

$$f_k = \sum_{n=-N/2+1}^{N/2} F_n e^{2\pi ikn/N} \qquad k=0,1,\cdots,N-1 \tag{9-7}$$

と解釈することもできます。すなわち，離散フーリエ変換の逆変換は，式(9-3)のフーリエ成分の下限を$n=-N/2+1$で，上限を$n=N/2$で打ち切ったフーリエ級数展開であると考えられます。

離散フーリエ変換には様々な応用があります。時間的に変化するデータを変換すれば，その周波数成分（スペクトル）が得られるので，発光体の色分解や音声分析をすることができます。また，画像を空間的に変化する濃淡のデータと考えてフーリエ変換すれば，その画像が持つ特徴を抽出することができます。

さらに，微分方程式の解の計算に使うこともできます。指数関数$e^{i\omega t}$をtで微分すると$i\omega e^{i\omega t}$になるので，tの微分のフーリエ成分は$i\omega$を掛けた成分に変換されます。これを利用すれば，微分を含んだ項を$i\omega$の多項式に変換することができ，差分近似により発生する誤差を抑制した精度の高い微分方程式の解法が得られます。

離散フーリエ変換の最大の利点は，高速に計算できるアルゴリズム，高速フーリエ変換（Fast Fourier Transform，略してFFT）が存在することです。本章では，まず高速アルゴリズムを使った離散フーリエ変換のプログラムを作成した後，各種の応用問題を解くプログラムの作成を行います。

9.1 離散フーリエ変換

例 題

N個の複素数データを使った離散フーリエ変換 (9-5) とその逆変換 (9-6) を実行するサブルーチンを作成せよ。また，$N=200$とし，$j=0\sim N-1$に対して$f_k^{(j)}=e^{2\pi ikj/N}$の離散フーリエ変換を行い，その結果が$F_n^{(j)}=\delta_{jn}$になることを確認せよ。

▼解答プログラム例

```
program dft_test
   implicit none
   integer, parameter :: nmax = 200
   real, parameter :: pi = 3.141592653589793, pi2 = 2*pi
   complex cf(0:nmax-1)
   real x,ak
   integer j,k,n
   do j = 0, nmax-1
      ak = pi2*j/nmax
      do k = 0, nmax-1
         x = ak*k
         cf(k) = cmplx(cos(x),sin(x))
      enddo
      call cdft(cf,nmax,-1)
      do n = 0, nmax-1
         if (abs(cf(n)) > 1e-12) print *,j,n,cf(n)
      enddo
   enddo
end program dft_test

subroutine cdft(cf,n0,mode)
   implicit none
   integer n0,mode,i,j,it
   complex cf(0:n0-1)
   integer, save :: ns = 0
   real, parameter :: pi = 3.141592653589793, pi2 = 2*pi
   complex, allocatable, save :: cwp(:,:)
   complex, allocatable :: cf1(:)
   real x,ak
   if (ns /= n0) then
      ns = n0
      if (allocated(cwp)) deallocate ( cwp )
```

```
      allocate ( cwp(0:ns-1,2) )
      ak = pi2/ns
      do i = 0, ns-1
         x = ak*i
         cwp(i,1) = cmplx(cos(x), sin(x))
         cwp(i,2) = conjg(cwp(i,1))
      enddo
   endif
   allocate ( cf1(0:ns-1) )
   if (mode < 0) then
      it = 2
   else
      it = 1
   endif
   cf1(:) = cf(:)
   do i = 0, ns-1
      cf(i) = cf1(0)
      do j = 1, ns-1
         cf(i) = cf(i) + cwp(mod(j*i,ns),it)*cf1(j)
      enddo
   enddo
   if (mode == 2 .or. mode == -1) cf(:) = cf(:)/ns
   deallocate ( cf1 )
end subroutine cdft
```

cdftは，整数引数n0で指定した1次元複素数配列cf(0:n0-1)にn0個のデータを代入して引数に与えると，それを離散フーリエ変換した結果を同じ配列に代入するサブルーチンである。ここで，整数引数modeに対し，mode＝－1を指定すると離散フーリエ変換 (9-5) を，mode＝1を指定すると離散逆フーリエ変換 (9-6) を実行する。

式 (9-5) と式 (9-6) では，正変換の時にデータ数n0で割り，逆変換の時に割らない公式になっているが，離散フーリエ変換の正変換と逆変換の違いは指数関数の正負だけなので，問題によっては正変換で割らず，逆変換で割る公式を使いたい場合も考えられる。そこで，サブルーチンcdftでは，mode＝－2を指定すれば正変換をしてn0で割らず，mode＝2を指定すれば，逆変換をしてn0で割るようにしている。

解説

サブルーチンcdftは，公式どおりに離散フーリエ変換の計算を行ったものです。$e^{2\pi in/N}$を1回の変換ごとに計算するのは効率が悪いので，サブルーチンcdftではsave属性を持った2次元複素数配列cwp(:,2)に代入しておき，サブルーチン内部で保持しています。cwp(:,1)が逆変換用，cwp(:,2)が正変換用です。

しかし，離散フーリエ変換には9.2節で説明する高速アルゴリズムが存在するので，このサブルーチンを使うのは，Nが小さい場合のみにすべきです。

9.2 高速フーリエ変換

例題

$N=2^m$個の複素数データを使った離散フーリエ変換 (9-5) とその逆変換式 (9-6) をサンデ・テューキー法で実行するサブルーチンを作成せよ。また，$N=256$とし，$j=0$～$N-1$に対して$f_k^{(j)}=e^{2\pi ikj/N}$の離散フーリエ変換を行い，その結果が$F_n^{(j)}=\delta_{jn}$になることを確認せよ。

▼解答プログラム例

```
program fft_ST_test
   implicit none
   integer, parameter :: mmax = 8, nmax = 2**mmax
   real, parameter :: pi = 3.141592653589793, pi2 = 2*pi
   complex cf(0:nmax-1)
   real x,ak
   integer j,k,n
   do j = 0, nmax-1
      ak = pi2*j/nmax
      do k = 0, nmax-1
         x = ak*k
         cf(k) = cmplx(cos(x),sin(x))
      enddo
      call cfft(cf,nmax,-1)
      do n = 0, nmax-1
         if (abs(cf(n)) > 1e-12) print *,j,n,cf(n)
      enddo
   enddo
end program fft_ST_test

subroutine cfft(cf,n0,mode)
   implicit none
   integer n0,mode,i,i1,j,k,n1,n2,ir,it
   complex cf(0:n0-1),c1,c2
   integer, save :: ms, ns = 0, nr
   real, parameter :: pi = 3.141592653589793, pi2 = 2*pi
   complex, allocatable, save :: cwp(:,:)
   integer, allocatable, save :: irev1(:),irev2(:)
   real x,ak
   if (ns /= n0) then
      ms = 0
```

第I部
第II部
9
離散フーリエ変換とその応用

```
      ns = n0
      do i = 1, n0
         if (mod(ns,2) /= 0) then
            print *,'N0 must be 2**m',n0
            return
         endif
         ns = ns/2
         ms = ms + 1
         if (ns <= 1) exit
      enddo
      ns = n0
      if (allocated(cwp)) deallocate ( cwp, irev1, irev2 )
      allocate ( cwp(0:n0/2-1,2), irev1(n0/2), irev2(n0/2) )
      ak = pi2/n0
      do i = 0, n0/2-1
         x = ak*i
         cwp(i,1) = cmplx(cos(x), sin(x))
         cwp(i,2) = conjg(cwp(i,1))
      enddo
      nr = 0
      do i = 1, n0-1
         n1 = i
         ir = 0
         do j = 1, ms
            ir = ir*2 + mod(n1,2)
            n1 = n1/2
         enddo
         if (i < ir) then
            nr = nr + 1
            irev1(nr) = i
            irev2(nr) = ir
         endif
      enddo
   endif
   if (mode < 0) then
      it = 2
   else
      it = 1
   endif
   n1 = 1
   n2 = n0
   do k = 1, ms-1
```

```
      n2 = n2/2
      do j = 0, n1-1
         do i = 0, n2-1
            i1 = i + j*n2*2
            c1 = cf(i1)
            c2 = cf(i1+n2)
            cf(i1)    = c1 + c2
            cf(i1+n2) = (c1 - c2)*cwp(i*n1,it)
         enddo
      enddo
      n1 = n1*2
   enddo
   do i = 0, n0-1, 2
      c1 = cf(i)
      c2 = cf(i+1)
      cf(i)   = c1 + c2
      cf(i+1) = c1 - c2
   enddo
   do i = 1, nr
      c1    = cf(irev1(i))
      cf(irev1(i)) = cf(irev2(i))
      cf(irev2(i)) = c1
   enddo
   if (mode == 2 .or. mode == -1) cf(:) = cf(:)/ns
end subroutine cfft
```

cfftは，整数引数n0で指定した1次元複素数配列cf(0:n0-1)にn0個のデータを代入して引数に与えると，それを高速フーリエ変換した結果を同じ配列に代入するサブルーチンである。高速フーリエ変換には，サンデ・テューキー法を用いている。このためn0 $=2^m$でなければならず，そうでないn0を与えるとエラーメッセージを出力して終了する。ここで，整数引数modeに対し，mode $=-1$を指定すると離散フーリエ変換(9-5)を，mode $=1$を指定すると離散逆フーリエ変換(9-6)を実行する。9.1節(p.365)のサブルーチンcdftと同様，mode $=-2$とmode $=2$の指定により，データ数で割る方式を変更することも可能である。

解説

9.1節(p.365)のプログラムは離散フーリエ変換とその逆変換を公式通りに作成したものです。この時，1個のフーリエ成分を計算するのに$e^{-2\pi ikn/N}$をN回掛けるので全体ではN^2回の掛け算が必要です。しかし，$e^{-2\pi ikn/N}$には周期性があるので，これを利用すれば大幅に計算量を減らすことができます。これが高速フーリエ変換(FFT)です。以下，FFTの手順を説明します。

まず，$N=2^m$ とします。これは，FFTアルゴリズムが $N=2^m$ で最も効率よく働くからです。式(9-5)において $1/N$ の係数を省略した式を使い，これを偶数の項と奇数の項に分解します。

$$
\begin{aligned}
F_n &= \sum_{k=0}^{N-1} f_k W^{kn} \\
&= \sum_{k=0}^{N/2-1} f_{2k} W^{2kn} + \sum_{k=0}^{N/2-1} f_{2k+1} W^{(2k+1)n} \\
&= \sum_{k=0}^{N/2-1} f_{2k} W^{2kn} + W^n \sum_{k=0}^{N/2-1} f_{2k+1} W^{2kn}
\end{aligned}
\tag{9-8}
$$

ここで，$W=e^{-2\pi i/N}$ です。これを位相因子といいます。この偶数項だけ集めた第1項と奇数項だけ集めた第2項を，

$$
F_n^0 = \sum_{k=0}^{N/2-1} f_{2k} W^{2kn}, \qquad F_n^1 = \sum_{k=0}^{N/2-1} f_{2k+1} W^{2kn} \tag{9-9}
$$

とおきます。この式で，n の範囲は $0 \sim N-1$ ですが，$W^{2k(n+N/2)}=W^{2kn}$ なので，$F_n^0=F_{n+N/2}^0$，$F_n^1=F_{n+N/2}^1$ です。よって，$n=0 \sim N/2-1$ の成分だけ計算しておき，

$$
F_n = F_n^0 + W^n F_n^1, \qquad F_{n+N/2} = F_n^0 - W^n F_n^1 \qquad n=0,1,\cdots,N/2-1 \tag{9-10}
$$

によって，全ての成分が計算できます。ここで，$W^{N/2}=-1$ を使いました。この計算で必要な掛け算は $W^n F_n^1$ だけなので，全部で $N/2$ 回の掛け算が必要です。

さて，$n=0 \sim N/2-1$ の成分だけ計算するので，式(9-9)における F_n^0 や F_n^1 は W^2 を位相因子とする長さ $N/2$ の離散フーリエ変換の形をしています。そこで，この2つの長さ $N/2$ の離散フーリエ変換を再度偶数項と奇数項に分解し，同様の手順を行えば，4つの長さ $N/4$ の離散フーリエ変換に帰着されます。

$$
\begin{aligned}
&F_n^0 = F_n^{00} + W^{2n} F_n^{10}, \quad F_{n+N/4}^0 = F_n^{00} - W^{2n} F_n^{10}, \\
&F_n^1 = F_n^{01} + W^{2n} F_n^{11}, \quad F_{n+N/4}^1 = F_n^{01} - W^{2n} F_n^{11} \qquad n=0,\cdots,N/4-1
\end{aligned}
\tag{9-11}
$$

$N=2^m$ なので，以下同様に分解ができて，m 回分解すると1項のみ，すなわち，f_k のみになります。

$N=8$ の場合に，この手順を図で表したのが図9.1です。この図で，実線の矢印は加算する，破線の矢印は減算するという意味です。また，ⓢの記号が付いている矢印は W^s を掛けて加える（実線），または掛けて減じる（破線）という意味です。図9.1を見てわかるように，掛け算はどの段階でも $N/2$ 回程度です。段数は $N=8$ の場合に3段，

$N=2^m$の場合にはm段なので，掛け算の数は，全部で$Nm/2$回程度ということになります。すなわち，計算量は$N\log_2 N$に比例します。これが高速フーリエ変換です。

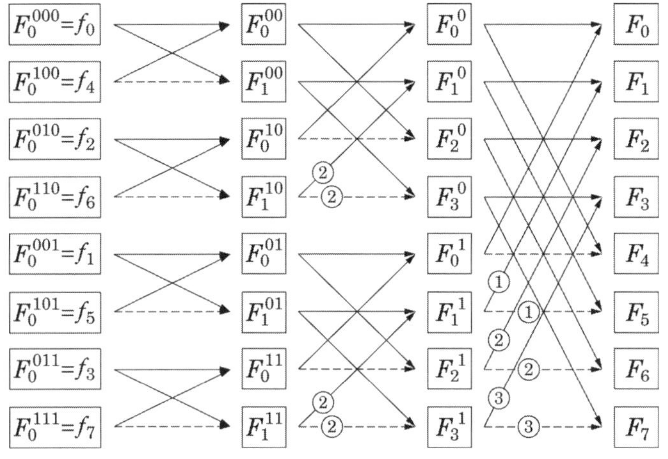

●図9.1　クーリー・テューキー法による$N=8$の高速フーリエ変換

図9.1を見ると，1回の計算で，2個の成分から2個を生成していて，その他の項との干渉はありません。このため，計算後の値をその2つの変数にそのまま代入することができます。このため,高速フーリエ変換は余分なメモリを必要としません。ただし,図9.1を見てわかるように,計算開始前のf_kの順番がkの大小の並びになっていません。分解する時に，偶数項を前に持っていき，奇数項を後ろに持っていく操作を行ったため，最も下位のビットを上位ビットに設定したことになるからです。すなわち，kを2進数で表した時に，それを逆順にして小さい方から順に並べた並びになっています。これをビット反転順といいます。

以上説明したアルゴリズムは,クーリー・テューキー法(Cooley-Tukey法)といいます。クーリー・テューキー法は最初にビット反転順にデータを並べ替え,それから高速フーリエ変換を実行します。

このクーリー・テューキー法を逆にたどる手順もあります。式(9-10)を逆に解くと,

$$F_n^0=\frac{1}{2}(F_n+F_{n+N/2}),\qquad F_n^1=\frac{1}{2}W^{-n}(F_n-F_{n+N/2}) \tag{9-12}$$

ですから，これを利用すればf_nから出発できます。

$$f_n^0=f_n+f_{n+N/2},\qquad f_n^1=W^n(f_n-f_{n+N/2}) \tag{9-13}$$

ここで，式(9-12)において2で割るのは逆変換の$1/N$の割り算に相当するので省略し，W^{-n}の代わりにW^nを使っています。この手順をサンデ・テューキー法(Sande-Tukey法)といいます。$N=8$の場合のサンデ・テューキー法の計算流れを図9.2に示します。

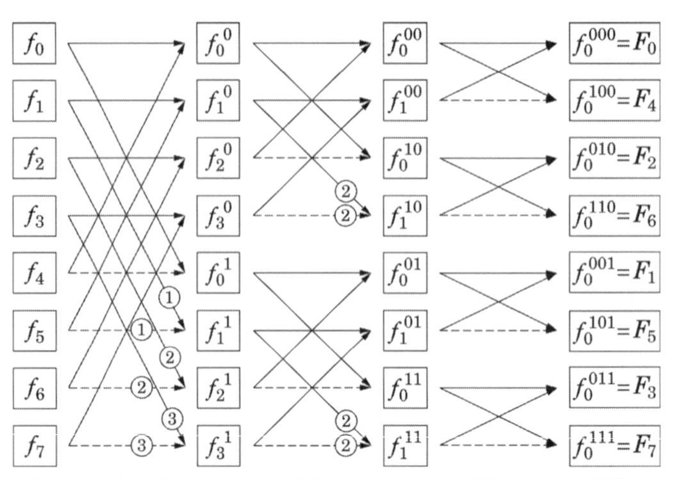

●**図9.2　サンデ・テューキー法によるN＝8の高速フーリエ変換**

図9.1と図9.2を比較すると，クーリー・テューキー法における位相因子の掛け算回数とサンデ・テューキー法における位相因子の掛け算回数は同じです。しかし，サンデ・テューキー法では式(9-13)の右の式のようにまとめて掛けることができるので，実際に必要な掛け算はクーリー・テューキー法の半分です。そこで，ここではサンデ・テューキー法によるプログラムを例題にしました。

なお，逆フーリエ変換は指数の符号を変えた位相因子を使えば全く同じ手順で計算することができます。後は，公式に応じて全ての成分に$1/N$の掛け算を行います。

サブルーチン`cfft`でも，$e^{2\pi in/N}$は，`save`属性を持った2次元複素数配列`cwp(:,2)`に代入して保持しています。また，ビット反転を実行する時に使用するビット反転の対応表を作成し，`save`属性を持った1次元整数配列`irev1(:)`と`irev2(:)`に代入して保持しています。

クーリー・テューキー法もサンデ・テューキー法も$N=2^m$でなければ手順がうまく完了しませんが，3や5のような比較的小さい奇素数を素因数に持つNについて使える高速化技法も存在します。

9.3 実関数の高速フーリエ変換

例題

$N=2^m$ 個の実数データを使って離散フーリエ変換 (9-5) とその逆変換 (9-6) を高速に計算するサブルーチンを作成せよ。また，$N=256$ とし，$j=0 \sim N/2$ に対して $f_k^{(j)} = \cos(2\pi kj/N) + \sin(2\pi kj/N)$ の離散フーリエ変換を行い，その結果，j が 0 または $N/2$ の時は $F_n^{(j)} = \delta_{jn}$ になり，それ以外の時は $F_n^{(j)} = \delta_{jn}(1-i)/2$ になることを確認せよ。

▼解答プログラム例

```
program rfft_test
   implicit none
   integer, parameter :: mmax = 8, nmax = 2**mmax
   real, parameter :: pi = 3.141592653589793, pi2 = 2*pi
   real f(0:nmax-1),x,ak
   complex cf(0:nmax/2)
   integer j,k
   do j = 0, nmax/2
      ak = pi2*j/nmax
      do k = 0, nmax-1
         x = ak*k
         f(k) = cos(x) + sin(x)
      enddo
      call rfft(f,cf,nmax,-1)
      do k = 0, nmax/2
         if (abs(cf(k)) > 1e-12) print *,j,k,cf(k)
      enddo
   enddo
end program rfft_test

subroutine rfft(f,cf,n0,mode)
   implicit none
   integer n0,mode,i
   real f(0:n0-1),r1,r2,dn,dn2
   complex cf(0:n0/2),c1,c2,ccr,cci
   integer, save :: ns = 0, n2
   real, parameter :: pi = 3.141592653589793, pi2 = 2*pi
   complex, allocatable, save :: cwp(:)
   real x,dk
   if (ns /= n0) then
      if (mod(n0,2) /= 0) then
```

```
         print *,'N0 must be an even number',n0
         return
      endif
      ns = n0
      n2 = n0/2
      if (allocated(cwp)) deallocate ( cwp )
      allocate ( cwp(n2-1) )
      dk = pi2/n0
      do i = 1, n2-1
         x = dk*i
         cwp(i) = cmplx(sin(x), cos(x))
      enddo
   endif
   if (mode < 0) then
      do i = 0, n2-1
         cf(i) = cmplx(f(2*i),f(2*i+1))
      enddo
      call cfft(cf,n2,-2)
      dn  = 1.0/ns
      dn2 = dn/2
      do i = 1, n2/2
         c1 = cf(i)
         c2 = conjg(cf(n2-i))
         ccr = c1 + c2
         cci = c2 - c1
         cf(i) = dn2*(ccr + cci*cwp(i))
         if (i < n2/2) then
            cf(n2-i) = dn2*(conjg(ccr) - conjg(cci)*cwp(n2-i))
         endif
      enddo
      cf(n2) = dn*(real(cf(0)) - imag(cf(0)))
      cf(0)  = dn*(real(cf(0)) + imag(cf(0)))
   else
      r1 = cf(0)
      r2 = cf(n2)
      f(0) = r1 + r2
      f(1) = r1 - r2
      do i = 1, n2/2
         c1 = cf(i)
         c2 = conjg(cf(n2-i))
         ccr = c1 + c2
         cci = c2 - c1
         c1 = ccr + cci*conjg(cwp(i))
```

```
         f(2*i)   = real(c1)
         f(2*i+1) = imag(c1)
         if (i < n2/2) then
            c1 = ccr - cci*cwp(n2-i)
            f(2*(n2-i))   = real(c1)
            f(2*(n2-i)+1) = -imag(c1)
         endif
      enddo
      call cfft(f,n2,1)
   endif
end subroutine rfft
```

サブルーチン**rfft**は，整数mode＝−1を指定して，整数引数n0で指定した1次元実数配列**f(0:n0-1)**にn0個のデータを代入して引数に与えると，それを高速フーリエ変換した結果を1次元複素数配列**cf(0:n0/2)**に代入して戻る。また，mode＝1を指定してn0/2＋1個のデータを代入した1次元複素数配列**cf(0:n0/2)**を引数に与えると，それを高速逆フーリエ変換した結果を1次元実数配列**f(0:n0-1)**に代入して戻る。ただし，n0＝2^mでなければならず，そうでない場合にはエラーメッセージを出力して終了する。本プログラムの実行には，9.2節 (p.367) のサブルーチン**cfft**が必要である。

サブルーチン**rfft**において，入力配列と出力配列が異なる場合は入力配列を破壊しない。また，実数配列**f**と複素数配列**cf**を同じ配列にしても動作する。ただし，その場合には，配列**f**の要素数をn0＋2にしておく必要がある。

なお，サブルーチン**rfft**には，正変換をn0で割らず，逆変換をn0で割るというmode＝±2の指定はない。

解説

これまで説明した離散フーリエ変換は，複素数データに対して行うものでした。このため，取り扱うデータが実数の場合でも，一旦複素数配列に代入してから変換しなければなりません。この時，複素数の虚部は0を代入するためだけに必要なので，メモリに無駄が生じます。

無駄を出さずに離散フーリエ変換を実行する方法として，同じ要素数の2個の実数データを同時にフーリエ変換する手法があります。今，2個の実数データをp_kとq_k $(k=0\sim N-1)$として，これを離散フーリエ変換します。

$$P_n=\frac{1}{N}\sum_{k=0}^{N-1}p_kW^{kn},\qquad Q_n=\frac{1}{N}\sum_{k=0}^{N-1}q_kW^{kn} \tag{9-14}$$

Q_nにiを掛けてP_nに加えたものをH_nとすれば，

$$H_n=P_n+iQ_n=\frac{1}{N}\sum_{k=0}^{N-1}(p_k+iq_k)W^{kn} \tag{9-15}$$

です。この式の両辺の複素共役を計算し，nを$N-n$で置きかえると，

$$H_{N-n}^{*}=\frac{1}{N}\sum_{k=0}^{N-1}(p_k-iq_k)W^{-k(N-n)}=\frac{1}{N}\sum_{k=0}^{N-1}(p_k-iq_k)W^{kn} \tag{9-16}$$

です。ここで，$W^{-kN}=1$を使いました。ポイントは，p_kとq_kが実数なので，複素共役演算で変化しないことです。式 (9-15) と式 (9-16) を使えば，それぞれのフーリエ成分を以下の式で計算することができます。

$$P_n=\frac{H_n+H_{N-n}^{*}}{2},\qquad Q_n=\frac{H_n-H_{N-n}^{*}}{2i} \tag{9-17}$$

すなわち，2個の実数データを1個の複素数配列の実数部と虚数部に代入し，その配列を離散フーリエ変換すれば，変換後の複素数配列から実数部のフーリエ成分と虚数部のフーリエ成分を分離して取り出すことができます。

さて，これを使って1個の実数データをメモリ的に効率良くフーリエ変換することができます。クーリー・テューキー法の説明にでてきた式 (9-9) は以下の通りでした。

$$F_n^0=\sum_{k=0}^{N/2-1}f_{2k}W^{2kn},\qquad F_n^1=\sum_{k=0}^{N/2-1}f_{2k+1}W^{2kn} \tag{9-18}$$

ここで，$H_n=F_n^0+iF_n^1$とすれば，H_nは実数部にf_{2k}を，虚数部にf_{2k+1}を代入した長さ$N/2$の複素数データを離散フーリエ変換した値になります[†1]。このため，長さ$N/2$のフーリエ変換1回で計算は完了します。後は，式 (9-10) を使って必要なフーリエ成分を計算します。

$$F_n=\frac{H_n+H_{N/2-n}^{*}}{2}+W^n\frac{H_n-H_{N/2-n}^{*}}{2i} \tag{9-19}$$

実数のフーリエ変換の場合は$F_{N-n}=F_n^{*}$なので，$n>N/2$についてはF_{N-n}の複素共役計算で求めることができます。よって保存する必要はありません。そこで，解答プログラム例では，複素数配列の要素数を$N/2+1$として，$N=0\sim N/2$までの値を代入しています。逆変換は，式 (9-19) を変形した，

$$F_{N/2-n}^{*}=\frac{H_n+H_{N/2-n}^{*}}{2}-W^n\frac{H_n-H_{N/2-n}^{*}}{2i} \tag{9-20}$$

を利用して得られる次式でH_nを計算し，これを長さ$N/2$の離散逆フーリエ変換することで得られます。

---

†1　複素数配列は，実部1，虚部1，実部2，虚部2，…と並んでいるので，これは実数配列をそのまま複素数配列と見なしてフーリエ変換することに相当します。このため，実数配列と複素数配列を同じ配列にすることが可能です。

$$H_n = F_n + F^*_{N/2-n} + iW^{-n}(F_n - F^*_{N/2-n}) \tag{9-21}$$

ここで，式(9-19)も式(9-21)もnの係数と$N/2-n$の係数に使う成分が同じなので，同時に計算して，そのままH_nと$H_{N/2-n}$やF_nと$F_{N/2-n}$に代入することが可能です。よって，余分なメモリは不要です。

なお，フーリエ変換時の$1/N$倍には注意が必要です。サブルーチン`cfft`で，`mode`$=-1$にすると，$N/2$のフーリエ変換を利用するため，成分は$2/N$倍です。よって，さらに$1/2$倍しなければなりません。このため，解答プログラム例ではNで割らないように`mode`$=-2$で変換し，式(9-19)の計算時に$1/N$倍しています。

9.4 カオスのパワースペクトル

例題

$x_1=0.2$を初期値として次の漸化式（ロジスティック写像）によって得られる数列x_nを計算し，x_{51}からx_{306}までの256個のデータをフーリエ変換して得られるパワースペクトルを計算せよ。

$$x_{n+1} = rx_n(1-x_n) \tag{9-22}$$

ここで，パラメータrは，3.2，3.5，3.568，3.7の4種類とする。なお，結果は装置番号10のファイルに出力せよ。

▼解答プログラム例

```
program chaotic_spectrum
   implicit none
   integer, parameter :: nmax = 256
   real xn(nmax),r(4),xx,df
   complex cx(0:nmax/2)
   integer k,n,nmin,np
   r(1) = 3.2
   r(2) = 3.5
   r(3) = 3.568
   r(4) = 3.7
   nmin = 50
   df   = 1.0/nmax
   do np = 1, 4
      xx = 0.2
      k = 0
      do n = 2, nmax+nmin
         xx = r(np)*xx*(1 - xx)
```

```
      if (n > nmin) then
        k = k + 1
        xn(k) = xx
      endif
    enddo
    call rfft(xn,cx,nmax,-1)
    write(10,*) 'r = ',r(np)
    do n = 1, nmax/2
      write(10,*) df*n,abs(cx(n))**2
    enddo
  enddo
end program chaotic_spectrum
```

chaotic_spectrumは，4種類のrについて，漸化式(9-22)を計算し，そのデータをフーリエ変換して得られた成分の絶対値の2乗を装置番号10のファイルに出力するプログラムである。このプログラムの実行には，サブルーチン**rfft**と**cfft**が必要である。

解説

本節では，フーリエ変換の応用例として，漸化式で得られる数列のパワースペクトルを計算してみました。パワースペクトルとは，フーリエ成分の絶対値の2乗の周波数分布のことです（Key Elements 9.2（p.390）参照）。解答プログラム例の出力結果を図9.3に示します[†2]。ここで，横軸は周波数$f=n/N$です。実関数の離散フーリエ変換は$n=N/2$が最大値なので，$f=1/2$が最高周波数成分です。

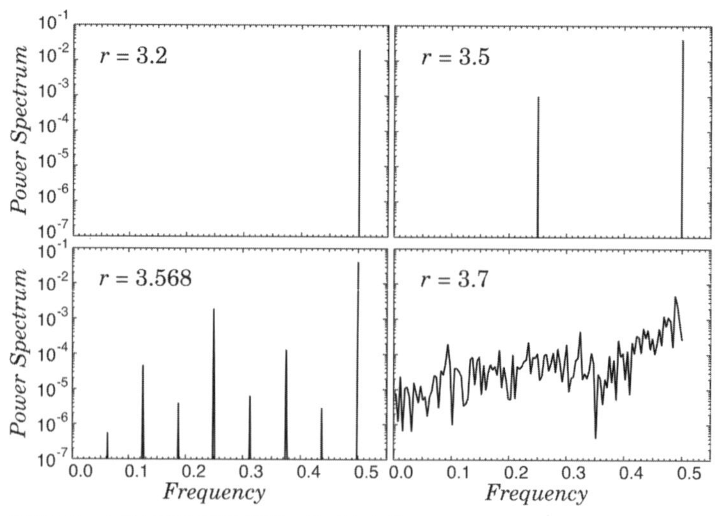

●図9.3　カオス漸化式のパワースペクトル

†2　図9.3では，周波数0の成分は除去しています。

図よりわかるように, 異なるrに対してさまざまなスペクトルが得られます。$r=3.2$の時は, $f=1/2$の成分だけが見えますが, $r=3.5$にすると, これ以外に$f=1/4$の成分が現れます。この現象は, 周期が倍の成分が出てくるので倍周期化といいます。$r=3.568$では, その間にさらに多くの成分が出現していますが, 等間隔なのである程度の規則性を持った変動であることがわかります。

ところが, $r=3.7$になると, 特定の成分が強いのではなく, 全ての周波数成分が大なり小なり存在します。スペクトルが広がって様々な成分が同程度に現れていることは, この漸化式で得られるデータが規則性のないランダムな変動であることを示しています。このように, 漸化式は簡単なのに$r=3.7$の場合のように予測の付かない不規則変化をする現象をカオスといいます[17]。

●Key Elements 9.1 ロジスティック写像

9.4節の結果が示すように, ロジスティック写像(9-22)は, 1変数の簡単な漸化式にもかかわらず, パラメータrによって多彩な変化を見せます[17]。これをより詳細に示したのが図9.4です。この図はrを固定して漸化式x_nを計算し, その中でx_{51} ～ x_{114}の64点を$r-x_n$平面に描いた図です。すなわち, あるrに対して縦に並んだ点が漸化式計算の結果です。

そもそも, ロジスティック写像は, 次の微分方程式から導かれます。

$$\frac{du}{dt}=u(1-u) \tag{9-23}$$

初期条件を$u(0)=u_0$とすると, この方程式の解は,

$$u(t)=\frac{u_0}{u_0+(1-u_0)e^{-t}} \tag{9-24}$$

なので, $t\to\infty$で, $u(t)$は1に漸近します。

式(9-23)をオイラー法(7.1節(p.298))で差分化すれば,

$$u_{n+1}=u_n+u_n(1-u_n)\Delta t=(1+\Delta t)u_n(1-\frac{\Delta t}{1+\Delta t}u_n) \tag{9-25}$$

となるので, $r=1+\Delta t$, $x_n=\Delta t\,u_n/(1+\Delta t)$と置き換えたのが式(9-22)です。微分方程式の数値解としては, $t\to\infty$でx_nが$\Delta t/(1+\Delta t)=(r-1)/r$に収束すれば正しい近似になっているといえます。図9.4よりわかるように, $r<2.9$では, 解析解が予測するようにx_nは一点です。

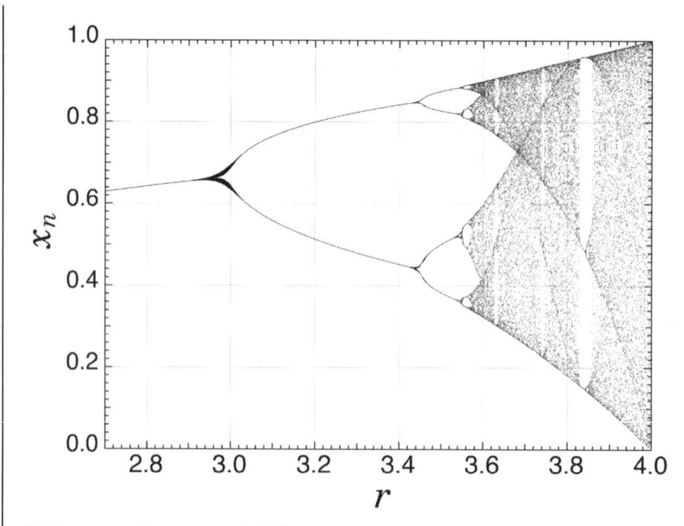

●図9.4　ロジスティック写像

しかし, rが2.9より大きくなると, 解が2個に分かれて, この2個の解を往復します。これが$f=1/2$の成分です。さらにrが増加すると, $r=3.44$のあたりで, それぞれの解が再び2個に分かれて, 4個の解を周回します。これが, $r=3.5$において$f=1/4$の成分が出現する理由です。その後もrが増えるにつれて分岐が起こり, $r=3.568$では, 16個の解を周回し, $f=1/16$の倍数の周波数成分がスペクトルに現れます。

さらにrを増加していくと, 分岐がくり返され, $r=3.5699$付近でついには分岐が無限大になって, これ以上のrでは周期性が無くなります。これがカオスです。しかし, 一旦カオスになった後も, rによっては時々周期性が戻ることがあります。たとえば, $r=3.83$の付近では解が3個になっています。この時のパワースペクトルを計算してみると$f=1/3$の成分が見られます。

ロジスティック写像は, 簡単な公式なのに多彩なスペクトルを示す面白い漸化式です。9.4節 (p.377) では4種類のパラメータについてパワースペクトルを計算しましたが, rを色々変えて, どんなパワースペクトルが出現するのか調べてみて下さい。

9.5 窓関数と短時間フーリエ変換

例題

次の信号波形を短時間フーリエ変換で解析せよ。

$$s(t) = \sin\left(2\pi(f_0 + \frac{\Delta f}{2}t)t\right) \tag{9-26}$$

ここで，$f_0 = 1$，$\Delta f = 0.01$とする。信号は，$\Delta t = 0.1$ごとに2000点のサンプリングを行い，10点ごとの時刻を中心とする256点のデータのフーリエ変換を行う。窓関数は以下のものを使え。

$$w(x) = \begin{cases} \frac{1}{2}\left(1 + \cos\frac{2\pi x}{W}\right), & |x| \leq W/2 \\ 0, & |x| > W/2 \end{cases} \tag{9-27}$$

Wはサンプリングデータ数で指定し，$W = 60$で計算せよ。フーリエ変換して得られたパワースペクトルは装置番号10のファイルに出力せよ。

▼解答プログラム例

```
program chirp_spectrum
   implicit none
   integer, parameter :: nwmax = 256, ntmax = 2000
   real, parameter :: pi = 3.141592653589793, pi2 = 2*pi
   real s0(0:ntmax),s(-nwmax/2:nwmax/2),win(0:nwmax/2)
   real f0,df,t,dt,dts,tsmax,twmax,wid,window
   complex cs(0:ntmax/2)
   integer n,ns,nsmax,nt,nt0,nm,nkmax
   dt  = 0.1
   f0  = 1
   df  = 0.01
   tsmax = ntmax*dt
   nkmax = nwmax/2
   twmax = nwmax*dt
   nsmax = 200
   dts = tsmax/nsmax
   do nt = 0, ntmax
      t = dt*nt
      s0(nt) = sin(pi2*(f0+df*t/2)*t)
   enddo
```

```
   wid = 60
   do n = 0, nwmax/2
      win(n)  = window(real(n),wid)
   enddo
   write(10,*) 'signal',nsmax+1,nkmax+1
   do ns = 0, nsmax
      nt0 = dts*ns/dt
      do n = -nwmax/2, nwmax/2
         nm = n + nt0
         if (nm >= 0 .and. nm <= ntmax) then
            s(n) = win(abs(n))*s0(nm)
         else
            s(n) = 0
         endif
      enddo
      call rfft(s,cs,nwmax,-1)
      do n = 0, nkmax
         write(10,*) n,real(ns)*dts,real(n)/twmax,abs(cs(n))**2
      enddo
   enddo
end program chirp_spectrum

function window(x,w)
   implicit none
   real, parameter :: pi = 3.141592653589793, pi2 = 2*pi
   real window,x,w
   if (abs(x) < w/2) then
      window = 0.5*(1 + cos(pi2*x/w))
   else
      window = 0
   endif
end function window
```

chirp_spectrumは，与えられたntmax個の時系列データを所定の間隔ごとに短時間フーリエ変換し，そのパワースペクトルを出力するプログラムである。データの切り出しに使った窓関数は，実数型の関数副プログラムwindow(x,w)で与えている。windowは，中心を0とした座標xと窓関数の幅wを実数型で与えると，その座標での窓関数値を値として戻る。本プログラムでは同じ窓関数値をくり返し使用するので，あらかじめ1次元配列win(:)に代入して利用している。窓関数は対称なので，配列winには$x \geqq 0$の部分のみ計算して保存している。

chirp_spectrumは，まず信号を計算して1次元配列s0(:)に代入しておき，次に，そのデータに適当な間隔で中心をずらせた窓関数を掛けて得られたデータを別の1次元配列`s(:)`に代入し，`s`を離散フーリエ変換して，その成分の絶対値の2乗を出力している。

このプログラムの実行には，サブルーチン`rfft`と`cfft`が必要である。

解説

信号解析はフーリエ変換の重要な応用の一つです。時間的に変動する信号の中にどのような周波数成分が入っているかを調べることで，様々な情報が得られます。また，雑音のような高周波成分を除去することで現象を特定する信号を取り出したり，逆に低周波成分を落として高周波成分だけを通過させることも可能です。FFTを利用すれば離散フーリエ変換が高速に計算できるので，リアルタイムでの信号処理を容易にします。

ただし，時々刻々スペクトルが変化する信号を解析する場合には，適当な時間幅でデータを抽出する必要があります。この抽出に使う関数を窓関数といいます。最も単純な窓関数は，幅Wのデータをそのまま取り出す矩形窓です。

$$w(x) = \begin{cases} 1, & |x| \leq W/2 \\ 0, & |x| > W/2 \end{cases} \tag{9-28}$$

これを図にすると，図9.5(a)のようになります。これに対し，例題で示した式(9-27)で与えられる窓関数は，図9.5(b)のような形をしていて，cosの1周期で切り取ります。これをハニング窓といいます[18]。

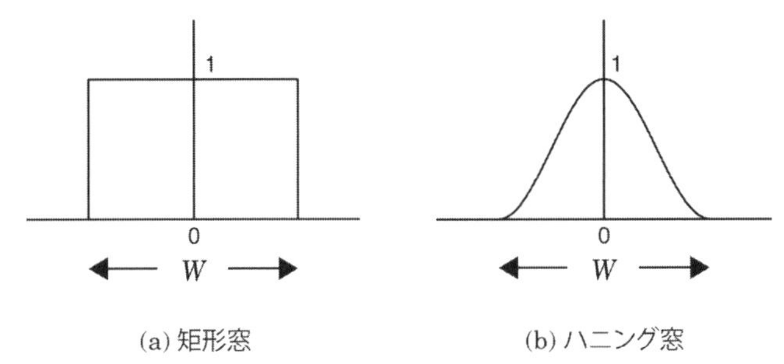

(a) 矩形窓　　(b) ハニング窓

●図9.5　矩形窓とハニング窓

実際の信号処理では，ある時刻t_0を中心とした$\pm T/2$の範囲のデータを取り出してt_0を中心とする窓関数との積を計算し，そのデータ列をフーリエ変換するという手順を定期的に行います。これを短時間フーリエ変換といいます[19]。データがある一定時間間隔ごとにサンプリングされている場合には，t_0を中心とするN個のデータを使って離散フーリエ変換をします。この時，NがWより十分大きい方が，隣接する周波数の間隔が狭くなって，なめらかなスペクトルが得られますが，フーリエ変換に使う配列要素の多くが0になるので，メモリ的な無駄が発生します。

短時間フーリエ変換で重要な役割を果たすのが窓関数の形状です。矩形窓は簡単ですが，両端が不連続に変化するので予期せぬ周波数成分が出現します。これに対し，ハニング窓は両端でなめらかに0になるので，不連続変化による余分な周波数成分は出ません。しかし，波形に修正を加えるので周波数分布が少し広がります。

例題では，時間的に周波数が変化する信号（チャープ信号）を短時間フーリエ変換してみました。結果を図9.6に示します。ここでは，窓関数の特長を比較するため，矩形窓の結果も示しています。

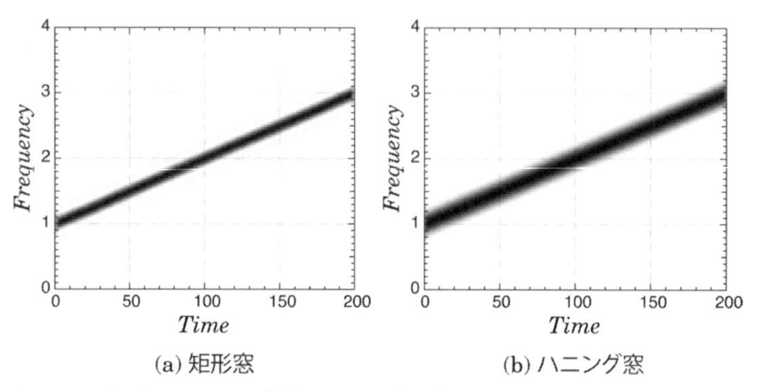

(a) 矩形窓　(b) ハニング窓

●図9.6　短時間フーリエ変換における窓関数の比較

図よりわかるように，矩形窓を使って短時間フーリエ変換した結果（図9.6(a)）は，中心の周波数分布（メインローブ）は狭いのですが，メインローブの両側に薄い筋（サイドローブ）が発生しています。これに対し，ハニング窓を使った短時間フーリエ変換の結果（図9.6(b)）では，サイドローブは見られませんが，メインローブが矩形窓より広くなっています。

窓関数はこれ以外にも様々なものがあり，それぞれに利点と欠点があります。実際の信号処理に応用する時は，詳しい専門書で調べて下さい。

9.6 連続ウェーブレット変換

例題

次の信号波形を連続ウェーブレット変換で解析せよ。

$$s(t) = \begin{cases} \sin(2\pi f_1 t), & 0 \leqq t < T_s/2 \\ \sin(2\pi f_2 t), & T_s/2 \leqq t \leqq T_s \end{cases} \tag{9-29}$$

ここで，$f_1 = 1$，$f_2 = 3$，$T_s = 60$とする。信号は，$\Delta t = T_s/512$ごとに512点のサンプリングを行ったデータを用いて連続ウェーブレット変換をする。ここで，マザーウェーブレットには，以下のモルレーウェーブレットを用いる。

$$\psi(t) = \frac{1}{\pi^{1/4}} e^{i\omega_0 t} e^{-t^2/2} \tag{9-30}$$

ここで，$\omega_0 = 2\pi/\sqrt{2\log 2}$とする。また，解析する周波数領域は，$0.1 \leqq f \leqq 5$とし，これを200等分した周波数スペクトルを計算せよ。

連続ウェーブレット変換をして得られたパワースペクトルは，装置番号10のファイルに出力せよ。ただし，出力量低減のため，時間方向の出力は偶数点の256点のみとする。

▼解答プログラム例

```
program wavelet_test
   implicit none
   integer, parameter :: ntmax = 512
   integer, parameter :: namax = 200, nbmax = 256
   real, parameter :: pi = 3.141592653589793, pi2 = 2*pi
   real s0(0:ntmax),tt(0:ntmax),f1,f2,fmin,fmax,df
   real ws(0:nbmax-1,0:namax),alist(0:namax),dt,dtb,t,tsmax
   integer nt,na,nb,dnb
   tsmax = 60
   dt   = tsmax/ntmax
   fmin = 0.1
   fmax = 5.0
   f1   = 1
   f2   = 3
   dnb  = ntmax/nbmax
   dtb  = dt*dnb
   df = (fmax-fmin)/namax
   do na = 0, namax
      alist(na) = 1/((fmin+df*na)*dt)
```

```
   enddo
   do nt = 0, ntmax
      t = dt*nt
      if (t < tsmax/2) then
         s0(nt) = sin(pi2*f1*t)
      else if (t >= tsmax/2) then
         s0(nt) = sin(pi2*f2*t)
      else
         s0(nt) = 0
      endif
      tt(nt) = dt*nt
   enddo
   call wavelet_spectrum(s0,ntmax,ws,alist,nbmax,namax)
   write(10,*) 'signal',nbmax,namax+1
   do na = 0, namax
      do nb = 0, nbmax-1
         write(10,*) tt(nb*dnb),1/(dt*alist(na)),ws(nb,na)
      enddo
   enddo
end program wavelet_test

subroutine wavelet_spectrum(s,nmax,ws,alist,nbmax,namax)
   implicit none
   real, parameter :: pi = 3.141592653589793, pi2 = 2*pi
   integer nmax,nbmax,namax,i,na,nb,dnb
   real s(0:nmax-1),ws(0:nbmax-1,0:namax),alist(0:namax)
   real om,af,xx,coef,om0,wcoef
   complex cs(0:nmax/2),ds(0:nmax-1)
   dnb   = nmax/nbmax
   coef  = 1/sqrt(2*log(2.0))
   om0   = pi2*coef
   wcoef = sqrt(2*sqrt(pi))
   call rfft(s,cs,nmax,-1)
   do na = 0, namax
      af = coef*alist(na)
      ds(:) = 0
      do i = 1, nmax/2
         om = pi2*i/nmax
         xx = af*om
         ds(i) = wcoef*cs(i)*exp(-(xx-om0)**2/2)  ! morlet wavelet
      enddo
      call cfft(ds,nmax,1)
      do nb = 0, nbmax-1
```

```
            i = nb*dnb
            ws(nb,na) = af*abs(ds(i))**2
        enddo
    enddo
end subroutine wavelet_spectrum
```

wavelet_spectrumは，整数引数nmaxで指定した1次元配列s(0:nmax-1)にnmax個の時系列データを代入して引数に与えると，モルレーウェーブレットを使って連続ウェーブレット変換し，その成分の絶対値の2乗を2次元配列ws(:,:)に返すサブルーチンである。ここで，wsの要素数はnbmax × (namax + 1)にする。ここで，整数nbmaxは時間方向の移動パラメータbのサンプル数で，nmax/nbmaxごとのb成分を配列wsに代入する。このため，nbmaxはnmaxの約数が望ましい。これに対し，整数namaxは伸張パラメータaのサンプル数であるが，計算に便利なように指定要素番号を0 〜 namaxにしている。計算したいaは，数値リストにして1次元配列alist(0:namax)に代入して引数に与える。本プログラムでは，前節の短時間フーリエ変換と比較するため，周波数に相当する$1/a$が等間隔になるようにalistを作成している。

メインプログラムでは，時系列信号データs0とalistを計算した後，これを使ってサブルーチンwavelet_spectrumを実行し，得られた2次元配列wsの要素を装置番号10のファイルに出力している。この時，指定したbと，aに相当する周波数と，ウェーブレット変換で得られたパワースペクトル値を並べて出力している。

このプログラムの実行には，サブルーチンrfftとcfftが必要である。

解説

短時間フーリエ変換は，窓関数の幅Wの設定が重要なポイントです。Wを広くすると，波の情報が増加するので周波数の解像度は上がりますが，時間的な解像度は下がります。逆に，Wを小さくすれば，時間的な解像度は上がりますが，周波数の解像度は下がります。この時間と周波数の相反する解像度は，不確定性原理と呼ばれる関係であり，双方の解像度を同時に上げることはできません。問題に応じて適切なWを選択する必要があります。

さて，一般的に周波数の低い成分は時間的にゆっくり変化し，周波数の高い成分は時間的に激しく変化することが多いのですから，周波数の高低に応じて窓関数を変化させ，低い成分では窓関数を広くし，高い成分では窓関数を狭くするような解析が考えられます。ウェーブレット変換（Wavelet transform）は，この周波数に応じて解析用の関数を変化させる手法です。“レット”というのは，「小さいもの」という意味を持つ接尾語で，ウェーブ，すなわち波を小さく切り取ったものという意味です。具体的には，信号関数$s(t)$に対する以下のような関数変換をいいます。

$$T(a,b) = \frac{1}{\sqrt{a}} \int_{-\infty}^{\infty} s(t)\psi^*\left(\frac{t-b}{a}\right)dt \tag{9-31}$$

第I部 第II部 9 離散フーリエ変換とその応用

これを，連続ウェーブレット変換といいます[19,18]。$\psi(t)$は，マザーウェーブレットと呼ばれる関数で，短時間フーリエ変換でいえば，$e^{i\omega t}\times$窓関数，に相当します。このため，マザーウェーブレットには振動成分と局在化成分の両方を持つ関数を選びます。aとbは，それぞれウェーブレットを伸張させるパラメータと移動させるパラメータで，aによって窓関数の幅を広げたり狭めたりし，bで窓関数の位置を変化させます。この変換のポイントは，伸張パラメータaを変化させると，振動成分の周期と窓関数の幅が同時に変化することです。このため，低周波は広い窓関数で，高周波は狭い窓関数で解析することになります。

実際に式(9-31)を計算するには，フーリエ変換を利用します。今，$s(t)$と$\psi(t)$をフーリエ成分で表せば，

$$s(t)=\frac{1}{2\pi}\int_{-\infty}^{\infty}S(\omega)e^{i\omega t}d\omega,\qquad \psi(t)=\frac{1}{2\pi}\int_{-\infty}^{\infty}\Psi(\omega)e^{i\omega t}d\omega \tag{9-32}$$

なので，これらを式(9-31)に代入して変形すれば，

$$T(a,b)=\frac{\sqrt{a}}{2\pi}\int_{-\infty}^{\infty}S(\omega)\Psi^*(a\omega)e^{i\omega b}d\omega \tag{9-33}$$

となります。すなわち，連続ウェーブレット変換は，信号$s(t)$をフーリエ変換し，それにマザーウェーブレットのフーリエ成分に$a\omega$を代入した関数を掛け，それを逆フーリエ変換することで得られます。解答プログラム例では，有限フーリエ変換を利用して，近似的に連続ウェーブレット変換を行っています。ただし，式(9-30)のような複素数で表されるウェーブレット（複素ウェーブレット）では，フーリエ成分$\Psi(\omega)$の負の周波数成分を0にしなければなりません。このため，解答プログラム例の`wavelet_spectrum`では，長さNの実数配列に代入された信号データを，実関数FFTのサブルーチン`rfft`でフーリエ変換し，得られたフーリエ成分にウェーブレット関数のフーリエ成分を掛けて長さNの複素数配列の前半に代入します。そして，その複素数配列の後半を全て0にして，複素数関数FFTのサブルーチン`cfft`で逆変換することでウェーブレットの成分を計算しています。

この解答プログラム例で使ったマザーウェーブレットは，モルレーウェーブレット(Morlet wavelet)と呼ばれています[19]。これをフーリエ変換した関数は，

$$\Psi(\omega)=\sqrt{2\pi^{1/2}}e^{-(\omega-\omega_0)^2/2} \tag{9-34}$$

です[†3]。この関数は，ガウス関数$e^{-\omega^2/2}$をω方向にω_0だけシフトした形をしているので，ω_0を大きくすれば，周波数解像度が良くなり，小さくすれば，時間解像度が良くなります。一つの代表値は，例題で使用した$\omega_0=2\pi/\sqrt{2\log 2}$で，これは，$\omega_0$の1周期$(2\pi/\omega_0)$と，ガウス関数が最大値の1/2になる$\omega$とが等しくなる場合です。

---

†3　厳密には，マザーウェーブレットは平均が0，すなわち$\Psi(0)=0$でなければならないのですが，式(9-34)では0にならないので補正項が必要です。しかし，ω_0が十分大きければ$\Psi(0)$は0に近いので，ここでは簡単のために補正項を無視しています。

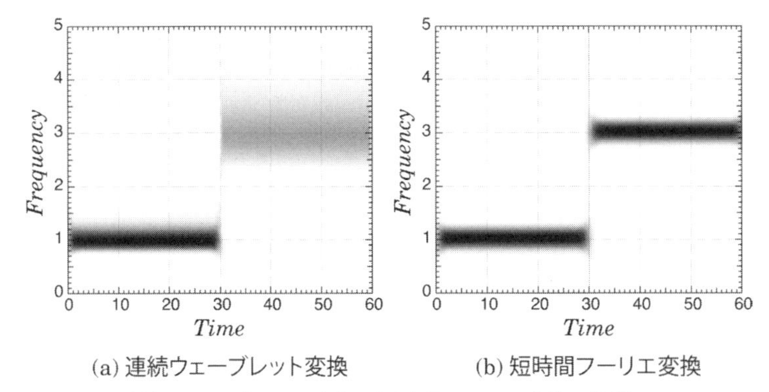

(a) 連続ウェーブレット変換　(b) 短時間フーリエ変換

●図 9.7　連続ウェーブレット変換と短時間フーリエ変換の比較

解答プログラム例で得られたスペクトルを図9.7(a)に示します。ここで，モルレーウェーブレットを使った連続ウェーブレット変換におけるaと周波数fの関係は，$2\pi f \Delta t = \omega_0/a$です。$\Delta t$はデータサンプリングの時間間隔です。図を見ると，周波数方向の拡がりが低周波では狭く，高周波では広いことがわかります。すなわち，低い周波数では時間的に広い窓になっていて，高い周波数では時間的に狭い窓になっています。比較のため，図9.7(b)に窓関数の幅Wが50の短時間フーリエ変換の結果を示しました。こちらは低周波も高周波も周波数方向の拡がり幅は同じです。しかし，高周波と低周波の境界付近を見ると，短時間フーリエ変換では高周波側の境界が少し広がってぼやけているのに対し，連続ウェーブレット変換では境界でシャープに途切れています。このように，低周波側と高周波側で時間・周波数解像度が違うのがウェーブレット変換の特長です。

なお，伸張パラメータaは，周波数と関連づけることができますが，離散フーリエ変換と違って自由に設定することができます。このため，解答プログラム例では，求めたいaのリストを代入した1次元配列`alist`を用意しておいて，それぞれのaに対するウェーブレット変換値を計算するようにしています[†4]。また，移動パラメータbについては，離散フーリエ変換を利用している関係で，与えられた信号データと同じサンプル数が得られます。しかし，全ての移動パラメータbに対する成分が必要とは限らないので，解答プログラム例では適当な間隔ごとのbに対する成分のみ出力配列に代入できるようにしています。

ここではフーリエ変換の応用として連続ウェーブレット変換を例題にしましたが，離散ウェーブレット変換というのもあります。離散ウェーブレット変換は，フーリエ変換に頼ることなく，高速なデータ変換計算として実行し，画像処理などで威力を発揮しています。ウェーブレット変換には様々な手法と応用があるので，興味のある人は，専門書でさらに深く調べてもらえればと思います。

†4　解答プログラム例では，ユーザーの使い勝手を考えて，aそのものではなく，周波数の逆数に相当する$1/f\Delta t = 2\pi a/\omega_0$を`alist`に与えるようにし，サブルーチン内部で$\omega_0/2\pi$を掛けて$a$にしています。

●Key Elements 9.2　たたみ込み積分，自己相関関数，パワースペクトル

フーリエ変換を利用する意義の一つにたたみ込み積分があります。たたみ込み積分とは，2個の関数$f(t)$と$g(t)$を使って次の積分で表される関数$h(t)$のことです。

$$h(t) = \int_{-\infty}^{\infty} f(t')g(t-t')dt' \tag{9-35}$$

ここで，関数$f(t)$と$g(t)$をフーリエ変換で表すと，

$$f(t) = \frac{1}{2\pi}\int_{-\infty}^{\infty} F(\omega)e^{i\omega t}d\omega, \quad g(t) = \frac{1}{2\pi}\int_{-\infty}^{\infty} G(\omega)e^{i\omega t}d\omega \tag{9-36}$$

ですから，

$$\begin{aligned} h(t) &= \frac{1}{4\pi^2}\int_{-\infty}^{\infty}\int_{-\infty}^{\infty} F(\omega)e^{i\omega t'}d\omega\int_{-\infty}^{\infty} G(\omega')e^{i\omega'(t-t')}d\omega' dt' \\ &= \frac{1}{4\pi^2}\int_{-\infty}^{\infty} F(\omega)\int_{-\infty}^{\infty} G(\omega')e^{i\omega' t}\int_{-\infty}^{\infty} e^{i(\omega-\omega')t'}dt'd\omega'd\omega \\ &= \frac{1}{2\pi}\int_{-\infty}^{\infty} F(\omega)G(\omega)e^{i\omega t}d\omega \end{aligned} \tag{9-37}$$

となります。ここで，$\int_{-\infty}^{\infty} e^{i(\omega-\omega')t}dt = 2\pi\delta(\omega-\omega')$を使いました。すなわち，たたみ込み積分のフーリエ成分は，それぞれの関数のフーリエ成分の積になります。

たたみ込み積分を数値計算で行う場合，有限区間を分点数Nのグリッドで計算すると，1点の計算にNに比例する$f(t')$と$g(t-t')$の掛け算が必要で，全体ではN^2に比例した計算が必要です。しかし，フーリエ変換をすればフーリエ成分の積の計算は1回だけなので，全体ではNに比例する計算量で完了します。FFTを使えば，フーリエ変換にかかる計算量は$N\log_2 N$ですから，

フーリエ変換　→　フーリエ成分の掛け算　→　フーリエ逆変換

という手順を用いることで，高速にたたみ込み積分を計算することができます。

さて，式(9-35)で，$g(t-t')$を$f(t+t')$で置き換えたものを自己相関関数といいます。

$$r(t) = \int_{-\infty}^{\infty} f(t')f(t+t')dt' \tag{9-38}$$

この自己相関関数$r(t)$をフーリエ成分で表せば，

$$r(t) = \frac{1}{4\pi^2}\int_{-\infty}^{\infty}\int_{-\infty}^{\infty} F(\omega')e^{i\omega' t'}d\omega'\int_{-\infty}^{\infty} F(\omega)e^{i\omega(t+t')}d\omega dt' \tag{9-39}$$

$$
\begin{aligned}
&= \frac{1}{4\pi^2}\int_{-\infty}^{\infty} F(\omega)e^{i\omega t}\int_{-\infty}^{\infty} F(\omega')\int_{-\infty}^{\infty} e^{i(\omega+\omega')t'}dt'd\omega' d\omega \\
&= \frac{1}{2\pi}\int_{-\infty}^{\infty} F(\omega)F(-\omega)e^{i\omega t}d\omega \\
&= \frac{1}{2\pi}\int_{-\infty}^{\infty} |F(\omega)|^2 e^{i\omega t}d\omega
\end{aligned}
$$

となります。ここで，$f(t)$ が実関数の時は，$F(-\omega) = F^*(\omega)$ であることを使いました。この式は，自己相関関数のフーリエ成分が，関数 $f(t)$ のフーリエ成分の絶対値の2乗，すなわち，パワースペクトルになることを示しています。パワースペクトルを計算することは，自己相関の強さ，すなわち現在の影響がどの程度長く持続しているかを調べることでもあります。

なお，たたみ込み積分は，離散フーリエ変換でも厳密に成り立ちます。

$$
f_k = \sum_{n=0}^{N-1} F_n e^{2\pi ikn/N}, \qquad g_k = \sum_{n=0}^{N-1} G_n e^{2\pi ikn/N} \tag{9-40}
$$

として，離散たたみ込み積分を，

$$
h_k = \frac{1}{N}\sum_{k'=0}^{N-1} f_{k'} g_{k-k'} \tag{9-41}
$$

で定義すれば，

$$
\begin{aligned}
h_k &= \frac{1}{N}\sum_{k'=0}^{N-1}\sum_{n=0}^{N-1} F_n e^{2\pi ik'n/N}\sum_{n'=0}^{N-1} G_{n'} e^{2\pi i(k-k')n'/N} \\
&= \frac{1}{N}\sum_{n=0}^{N-1}\sum_{n'=0}^{N-1} F_n G_{n'} e^{2\pi ikn'/N}\sum_{k'=0}^{N-1} e^{2\pi ik'(n-n')/N} \\
&= \sum_{n=0}^{N-1} F_n G_n e^{2\pi ikn/N}
\end{aligned} \tag{9-42}
$$

となります。ここで，$\displaystyle\sum_{k=0}^{N-1} e^{2\pi ik(n-n')/N} = N\delta_{nn'}$ を使いました。

たたみ込み積分のフーリエ成分が2個の関数のフーリエ成分の積になることを逆に利用すれば，ある既知関数を使ってたたみ込み積分で表されたデータからたたみ込む前の関数値を取り出すことも可能です。これを逆たたみ込みといいます。たたみ込み積分や逆たたみ込みは，様々な方面に応用のある重要な計算法ですが，FFTによる離散フーリエ変換の高速化がそれらの積極的な利用につながっています。数値計算におけるFFTの存在意義は，かなり大きいのです。

9.7 スペクトル法による非線形偏微分方程式の解法

例題

次の非線形偏微分方程式の解$u(x,t)$をスペクトル法を用いて計算せよ。

$$\frac{\partial u}{\partial t}+\frac{1}{2}\frac{\partial}{\partial x}u^2+\frac{\partial^3 u}{\partial x^3}=0 \tag{9-43}$$

ここで，計算区間$0 \leqq x \leqq L$に対し，初期条件は以下で与える。

$$u(x,0)=\cos\frac{2\pi x}{L} \tag{9-44}$$

境界条件は周期的とし，時間発展は4次のルンゲ・クッタ法を用いて計算する。計算は，$L=100$で，全区間を256等分したグリッドを使い，時間刻み幅$\Delta t=0.015$で$t=60$になるまで計算せよ。結果は，初期関数値を装置番号10のファイルに，$t=60$の関数値を装置番号11のファイルに出力せよ。

▼解答プログラム例

```
program Spectral_KdV
   implicit none
   real, parameter :: pi = 3.141592653589793, pi2 = 2*pi
   integer, parameter :: nmax = 256, nmax3 = nmax/3
   real u(0:nmax-1),x(0:nmax-1),qk(0:nmax3),dx,dt,xmax
   integer i,n,nt,ntmax
   complex cu(0:nmax/2),cus(0:nmax3),dcu(0:nmax3),kcu1(0:nmax3)
   ntmax = 4000
   xmax  = 100
   dt = 0.015
   dx = xmax/nmax
   do i = 0, nmax-1
      x(i) = dx*i
      u(i) = cos(pi2*x(i)/xmax)
      write(10,*) x(i),u(i)
   enddo
   do n = 0, nmax3
      qk(n) = pi2*n/(nmax*dx)
   enddo
   call rfft(u,cu,nmax,-1)
   do n = nmax3+1, nmax/2
      cu(n) = 0
```

```
    enddo
    do nt = 1, ntmax
       call calc_dcu(cu,nmax,qk,kcu1,nmax3)
       do n = 0, nmax3
          cus(n) = cu(n) + (dt/2)*kcu1(n)
          dcu(n) = kcu1(n)
       enddo
       call calc_dcu(cus,nmax,qk,kcu1,nmax3)
       do n = 0, nmax3
          cus(n) = cu(n) + (dt/2)*kcu1(n)
          dcu(n) = dcu(n) + 2*kcu1(n)
       enddo
       call calc_dcu(cus,nmax,qk,kcu1,nmax3)
       do n = 0, nmax3
          cus(n) = cu(n) + dt*kcu1(n)
          dcu(n) = dcu(n) + 2*kcu1(n)
       enddo
       call calc_dcu(cus,nmax,qk,kcu1,nmax3)
       do n = 0, nmax3
          cu(n) = cu(n) + (dt/6)*(dcu(n) + kcu1(n))
       enddo
    enddo
    call rfft(u,cu,nmax,1)
    do i = 0, nmax-1
       write(11,*) x(i),u(i)
    enddo
end program Spectral_KdV

subroutine calc_dcu(cu,nmax,qk,dcu,nmax3)
    implicit none
    integer nmax,nmax3,i,n
    complex cu(0:*),dcu(0:*),cf(0:nmax/2)
    real qk(0:*),f(0:nmax-1)
    cf(:) = 0
    do n = 0, nmax3
       cf(n) = cu(n)
    enddo
    call rfft(f,cf,nmax,1)
    do i = 0, nmax-1
       f(i) = f(i)**2
    enddo
    call rfft(f,cf,nmax,-1)
```

```
   do n = 0, nmax3
      dcu(n) = -cmplx(0.0,qk(n))*(cf(n)/2 - qk(n)**2*cu(n))
   enddo
end subroutine calc_dcu
```

Spectral_KdVは，方程式(9-43)の解をスペクトル法を用いて計算するプログラムである。スペクトル法では，実座標での関数値ではなく，それを離散フーリエ変換して得られるフーリエ成分の時間発展を計算するので，まず初期関数値を計算して1次元配列u(i)に代入した後，これをフーリエ変換し，得られた複素数成分を代入した1次元複素数配列cu(n)をルンゲ・クッタ法で進めている。

サブルーチンcalc_dcuは，非線形項を変換法で計算する手法を含めた各複素数成分の時間微分を計算するサブルーチンである。このサブルーチンは，複素数成分を代入した1次元複素数配列cu(0:*)，グリッド数nmax，各成分での波数 ($q=2\pi n/L$) を代入した実数配列qk(0:*)を与えると，各フーリエ成分の時間微分値を1次元複素数配列dcu(0:*)に代入して戻る。ただし，スペクトル法では，グリッド数nmaxに対し，nmax/3のフーリエ成分までしか使わないので，dcuやqkの要素指定数は整数引数nmax3(＝nmax/3)に別途与える。

計算結果は，まず初期関数値を装置番号10のファイルに出力し，所定の回数計算した後の関数値を装置番号11のファイルに出力している。その際，cuをフーリエ逆変換して，実座標の関数値uに戻してから出力している。

このプログラムの実行には，サブルーチンrfftとcfftが必要である。

解説

フーリエ変換は偏微分方程式の解法でも重要な役割を果たします。なぜなら，座標xと時刻tの関数$f(x,t)$を，

$$f(x,t)=\frac{1}{2\pi}\int_{-\infty}^{\infty}F(q,t)e^{iqx}dq \tag{9-45}$$

のようにx方向のフーリエ成分で表すと，そのxに関する偏微分は，

$$\frac{\partial f(x,t)}{\partial x}=\frac{1}{2\pi}\int_{-\infty}^{\infty}iqF(q,t)e^{iqx}dq \tag{9-46}$$

となり，$\partial f/\partial x$のフーリエ成分が$f(x,t)$のフーリエ成分にiqを掛けた関数になるからです。同様にxに関するn階偏微分は$(iq)^n$を掛けたフーリエ成分を持つ関数になります。このため，定数係数の偏微分方程式をフーリエ変換すれば，xの偏微分の項がqの多項式になり，偏微分方程式はフーリエ成分に対する連立常微分方程式を解く問題に変換されます。

有限区間$0 \leqq x \leqq L$において，周期的境界条件$(u(x) = u(x+L))$で$u(x,t)$に関する偏微分方程式を解く場合にはフーリエ級数展開,

$$u(x,t) = \sum_{n=-\infty}^{\infty} U_n(t) e^{2\pi inx/L} \tag{9-47}$$

を使います。ここで，各フーリエ成分は,

$$U_n(t) = \frac{1}{L} \int_0^L u(x,t) e^{-2\pi inx/L} dx \tag{9-48}$$

です。これを数値計算で求めるには，フーリエ級数を適当な下限，$-N$と上限Nで打ち切った有限フーリエ級数で近似します。

$$u(x,t) \fallingdotseq \sum_{n=-N}^{N} U_n(t) e^{2\pi inx/L} \tag{9-49}$$

スペクトル法とは，この有限フーリエ級数で近似した関数のフーリエ成分$U_n(t)$の時間発展を解くことで偏微分方程式の近似解を計算する方法です[20]。このため，各フーリエ成分が満足する方程式を導出する必要があります。例題の式(9-43)は，KdV方程式(Korteweg - de Vries方程式)と呼ばれている非線形偏微分方程式ですが，式(9-49)を式(9-43)に代入し，両辺に$e^{-2\pi inx/L}$を掛けてxで積分することで$U_n(t)$に関する常微分方程式が得られます。

$$\frac{d}{dt} U_n(t) = -\left(\frac{\pi in}{L}\right) \frac{1}{L} \int_0^L u^2 e^{-2\pi inx/L} dx - \left(\frac{2\pi in}{L}\right)^3 U_n(t) \tag{9-50}$$

式(9-50)の右辺第1項は非線形項であるため，計算に少し工夫が必要です。今，2個の関数$f(x)$と$g(x)$の有限フーリエ級数を

$$f(x) = \sum_{n=-N}^{N} F_n e^{2\pi inx/L}, \qquad g(x) = \sum_{n=-N}^{N} G_n e^{2\pi inx/L} \tag{9-51}$$

とすると，これらの積$h(x) = f(x)g(x)$は,

$$\begin{aligned} h(x) = f(x)g(x) &= \left(\sum_{n'=-N}^{N} F_{n'} e^{2\pi in'x/L}\right)\left(\sum_{n''=-N}^{N} G_{n''} e^{2\pi in''x/L}\right) \\ &= \sum_{n'=-N}^{N} \sum_{n''=-N}^{N} F_{n'} G_{n''} e^{2\pi i(n'+n'')x/L} \\ &= \sum_{n=-2N}^{2N} \sum_{n'=\max(-N,-N+n)}^{\min(N,N+n)} F_{n'} G_{n-n'} e^{2\pi inx/L} \end{aligned} \tag{9-52}$$

になります。すなわち，$h(x)$のフーリエ成分は，

$$H_n = \sum_{n'=\max(-N,-N+n)}^{\min(N,N+n)} F_{n'} G_{n-n'} \tag{9-53}$$

です。これは，フーリエ成分のたたみ込み積分です。この時，掛け算によって高次成分が生じるため，$-2N \leqq n \leqq 2N$のようにnの範囲が広がりますが，スペクトル法では$-N \leqq n \leqq N$のフーリエ成分に限定して以下の常微分方程式を解きます[†5]。

$$\frac{d}{dt}U_n(t) = -\left(\frac{\pi i n}{L}\right) \sum_{n'=\max(-N,-N+n)}^{\min(N,N+n)} U_{n'}(t)U_{n-n'}(t) - \left(\frac{2\pi i n}{L}\right)^3 U_n(t) \tag{9-54}$$

ここで，問題になるのが右辺第1項の合計計算です。この項は一つのnに対してN回程度の掛け算が必要なので，全部でN^2に比例する計算量が必要です。このため，Nが大きくなると計算量が膨大になります。

そこで，非線形項の計算をする時だけ，一度実空間に戻します。実空間ではグリッドごとにu^2の計算をするだけですから計算量はグリッド数に比例します。これはFFTを用いた，たたみ込み積分の高速化 (Key Elements 9.2 (p.390)) の応用です。これを変換法といいます。

ただし，非線形項は高次成分を発生するので，グリッド数の設定に注意が必要です。本章の最初で述べたように，N個のデータのフーリエ成分は，下限が$-N/2+1$で，上限が$N/2$までが独立しています。よって，次数が$-N \sim N$の範囲のフーリエ成分で表される関数値を実空間のグリッドデータで表現するには，最低$2N$個のグリッドが必要です。これをサンプリング定理といいます。関数値を少ないグリッド数で再現しようとすると，高周波成分と低周波成分の混合が起こって，正しい解が得られません。変換法で非線形項を計算する場合には，実空間に戻してグリッドごとの掛け算をした段階で，$-2N \leqq n \leqq 2N$の成分が発生します。計算に必要な成分は，$-N \leqq n \leqq N$なので，サンプリング定理の要請を満足させるには，グリッド数を$3N$以上に取る必要があります[†6]。プログラムでは，グリッド数を`nmax`個にしているので，計算に使用するフーリエ成分の上限を`nmax`/3にしています。

†5　それでも，運動量やエネルギーが保存することを証明することができます[20]。

†6　詳細はKey Elements 9.3 (p.398) で説明しています。

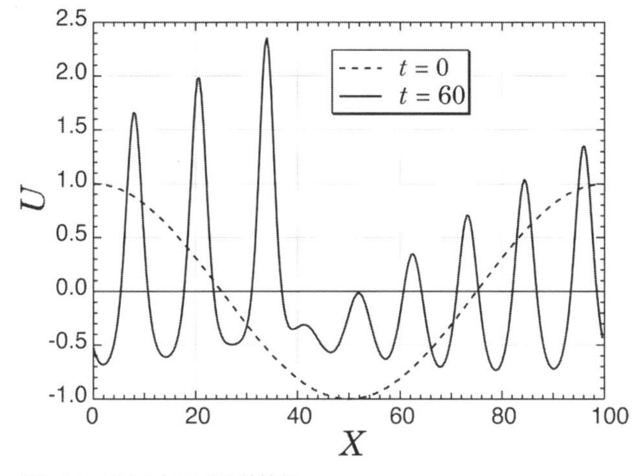

●図9.8　KdV方程式の数値解

解答プログラム例では，以上の手法を使ってKdV方程式の解を計算しました。各フーリエ成分の時間発展の計算には7.3節（p.303）で説明した4次のルンゲ・クッタ法を用いました。

プログラムの実行結果を図9.8に示します。初期条件の正弦波形がいくつかの山に分裂していることがわかります。この山は，ソリトンと呼ばれています。ソリトンは，非線形方程式の解ですが，2個のソリトンが衝突しても衝突の前後でその形を保つという不思議な波として知られています。試しに以下のような初期条件で計算をしてみて下さい。

$$u(x) = 12\kappa^2 \mathrm{sech}^2 \kappa(x-\delta) \tag{9-55}$$

これを1ソリトン解といいます†7。κがソリトンの高さ，δがソリトンの初期位置を指定するパラメータです。計算してみると，形を変えずに一定速度で移動することがわかります。また，高さの異なる2個のソリトンを少し離して置いた初期条件から出発すると，高いソリトンが低いソリトンを追い越した後，形が復活する様子が見られます。

†7　$\mathrm{sech}\, x = 2/(e^x + e^{-x})$ です。

●Key Elements 9.3　サンプリング定理とエイリアス誤差

スペクトル法で出てきたサンプリング定理について説明します。有限フーリエ級数で関数$f(x)$を表すと，

$$f(x) \fallingdotseq \sum_{n=-N}^{N} F_n e^{2\pi i n x/L} \tag{9-56}$$

ですが，有限区間$0 \leqq x \leqq L$をK分割したグリッドx_k上で関数値を代表すると，

$$f_k = \sum_{n=-N}^{N} F_n e^{2\pi i n k h/L} = \sum_{n=-N}^{N} F_n e^{2\pi i n k/K} \tag{9-57}$$

となります。ここで，$h = L/K$，$x_k = kh$です。問題になるのがNとKの関係です。Nはフーリエ成分の最大次数ですが，

$$e^{2\pi i(n+K)k/K} = e^{2\pi i n k/K} \tag{9-58}$$

なので，Kが小さくて，$-N \leqq n + K \leqq N$の場合には，F_nとF_{n+K}が混ざってしまいます。これをエイリアス誤差といいます。エイリアス誤差とは，周波数の高い現象を少ないサンプルで表現すると，周波数の低い現象として現れることをいいます。この現象を抑えるには，$n + K$や$n - K$が$-N \sim N$の範囲の外にある必要があります。すなわち，$K \geqq 2N$がエイリアス誤差を防ぐ条件です。サンプリング定理とは，この条件を満足していれば，どんな波形も再現可能であるというものです。

スペクトル法を使って2次の非線形項を計算する場合には，$2N$までの周波数成分が発生します。よって，$-2N \leqq n + K \leqq 2N$にならないようにしなければなりません。ただし，計算に必要なnの範囲が$-N \leqq n \leqq N$なので，$K \geqq 3N$個のグリッドがあればエイリアス誤差を防ぐことができます。同様に，3次の項を計算するなら$4N$個のグリッドが，4次の項を計算するなら$5N$個のグリッドが必要になります。すなわち，次数が高い非線形項を計算する場合には，それに合わせてグリッドを細かくしなければなりません。これでは任意の非線形方程式を解くことができないので，エイリアス誤差を完全に除去することはあきらめて，適当に分点数を決める手法もあります。この手法は，擬スペクトル法と呼ばれていて，数値流体力学などで使われています[20]。

第10章 プログラミングミニパーツ

第9章までは，連立1次方程式の解法や特殊関数の計算法など，特定の数学的問題を数値的に解くプログラムの作成が目的でした。しかし，コンピュータを駆使した計算の多くは，色々な要素を盛り込んだ複合プログラムになっています。代表的なのが計算機シミュレーションです。計算機シミュレーションは，"計算機実験"と訳されることがあるように，様々な法則で記述された現象が互いに影響しあっている様子を計算機上で再現することが目的です。このため，複数の数値計算アルゴリズムが結合すると同時に，結果を解析するプログラムなども含まれています。

このような複合計算やデータ処理なども含めた実用的なプログラムを作成する場合には，これまで説明してきた特定の数学問題解決用以外にも，様々なプログラミングテクニックが必要になります。たとえば，配列に代入された数値を小さいものから順に並べ替えるソートや，データ分布を調べるヒストグラムの作成などは，それほど複雑ではないのですが，計算機ならではの手順が存在します。

本章では，"プログラミングミニパーツ"と題する数値計算におけるちょっと便利なプログラムの作成を行います。計算機シミュレーションやデータ処理などのプログラムで利用して下さい。ただし，あくまでも小ネタ集であり，汎用性はあまり追求していません。気がついた問題点は指摘してありますので，必要に応じて改良を加えて下さい。

本章の例題には，整数合同演算や文字列の応用なども入っています。これらは，計算機のさらなる可能性を示すことが目的です。解答プログラム例を利用するというより，「計算機ではこんなこともできるのか」と感じてもらえるような内容です。原理を理解したら，様々な分野に応用してみて下さい。

10.1 組み立て除法

例題

n次の多項式$p(x)$の係数と実数aを与えると，組み立て除法を使って$p(x)$を$x-a$で割った商の多項式$q(x)$の係数，剰余r，およびaでの微係数$p'(a)$を計算するサブルーチンを作成せよ。

このサブルーチンを使って，次の10次多項式を$x+2$で割った時の商の多項式と剰余，および$x=-2$での微係数を計算せよ。また，多項式の掛け算をするサブルーチンを利用して，この組み立て除法による商と剰余の結果を確認せよ。

$$p(x)=\sum_{i=0}^{10}(2i-5)x^i \tag{10-1}$$

▼解答プログラム例

```
program synthetic_division_test
   implicit none
   integer, parameter :: n0 = 10
   real p0(0:n0),q0(0:n0),pa,dp,a
   real ps(0:n0),p2(0:1),del
   integer i,ns
   a = -2
   do i = 0, n0
      p0(i) = i*2-5
   enddo
   call synthetic_division(p0,n0,a,q0,pa,dp)
   print *,'a, p(a), p''(a) = ',a,pa,dp
   do i = 0, n0-1
      print *,i,q0(i)
   enddo
   p2(1) = 1;  p2(0) = -a
   call polynom_mult(q0,n0-1,p2,1,ps,ns)
   ps(0) = ps(0) + pa
   del = 0
   do i = 0, n0
      del = max(del,abs(ps(i)-p0(i)))
   enddo
   print *,del
end program synthetic_division_test

subroutine synthetic_division(p,n,a,q,pa,dp)
   implicit none
   real p(0:n),q(0:n),a,pa,dp
   integer n,i
   pa = p(n)
   dp = 0
   do i = n-1, 0, -1
      q(i) = pa
      dp = dp*a + pa
      pa = pa*a + p(i)
   enddo
end subroutine synthetic_division

subroutine polynom_mult(p1,n1,p2,n2,ps,ns)
   implicit none
   real p1(0:n1),p2(0:n2),ps(0:*)
```

```
    integer n1,n2,ns,i,j
    ns = n1 + n2
    ps(0:ns) = 0
    do j = 0, n2
       do i = 0, n1
          ps(i+j) = ps(i+j) + p1(i)*p2(j)
       enddo
    enddo
end subroutine polynom_mult
```

synthetic_divisionは，整数nで指定したn次多項式$p(x)$の係数を代入した1次元配列p(0:n)と実数aを与えると，組み立て除法を使って$p(x)$を$x-a$で割った商の多項式$q(x)$の係数を1次元配列q(0:n-1)に，剰余をpaに代入する。同時に，$x=a$における多項式の微係数$p'(a)$をdpに代入する。

polynom_multは，整数n1とn2で指定したn1次多項式の係数を代入した1次元配列p1(0:n1)とn2次多項式の係数を代入した1次元配列p2(0:n2)を与えると，多項式の積p1×p2の係数を1次元配列ps(0:ns)に代入して戻るサブルーチンである。この時，整数変数nsにはpsの次数n1＋n2が代入される。

解説

n次多項式$p(x)$を単項式$x-a$で割った時の商の多項式を$q(x)$，剰余をrとすると，

$$p(x) = (x-a)q(x) + r \tag{10-2}$$

です。よって，$r=p(a)$です。すなわち，$x-a$で割った時の剰余の計算は，$p(x)$にaを代入した値$p(a)$を計算することに相当します。多項式を

$$p(x) = p_n x^n + p_{n-1}x^{n-1} + \cdots + p_1 x + p_0 \tag{10-3}$$

とし，これを$x-a$で割るには，まず$x-a$に$p_n x^{n-1}$を掛けて$p(x)$から引きます。この結果，x^nの項が消えて，x^{n-1}の項の係数が$q_{n-2}=p_n a+p_{n-1}$になります。次は，$x-a$に$q_{n-2}x^{n-2}$を掛けて，先ほどの引き算の結果により得られる多項式から引けば，やはり先頭の項が消えて，x^{n-2}の項の係数が$q_{n-3}=q_{n-2}a+p_{n-2}$になります。このことから，$p(x)$を$x-a$で割った時の商の多項式$q(x)$の係数は以下の漸化式で計算することができます。

$$q_{k-1} = q_k a + p_k \qquad k = n-1, n-2, \cdots, 1, 0 \tag{10-4}$$

q_kの初期値は，$q_{n-1}=p_n$です。この漸化式から得られる係数を使って，$q(x)$は，

$$q(x) = q_{n-1}x^{n-1} + q_{n-2}x^{n-2} + \cdots + q_1 x + q_0 \tag{10-5}$$

と表されます。また，最後に得られるq_{-1}が$p(a)$です。この係数の計算方法は組み立

て除法と呼ばれています。

組み立て除法による$p(a)$の計算手順は，ホーナー法（Horner法）と呼ばれている以下の計算と同じです。

$$p(a) = ((\cdots((p_n a + p_{n-1})a + p_{n-2})a + \cdots)a + p_1)a + p_0 \qquad (10\text{-}6)$$

この式を見てわかるように，必要な掛け算はn回ですから，単項$p_k a^k$を計算して加えるより高速です。多項式を計算する時は，組み立て除法を使いましょう。

組み立て除法では，同時にaでの微係数$p'(a)$を計算することができます。式（10-2）をxで微分すれば，

$$p'(x) = q(x) + (x - a)q'(x) \qquad (10\text{-}7)$$

ですから，$p'(a) = q(a)$です。すなわち，微係数$p'(a)$は商の多項式（10-5）にaを代入した値と一致します。このため，q_kの計算ついでに組み立て除法を使って$p'(a)$を計算することができます。漸化式で書けば，

$$p'_{k-1} = p'_k a + q_k \qquad k = n-1, n-2, \cdots, 1, 0 \qquad (10\text{-}8)$$

です。計算は$p'_{n-1} = 0$から開始して，最後に得られるp'_{-1}が$p'(a)$になります。微係数の計算は，ニュートン法（2.6節（p.133））を使って代数方程式の解を計算する時に便利です。

10.2 データの並べ替え1 ―バブルソート―

例題

n個のデータa_1，a_2，…，a_nを与えると，バブルソートアルゴリズムを使って，小さい方から順に並ぶように並べ替えるサブルーチンを作成せよ。また，200個の乱数を発生させてサブルーチンの動作を確認せよ。

▼解答プログラム例

```
program bubble_sort_test
   implicit none
   integer, parameter :: n0 = 200
   real xp(n0)
   integer i
   call random_number(xp(1:n0))
   call bubble_sort(xp,n0)
   do i = 1, n0
      print *,i,xp(i)
```

```
    enddo
end program bubble_sort_test

subroutine bubble_sort(a,n)
    implicit none
    real a(n),x
    integer i,j,n
    do j = 1, n-1
        do i = j+1, n
            if (a(j) > a(i)) then
                x = a(i);    a(i) = a(j);    a(j) = x
            endif
        enddo
    enddo
end subroutine bubble_sort
```

bubble_sortは，整数引数nで指定したn個の数値を代入した1次元配列a(n)を与えると，バブルソートアルゴリズムを使って昇順に並べ替え，元の配列aに代入するサブルーチンである。

解説

複数のデータを指定の順序関係になるように並び替えることをソート (sort) といいます。ここでは，数値を小さいものから大きなものへと順に並ぶようにソートする手法について説明します。ソートの手法の中で，バブルソートは最も簡単な並べ替えアルゴリズムです。原理は簡単なので，取りあえずデータを並べ替えたい時に便利です。

n個のデータをa_1，a_2，…，a_nとします。最初にa_1を$j>1$のa_jと比較して，もし$a_1>a_j$ならば，a_1とa_jを交換します。これを$j=2$からnまで順に行えば，a_1が最も小さい要素になります。

次に，a_2と$j>2$のa_jを比較して，$a_2>a_j$ならば，a_2とa_jを交換します。これを$j=3$からnまで順に行えば，a_2が下から2番目に小さな要素になります。

以下同様にa_iと$j>i$のa_jを比較して，必要なら交換するという手順をくり返せば，全ての要素が小さい方から順に並ぶことになります。ここでは，昇順に並べ替えましたが，大小関係を逆にすれば降順にすることもできます。

バブルソートアルゴリズムは簡単ですが，a_1の比較に$n-1$回，a_2の比較に$n-2$回，といった回数が必要なので，全部で$n(n-1)/2$回の比較が必要です。このため，nが大きくなるとn^2に比例した時間がかかり，nが小さい時以外はあまり実用的ではありません。

10.3 データの並べ替え2 —ヒープソート—

例題

n個のデータa_1, a_2, …, a_nを，ヒープソートアルゴリズムを使って小さい方から順に並ぶように並べ替えるサブルーチンを作成せよ。また，70000個の乱数を発生させてサブルーチンの動作を確認せよ。

▼解答プログラム例

```
program heap_sort_test
   implicit none
   integer, parameter :: n0 = 70000
   real xp(n0)
   integer i
   call random_number(xp(1:n0))
   call heap_sort(xp,n0)
   do i = 1, n0
      print *,i,xp(i)
   enddo
end program heap_sort_test

subroutine heap_sort(a,n)
   implicit none
   real a(n),x
   integer n,i,ie,i0,i1,i2
   do i = n/2, 1, -1
      x = a(i);    ie = n+1
      i0 = i;      i1 = i0*2
      do while (i1 < ie)            ! loop1
         i2 = i1+1
         if (i2 < ie .and. a(i1) < a(i2)) i1 = i2
         if (a(i1) > x) then
            a(i0) = a(i1);     a(i1) = x
         else
            exit
         endif
         i0 = i1;      i1 = i0*2
      enddo
   enddo
   do ie = n, 2, -1
      x = a(ie)
```

```
        a(ie) = a(1)
        a(1) = x
        i0 = 1;     i1 = 2
        do while (i1 < ie)           ! loop2
           i2 = i1+1
           if (i2 < ie .and. a(i1) < a(i2)) i1 = i2
           if (a(i1) > x) then
              a(i0) = a(i1);     a(i1) = x
           else
              exit
           endif
           i0 = i1;     i1 = i0*2
        enddo
     enddo
end subroutine heap_sort
```

heap_sortは，整数引数nで指定したn個の数値を代入した1次元配列a(n)を与えると，ヒープソートアルゴリズムを使って昇順に並べ替え，元の配列aに代入するサブルーチンである。

解説

10.2節 (p.402) で説明したバブルソートは，手順は簡単ですが，データの個数nが大きくなるとn^2に比例した時間がかかるという欠点があります。より高速な並べ替えアルゴリズムとしては，クイックソートとヒープソートがよく知られていますが，ここでは余分なメモリが不要なヒープソートを紹介します [2]。

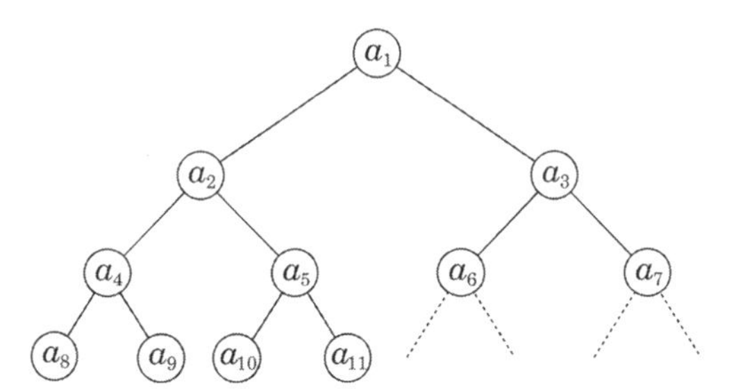

●図10.1 ヒープ構造

ヒープソートは，まずデータを並び替えてヒープ (heap) にします。ヒープというのは木構造の一種ですが，ここでは図10.1のような2分木構造を指しています。正確に表現すると，全ての要素が次の2個の条件を満足しているのがヒープです。

(1) ある配列要素a_jの下位にある要素は最大2個で，a_{2j}とa_{2j+1}である

(2) $a_j \geqq a_{2j}$かつ$a_j \geqq a_{2j+1}$である

ただし，a_{2j}とa_{2j+1}の大小関係に関する条件はありません。

n個の数値を代入した配列をヒープにする手順は以下の通りです。まず，要素番号$i=n/2$から開始し，a_{2i}とa_{2i+1}の大きな方とa_iを比べて，もしa_iの方が小さい場合にはa_{2i}とa_{2i+1}の大きな方の要素と交換します†1。次に$i=n/2-1$にして，同様の比較交換を行います。この比較交換を，iを1ずつ減らしながらくり返します。

iが小さくなって$n/4$以下になれば，下位要素の下にも下位要素が存在するので，この比較交換手順をさらに下位の要素へと続けます。たとえば，a_iとa_{2i}を交換した場合には，続いてa_{2i}の下位の要素a_{4i}とa_{4i+1}の大きな方を新しいa_{2i}と比べて，もしa_{2i}の方が小さい場合にはa_{4i}とa_{4i+1}の大きな方の要素と交換します。この手順を続けて下位の要素を持たない要素に到達すれば，その時点で比較交換を終了し，次のiに移ります。なお，比較交換の途中で両方の下位の要素より大きい場合にはその時点で終了します。これを$i=1$の要素まで続ければ，配列はヒープになります。

配列をヒープにした後は，ほとんど同じ手順でソートされた配列を作ることができます。まず，ヒープの全ての要素は一つ下位の要素より大きいのですから，ヒープで最大の要素はa_1です。そこで，a_1とa_nを入れ替えます。この時，新しいa_1はヒープの最上位に位置する資格はないのですから，これをヒープの形成過程と同じように下位の要素と比較して，下位の大きな方と交換する手順を行います。ただし，全要素数は$n-1$です。

この手順が終了したら，最上位a_1にあるのは最も大きい要素なので，これをa_{n-1}と交換し，要素数を$n-2$にして，同様に比較交換手順を行います。これを続けて，最終的に要素数が1になれば終了です。

ヒープの形成手順も，ヒープから並べ替えた配列にする手順も，1回あたり$\log_2 n$に比例する計算量です。よって，ヒープソートは全部で$n\log_2 n$に比例する計算量になり，バブルソートに比べてかなり高速に並べ替えを実行することができます。

なお，比較交換の手順はヒープ形成でも並べ替え実行時でも同じです。よって，プログラムを簡略化したい場合にはこの部分を兼ねることができます。解答プログラム例では`do while`以下の2個のループ（`loop1`と`loop2`）を全く同じにしてあるので，より短いプログラムに修正してみて下さい。

---

†1　nが偶数の場合，$a_{n/2}$の下位にはa_nしか所属していません。よって，プログラムでは下位の要素が1個だけの可能性を考慮する必要があります。

10.4 データのシャッフル

例題

n個の整数データp_1，p_2，…，p_nを与えた時，これをランダムに並べ替えるサブルーチンを作成せよ。また，1～7700の数値を代入した整数配列を作成して，サブルーチンの動作を確認せよ。

▼解答プログラム例

```
program shuffle_test
   implicit none
   integer, parameter :: n0 = 7700
   integer i,ip(n0)
   do i = 1, n0
      ip(i) = i
   enddo
   call random_shuffle(ip,n0)
   do i = 1, n0
      print *,i,ip(i)
   enddo
end program shuffle_test

subroutine random_shuffle(a,n)
   implicit none
   integer a(0:n-1),n,i,j,k
   real ran(n-1)
   call random_number(ran(1:n-1))
   do i = n-1, 1, -1
      j = ran(i)*(i+1)
      k = a(i)
      a(i) = a(j)
      a(j) = k
   enddo
end subroutine random_shuffle
```

random_shuffleは，整数引数nで指定したn個の数値を代入した1次元整数配列a(n)を与えると，乱数を使ってこれらをランダムに並べ替えて，元の配列aに代入するサブルーチンである。

解説

ソートは，ばらばらに並んだ数値を順番に並べ替える作業ですが，問題によっては逆を行いたいことがあります。すなわち，与えられた配列をランダムに並び替える作業です。トランプ用語でいうシャッフルです。

配列のシャッフルは，ソートほど難しくありません。そもそも，n個の異なる要素を並び替える場合，並び替えの可能性は$n!$通りです。なぜなら，最初にn個の中から1番目の要素を選ぶのにn通りあり，次に$n-1$個の中から2番目の要素を選ぶのに$n-1$通りあり，…というように続けていくからです。

この時，要素の選択をランダムに実行すればシャッフルになります。ここで，n個のデータをa_0，a_1，…，a_{n-1}とします。まず$0 \leqq r_1 < 1$の一様乱数r_1を発生させ，これにnを掛けて小数点以下を切り捨てた整数をk_1とすれば，k_1は$0 \sim n-1$のどれかになります。そこで，a_{k_1}と最後の要素a_{n-1}を交換します。次に別の一様乱数r_2を発生させ，$n-1$を掛けて小数点以下を切り捨てた整数をk_2とすれば，k_2は$0 \sim n-2$のどれかになります。そこで，a_{k_2}とa_{n-2}を交換します。この過程をk_{n-1}までくり返せばシャッフルは完了です。一様乱数を使っているので，どの要素が選ばれるかは等確率です。よって，このシャッフルの手順は$n!$通り全てが当確率で現れる可能性があります。

10.5 ヒストグラム

例題

n個のデータa_1，a_2，…，a_nと，指定区間の下限値a_{min}，上限値a_{max}および区間の分割数mを与えると，区間$[a_{min}, a_{max}]$をm等分した各小区間に対して，それぞれの小区間中に含まれるデータ数をカウントして配列に代入するサブルーチンを作成せよ。また，標準偏差18，中心55の1000個の正規乱数を生成し，このサブルーチンを使って0～100までの10区間に属する数値をカウントして，それを図示するプログラムを作成せよ。

▼解答プログラム例

```
program make_histogram
   implicit none
   integer, parameter :: n0 = 1000, m0 = 10
   real nrand(n0),hist(0:m0-1),x1,x2,x,h,hmax
   integer ncmax,len,m
   character chist*100
   x1 = 0
   x2 = 100
   call normal_random(nrand,n0,18.0,55.0)
   call make_distribution(nrand,n0,x1,x2,hist,m0)
```

```
   hmax = maxval(hist)
   if (hmax == 0) hmax = 1
   h = (x2-x1)/m0
   ncmax = 50
   do m = 0, m0-1
      x = h*m + x1
      len = hist(m)*ncmax/hmax
      chist = repeat('*',len)
      print "(f6.1,' : ',a)",x,chist
   enddo
end program make_histogram

subroutine make_distribution(a,n,amin,amax,dist,md)
   implicit none
   real a(*),dist(0:md-1),amin,amax,h
   integer n,md,m,i
   dist(:) = 0
   h = (amax-amin)/md
   do i = 1, n
      m = (a(i)-amin)/h
      if (m < 0) then
         m = 0
      else if (m > md-1) then
         m = md-1
      endif
      dist(m) = dist(m) + 1
   enddo
end subroutine make_distribution

subroutine normal_random(nran,n,sig,x0)
   implicit none
   real, parameter :: pi  = 3.141592653589793, pi2 = 2*pi
   real nran(n),sig,x0,ang,dd
   integer n,i
   call random_number(nran(1:n))
   do i = 1, n, 2
      ang = pi2*nran(i+1)
      dd  = sig*sqrt(-2*log(nran(i)))
      nran(i)   = dd*cos(ang) + x0
      nran(i+1) = dd*sin(ang) + x0
   enddo
   if (mod(n,2) == 1) then
      call random_number(ang)
```

```
      ang = pi2*ang
      dd  = sig*sqrt(-2*log(nran(n)))
      nran(n) = dd*cos(ang) + x0
   endif
end subroutine normal_random
```

make_distributionは，整数引数nで指定したn個の数値を代入した1次元配列a(n)と，指定区間の下限値aminと上限値amax，および整数mdを与えると，区間[amin,amax]をmd等分した各小区間の中に含まれるa(n)のデータ数をカウントして，それぞれの区間のカウント数（度数）を1次元配列dist(0:md-1)に代入して戻るサブルーチンである。ただし，amin＜amaxでなければならない。

normal_randomは，整数引数nで指定した1次元配列nran(n)に標準偏差sig，中心位置x0の正規乱数をn個代入して戻るサブルーチンである。

メインプログラムでは，まずnormal_randomを使って，標準偏差が18，中心が55の1000個の正規乱数を生成し，これをmake_distributionを使って0～100の間の10区間の度数を計算している。最後に，度数を代入した1次元配列distを使って，ヒストグラムの形式で表示する。ヒストグラムは，最大幅を50文字に調整した"*"の数で示し，左にその区間の下限値を出力している。

解説

テストの成績の統計を図示するのによく使われるのがヒストグラムです。たとえば，0点以上10点未満の生徒の数，10点以上20点未満の生徒の数，というように10点間隔の点数の範囲に含まれている生徒の数を数えます。この生徒のカウント数を度数といい，各点数範囲ごとの度数を棒グラフにしたのがヒストグラムです。ヒストグラムを見れば，問題が難しかったか易しかったかだけでなく，ピークが2個あれば，できる生徒とできない生徒の二極化が起こっている，などの問題点を発見することもできます。

今，下限値a_{min}と上限値a_{max}で指定した区間を分割数mで等分すれば，間隔$h=(a_{max}-a_{min})/m$の小区間に分割されます。与えられたデータ$a_1,a_2,\cdots,a_n$に対して，$kh \leqq a_i < (k+1)h$となるa_iの度数D_kの計算手順は以下のようになります。ここで，$k=0 \sim m-1$です。

(1) 全てのD_k $(0 \leqq k \leqq m-1)$に0を代入する
(2) $i=1$とする
(3) $k=\lfloor (a_i-a_{min})/h \rfloor$を計算する
(4) $D_k \leftarrow D_k+1$とする[†2]
(5) $i \leftarrow i+1$として，(3)に戻る

ここで，$\lfloor x \rfloor$は，$x \geqq k$となる最も大きい整数kのことです。計算機では，実数xを整数化すれば，小数点以下切り捨てになります。このため，0以上の実数xについては，

†2　"←"は，右辺を計算して左辺の変数に代入するという意味です

整数変数に代入するだけでkを得ることができます。なお，$k<0$または$k \geqq m$の場合には配列要素が存在しないので，解答プログラム例では，$a_i<a_{min}$となる場合はD_0に加え，$a_i \geqq a_{max}$となる場合はD_{m-1}に加えています。

解答プログラム例では，テストの成績を調べることを考慮して，与えられたデータから0点～100点における10区間の度数を計算し，それを使ったヒストグラムを表示しています。10区間しかないので，文字列を利用してヒストグラムを描きました。基礎編6.5節（p.271）の表6.1にある文字列関数repeatを使えば，同じ文字をくり返す文字列が簡単に作れます。出力結果は図10.2のようになります。

```
 0.0 : **
10.0 : ****
20.0 : **************
30.0 : *****************************
40.0 : ********************************************
50.0 : **************************************************
60.0 : ************************************************
70.0 : *****************************
80.0 : ***************
90.0 : *****
```

●図10.2　ヒストグラムの出力例

ここで，生徒達の成績は55点を中心に持つ正規乱数で与えました。正規乱数の発生方法はKey Elements 10.1で説明します。乱数で作ったヒストグラムなので，図10.2は実行した計算機環境によって異なります。

●Key Elements 10.1　正規乱数の生成法

正規乱数とは，微小区間$[x,x+\Delta x]$の中に出現する頻度ΔNが次式のような確率密度関数で表される乱数のことです。

$$\Delta N = \frac{N_0}{\sqrt{2\pi\sigma^2}} \exp\left[-\frac{(x-x_c)^2}{2\sigma^2}\right]\Delta x \tag{10-9}$$

ここで，N_0は乱数の総数，x_cは出現頻度のピーク座標で，σは標準偏差です[†3]。

正規分布は，物理や化学のような自然科学だけでなく社会科学の現象をモデル化する時にも現れる重要な確率分布であり，正規乱数はこれらのモデルを使った確率論的な計算をする時に必要です。Fortranで標準に使えるのは$0 \leqq x < 1$に

†3　標準偏差σは確率密度関数$f(x)$に対し，次式で定義されています。σ^2を分散といいます。

$$\sigma^2 = \int_{-\infty}^{\infty}(x-x_c)^2 f(x)dx \Big/ \int_{-\infty}^{\infty} f(x)dx$$

おける一様乱数だけなので，正規乱数を生成するには一様乱数からの変換が必要です。ここでは生成方法を3種類紹介します[3]。ただし，以下で説明するのは，中心が0，標準偏差が1の正規乱数zを発生させる手法です。中心座標がx_cで標準偏差がσの正規乱数xを発生させる時は，次式を使って変換して下さい。

$$x = \sigma z + x_c \tag{10-10}$$

第1の手法は，2個の一様乱数u_1とu_2を発生させ，次式を使って2個の正規乱数z_1とz_2に変換するものです。

$$\begin{aligned} z_1 &= \sqrt{-2\log u_1}\cos 2\pi u_2 \\ z_2 &= \sqrt{-2\log u_1}\sin 2\pi u_2 \end{aligned} \tag{10-11}$$

これをボックス・ミュラー法(Box-Mullar法)といいます。10.5節の解答プログラム例に付属しているサブルーチン`normal_random`は，ボックス・ミュラー法を使っています。ボックス・ミュラー法は2個の一様乱数から2個の正規乱数を生成する方法なので，発生したい乱数が奇数個の場合には1個余分に発生させる必要があります。

第2の手法は，正規分布関数$Q(x)$の逆関数を使う方法です。すなわち，一様乱数をuとすれば，

$$z = Q^{-1}(u) \tag{10-12}$$

が正規乱数になります。たとえば，6.2節(p.262)で紹介した関数副プログラムを使えば，簡単に正規乱数を得ることができます。ただし，大量の正規乱数を必要とする場合には，関数副プログラムが高速に計算できなければなりません。もっとも，乱数発生用なので，精度はあまり重要ではありません。簡単な近似関数で十分です。

第3の手法は，一様乱数を12個発生させてu_1，u_2，…，u_{12}とする時，以下の計算だけで正規乱数になるというものです。

$$z = u_1 + u_2 + u_3 + \cdots + u_{12} - 6 \tag{10-13}$$

これは中心極限定理といって，平均値がaで，標準偏差がσの乱数をn個加えた数値は，極限的に平均がnaで標準偏差が$\sqrt{n}\,\sigma$の正規分布をするという定理を利用したものです。$0 \leqq u < 1$の一様乱数uは，平均値が1/2，標準偏差が$1/\sqrt{12}$なので，12個加えて6を引けば，平均値が0で標準偏差が1の正規乱数になります。ただし，この方法では，$-6 \leqq z < 6$という制限があり，この外側のzが生成されることはありません。乱数の数が少ない場合には確率的に問題ありませんが，外側の数値発生が無視できないくらい大量に正規乱数を生成させる場合には注意が必要です。

10.6 連結リスト

例題

n個のデータa_1, a_2, …, a_nと，指定区間の下限値a_{min}, 上限値a_{max}および区間の分割数mを与えると，区間$[a_{min}, a_{max}]$をm等分した各小区間に対して，それぞれの小区間中に含まれるデータの要素番号を記録する連結リストを生成するサブルーチンを作成せよ。また，標準偏差18，中心55の100個の正規乱数を生成し，このサブルーチンを使って0～100までの10区間に属するデータ番号を記録する連結リストを作成せよ。

▼解答プログラム例

```
program linked_list_test
   implicit none
   integer, parameter :: n0 = 100, m0 = 10
   real nrand(n0),x1,x2
   integer m,i,lhead(0:m0-1),llist(n0),nn
   x1 = 0
   x2 = 100
   call normal_random(nrand,n0,18.0,55.0)
   call linked_list(nrand,n0,x1,x2,lhead,llist,m0)
   do m = 0, m0-1
      i = lhead(m)
      nn = 0
      do while (i > 0)
         print "(a,i5$)",'   ',i          ! 横並びに出力する
         i = llist(i)
         nn = nn + 1
      enddo
      print "(/ i5,a,i5)",nn,' Exist in ',m
   enddo
end program linked_list_test

subroutine linked_list(a,n,amin,amax,lhead,llist,md)
   implicit none
   real a(*),amin,amax,h
   integer n,lhead(0:md-1),llist(n),md
   integer i,m
   lhead(:) = 0;   llist(:) = 0
   h = (amax-amin)/md
   do i = 1, n
      m = (a(i)-amin)/h
```

```
      if (m < 0) then
         m = 0
      else if (m > md-1) then
         m = md-1
      endif
      if (lhead(m) == 0) then
         lhead(m) = i
      else
         llist(i) = lhead(m)
         lhead(m) = i
      endif
   enddo
end subroutine linked_list
```

linked_listは，整数引数nで指定したn個の数値を代入した1次元配列a(n)と，指定区間の下限値aminと上限値amax，および整数mdを与えると，区間[amin,amax]をmd等分した各小区間の中に含まれるデータa(i)の要素番号iを記録する連結リストの情報を整数1次元配列lhead(0:md-1)とllist(n)に代入するサブルーチンである。ここで，lheadは，連結リストの開始番号を代入するヘッダ配列で，md個の要素を持つ配列を用意する。また，llistは連結リスト用配列で，データ数nと同数の要素を用意する。ただし，amin＜amaxでなければならない。このプログラムの実行には10.5節(p.408)の解答プログラム例に含まれる正規乱数生成用のサブルーチンnormal_randomが必要である。

メインプログラムでは，まずnormal_randomを使って標準偏差が18，中心が55の100個の正規乱数を生成し，これからlinked_listを使って連結リストを作成している。その後，作成した連結リストを各ヘッダ配列要素から順にたどって，どの番号の要素が所属しているか，および何個所属しているかを出力している。

なお，print文の書式指定に“$”を使用しているのは，各区画に所属する要素番号を横並びで出力するためである[†4]。

解説

10.5節(p.408)では，どの点数の付近に何人の生徒がいるかをカウントする手順とそれを使ったヒストグラムの表示について説明しました。しかし，その人数の内訳，すなわちそれぞれの区間に誰が所属しているかという情報はありません。度数は，生徒一人一人の点数をチェックしながら計算するのですから，同時にどの生徒が所属しているかを記録することは可能です。

しかし，カウント開始前はそれぞれの区間に所属している人数が不明なので，各区間ごとの生徒番号記録用の配列をどの程度用意しておけば良いかわかりません。全員50点の可能性もあるので，それぞれの区間の最大度数は生徒の総数であり，最悪を想定すれば，総人数×区間数の要素を用意しておく必要があります。しかし，1人の生

†4 基礎編4.3節(p.47)参照

徒は1区間にしか所属しないのですから，ほとんどの配列要素は空いていて，かなりの無駄が生じます。かといって，一度カウントして所属人数を決定した後，再度カウントしながら所属者リストを作成するのは二度手間です。こういう時に便利なのが，連結リストです。

連結リスト（linked list）とは，通し番号で指定するリストではなく，リスト配列の中に代入されている数字が別のリスト配列要素を指定しているリストのことです。この例題の場合には，1次元配列を用意して，その中に別の要素番号を代入することで連結状態を表します。連結リストの概念図を図10.3に示します。この図で，個々の長方形が配列要素を示し，長方形の左のグレーの数字が配列の要素番号，白い数字がその要素に代入された整数値です。

図10.3の左側にあるヘッダー配列は要素番号が各小区間の指定番号で，代入された整数は右の連結リスト配列の要素番号です。ただし，0の場合は所属する要素がないことを意味しています。これに対し，右側の連結リスト配列に代入されている整数も連結リスト配列の要素番号です。この図では連結リストの要素をばらばらに書きましたが，実際には要素番号順に並んだ一つの配列です。

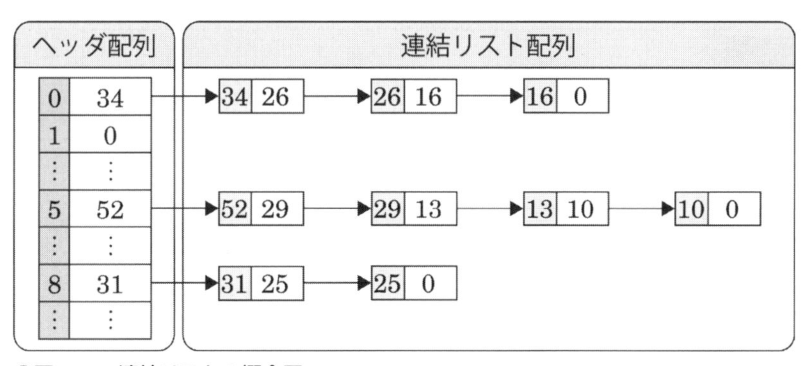

●図10.3　連結リストの概念図

n個のデータ$a_1, a_2, \cdots, a_n$から連結リストを作成する手順を以下に示します。下限値a_{min}と上限値a_{max}で指定した区間を分割数mで等分した小区間ごとに記録するとし，$k=0 \sim m-1$におけるヘッダ配列H_kと，$i=1 \sim n$の連結リスト配列L_iを用意します。ここで，hは小区間の幅（$=(a_{max}-a_{min})/m$）です。

(1) 全てのH_k，全てのL_iに0を代入する

(2) $i=1$とする

(3) $k=\lfloor (a_i-a_{min})/h \rfloor$を計算する

(4) $H_k \neq 0$ならば$L_i=H_k$，$H_k=i$とする

(5) $H_k=0$ならば$H_k=i$とする

(6) $i \leftarrow i+1$として，(3)に戻る

この手順のポイントは，(4)における連結リストの挿入です。ヘッダkに代入されているのが0でなければ，それは指定する連結リストの要素番号ですが，その先には，図10.3のヘッダ5のように，連結リストが連なっている可能性があります。たとえば，ヘッダ5に連結リスト60を追加する場合は，まずヘッダ5に代入されている要素番号52を連結リスト60の配列要素に代入し，その後でヘッダ5に60を代入します。これで，連結リスト60を挿入したことになります。なお，$a_i < a_{min}$の時と$a_i \geqq a_{max}$の時は，10.5節(p.408)同様，別途kを指定する必要があります。

全てのデータから連結リストが生成された後，区間kに所属する要素番号を調べるには，ヘッダの数値H_kから順にたどります。まず，$H_k = 0$なら所属する要素は無しです。さもなくば，$i_1 = H_k$として，順に$i_2 = L_{i_1}$，$i_3 = L_{i_2}$とたどって，$L_{i_s} = 0$になったらそれ以上は要素が存在しないということで終了します。この時，要素数はsです。

連結リストを使えば，区間数の要素を持つヘッダ配列1個と，データ数の要素を持つ連結リスト配列1個を用意するだけなので，メモリの節約になります。ここでは，生徒の成績をカウントする問題を題材にして連結リストを作成しましたが，データ保存法の一種として様々な応用が考えられます。

10.7 黄金分割法による極大点の探索

例題

1変数関数$f(x)$と区間の下限値aおよび上限値bを与えると，区間$[a,b]$の内部で$f(x)$が極大値を持つ点を，黄金分割法を使ってできるだけ多く探索するサブルーチンを作成せよ。また，下記の関数に対して，$0 \leqq x \leqq 20$の区間における極大値を探索せよ。

$$f(x) = \frac{\sin x}{x+1} \tag{10-14}$$

▼解答プログラム例

```
program golden_search_bessel
   implicit none
   real sindx1,xmin,xmax,xpeak(10),ypeak(10),ep
   external sindx1
   integer nmax,nd,i
   xmin = 0
   xmax = 20
   ep = 1e-7
   nd = 10
   nmax = 10
   call golden_search(sindx1,xmin,xmax,nd,xpeak,ypeak,nmax,ep)
   if (nmax > 0) then
```

```
      do i = 1, nmax
         print *,'Xpeak, Ypeak = ',xpeak(i),ypeak(i)
      enddo
   else
      print *,'No Peak in the section !',xmin,xmax,nd
   endif
end program golden_search_bessel

function sindx1(x)
   implicit none
   real sindx1,x
   sindx1 = sin(x)/(x+1)
end function sindx1

subroutine golden_search(fun,xmin,xmax,md,xpk,ypk,nmax,eps)
   implicit none
   real fun,xmin,xmax,xpk(*),ypk(*),eps
   real x1,x2,x3,y1,y2,y3,h,xp,yp
   integer md,nmax,ind,i,nm
   external fun
   h = (xmax-xmin)/md
   x1  = xmin;     y1 = fun(x1)
   x2  = x1 + h;   y2 = fun(x2)
   if (nmax <= 0) nmax = md
   nm = 0
   do i = 2, md
      x3 = x2 + h;   y3 = fun(x3)
      if (y3 < y2 .and. y1 < y2) then
         call golden_search_peak(fun,x1,x2,x3,xp,yp,eps,ind)
         if (ind > 0) then
            nm = nm + 1
            xpk(nm) = xp;  ypk(nm) = yp
            if (nm >= nmax) exit
         endif
      endif
      x1 = x2;   y1 = y2
      x2 = x3;   y2 = y3
   enddo
   nmax = nm
end subroutine golden_search

subroutine golden_search_peak(fun,a0,b0,c0,xp,yp,eps,ind)
   implicit none
```

```
   real, parameter :: wg = 0.381966011250105
   real fun,a0,b0,c0,xp,yp,eps
   real a,b,c,x,fa,fb,fc,fx
   integer, parameter :: itmax = 1000
   integer ind,it
   a = a0;     fa = fun(a)
   b = b0;     fb = fun(b)
   c = c0;     fc = fun(c)
   x  = a + wg*(c-a)
   fx = fun(x)
   if (fx > fb) then
      b = x;   fb = fx
   else
      a  = (b-wg*c)/(1-wg)
      fa = fun(a)
   endif
   a = a - a0;    b = b - a0;    c = c - a0
   do it = 1, itmax
      x = b + wg*(c-b)
      fx = fun(x+a0)
      if (fx < fb) then
         c = a;   fc = fa
         a = x;   fa = fx
      else
         a = b;   fa = fb
         b = x;   fb = fx
      endif
      if (abs(c-a) < eps*abs(b)) exit
   enddo
   xp = b + a0
   yp = fb
   if (it > itmax) then
      ind = -itmax
   else
      ind = it
   endif
end subroutine golden_search_peak
```

golden_searchは，関数副プログラム名fun，および区間の下限値xminと上限値xmaxを与えると，その区間内における関数fun(x)の極大点の座標を1次元配列xpk(*)に，その極大値を1次元配列ypk(*)に代入するサブルーチンである。整数引数nmaxには極大点の最大探索数を与えるが，本サブルーチンの終了後，得られた極大点の数が代入される。このため，nmaxは変数でなければならない。nmax＝0が返ってきた場合は極大点が得られなかったことを示す。整数mdは初期の極大値探索に使うための分割数であり，xminとxmaxの間をmd等分して初期探索を行う。このため，mdが大きいほど探索が確実になるが時間はかかる。また，md≧2でなければならない。epsは極大位置の精度を与える。

golden_search_peakは，関数副プログラム名funと3個の座標a0，b0，c0を与えると，黄金分割法を使って区間a0＜x＜c0の中にある極大点の座標xpとその極大値ypを計算し，それぞれの変数に代入するサブルーチンである。ただし，a0＜b0＜c0で，かつb0での関数値がa0とc0での関数値より大きくなければならない。epsは極大位置の精度を与える。indは探索の結果を示す整数変数である。ind＞0であれば，最大値を内部に持つ区間の幅がepsで指定した誤差評価値より小さくなったことを示し，indの値は探索に要した反復回数である。逆にind＜0であれば，所定の回数での探索では誤差が十分小さくならなかったことを示す。

本プログラムでは，関数副プログラムsindx1に例題の関数を記述してサブルーチンgolden_searchに与えている。

解説

第2章で説明した非線形方程式の解法は，関数$f(x)$が0になるxを探すのが目的でした。これに対し，$f(x)$が極大値や極小値を持つ点xを探索したい場合もよくあります。ここでは，極大値を持つ座標x_pを黄金分割法で探索するプログラムを作成しました。

方程式の解を探索する時は，中間値の定理（Key Elements 2.1（p.129））が重要な役割を果たします。この定理を使えば，2点aとbに対して，$f(a)f(b)<0$ならば，$a<x<b$の中に$f(x)=0$となるxが存在することが保証されています。これに対して，極大点を探索する時は2点では判断できません。そこで，3点a，b，cを選びます。ここで，$a<b<c$または，$a>b>c$とします。この3点に対し，図10.4のように，$f(a)<f(b)$かつ$f(c)<f(b)$であれば，aとcを両端とする区間の内部に極大点x_pが存在します。

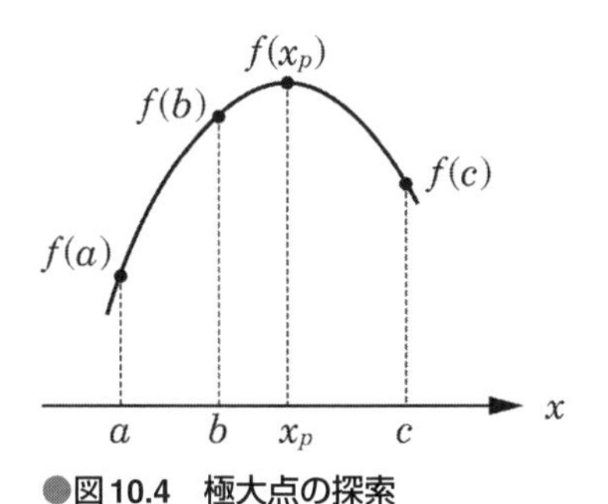

●図10.4　極大点の探索

さて，aとcの間に極大点が存在することがわかったとして，次の1点をどこに選ぶかが問題です。区間内にもう一点bがありますが，aとbを両端とする区間とbとcを両端とする区間のどちらに極大値があるかは不明です。たとえば，bがaとcの中点だとすれば，極大点がaとbの間にあるか，bとcの間にあるかは五分五分です。このため，新しい点xを区間$[a,b]$の中点にした場合，$f(a)<f(x)$かつ$f(b)<f(x)$ならば，次に進むことができ，1回の関数計算で区間幅は半分になります。しかし，そうでない場合には区間$[b,c]$の中点も調べなければならず，必ずしも効率が良いとは限りません。

黄金分割法は，1回の関数計算で最も効率良く極大点の探索を行う手法です[2]。3点a，b，cに対し，bとcの間に新しい探索座標値xを選択することを考えます。この時，

$$w=\frac{b-a}{c-a},\qquad z=\frac{x-b}{c-a} \tag{10-15}$$

と置きます。$f(x)$を計算した結果，もし$f(x)>f(b)$ならば，新たな区間はbとcを両端とし，内部点がxです。これに対し，$f(x)<f(b)$ならば，新たな区間はaとxを両端とし，内部点がbです。この囲い込みが最も効率良く働くのは，この両者の区間幅の縮小率が等しくなる時です。$(c-b)/(c-a)=1-w$ですから，

$$1-w=w+z \tag{10-16}$$

の関係にある時が最適です。また，常に同じ比率で縮小していくとすれば，

$$\frac{x-b}{c-b}=\frac{z}{1-w}=w \tag{10-17}$$

も成り立つ必要があります。式(10-16)と式(10-17)の連立方程式から得られる$w<1$の解は，

$$w=\frac{3-\sqrt{5}}{2} \tag{10-18}$$

です。このwを使って，新しい探索座標xを決めるのが黄金分割法です。黄金分割とは，区間を$x:y$に分割する時，内分比と外分比を等しくする，すなわち$x:y=y:(x+y)$にする分割法で，古代ギリシャにおいて最も美しい比率として知られていたものです。最も美しい黄金分割によって，最も効率良く探索ができるというのは数学の面白さだと思います。

なお，$w<1/2$なので，bは常にcよりaの方に近くなります。このため，$f(x)>f(b)$ならば，bが新しいaになり，xが新しいbになりますが，$f(x)<f(b)$の時は，xが新しいaになり，aが新しいcになります。すなわち，aとcの大小関係が逆転するので注意が必要です。

極大点の探索は，$|c-a|$が指定した精度評価値εに$|b|$を掛けた値より小さくなった時に終了します[†5]。関数の極大点x_p付近では，2次関数に近くなっているので，

†5　解答プログラム例では，bが0になるのを避けるため，区間の最小値が0になるように関数$f(x)$を平行移動して極大点を探索しています。

$f(x) \fallingdotseq y_p + d(x - x_p)^2$のような依存性を持ちます。よって，$x = x_p + |b|\varepsilon$になれば，$y - y_p \fallingdotseq db^2\varepsilon^2$です。すなわち，$y$の誤差は$x$の精度の2乗に比例します。このため，$\varepsilon$は実数の精度の平方根程度が最小であり，それより小さい値を指定すると収束しない可能性があります。

残る問題は，初期区間の選定です。解答プログラム例では，探索区間の両端座標に加えて，探索区間の分割数mを指定するようにしました。これにより，探索区間をm等分する座標x_iにおける関数値をiの小さい方から順に計算し，並んだ3点x_{i-1}，x_i，x_{i+1}における関数値が$f(x_{i-1}) < f(x_i)$かつ$f(x_{i+1}) < f(x_i)$となる区間を探しています。参考文献[2]には，より効率の良い探索法が示されているので，高速かつ確実に探索したい時には参考にしてください。

10.8 等積分点の計算

例題

$n+1$個の点x_0，x_1，…，x_nでの関数$f(x)$の値，y_0，y_1，…，y_nが与えられている時，$f(x)$の$x_0 \sim x_n$での積分値$S = \int_{x_0}^{x_n} f(x)dx$を$m$等分するような等積分点$X_k$ $(k = 0 \sim m)$を与えるサブルーチンを作成せよ。ただし，$x_0 < x_1 < \cdots < x_n$とする。関数値は，全てのiに対して$y_i \geqq 0$とする。数値積分には台形公式を利用せよ。

また，次の関数に対し，$x = -5 \sim 5$の区間中に等間隔に配置した201点の関数値を計算し，このサブルーチンを使って積分値を30等分する等積分点X_kを計算せよ。

$$f(x) = e^{-(x-3)^2} + 0.7e^{-(x+2)^4/10} \qquad (10\text{-}19)$$

▼解答プログラム例

```
program equipartition_test
   implicit none
   integer, parameter :: n0 = 200, m0=30
   real xp(0:n0),yp(0:n0),dx,ww
   real xe(0:m0),xmin,xmax
   integer i
   xmin = -5
   xmax = 5
   dx = (xmax-xmin)/n0
   do i = 0, n0
      xp(i) = dx*i + xmin
      yp(i) = exp(-((xp(i)-3))**2) + 0.7*exp(-((xp(i)+2))**4/10)
   enddo
   call equipartition(xp,yp,n0,xe,m0,ww)
```

```
   do i = 0, m0
      print *,i,xe(i)
   enddo
end program equipartition_test

subroutine equipartition(xp,yp,n,xe,md,sa)
   implicit none
   real xp(0:n),yp(0:n),xe(0:md),ys(0:n),sa
   real a,b,c,dx,d,h,x,s
   integer n,md,i,k,i1
   ys(0) = 0
   do i = 1, n
      ys(i) = ys(i-1) + (yp(i-1)+yp(i))*(xp(i)-xp(i-1))/2
      if (ys(i) < ys(i-1)) then
         print *,'Function data should be positive -- equipartition',i
         return
      endif
   enddo
   sa = ys(n)
   if (sa <= 0) then
      x = xp(0)
      print *,'Integrated value is zero -- equipartition'
      return
   endif
   xe(0)  = xp(0)
   xe(md) = xp(n)
   h  = sa/md
   i1 = 0
   do k = 1, md-1
      s = k*h
      do while (s > ys(i1+1))
         i1 = i1 + 1
      enddo
      dx = xp(i1+1)-xp(i1)
      a = yp(i1+1)-yp(i1)
      b = dx*yp(i1)
      c = 2*dx*(s-ys(i1))
      d = b*b + a*c
      xe(k) = xp(i1) + c/(b+sqrt(d))
   enddo
end subroutine equipartition
```

equipartitionは，整数引数nで指定した$n+1$点の座標を代入した1次元配列xp(0:n)とそれぞれの座標に対する関数値を代入した1次元配列yp(0:n)を与えると，xp(0)からxp(n)までその関数を積分した値を整数引数mdで与えた分割数で等分し，その等積分値に対応するx座標を計算して1次元配列xe(0:md)に代入するサブルーチンである。ただし，xe(0)＝xp(0)，xe(md)＝xp(n)である。同時に，xp(0)からxp(n)までの積分値を引数saに代入する。

なお，xeを一意に決めるため，積分値は単調増加でなければならない。このため，配列ypの要素は全て0以上でなければならない。

解説

密度という言葉は，基準となる面積や体積あたりの物理量に対して使われます。たとえば，質量密度とは単位体積あたりの物質の質量であり，磁束密度とは単位面積あたりを通過する磁束量です。空間的に変化する密度が与えられている時，ある領域中に含まれる物理量は，密度をその領域の面積や体積で積分することにより得られます。

この時，その積分量が等しくなるように領域を分割したい場合があります。質量密度なら，同じ質量ごとに分割する場合であり，磁束密度ならば等しい磁束量を持つように分割する場合です。後者は，磁力線を描く時に必要になります。本節では，1次元的に変化する密度を考えて，その密度の積分値が等間隔になるような座標(等積分点)を計算するプログラムを作成しました。

一般的に，密度関数が与えられても，その積分関数を解析的に計算することはできない場合が多いので，ここでは，台形公式を利用した数値積分を用いて等積分点を計算する手法にしました。台形公式(4.1節(p.186))は，隣り合った2点間を直線で結んだ線形補間で積分を近似する手法です。

今，1次元的に変化する密度関数$f(x)$を考えて，ある基準点x_0からxまで$f(x)$を積分した値を$s(x)$とします。

$$s(x) = \int_{x_0}^{x} f(x)dx \tag{10-20}$$

ここで，$s(x)$が単調増加になるように，$f(x) \geqq 0$とします。

まず，与えられた$n+1$点，x_0，x_1，…，x_nに対する関数値$y_0 = f(x_0)$，$y_1 = f(x_1)$，…，$y_n = f(x_n)$を使って，x_0からx_iまでの積分値$s_i = s(x_i)$を台形公式により計算します。x_0を基準にしているので，$s_0 = 0$であり，s_nは区間全体の積分値Sになります。本節における等積分点とは，Sをm等分した$\Delta S = S/m$に対し，式(10-20)で与えられる積分関数が$s(X_k) = k\Delta S$になる座標X_kのことです。ただし，$X_0 = x_0$，$X_m = x_n$です。

次に，各$s(X_k)$に対し，計算しておいた積分値s_iをiの小さい方から比較していって，$s_i \leqq s(X_k) < s_{i+1}$になる区間を探索します。区間が見つかれば，$X_k$は関数$f(x)$の$x_i \leqq x < x_{i+1}$における線形補間公式を積分した式より次式を満足します。

$$s(X_k) - s_i = \frac{(2(x_{i+1} - x_i)y_i + (y_{i+1} - y_i)(X_k - x_i))(X_k - x_i)}{2(x_{i+1} - x_i)} \tag{10-21}$$

この式は，$X_k - x_i$に関する2次方程式になっているので，解の公式によりX_kを計算します。この時，2解のうち絶対値が小さい方の解を，2.2節(p.122)で説明した2次の係数を使用しない公式で計算します。なお，X_kは小さい方から順に計算していくので，区間の探索は一つ前の座標X_{k-1}が含まれている区間から開始することができます。

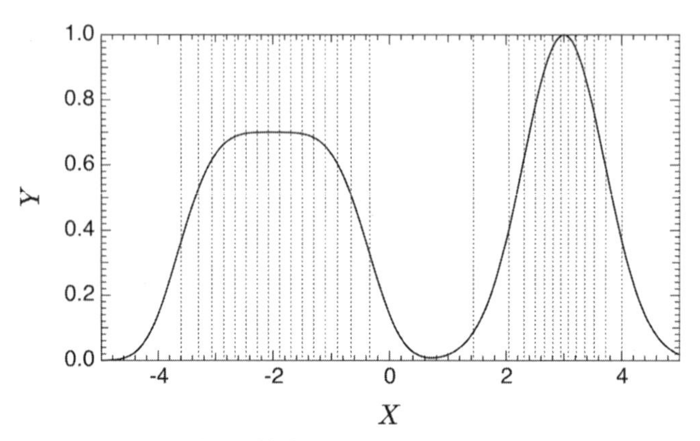

●図10.5　等積分点の計算結果

解答プログラム例の結果を図10.5に示します。ここで，曲線は与えられた密度関数$f(x)$であり，縦の点線は積分値を30分割する座標を示したものです。極大値の付近では隣り合う縦線の間隔が狭くなっていることがわかります。

10.9 整数係数連立１次方程式の厳密解法 —合同式の応用—

例題

次の整数係数連立1次方程式を，素数を法とするガウスの消去法を用いて解くプログラムを作成せよ。

$$
\begin{aligned}
2x_1 + 4x_2 + 5x_3 + 2x_4 &= 9 \\
x_1 - 8x_2 + 2x_3 - 6x_4 &= -3 \\
4x_1 + x_2 - 10x_3 - 2x_4 &= 1 \\
x_1 + 7x_2 + x_3 - 2x_4 &= -3
\end{aligned}
\tag{10-22}
$$

ここで，使用する素数は977と983の2個とする。

▼解答プログラム例

```
program test_integer_gauss
   implicit none
   integer, parameter :: n0 = 4
   integer a(n0,n0),b(n0),x(10),q(10),sn(n0),mn(10),num(n0),det,dd
   integer k,kmax,i,qa,mod_integer
   kmax = 2
   q(1) = 977
   q(2) = 983
   call mult_integer_eucledean(q,kmax,sn,mn,qa)
   a(1,1) = 2;   a(1,2) =  4;   a(1,3) =  5;   a(1,4) =  2
   a(2,1) = 1;   a(2,2) = -8;   a(2,3) =  2;   a(2,4) = -6
   a(3,1) = 4;   a(3,2) =  1;   a(3,3) = -10;  a(3,4) = -2
   a(4,1) = 1;   a(4,2) =  7;   a(4,3) =  1;   a(4,4) = -2
   b(1)   = 9;   b(2)   = -3;   b(3)   =  1;   b(4)   = -3
   num(:) = 0
   det    = 0
   do k = 1, kmax
      call mod_gaussian(a,b,n0,x,dd,q(k))
      do i = 1, n0
         num(i) = num(i) + mod(sn(k)*x(i),q(k))*mn(k)
      enddo
      det = det + mod(sn(k)*dd,q(k))*mn(k)
   enddo
   do i = 1, n0
      num(i) = mod_integer(num(i),qa)
   enddo
```

```
   det = mod_integer(det,qa)
   if (det < 0) then
      det = -det
      num(1:n0) = -num(1:n0)
   endif
   do i = 1, n0
      print "(a,i3,a,i8,a,i5,a,f20.14)",'X(',i,') = ', &
                              num(i),' /',det,' =',real(num(i))/det
   enddo
end program test_integer_gauss

subroutine mod_gaussian(a,b,n,x,det,q)
   implicit none
   integer n,mod_div
   integer a(n,n),b(n),x(n),det,q
   integer i,j,k,dd
   integer, allocatable :: a1(:,:),b1(:)
   allocate ( a1(n,n), b1(n) )
   a1(:,:) = a(:,:);   b1(:) = b(:)
   do k = 1, n-1
      do i = k+1, n
         dd = mod_div(a1(i,k),a1(k,k),q)
         do j = k+1, n
            a1(i,j) = mod(a1(i,j)-dd*a1(k,j),q)
         enddo
         b1(i) = mod(b1(i)-dd*b1(k),q)
      enddo
   enddo
   x(n) = mod_div(b1(n),a1(n,n),q)
   do i = n-1, 1, -1
      dd = b1(i)
      do j = i+1, n
         dd = mod(dd-a1(i,j)*x(j),q)
      enddo
      x(i) = mod_div(dd,a1(i,i),q)
   enddo
   det = a1(1,1)
   do i = 2, n
      det = mod(det*a1(i,i),q)
   enddo
   do i = 1, n
      x(i) = mod(det*x(i),q)
   enddo
```

```
   deallocate ( a1, b1 )
end subroutine mod_gaussian

subroutine integer_eucledean(m0,n0,a,b,r)
   implicit none
   integer m0,n0,a,b,r
   integer n1,n2,nq,nr,a11,a12,a21,a22,d
   n1  = m0;   n2  = n0
   a11 = 1;    a12 = 0
   a21 = 0;    a22 = 1
   do
      nq  = n1/n2
      nr  = n1 - nq*n2
      if (nr == 0) exit
      d   = a11 - a21*nq
      a11 = a21;      a21 = d
      d   = a12 - a22*nq
      a12 = a22;      a22 = d
      n1  = n2;      n2  = nr
   enddo
   if (n2 < 0) then
      a = -a21;   b = -a22;   r = -n2
   else
      a = a21;    b = a22;    r = n2
   endif
end subroutine integer_eucledean

subroutine mult_integer_eucledean(q,n,s,qd,qa)
   implicit none
   integer q(n),n,s(n),qd(n),qa,b,r,i
   integer ad
   qa = q(1)
   do i = 2, n
      qa = qa*q(i)
   enddo
   ad = 0
   do i = 1, n
      qd(i) = qa/q(i)
      call integer_eucledean(qd(i),q(i),s(i),b,r)
      ad = ad + s(i)*qd(i)
   enddo
end subroutine mult_integer_eucledean
```

第I部 第II部 10 プログラミングミニパーツ

```
function mod_div(m,n,q)
   implicit none
   integer mod_div,m,n,q,a,b,r
   call integer_eucledean(n,q,a,b,r)
   mod_div = mod(a*m,q)
   if (mod_div < 0) mod_div = mod_div + q
end function mod_div

function mod_integer(m,q)
   implicit none
   integer mod_integer,m,q
   mod_integer = mod(m,q)
   if (mod_integer >  q/2) then
      mod_integer = mod_integer - q
   else if (mod_integer < -q/2) then
      mod_integer = mod_integer + q
   endif
end function mod_integer
```

mod_gaussianは，整数引数nで指定した2次元整数配列a(n,n)にn元連立1次方程式の行列Aの要素を代入し，整数1次元配列b(n)に定数ベクトルの値を代入して引数に与えると，引数で与えた整数qを法とする合同演算を使ったガウスの消去法を用いて連立1次方程式の解を計算し，1次元整数配列x(n)にその解を代入して終了するサブルーチンである。また，qを法とする行列Aの行列式を整数変数detに代入する。ただし，x(n)に代入されるのは解の分子であり，実際の解は，x(n)/detである。なお，サブルーチンmod_gaussianの実行後も配列aとbは破壊されない。

integer_eucledeanは，整数m0とn0を与えると，拡張ユークリッドの互除法を使って，最大公約数rと，a×m0＋b×n0＝rを満足する整数aとbを計算し，それぞれの整数変数に代入して戻るサブルーチンである。

mult_integer_eucledeanは，整数引数nで指定したn個の素数を代入した1次元整数配列q(n)を与えると，それらに関した係数をinteger_eucledeanを使って計算し，1次元整数配列s(n)に代入するサブルーチンである。同時に，全ての素数の積を整数qaに，qaをq(n)に代入されている素数で割った値を1次元整数配列qd(n)に代入する。これらの係数についての詳細はKey Elements 10.2で説明する。

mod_divは，整数mとnとqを与えると，integer_eucledeanを利用して，qを法としてmをnで割った時の商を整数関数値とする関数副プログラムである。

mod_integerは，整数mとqを与えると，mをqで割って得られる剰余を-q/2 ～ q/2の範囲に収めた整数にして関数値とする関数副プログラムである。

メインプログラムでは，与えられた2個の素数977と983を使って，それぞれを法としたガウスの消去法を実行し，得られた解の分子と行列式の値から中国剰余定理を使って元の整数に戻した後，分数形式と実数形式の両方で出力している。

解説

連立1次方程式の係数が整数の場合，解は“整数÷整数”の形をした分数です。このため，整数だけの計算をすれば厳密解を計算することが可能です。しかし，Key Elements 1.1 (p.98) で示したように，n次の行列式の計算量は$n!$に比例して増加するので，nが大きくなると時間がかかります。しかし，1.3節 (p.95) で説明したガウスの消去法を実行するには割り算が必要なので，そのままでは整数計算をすることができません。分数の形を保ったまま計算するアルゴリズムも考えられますが，計算途中に出てくる整数が非常に大きくなることがあり，有効桁数の大きな整数計算 (倍精度整数など) が必要になります。

整数の膨張を抑え，かつ整数だけで計算する手法に，素数を法とする合同式の利用があります [3]。ここで，整数mとnが整数qを法として合同であるとは，$m-n$をqで割った時の剰余が0になることです。これを以下のように書きます。

$$m \equiv n \mod q \tag{10-23}$$

2個の整数を与えた時，その2個の整数の和，差，積をqで割った時の剰余は，それぞれの整数をqで割った時の剰余の和，差，積とqを法として合同です。たとえば，qを法として$m_1 \equiv n_1$，$m_2 \equiv n_2$ならば，$m_1+m_2 \equiv n_1+n_2$です。

面白いことに，条件を満足すれば商も整数の範囲で計算することができます。ここで，mをnで割った時の商とは，qを法として$dn \equiv m$を満足する整数dのことです。このdは以下のように計算することができます。まずnとqに対し，拡張ユークリッドの互除法を使って，次式を満足する整数a，b，rを計算します†6。

$$an + bq = r \tag{10-24}$$

ここで，rはnとqの最大公約数です。nとqが互いに素，すなわち最大公約数が1ならば，rは1です。よって，qが素数ならば，qより小さい正の整数nに対して，以下を満足する整数aが必ず存在します。

$$an \equiv 1 \mod q \tag{10-25}$$

なぜなら，素数qとそれより小さい正の整数は必ず互いに素だからです。このaはqを法としたnの逆数になります。そこで，式 (10-25) の両辺にmを掛ければ，

$$amn \equiv m \mod q \tag{10-26}$$

となるので，$d=am$です。すなわち，素数を法とした整数計算は，除算も含めて四則演算が全て閉じています。

ただし，素数を法とした計算でも，素数q自体が大きいと，途中の掛け算により大きな整数が発生して，オーバーフローする可能性があります。そこで，比較的小さな

†6 5.4節 (p.237) で，多項式に関するユークリッドの互除法について説明しました。整数の拡張ユークリッドの互除法は，式 (5-34) (p.243) の手順において，多項式の商と剰余の計算を整数の商と剰余の計算に置き換えたものです。aとbも式 (5-36) (p.244) と同じ行列計算を使って得られます。

素数を複数用意し，それぞれの素数を法とする合同計算結果から実際の値を復元する手法があります。これは中国剰余定理を応用するものです。中国剰余定理による復元については，Key Elements 10.2で説明します。

解答プログラム例では，この素数を法とした計算により，連立1次方程式の厳密解を計算しました。ガウスの消去法に関しては，1.3節(p.95)と主要な部分が同じなので，説明は省略します。異なるのは，除算が法による計算になっていることと，掛け算などを実行した結果を指定した素数qの剰余で置き換えていることです。

ただし，素数を法とした整数計算により得られるx_iは，本来は分数になる可能性があるので，そのままでは復元できません。クラメルの公式(1-15)(p.98)によれば，連立1次方程式の解は，行列Aの行列式Dを分母とした分数です。整数係数ならばDは整数なので，サブルーチン`mod_gaussian`では，解x_iではなく行列式Dを掛けた$D_i = Dx_i$のqを法とした値を配列`x(i)`に代入しています。これは，x_iの分子の整数になります。行列式Dは変数`det`に代入しています。

後は，中国剰余定理を使ってD_iとDを復元します。解答プログラム例では，復元した解の分子D_iと分母Dを使って，分数と実数の2種類の形式で解を表示しています。実数のガウスの消去法で計算した解と比較してみて下さい。

なお，サブルーチン`mod_gaussian`は，簡単のためピボット選択をしていません。整数による厳密計算なので，対角要素が非常に小さくなって計算が不安定になることはありませんが，0になる可能性はあります。よって，汎用性を持たせる場合には，対角行列が0か否かを確認して，0の場合には，適切な行と入れ替えをするように改良する必要があります。

●Key Elements 10.2　中国剰余定理

任意の2個が互いに素の整数q_1，q_2，…，q_nがあって，整数xをq_1，q_2，…，q_nそれぞれで割った時の剰余をa_1，a_2，…，a_nとします。すなわち，

$$x \equiv a_1 \bmod q_1, \quad x \equiv a_2 \bmod q_2, \quad \cdots, \quad x \equiv a_n \bmod q_n \qquad (10\text{-}27)$$

です。この時，$Q = q_1 q_2 \cdots q_n$として，$0 \leqq x < Q$となるxが一意に決まります。これを中国剰余定理といいます。なぜ中国かというと，3～5世紀ごろに中国で書かれた「孫子算経」という算術書に問題と解き方が出ているからだそうです[†7]。ここでは，中国剰余定理の証明は省略します。

$a_1, a_2, \cdots, a_n$が与えられた時のxの計算方法は次の通りです。まず

$$s_1 Q_1 + s_2 Q_2 + \cdots + s_n Q_n \equiv 1 \quad \bmod Q \qquad (10\text{-}28)$$

†7　これは「https://ja.wikipedia.org/wiki/中国の剰余定理」を参考にしました。

となるような，整数$s_1, s_2, \cdots, s_n$を計算しておきます。ここで，$Q_i = Q/q_i$です[†8]。任意の2個のq_iが互いに素なので，q_iとQ_iは互いに素です。このため，s_iは拡張ユークリッドの互除法を使って，

$$s_i Q_i + k_i q_i = 1 \tag{10-29}$$

を満足する係数を計算することで得られます。

係数s_iが全て計算できたら，xは次式で与えられます。

$$x \equiv a_1 s_1 Q_1 + a_2 s_2 Q_2 + \cdots + a_n s_n Q_n \mod Q \tag{10-30}$$

ここで，xが負数の場合を考慮して，$x > Q/2$の時には，$x - Q$を復元値とします。

ただし，式(10-30)の計算は注意が必要です。一般的に，Qをできるだけ大きく取るとすれば，$a_i s_i Q_i$の計算でオーバーフローする可能性があります。そこで，$a_i s_i$をq_iで割った時の剰余をb_iとして，$b_i Q_i$を計算します。なぜなら，$a_i s_i = m q_i + b_i$とすれば，$m q_i Q_i$の部分はmQに等しく，Qで割り切れるからです。b_iはq_iより小さいので，$b_i Q_i$はQの範囲内であり，オーバーフローは生じません。

なお，10.9節で説明した連立1次方程式の解法では，どの程度の素数を用意しなければならないかという問題が残っています。参考文献[3]によれば，コーシー・アダマールの定理(Cauchy-Hadamardの定理)により，行列Aの要素をa_{ij}とすると，Aの行列式Dには以下の不等式が成り立ちます。

$$|D| \geqq (\sqrt{n} \max_{i,j} |a_{ij}|)^n \tag{10-31}$$

そこで，

$$(\sqrt{n} \max_{i,j} |a_{ij}|)^n < \frac{1}{2} Q \tag{10-32}$$

となる，素数の組み合わせ$q_1, q_2, \cdots, q_n$を選択すれば確実です。しかし，この公式はかなりの過大評価をするようなので，適当に選んで計算を実行し，解を方程式に代入して満足していることを確認した方が速いかもしれません。

† 8　10.9節の解答プログラム例に含まれている`mult_integer_eucledean`は，配列`q(n)`で与えたn個の素数から計算したs_iを整数配列`s(i)`に，Q_iを整数配列`qd(i)`に，Qを整数`qa`に代入するサブルーチンです。

10.10 通し番号付き文字列の生成

例題

引数に文字列と整数を与えると，文字列にその整数を通し番号として付加した文字列を生成して文字列変数に代入するサブルーチンを作成せよ。また，このサブルーチンを使って指定どおりの文字列が生成されることを確認せよ。

▼解答プログラム例

```
program seqential_name_test
   implicit none
   character fname*80
   call seqential_name('######',12345,fname)
   print *,fname
   call seqential_name('##.dat',25,fname)
   print *,fname
   call seqential_name('fname###',36,fname)
   print *,fname
   call seqential_name('pname#####.dat',306,fname)
   print *,fname
end program seqential_name_test

subroutine seqential_name(name,num,cname)
   implicit none
   character name*(*),cname*(*),form*20
   integer num,i,j,nc,np,i1,i2
   nc = len(trim(name))
   i1 = 0
   do i = 1, nc
      if (name(i:i) == '#') then
         i1 = i
         do j = i1, nc
            if (name(j:j) /= '#') exit
         enddo
         i2 = j-1
         exit
      endif
   enddo
   if (i1 == 0) then
      cname(1:nc) = name(1:nc)
   else
```

```
      np = i2-i1+1
      if (np > 9) then
         print *,'Too long # number -- file_name',trim(name)
         return
      endif
      form = '0.0'
      form(1:1) = char(ichar('0')+np)
      form(3:3) = char(ichar('0')+np)
      if (i1 == 1) then
         if (i2 == nc) then
            form = '(i'//trim(form)//')'
            write(cname,form) num
         else
            form = '(i'//trim(form)//',a)'
            write(cname,form) num,name(i2+1:nc)
         endif
      else
         if (i2 == nc) then
            form = '(a,i'//trim(form)//')'
            write(cname,form) name(1:i1-1),num
         else
            form = '(a,i'//trim(form)//',a)'
            write(cname,form) name(1:i1-1),num,name(i2+1:nc)
         endif
      endif
   endif
end subroutine seqential_name
```

seqential_nameは，引数に文字列nameと整数numを与えると，name中に含まれる“#”の位置に，numで指定した整数を埋め込んだ文字列を生成し，文字列変数cnameに代入して戻るサブルーチンである。ただし，“#”の数は9個以下でなければならない。

解説

本書は数値計算法のプログラム作成が目的なので，ここまで文字列を積極的に活用するプログラムを紹介する機会はありませんでした。しかし，基礎編の第6章で説明したように，Fortranには文字列の演算や操作関数が各種用意されていて，かなり使いやすくなっています。そこで，最後に文字列の応用例として，通し番号付きの文字列を生成するサブルーチンを例題にしてみました。これは，データを保存するためのファイル名の生成や，出力における見出し文字列の生成などに使用することができます。

サブルーチンseqential_nameは，与えられた文字列に，指定した整数値を埋め込んだ通し番号付きの文字列を生成します。サブルーチンを作成したポイントを以下に示します。

まず，文字列を与える時に，どの位置に通し番号を入れるか，何桁の数字にして埋め込むかを指定しなければなりません。ここでは，使い勝手を考慮して，与える文字列の中に“#”記号を入れることで埋め込む位置と桁数を同時に与えるようにしてみました。たとえば，

(1) 'file####'
(2) 'data###.out'

のような文字列を引数nameに与えます。(1)の場合に，整数56を引数numに与えると，戻り値の文字列cnameは，'file0056'になります。すなわち，“#”の位置に通し番号が埋め込まれます。数字が小さくて全ての“#”を埋められない時は，上位を0で埋めるようにしています。また，(2)のように文字列の途中に“#”を書くことも可能です。この場合に整数56を与えると，戻り値の文字列は，'data056.out'になります。

このプログラムは，特に複雑なアルゴリズムを使っているわけではありません。“#”の探索は，文字列を1文字ずつ調べているだけです。“#”が見つかったらその位置から連続した“#”の個数を数えています。

整数から文字列への変換には，write文による“数値→文字列変換”を使います（基礎編6.4節（p.75））。この時，整数型の編集記述子としてIn.nを使えば，桁数nで必要なら上位に0を補います。ただし，write文の書式指定において，出力桁数nの部分を“#”の個数に設定するため，書式を文字列変数に記述し，nを文字に変換してその文字列変数の所定の位置に代入しています。この時，文字と整数の変換には，関数charとicharを使っています（基礎編6.5節（p.76））。このため，nは1桁でなければならず，“#”の数は9個までです。10個以上も可能になるように改良してみて下さい。

解答プログラム例の出力結果は，図10.6のようになります。

```
012345
25.dat
fname036
pname00306.dat
```

●**図10.6　通し番号付き文字列の出力結果**

本節の例題は，文字列利用の可能性を示すために作成しました。文字列を活用することで，プログラミングを楽しんでもらえればと思います。

付録

A gfortranを用いたコンパイルから実行までの手順

計算機プログラムはコンピュータへの動作指示（命令）を記述した文の集まりです。Fortranのようなプログラミング言語を使って書いたプログラムを実行するには，コンピュータで実行可能な機械語に変換する必要があります。この変換を，「翻訳する」という意味で，コンパイルといいます。

gfortranはFortranの文法で書いたプログラムをコンパイルできる代表的なフリーのFortranコンパイラ（翻訳ソフト）です[†1]。多くのLinuxディストリビューションに付属しているし，Windows版やMac OS版も配布されているので，お手持ちのパソコンにインストールすれば，手軽にFortranを利用することができます。ここではgfortranを使用したコンパイルから実行までの手順について説明します。

まず，Fortranプログラムを作る時には，ファイル名の最後に付ける拡張子を“`.f90`”にします。すなわち，

```
文字列.f90
```

というファイル名にします[†2]。

gfortranでプログラムをコンパイルをする時は，gfortranコマンドを使って，

```
gfortran プログラムファイル名
```

と入力します。たとえば，test1.f90というファイル名のプログラムをコンパイルする時は

```
gfortran test1.f90
```

と入力します。コンパイル時に文法的なエラーが見つかると，エラーメッセージを出力して終了します。

gfortranコマンドは，コンパイルが成功すると，引き続きリンクを行います。プログラムはコンパイルしただけでは実行できません。コンパイラはファイルに書かれたプログラムを機械語に翻訳するだけであり，複数のルーチンを結合してOS上で起動可能な形式にする作業までは行わないからです。この結合処理をリンクといいます。単にプログラム中のサブルーチンのリンクだけではありません。入出力文の`read`や

†1　https://gcc.gnu.org/wiki/GFortran

†2　“文字列`.f95`”も使えます。

付録

write，組み込み関数のsinやlogなどは，標準ライブラリルーチンとして用意されているので，必要に応じてこれらのリンクも行います。

リンクにも成功すると，最後に“a.out”という名前のファイルが作成されます。これがOS上で直接実行させることができる機械語で書かれたファイルで，これを実行形式ファイルといいます。もしリンクに失敗した場合は，エラーメッセージを出力して終了します。この時a.outは作成されません。実行形式ファイルは，一般のコマンドと同様に，ファイル名を入力することでプログラムを実行します。

プログラムが正常に動作すれば，それに書かれた一連の計算を行って終了します。計算の途中にprint文の記述があれば，結果を画面に出力するし，write文の記述があれば，指定したファイルに書き出します。また，標準入力のread文の記述があれば，その時点でプログラムが一時停止して入力待ちの状態になります。この状態で，必要な数値をキーボードから入力すれば，計算は再開します。

以上がgfortranを用いた最も単純なコンパイル・リンクの手順ですが，どんなプログラムをコンパイルしてもa.outという同じ名前の実行形式ファイルになるので不便です。また，数値計算プログラムは計算速度が重要なので，最適化をしてできるだけ高速に処理したいところです。さらに実践編の解答プログラム例を実行する場合には，自動倍精度化オプションも必要です。

このため，gfortranでプログラムをコンパイル・リンクする時は，以下のようなオプションを付けることをお勧めします。

```
gfortran -O -fdefault-real-8 プログラムファイル名 -o 実行ファイル名
```

-Oが最適化のオプション，-fdefault-real-8が自動倍精度化のオプションです。また，-oのオプションの次の文字列は実行形式ファイル名指定です。大文字の-Oと小文字の-oを間違わないようにして下さい。たとえば，次のように入力します。

```
gfortran -O -fdefault-real-8 test1.f90 -o xtest1
```

この場合，コンパイルとリンクが正常に終了すると，-oオプションで指定した“xtest1”という名の実行形式ファイルが作成されます。

B コンピュータで表現可能な数値の大きさ

私たちが普段使っている10進数は，10のべき乗が基本です。すなわち，数字を10の多項式で表した時の係数を次数の大きい方から並べたものです。ただし，係数は10より小さい整数（0～9）でなければなりません。たとえば，1203という数は，10の多項式で表せば，

$$1203 = \underline{1} \times 10^3 + \underline{2} \times 10^2 + \underline{0} \times 10^1 + \underline{3} \times 10^0$$

となるので，表現が“1203”なのです。

これに対し，コンピュータ内部で使われている2進数は，2のべき乗を基本として表された数です。この場合，多項式の係数は2より小さい整数でなければならないので，0か1です。たとえば，10進数で123と表示される数を2の多項式で表せば，

$$123 = \underline{1} \times 2^6 + \underline{1} \times 2^5 + \underline{1} \times 2^4 + \underline{1} \times 2^3 + \underline{0} \times 2^2 + \underline{1} \times 2^1 + \underline{1} \times 2^0$$

となるので，2進数で表すと，1111011となります。2進数は0または1だけで表すことができるので，電子回路のON/OFF回路を使って実現することができます。これがコンピュータで2進数が使われている理由です。2進数の1桁をbitといいます。現在のコンピュータは2進数8桁（8bit）を基本に作られていて，これをbyteといいます。1byteは8桁の2進数ですから$2^8 = 256$個の数字を扱うことができます。これを0以上の整数と考える場合には，0～255となります。

さて，Fortranの整数型は4byteなので，32桁（32bit）の2進数です。すなわち，2^{32}個の数字が扱えます。しかし負の整数を含ませるために，整数型の範囲は$-2^{31} \sim 2^{31}-1$になります。2^{31}は2,147,483,648ですから，取り扱える数の上限はおよそ21億です。整数型の計算をする時は，絶対値がこれを超えないようにしなければなりません。

これに対し，実数型数は数値のbitを，仮数部fと指数部e，および正負を決める符号bitに分割して，$\pm f \times 2^e$のような形式で表現します。指数部eは負数も含んでいるので，10^{-19}のような絶対値の小さい数も表現できます。実数型におけるbit分割とそれによる数の表現には規格がいくつかありますが，現在最もよく使われているのはIEEE 754と呼ばれている規格です。IEEE 754における実数型のbit分割数と，それによる表現可能な絶対値の上限を表B.1に示します[†3]。

▼表B.1　実数型のbit分割数と表現可能な絶対値の上限（IEEE 754）

数値型 (bit)	符号bit	指数部bit	指数部eの範囲	仮数部bit	絶対値の上限
単精度 (32)	1	8	−126～127	23	3.4×10^{38}程度
倍精度 (64)	1	11	−1022～1023	52	1.7×10^{308}程度
4倍精度 (128)	1	15	−16382～16383	112	1.1×10^{4932}程度

たとえば，倍精度実数型は仮数部が52bitなので，$2^{52} \fallingdotseq 4.5 \times 10^{15}$個の区別ができ，これが“有効数字15桁程度”の根拠です。また，指数部の最大値が1023なので，最大10^{308}程度まで表現することができます。これに対し，単精度は指数部の最大値が127なので，最大は10^{38}程度です。10^{38}のような大きな数字を扱うことはあまりないかもしれませんが，計算の途中で現れる可能性は考慮する必要があります。たとえば，プ

†3　IEEE 754に関しては「http://ja.wikipedia.org/wiki/浮動小数点数」を参考にしました。なお，4倍精度は必ずしもIEEE 754の規格通りに実装されているとは限らないようで，コンパイラによっては上限が倍精度と同じ10^{308}程度しかないものもありました。

付録

ランク定数は$h \fallingdotseq 6.6 \times 10^{-34}$ Jsなので，h^{-2}が公式の中に入っていると，途中計算で10^{38}を越えてしまいます。倍精度実数を使う意義はここにもあります。

なお, IEEE 754での指数部には2^eという以外にも意味があり, 数字の組み合わせによっては，“無限大”や“非数”を表します。もし，printで文数値を出力した時に，InfinityやINFという文字が出力された場合は無限大です。つまり，計算した結果が表現できる上限を超えたという意味です。これを“オーバーフロー”といいます。

これに対し，NaNと出力された場合は非数です。非数(Not a Number)というのは,「数字ではない」という意味ですが，具体的には，0を0で割った時や，－1の平方根を計算した時の結果がこれに相当します。ただし，結果が非数になっても計算が継続することもあるので，どの時点で発生したのかを特定するのは難しいことが多いです。

C 数値計算プログラムを書く時の注意点

コンピュータの計算動作はa+bのような加算が基本です。a-bのような減算はbを負数に変換して加算するだけなので加算とそれほど実行時間は変わりませんが，a*bのような乗算は加算のくり返し動作ですから，加減算よりかなり時間がかかります。a/bのような除算にいたっては，減算のくり返しを条件付きで行うので，さらに時間がかかります。この演算速度の比較を書けば次のようになります。

加減算　≫　乗算　≫≫　除算

実践編でアルゴリズムの計算量を見積もる時，もっぱら乗算の回数で評価しているのは，加減算が速いので計算時間を無視することができるからです。

除算はさらに遅いので, 可能であれば割り算をできるだけ減らした計算手順にします。たとえば,

```
x = a/b/c
```

と書くより,

```
x = a/(b*c)
```

と書く方が速くなります。最近の計算機はかなり高速に計算することができるので，数回の計算だけならこのような書き換えは不要ですが，大量にくり返し処理をする時には心がけましょう。

べき乗算はもっと遅いので，2乗や3乗程度の時は掛け算にする方が速くなります。たとえば,

```
x = a**2 + b**3
```

と書くより,

```
x = a*a + b*b*b
```

と書く方が速くなります。

　doブロック内部に同じ計算をくり返す記述がある時には, あらかじめ計算をしておきます。たとえば,

```
do i = 1, 10000
   a(i) = i*g*f**2
   b(i) = sin(x)*a(i)
   c(i) = b(i)/h
enddo
```

と書くと, くり返しごとにg*f**2やsin(x)を計算することになりますが, これらはdoブロック内部では変化しないのですから, あらかじめ計算しておく方が速くなります。また, 3行目の場合は変数hで割っていますが, 割り算より掛け算の方が速いので, 逆数を計算して掛け算に書き直すと速くなります。たとえば,

```
gf = g*f**2
sx = sin(x)
hi = 1/h
do i = 1, 10000
   a(i) = i*gf
   b(i) = sx*a(i)
   c(i) = b(i)*hi
enddo
```

のように書き換えると速くなります。

付録

　実数型数の有効数字は倍精度でも15桁程度です。よって, 値の接近した2個の実数の引き算をする時は注意しなければなりません。たとえば,

$$2000.06 - 2000.00 = 0.06$$

という引き算の結果0.06は, 元の2000.06に比べて有効数字が5桁も減っています。これを“桁落ち”といいます。桁落ちするような引き算はできるだけ避けねばなりません。

　たとえば, 絶対値が1より十分小さい数aに対して, $(1+a)^2-1$を計算する時は, 展開した$2a+a^2$で計算する方が精度が上がります。試しに次のようなプログラムを書いて実行してみて下さい。

```
program test_precision
   real a
   a = 1e-5
   print *,(1+a)**2-1,2*a+a**2
end program test_precision
```

2.2節 (p.122) で説明した2次方程式$ax^2+bx+c=0$の解を計算する時の注意や，3.6節 (p.170) や5.7節 (p.254) で説明したハウスホルダー変換での平方根の符号の選び方は，この桁落ちを避けるのが目的です。

配列を使ったくり返し計算をする時は，メモリをできるだけ連続的に読み書きする方が速くなります。このため，多重doブロックを使って2次元以上の配列計算をする時は，左の要素から先に進めるようにします。たとえば，

```
   real b(10,100)
   integer m,n
   do n = 1, 100
      do m = 1, 10                           ! 左の要素を先に進めると速い
         b(m,n) = m*n
      enddo
   enddo
```

のように，2次元配列b(m,n)に計算結果を代入する時は，左側の要素mに関するdoブロックを右側の要素nのdoブロックの内側に持ってくる方が高速です。これは，b(1,1), b(2,1), b(3,1), …のように，メモリの並んでいる順に格納していくからです。これを，

```
real b(10,100)
integer m,n
do m = 1, 10
   do n = 1, 100                             ! 右の要素を先に進めると遅い
      b(m,n) = m*n
   enddo
enddo
```

のように書くと，b(1,1), b(1,2), b(1,3), …のように飛び飛びに格納していくのでスピードダウンします。

付録Bで，コンピュータは2進数で数値を表現しているという話をしましたが，1より小さい数値も2進数で表現しています。たとえば，10進数の0.123は

$$0.123 = 1 \times 10^{-1} + 2 \times 10^{-2} + 3 \times 10^{-2}$$

のように，10の負べき乗を基本として表された数のことですが，これと同様に，2進数で小数点以下の数xを表すには，

$$x = b_1 \times 2^{-1} + b_2 \times 2^{-2} + b_3 \times 2^{-2} + \cdots$$

となるような0または1の係数b_1, b_2, b_3,・・・を選んで,

$$0.b_1 b_2 b_3 \cdots$$

と並べます。コンピュータはこの係数b_1, b_2, b_3,・・・で小数点以下を表現しています。

このため，10進数の0.1は,

$$0.1 = 0 \times 2^{-1} + 0 \times 2^{-2} + 0 \times 2^{-3} + 1 \times 2^{-4} + 1 \times 2^{-5} + 0 \times 2^{-6} + 0 \times 2^{-7} + 1 \times 2^{-8} + 1 \times 2^{-9} \cdots$$

となり，2進数で表せば，0.0001100110011...という循環小数になります。コンピュータのメモリで表現できる2進数の桁（bit数）には限りがあるので，循環小数はどこかで打ち切らなければなりません。このため，コンピュータにおける0.1は近似値でしかなく，10回加えても1に等しくなりません。10進数で表せば有限小数になる数値でも2進数にすれば有限にならないことがあることは，数値計算をする時の注意事項の一つです。

D ASCIIコード

文字列の比較などに使われる半角英数字の文字コード（ASCIIコード）を表D.1に示します。

▼表D.1　ASCIIコード表

	0	1	2	3	4	5	6	7	8	9	A	B	C	D	E	F
2	␣	!	"	#	$	%	&	'	(	)	*	+	,	-	.	/
3	0	1	2	3	4	5	6	7	8	9	:	;	<	=	>	?
4	@	A	B	C	D	E	F	G	H	I	J	K	L	M	N	O
5	P	Q	R	S	T	U	V	W	X	Y	Z	[	\	]	^	_
6	`	a	b	c	d	e	f	g	h	i	j	k	l	m	n	o
5	p	q	r	s	t	u	v	w	x	y	z	{	|	}	~	

半角英文字は1byte（8bit）文字であり，左端の数字が上位4bit，上端の数字（16進数）が下位4bitです。たとえば,“T”の文字は16進数の54,“<”は3C, スペース“␣”は20です。1F以下と7Fは制御コードに割り当てられていて文字としては定義されていません。

なお,5Cのバックスラッシュ“\”は,日本語フォントでは“¥”に割り当てられています。

参考文献

本書の執筆に当たっては，数値計算に関する色々な本や論文を参考にしました。以下に参考文献を示します。

[1] “入門Fortran90実践プログラミング”，東田幸樹，山本芳人，熊沢友信，ソフトバンク，1994年初版．

[2] “ニューメリカルレシピ・イン・シー”，William H. Press 他，丹慶勝市他訳，技術評論社，1993年初版．

[3] “数値計算ハンドブック”，大野　豊，磯田和男監修，オーム社，1990年第1版第1刷．

[4] “FORTRAN77数値計算プログラミング”，森　正武，岩波書店，1987年増補版第1刷．

[5] “FORTRAN77による数値計算ソフトウェア”，渡部　力，名取　亮，小国　力，丸善，1991年第4刷．

[6] “電子計算機のための数値計算法I”，山内二郎，宇野利雄，一松　信　共編，培風館，1982年初版第20刷．

[7] “電子計算機のための数値計算法III”，山内二郎，宇野利雄，一松　信　共編，培風館，1975年初版第4刷．

[8] “数値計算法”，名取　亮編，長谷川秀彦他，オーム社出版局，1998年第1版．

[9] “数値計算入門”，河村哲也，サイエンス社，2006年初版．

[10] “Cによる科学技術計算”，小池慎一，CQ出版社，1987年初版．

[11] “科学計測のための波形データ処理”，南　茂夫編著，CQ出版社，1987年第4版．

[12] “数学公式集III 特殊函数”，森口繁一，宇田川銈久，一松　信　共編，岩波書店，1988年新装第3刷．

[13] “τ-methodによる複素変数のベッセル関数$K_n(z)$の数値計算”，吉田年男，二宮市三，情報処理，Vol.14, No.8, 569–575, 1973.

[14] “シンプレクティク数値解法”，吉田春夫，数理科学，Vol.384, 37–46, 1995.

[15] “岩波講座　現代の物理学　力学”，大貫義郎，吉田春男，岩波書店，1994年．

[16] “流体力学の数値計算法”，藤井孝藏，東京大学出版会，1994年初版．

[17] “カオス入門”，長島弘幸，馬場良和，培風館，1992年初版．

[18] “ウェーブレット解析の基礎理論”，新井康平，森北出版，2000年第1版．

[19] “図説ウェーブレット変換ハンドブック”，P. S. Addison著，新　誠一，中野和司　監訳，朝倉書店，2005年第1版．

[20] “スペクトル法による数値計算入門”，石岡圭一，東京大学出版会，2004年初版．

[21] “Numerical Recipes in Fortran 77, Second Edition”, W. H. Press, S. A. Teukolsky, W. T. Vetterling, B. P. Flannery, Cambridge University Press, 1996.

[22] “Handbook of Mathematical Functions”, Edited by M. Abramowitz and I. A. Stegun, Dover, 1972.

[23] “Numerical Methods for Scientists and Engineers”, R. W. Hamming, Second edition, Dover Publications, Inc., 1973.

[24] “On Direct Methods for Solving Poisson’s Equations”, B. L. Buzbee, G. H. Golub, C. W. Nielson, SIAM J. Numerical Analysis, Vol. 7, No. 4, 627–656, 1970.

[25] “A Generalized Cyclic Reduction Algorithm”, R. A. Sweet, SIAM J. Numerical Analysis, Vol. 11, No. 3, 506–520, 1974.

[26] “A Direct Method for the Discrete Solution of Separable Elliptic Equations”, P. N. Swarztrauber, SIAM J. Numerical Analysis, Vol. 11, No. 6, 1136–1150, 1974.

索　引

基礎編

■記号

■英数字

■あ

■い

■え

■か

■き

■く

■け

■こ

■さ

■し

■す

■せ

実践編

■あ

■い

■う

■え

■お

■か

■き

■く

●田口　俊弘（たぐち　としひろ）
大阪大学大学院工学研究科電気工学専攻博士後期課程修了　工学博士
現在　摂南大学理工学部電気電子工学科　教授
専門　レーザープラズマに関する理論・シミュレーション
著書　「エッセンシャル電磁気学」（共著），森北出版，2012年

◇装丁…………………………　石間 淳
◇本文レイアウト……………　藤田 順（有限会社フジタ）

Fortran（フォートラン）ハンドブック

2015年　8月10日　初　版　第1刷発行

著　者　田口 俊弘（たぐち としひろ）
発行者　片岡 巖
発行所　株式会社技術評論社
東京都新宿区市谷左内町 21-13
電話 03-3513-6150 販売促進部
03-3513-6166 書籍編集部
印刷／製本　日経印刷株式会社

定価はカバーに表示してあります。

ISBN978-4-7741-7506-5 C3055
Printed in Japan

●問い合わせについて

本書に関するご質問は、FAX か書面でお願いいたします。電話での直接のお問い合わせにはお答えできませんので、あらかじめご了承ください。また、下記の Web サイトでも質問用フォームを用意しておりますので、ご利用ください。

ご質問の際には、書籍名と質問される該当ページ、返信先を明記してください。e-mail をお使いになられる方は、メールアドレスの併記をお願いいたします。

お送りいただいたご質問には、できる限り迅速にお答えするよう努力しておりますが、場合によってはお時間をいただくこともございます。なお、ご質問は、本書に記載されている内容に関するもののみとさせていただきます。

◆問い合わせ先
〒162-0846　東京都新宿区市谷左内町 21-13
株式会社技術評論社　書籍編集部
「Fortran ハンドブック」係
FAX：03-3513-6183
Web：http://gihyo.jp/book/

なお、ご質問の際に記載いただいた個人情報は質問の返答以外の目的には使用いたしません。また、質問の返答後は速やかに削除させていただきます。